Nachhaltigkeit wofür?

Friedrich M. Zimmermann
(Hrsg.)

Nachhaltigkeit wofür?

Von Chancen und Herausforderungen
für eine nachhaltige Zukunft

 Springer Spektrum

Herausgeber
Friedrich M. Zimmermann
Graz, Österreich

ISBN 978-3-662-48190-5   ISBN 978-3-662-48191-2 (eBook)
DOI 10.1007/978-3-662-48191-2

Die Deutsche Nationalbibliothek verzeichnet diese Publikation in der Deutschen Nationalbibliografie; detaillierte bibliografische Daten sind im Internet über http://dnb.d-nb.de abrufbar.

Springer Spektrum
© Springer-Verlag Berlin Heidelberg 2016

Planung: Merlet Behncke-Braunbeck

Gedruckt auf säurefreiem und chlorfrei gebleichtem Papier.

Springer-Verlag GmbH Berlin Heidelberg ist Teil der Fachverlagsgruppe Springer Science+Business Media (www.springer.com).

Für Susanne

»Geh mit mir so weit uns unsere Träume tragen ... «

»Jeder einzelne soll sich sagen:
Für mich ist die Welt erschaffen worden,
darum bin ich mitverantwortlich.«

(Babylonischer Talmud)

Nachhaltigkeit wofür? – Persönliches vorweg

Ich habe mit großer Freude, mit viel Spaß und voller Emotionen – nunmehr gegen Ende meiner universitären Laufbahn, denn ich bin fast 65 Jahre alt, und meine Emeritierung liegt nicht mehr allzu fern – an diesem Buch gearbeitet. Es war ein befreites, ein kreatives, ein fantasievolles, ein ideenreiches und ein spannendes Arbeiten an einem Thema, das für mich die Zukunft unserer Welt in den Händen hält. Das Thema begleitet mich schon seit Jahrzehnten, mit allen Hochs und Tiefs, mit allen Erfolgen und Rückschlägen und auch mit einer Mischung aus Enttäuschung und Hoffnung, wenn ich die Entwicklungen auf unserer Erde aus meiner persönlichen Perspektive betrachte.

Trotz der Anforderungen einer modernen und – wie es so schön heißt – kompetitiven Wissenschaft in ökonomisierten Universitäten, in denen Publikationen in (möglichst internationalen, referierten fremdsprachigen) Fachzeitschriften und Journals mit möglichst hohen Impact-Punkten sowie möglichst viele eingeworbene Forschungsmittel das Maß aller Dinge sind – oder gerade als Reaktion darauf –, habe ich mir den Luxus dieses Buches gegönnt und mir vieles von der Seele geschrieben. Ich kann es mir (endlich) leisten, zu denken, zu sinnieren, zu philosophieren, meine Gedanken schweifen zu lassen, besser gesagt, einfach ein Buch zu schreiben. Und das ist schön, das macht Spaß, das gibt neuen Raum für neue Gedanken und eröffnet die Möglichkeit, mit denjenigen Menschen zusammenzuarbeiten, die einem wichtig und wertvoll sind.

Die Diskussion um das komplexe Thema Nachhaltigkeit beschäftigt mich in Forschung, Lehre und dem alltäglichen Leben schon seit weit mehr als einem Vierteljahrhundert: Begonnen hat es Mitte der 1980er Jahre mit der Auseinandersetzung um die Entwicklungen des sanften bzw. des **sozial-ökologischen Tourismus**. Es folgten in den 1990er Jahren zahlreiche Projekte mit Themen der **nachhaltigen Regionalentwicklung** und der **grenzüberschreitenden (nachhaltigen) Zusammenarbeit**. Gerade das Thema *cross-border* war und ist eine Herausforderung – mit den von der Europäischen Union (Europäischer Fonds für Regionalentwicklung) geförderten bilateralen grenzüberschreitenden Projekten, den transnationalen Kooperationen von Regionen und den Netzwerken zwischen lokalen, regionalen und nationalen Stakeholdern/ Institutionen. Die grenzüberschreitenden Zugänge können, insbesondere aufgrund der unterschiedlichen gesetzlichen, organisatorischen, aber auch mentalen und identitätsstiftenden Rahmenbedingungen an politischen und historischen Grenzen, nur unter Berücksichtigung von nachhaltigen – im Sinne von integrativen und partizipativen – Zugängen erfolgreich bewältigt werden. Parallel dazu habe ich mich mit Leitbildern und Entwicklungen von ländlichen Regionen, von Städten und Gemeinden, aber auch mit Stadtvierteln auseinandergesetzt, immer unter dem Aspekt, diese Raumeinheiten nachhaltig und zukunftsfähig weiterzugestalten. Als damals neue Idee zum Wissensaustausch habe ich zur Jahrtausendwende, gemeinsam mit meiner Frau Susanne, vier Sommeruniversitäten zum Thema *Regional Policies in Europe* veranstaltet. Mit internationalen Expertinnen und Experten wurden nachhaltigkeitsbezogene Themen diskutiert, etwa die Herausforderungen und Chancen für die „Regionen der Zukunft" oder das *Knowledge Age* mit einer neuen Wissensgesellschaft, die einen innovativen Umgang mit globalen, regionalen und lokalen Abhängigkeiten erfordert; auch grenzüberschreitende Kooperationen wurden thematisiert.

Von 2000 bis 2007 habe ich dann als **Vizerektor für Forschung und Wissenstransfer** der Universität Graz ein neues Kapitel meiner persönlichen Nachhaltigkeitsgenese aufgeschlagen, nämlich den organisatorisch-institutionellen Zugang. Damit verbunden ist die Auseinandersetzung mit der sozialen Verantwortung von Universitäten für unsere Gesellschaft. Gemeint sind etwa die Partizipation von engagierten Studierenden und die Integration von Nachhaltigkeitsaspekten in die universitäre Lehre zur Verbesserung der Ausbildung zukünftiger Entscheidungsträgerinnen und Entscheidungsträger. Ebenso wichtig ist die Frage, wie die Weiterbildung von *Lifelong Learners* die Nachhaltigkeitsthematik in breite Bevölkerungsschichten hineintragen und damit mehr Bewusstsein für nachhaltiges Leben schaffen könnte oder wie die Erarbeitung und Bereitstellung von transdisziplinären Forschungsergebnissen zur Lösung ökologischer und gesellschaftlicher Probleme beitragen könnten. Dabei geht es insbesondere um Lösungen für lokale und regionale Akteurinnen und Akteure sowie den Aufbau (sozialer) Netzwerke für den Wissensaustausch.

Auch an meinem Institut, dem **Institut für Geographie und Raumforschung**, wurde zur Jahrtausendwende Nachhaltigkeit in Forschung und Lehre zur bestimmenden Säule des Institutsleitbildes (▶ https://geographie.uni-graz.at/). Wir definieren unsere Werte wie folgt: Als „Grazer Integrative Geographie" orientieren wir uns in Forschung, Lehre und Weiterbildung an den Grundwerten – intakte Umwelt, menschenwürdige Gesellschaft und sozial verträgliche Wirtschaft – als Voraussetzung für nachhaltige Entwicklungen in Raum und Gesellschaft. Diese Werte finden sich in unseren Forschungsschwerpunkten: Stadt und Regionalforschung, Gebirgs- und Klimaforschung, Forschung in den geographischen Technologien sowie in Bildung und Forschung für Nachhaltigkeit.

Die UN-Dekade „Bildung für nachhaltige Entwicklung 2005–2014" leitete die **nächste Phase** meiner persönlichen Nachhaltigkeitsreise ein. 2007 wurde das damals in Österreich erste Regional Center of Expertise on Education for Sustainable Development – das **RCE Graz-Styria** – an der Universität Graz gegründet und als eines der ersten 20 RCEs im internationalen Netzwerk von der United Nations University zertifiziert (▶ http://www.rce-graz.at/). Das RCE Graz-Styria – das ich die Ehre habe zu leiten – versteht sich als Plattform für den Wissensaustausch zwischen Wissenschaft und Praxis, zwischen Forschung und (regionalen) Akteurinnen und Akteuren. Durch die transdisziplinäre Ausrichtung des Zentrums auf Forschung und Bildung für Nachhaltigkeitsprozesse wird versucht, Lösungsansätze für gesellschaftliche Herausforderungen durch die Integration von Nachhaltigkeit in unterschiedliche Lebenswelten bereitzustellen und durch den wissenschaftlichen Diskurs zur innovativen Weiterentwicklung der Nachhaltigkeitsforschung und der Bildung für Nachhaltigkeit beizutragen.

Insbesondere am RCE Graz-Styria wurde in den vergangenen Jahren ein großer Erfahrungsschatz in internationalen Netzwerken im Rahmen von Forschungs- und Bildungsprojekten der Europäischen Union erarbeitet. So etwa werden im **URB@Exp-Projekt** – als Antwort auf die Herausforderungen in europäischen Städten – sogenannte Urban Labs und Urban Experiments untersucht und daraus Leitlinien für innovative Formen von städtischer Governance entwickelt (in Zusammenarbeit mit den Universitäten und Städten Malmö, Lund, Antwerpen, Graz und Leoben). Im **ConSus-Projekt**, das gemeinsam mit Universitäten in Albanien, im Kosovo, in Deutschland, Irland und Österreich durchgeführt wird, werden neue Ansätze erarbeitet, wie (adäquate Aspekte von) Nachhaltigkeit durch verstärkte Kooperation und gemeinsame Lernprozesse zwischen Wissenschaft und Wirtschaft in den Staaten am Westbalkan schneller und besser integriert werden könnte. Das **OPEDUCA-Projekt** wiederum hat das Ziel, nachhaltigkeitsrelevante Themen aus der Sicht verschiedener Fachgebiete und unterschiedlicher nationaler Bildungssysteme in die formelle und informelle (Aus-)Bildung zu integrieren, quasi als Lernprozesse von der Grundschule über die Sekundarschulen, die Universitäten bis hin zu lebenslangem Lernen in Kooperation mit Institutionen und Unternehmen – oder wie es im Projekttitel heißt: „Learning for a Sustainable Future: Anytime, with Anybody, about Anything, through Any Device […] and across borders."

Gerade für die Anwendung dieses Buchs in der Praxis, für Kurse an Universitäten und Hochschulen aber auch für Unterrichtseinheiten zu Themen der Nachhaltigkeit in der Aus- und Fortbildung ist ein weiteres Projekt nennenswert: **Sustainicum** (http://sustainicum.at) ist eine wichtige Ressource für Nachhaltigkeitsinteressierte – nachhaltigkeitsrelevante Themen werden auf einer Internet-Plattform aus der Sicht verschiedener Fachgebiete für die Anwendung in der Lehre in Form von Bausteinen, Lehrmethoden, Skripten und Lehrmodulen bereitgestellt. Lehrende werden durch inhaltliche Beiträge und durch Anregungen zur Anwendung innovativer Lehrformen unterstützt – ein systemisches und ganzheitliches Denken wird gefördert. Die Plattform wird ständig erweitert und Lehrende können laufend ihre eigenen Ressourcen zum Thema Nachhaltigkeit einreichen, um sie anderen Kolleginnen und Kollegen zur Verfügung zu stellen. Dieses Projekt wurde durch das Bundesministerium für Wissenschaft und Forschung (2011) gefördert und von der Universität für Bodenkultur Wien (Helga Kromp-Kolb), der Universität Graz (Friedrich M. Zimmermann) und der Technischen Universität Graz (Michael Narodoslawsky) durchgeführt. Die Plattform wird laufend mit Ergebnissen aus Forschungs- und Bildungsprojekten erweitert und à jour gehalten.

Ein weiterer Aspekt ist für dieses Buch bemerkenswert: An der **theologischen Fakultät** der Universität Graz ist seit 2011 das internationale Forschungsprojekt **Credition Research Project** (**CRP**) angesiedelt (▶ http://credition.uni-graz.at). Die jahrzehntelange Diskussion, die ich mit Hans-Ferdinand Angel, dem Leiter dieses Projekts, zum Thema Ethik, Glauben und Nachhaltigkeit führte, und die Erkenntnisse, die in diesem innovativen Forschungsprojekt erarbeitet wurden, haben dieses Buch ungemein bereichert und insbesondere den Blick auf die oftmals ein wenig vernachlässigte Säule der sozialen Nachhaltigkeit in gänzlich neue Dimensionen geführt. Das Forschungsprojekt beschäftigt sich – in inter- und transdisziplinärem Zugang – mit einer besonders „heißen" Thematik der gegenwärtigen kulturellen und gesellschaftlichen Entwicklung, nämlich mit der Frage, was in Menschen abläuft, wenn sie glauben (lat. *credere* für „glauben"; Credition = Ablauf eines Glaubensprozesses). Dabei wird erkennbar, dass „glauben" eine höchst komplexe menschliche Fähigkeit ist, die tief in uns verwurzelt und geradezu durch die Hirnstruktur vorgegeben ist. Dadurch wird erkennbar, dass „glauben" keineswegs nur oder gar ausschließlich mit dem Phänomen Religion in Verbindung gebracht werden darf, auch wenn „religiöse" Phänomene und Kirchen mit Glauben zu tun haben. Doch unsere Ausstattung zu „glauben" wird alltäglich benötigt und ist eine x-mal am Tag eingesetzte Fähigkeit des Menschen – diese gilt es für eine nachhaltige und zukunftsfähige Entwicklung unserer Gesellschaft zu nutzen. Das Forschungsprojekt hat gegenwärtig zwei Forschungszweige: *credition basic research* als Grundlagenforschung zur Struktur von Creditionen, *credition applied research*, die Erforschung unterschiedlicher Handlungsfelder, in denen Glauben (in unserem Falle in der Nachhaltigkeit) eine Rolle spielt. Gerade der erste Kongress „Credition Applied 2013" in Graz war für unsere Diskussion des Themas Nachhaltigkeit und Glauben richtungsweisend.

Die ausgedehnten und nicht immer ganz einfachen Diskussionen und die Reflexionen über die unterschiedlichsten Aspekte von Nachhaltigkeit im Rahmen von Lehre und Forschung, aber auch im Wissensaustausch, sowie die damit gewonnenen umfangreichen Erkenntnisse haben mich bestärkt, gemeinsam mit meinem engagierten Team dieses Buch zu schreiben. Ein besonderer Mehrwert für dieses Buch ist insbesondere das Vorhandensein eines intergenerationellen Erfahrungshorizonts durch die Integration der Erfahrungen von Studierenden, von jungen Mitarbeiterinnen und Mitarbeitern sowie von Senior Scientists. Ebenso bemerkenswert ist die disziplinäre Zusammensetzung der Autorinnen und Autoren; sie kommen aus unterschiedlichen wissenschaftlichen Bereichen, etwa der Geographie, den Geotechnologien, den Umweltsystemwissenschaften, den Wirtschaftswissenschaften, den Politikwissenschaften, den Erziehungswissenschaften, den Religionswissenschaften sowie den Gender Studies. Sie alle verknüpfen in diesem Buch disziplinäre mit interdisziplinären Sichtweisen und bringen aus ihrem reichen Erfahrungsschatz auch das Wissen von lokalen und regionalen Akteuren aus der Arbeit mit transdisziplinären Ansätzen und Implementierungen ein.

All diesen liebenswürdigen und vertrauten Menschen – Hans-Ferdinand Angel, Franz Brunner, Thomas Drage, Jonas Meyer, Thomas Höflehner, Judith Pizzera, Filippina Risopoulos-Pichler, Petra Wlasak und Susanne Zimmermann-Janschitz –, mit denen ich die Ehre und Freude habe, bereits über Jahre zusammenzuarbeiten, gilt mein besonderer Dank. Ihr Engagement, ihre fundierten Beiträge und ihre Kritikfähigkeit (sowohl im Geben als auch im Nehmen) sind einfach großartig. Ohne die unzähligen konstruktiven, kreativen und befruchtenden Gespräche wäre dieses Buch nicht zustande gekommen.

Besonders innig bedanken möchte ich mich bei meiner Frau Susanne. Sie ist nicht nur als Kollegin eine großartige wissenschaftliche Sparringpartnerin, sondern auch in vielen abendlichen Gesprächen, auf gemeinsamen Wandertouren und Ausflügen in die Natur oder beim Segeln ein kongeniales Gegenüber. Unsere häufigen und intensiven Diskussionen – rund um die Themen dieses Buches – sind immer sehr spannend und ergiebig. Liebe Susanne, Du hast meinen Blick auf die Natur und auch auf unsere Gesellschaft verändert und erweitert – dafür danke ich Dir.

Dank gebührt auch vielen meiner Studierenden, die in Seminaren und Praktika mit ihrem Wissen, ihren Erfahrungen und ihren (jugendlichen) Sichtweisen viel zu (m)einem neuen und oftmals auch anderen Zugang zu Themen der Nachhaltigkeit beigetragen haben. Stellvertretend sei den studentischen Mitarbeiterinnen Silvia Schein für die Erarbeitung von Vortragsunterlagen und Sandra Schwarz für die Vorbereitung von Lehrunterlagen für meine Vorlesung „Theorien, Methoden und Konzepte der Nachhaltigkeit", die wertvolle Grundlagen für die Konzeption dieses Buches darstellen, gedankt.

Mein herzlicher Dank gilt auch Julia Wlasak, die nicht nur akribisch die einzelnen Kapitel gelesen, korrigiert und kommentiert hat, sondern auch für die Gestaltung der einzelnen Themen als Unterrichtseinheiten federführend war. Die Idee zu dieser anwendungsorientierten und didaktisch aufbereiteten Umsetzung der Inhalte dieses Buchs geht auf die Zielsetzung und Konzeption der Sustainicum Collection (http://www.sustainicum.at) zurück und soll diejenigen unterstützen, die dieses Buch in der universitären Lehre, aber auch im Unterricht und in der Fortbildung in formellen wie auch in informellen Bildungsinstitutionen einsetzen wollen. Die Unterrichtseinheiten können aufgrund der Breite der Anwendungspalette nur sukzessive erarbeitet werden und werden schrittweise auf www.springer.com/978-3-662-48190-5 zur Verfügung gestellt.

Für die grafische Ausgestaltung der Abbildungen möchte ich mich bei Herrn Daniel Blazej bedanken, insbesondere dafür, dass er meine Vorgaben trotz der vielen Änderungen und Designwünsche hervorragend umgesetzt hat. Danke auch an Herrn Christopher Rieger für seine Designs und Grafiken, an die Kolleginnen und Kollegen für die Druckgenehmigungen ihrer Abbildungen sowie an Gerhard K. Lieb für sein Foto vom Stubaier Gletscher.

Natürlich gilt mein besonderer Dank Frau Merlet Behncke-Braunbeck vom Springer-Verlag, die die Idee dieses Buches unmittelbar aufgegriffen hat und immer ein offenes Ohr für alle meine Fragen und Wünsche hatte. Bedanken möchte ich mich auch bei Frau Sabine Bartels, die mich organisatorisch im Zuge der Umsetzung und Drucklegung des Buches geduldig unterstützt hat. Frau Regine Zimmerschied ist eine Perle, wenn es darum geht, (m)ein Manuskript konsequent, exakt (da es zu exakt keine Steigerungsstufe gibt: gründlichst) und kritisch Korrektur zu lesen – herzlichen Dank.

Damit möchte ich meine Dankesworte schließen und es nicht versäumen, noch denjenigen zu danken, die ich nicht explizit erwähnt habe, die aber trotzdem – bewusst oder unbewusst – zum Gelingen dieses Buches beigetragen haben. Ihnen, liebe Leserinnen und Leser, wünsche ich nun viel Spaß beim Lesen! Natürlich schließen sich auch alle Autorinnen und Autoren diesen Wünschen herzlichst an.

Friedrich M. Zimmermann

Nachhaltigkeit wofür? –
Einige Gedanken vorweg

Wenn Sie dieses Buch aufschlagen, werden Sie möglicherweise von Nachhaltigkeit noch nicht viel wissen. Sie werden sich überlegen, warum Nachhaltigkeit für Sie von Bedeutung sein könnte. Und Sie werden sich vielleicht fragen, was Nachhaltigkeit überhaupt ist oder wofür Nachhaltigkeit gut sein soll. Viele offene Fragen! Nachdem Sie dieses Buch gelesen haben, werden Sie wahrscheinlich immer noch keine allumfassenden Antworten auf diese Fragen haben, aber Sie werden viele Mosaik- und Bausteine für eine lebenswerte und zukunftsfähige Entwicklung für sich selbst und für unsere Gesellschaft gefunden haben. Das Buch soll zum Nachdenken anregen, es soll viele unterschiedliche Themen der komplexen Materie Nachhaltigkeit anreißen und diskutieren, Informationen bereitstellen und es Ihnen ermöglichen, das Thema Nachhaltigkeit nicht nur bewusster wahrzunehmen, sondern auch ein wenig bewusster – im Sinne einer lebenswerten, zukunftsfähigen und damit nachhaltigeren Entwicklung – zu leben.

Die Diskussion um nachhaltige Entwicklung bietet viele Ansätze. Im deutschsprachigen Raum findet sich der Begriff „Nachhaltigkeit" erstmals im Jahr 1713 – vor dem Hintergrund der Übernutzung des Holzes für den Bergbau – in dem Buch *Sylvicultura oeconomica* von Hans Carl von Carlowitz (1713, S. 105), in dem er über die „[…] continuierliche beständige und nachhaltige Nutzung des Waldes" schreibt. Die systematische Verwendung der Begriffsinhalte einer nachhaltigen Entwicklung ist bis ins 19. Jahrhundert ausschließlich in der Forstwirtschaft zu finden. Dann wird es ruhig um den Begriff, das Wiedererwachen der Nachhaltigkeit nach dem Zweiten Weltkrieg erfolgte aus ökologischen Notwendigkeiten. Dies beginnt mit dem Buch *Silent Spring* (*Der stumme Frühling*) von Rachel Carson (1962) und setzt sich in den 1970er Jahren mit der berühmten Publikation *The Limits to Growth* (*Die Grenzen des Wachstums*) von Dennis Meadows et al. (1972) fort. Darin wird erstmals über begrenzte Ressourcen und die Folgen des exponentiellen Wachstums in einer begrenzten Welt diskutiert. Es ist überaus spannend, dass bereits damals fünf Themen als globale Herausforderungen identifiziert wurden – sie sind heute aktueller denn je:

- steigende Industrialisierung,
- rascher Bevölkerungsanstieg,
- weit verbreitete Unterernährung,
- Erschöpfung nicht erneuerbarer Energien,
- eine sich verschlechternde Umweltsituation.

Die 1972 stattfindende UNO-Weltkonferenz über die menschliche Umwelt in Stockholm war die erste UNO-Weltkonferenz zum Thema Umwelt und gilt als Beginn der internationalen Umweltpolitik. Ein entscheidender Schritt erfolgte 1983 mit der Einrichtung der World Commission on Environment and Development (WCED; Weltkommission für Umwelt und Entwicklung), die im Jahr 1987 den Brundtland-Bericht „Our Common Future" („Unsere gemeinsame Zukunft") veröffentlichte. Dieser Bericht löste eine breite öffentliche Diskussion über das Thema Nachhaltigkeit aus, lieferte Ansätze einer ganzheitlichen Betrachtung in den drei Dimensionen Ökologie, Ökonomie und Gesellschaft sowie eine allgemeingültige Definition: **Nachhaltig ist eine Entwicklung, „die den Bedürfnissen der heutigen Generation** entspricht, ohne die Möglichkeiten künftiger Generationen zu gefährden, ihre eigenen Bedürfnisse zu befriedigen und ihren Lebensstil zu wählen" (WCED 1987). Es folgten mehrere Konferenzen der Vereinten Nationen über Umwelt und Entwicklung, beginnend mit dem Erdgipfel in Rio de Janeiro 1992 und den Folgekonferenzen 1997 in New York, 2002 in Johannesburg und schließlich 2012 in Rio de Janeiro. Diese Rio+20 genannte Konferenz ist mit ihrem Abschlussdokument „The Future We Want" („Die Zukunft, die wir wollen") (UN 2012) der vorläufige – nicht ganz zufriedenstellende – Schlusspunkt der Diskussionen der globalen Staatengemeinschaft, um eine nachhaltige und zukunftsfähige Gestaltung unserer Welt.

Die kurze Auseinandersetzung mit der Historie des Themas nachhaltige Entwicklung sowie die Ergebnisse und unterschiedliche *Policy Papers* der globalen Konferenzen dürfen nicht darüber hinwegtäuschen, dass Nachhaltigkeit nach wie vor unpräzise definiert (ökologisch versus sozial versus ökonomisch) und ungleich perzipiert (globaler Norden versus globaler Süden) und dass der Begriff „Nachhaltigkeit" überaus inflationär in Politik und Medien verwendet wird.

Aber nicht nur **die Diskussion um Nachhaltigkeit ist meist kontroversiell, Nachhaltigkeit ist auch im Kontext der globalen Entwicklungen und des globalen Wandels** äußerst **widersprüchlich.** Da zeigt sich der Widerspruch zwischen der globalisierten Wirtschaft und der nachhaltigen Nutzung von Ressourcen ebenso wie der Nord-Süd-Konflikt bei der Frage einer gerechten Verteilung der Reduktion des CO_2-Ausstoßes, um dem fortschreitenden Klimawandel Einhalt zu gebieten. Ebenso gegensätzlich verläuft die Diskussion um die Entwicklung unserer maßlosen Konsumgesellschaft – auch unter dem Aspekt der Ausbeutung sowohl von natürlichen Ressourcen als auch von Menschen in weniger entwickelten Ländern – und die zunehmende Verarmung weiter Teile der Weltbevölkerung. Die Schere zwischen Arm und Reich weitet sich dramatisch.

Hervorzuheben, weil ein globales, das 21. Jahrhundert prägendes Phänomen, ist die **Explosion der Megastädte** des „Südens" mit ihren ausgedehnten Folgen wie der zunehmenden Unregierbarkeit der Städte, den fehlenden Leistungen zur Befriedigung der Grundbedürfnisse der (dynamisch zuziehenden) Menschen, dem massiven funktionalen Stadtumbau, insbesondere der Flächenexpansion mit extremen Tendenzen der Suburbanisierung und Verflechtung mit dem Stadtumland. Dies führt zu sozialen Verdrängungsprozessen durch städtische Modernisierung, zu „gentrifizierten" Stadtteilen und abgegrenzten Wohnräumen (Gated Communities) der Reichen – insgesamt zu einem Zerfall der städtischen Gesellschaft und zu massiven Segregationsphänomenen. Die Effekte betreffen vor allem diejenigen Personengruppen, die funktional irrelevant werden (informelle Stadt), und haben letztlich „Ghettoisierung" und „Verslumung" zur Folge. Getrieben durch die globale Städtekonkurrenz forcieren die Stadtregierungen eher die Entwicklung von großen, meist internationalen (Infrastruktur-)Investitionen; es kommt zu einem Boom an neuen Großprojekten und einer Expansion neuer, meist elitärer Stadtviertel – Entwicklungen, die mit der Vergabe und Durchführung von Olympischen Spielen etwa in Rio de Janeiro oder Peking zu spürbaren sozialen Spannungen führen. Parallel dazu verringert der globale Wettbewerb das Interesse an innengerichteter Stadtpolitik und führt zu einer Vernachlässigung der lokalen Bevölkerung mit dramatischen Konsequenzen wie sozialer Desorganisation, sozialen Unruhen, Kriminalität sowie einer Verstärkung der Desintegration und als Rückkopplungsprozess zur Abschottung. Vor dem Hintergrund des globalen Wandels können Megacities heute als enorm komplexes und hoch risikogefährdetes System oder nach Kraas (2003) als „global risk areas" bezeichnet werden.

Den dynamischen Migrationsströmen in die Städte steht die **Entleerung des ländlichen Raumes** gegenüber. Während der Anteil der ländlichen Bevölkerung 1950 noch bei 70 % lag, geht die UN (2014) in ihrem Bericht *„World Urbanization Prospects: The 2014 Revision"* für das Jahr 2050 von einem Anteil der ländlichen Bevölkerung von nur noch 30 % aus, das entspricht im Gegenzug in absoluten Zahlen einer Verdoppelung der Stadtbevölkerung zwischen 2005 und 2050. Diese dramatische Entleerung ländlicher, peripherer Regionen ist die Folge der Zentralisierungs- und Agglomerationsphänomene der ökonomischen Globalisierung und der daraus resultierenden Nachteile für die Peripherie, im Besonderen dokumentiert durch die geringe oder fehlende Zentralität bzw. die Zentralitätsferne, geringe Bevölkerungsdichten und wirtschaftlich unbedeutende Siedlungen, bei einem gleichzeitig noch immer hohen Anteil an land- und forstwirtschaftlichen Produktionsflächen, aber parallel dazu verlaufender Deagrarisierung des Arbeitsmarktes. Die Folge ist fehlende Wettbewerbsfähigkeit sowohl im Produktions- als auch im Tertiärsektor. Vertikale (soziale) Mobilitätsprozesse schränken die Entwicklungschancen der Menschen in peripheren Räumen ein und führen zu horizontaler Mobilität, zu Abwanderung und Landflucht. Die verbleibenden Menschen sind meist alt bzw. sind Berufs- und Ausbildungspendler (Pendlerdefizit). Die persistenten ländlichen Denk- und Verhaltensmuster werden überlagert von städtischen Verhaltens- und Sozialstrukturen, nicht selten bedingt durch die Zunahme der periodisch anwesenden Freizeit- und Tourismusbevölkerung oder auch die Zunahme nicht ortsansässiger Bewohner (Zweitwohnsitze).

Ziel des vorliegenden Buches

Es sollen unterschiedliche Bereiche und Facetten von Nachhaltigkeit (ohne Anspruch auf Vollständigkeit) diskutiert und damit Grundlagen geschaffen werden, um das Thema Nachhaltigkeit in seiner Komplexität für unterschiedliche Zielgruppen darzustellen und mit praktischen Beispielen illustriert aufzubereiten. Gerade diese Komplexität führt aber dazu, dass in unterschiedlichen Kapiteln ähnliche Themen zur Sprache kommen, was auf den ersten Blick redundant erscheinen mag, doch die Themen werden jeweils aus anderen Blickwinkeln und mit verschiedenen Zugängen betrachtet, wodurch komplexe und integrative Sichtweisen entstehen. Dennoch muss festgehalten werden, dass dieses Buch in erster Linie als Lehrbuch konzipiert und eine wissenschaftliche Aufarbeitung der Themen nicht primär intendiert ist. Ebenso werden die Sichtweisen von Nachbardisziplinen oftmals nur angedeutet – sofern sie für das bessere Verständnis der Komplexität eines Themas notwendig sind –, denn es würde zu weit führen, ins Detail zu gehen.

Aufbau der Kapitel

Am Beginn eines jeden Kapitels stehen die **Kernfragen**, auf die dann im weiteren Verlauf eingegangen wird. Hierbei handelt es sich um diejenigen Aspekte, die die Entwicklung unserer Gesellschaft, aus unterschiedlichen Perspektiven beleuchtet, beeinflussen und in Zukunft noch intensiver beeinflussen werden.

Die Kapitel sind in drei bis vier **inhaltliche Dimensionen** untergliedert; dabei wird auf wichtige Theorien und Konzepte, insbesondere aber auf eine kritische Reflexion der vergangenen und zukünftigen Entwicklungen in globalen und regionalen, aber auch in individuellen Kontexten eingegangen. Die Erläuterungen werden mit Abbildungen, Tabellen, Karten und Fotos ausgestattet.

Zusätzlich gibt es in jedem Kapitel unter der Rubrik **Aus der Praxis** Fallstudien, die die theoretischen Zugänge durch praktische Umsetzungsbeispiele und *Best Practice Cases* erläutern. In vielen Bereichen der Nachhaltigkeit sind Aspekte vorhanden, die nachdenklich machen. An geeigneten Stellen werden **Gedankensplitter** eingestreut, in denen über besonders wichtige Fragen philosophiert wird.

Schließlich gibt es in jedem Kapitel einen abschließenden Überblick (**Herausforderungen für die Zukunft**) sowie einen zusammenfassenden Satz (**Pointiert formuliert**). Am Ende eines jeden Kapitels befindet sich ein ausführliches Literaturverzeichnis.

Aufbau des Buches

Das Buch ist in zehn Kapitel gegliedert:

▶ Kapitel 1 führt in die Genese der „Geisteshaltung" Nachhaltigkeit ein, setzt sich mit den Dimensionen von Nachhaltigkeit auseinander und führt diese Dimensionen in einer integrativen Perspektive zusammen.

In ▶ Kapitel 2 wird der Versuch unternommen, eine Antwort auf ökologische Herausforderungen, etwa Klimawandel, die Endlichkeit der Ressourcen bei steigendem Bedarf sowie die Übernutzung der Ökosysteme, zu finden. Sehr eingehend werden auch die sozialen Herausforderungen wie die Konsequenzen der Bevölkerungsdynamik, die Urbanisierungsphänomene und die Folgen der Konsumgesellschaft thematisiert. Institutionelle Herausforderungen wie die Veränderung der globalen Machtverhältnisse und entsprechende Gegenströmungen durch neue Governance-Formen werden ebenso angesprochen wie die Rolle der Nichtregierungsorganisationen (*non-governmental organizations*, NGOs), die gerade in der Nachhaltigkeitsdiskussion eine bedeutende Vorreiterfunktion haben.

▶ Kapitel 3 beschäftigt sich mit der Rolle der Menschen als Akteurinnen und Akteure der Nachhaltigkeit. Themen wie Existenzsicherung und die Befriedigung der menschlichen Bedürfnisse, Generationengerechtigkeit und sozialer Zusammenhalt – aber auch die Veränderung von individuellen Lebensstilen – spielen dabei eine entscheidende Rolle. Fragen der Ethik, der Kultur und der persönlichen Werte, die zu verschiedenen Auffassungen in der Nachhaltigkeitsdiskussion führen, leiten über zu einigen anthropologischen Disziplinen: Die Philosophie, die Theologie und die Psychologie zeigen für Fragen der Nachhaltigkeit neue Perspektiven auf und können wesentlich zur Herausbildung eines neuen Nachhaltigkeitsparadigmas beitragen.

▶ Kapitel 4 geht zunächst auf die Zwänge globaler Märkte und Netzwerke in unserer globalisierten Konsumgesellschaft ein. Die Machtverschiebung von der Politik zu den Stakeholdern des freien Marktes führt zu einem offensichtlichen (ökonomischen) Zerfall der Gesellschaft. Dies stellt die Diskussionsbasis dar für Fragen der unternehmerischen Nachhaltigkeit und der Corporate Social Responsibility, aber auch für die Auseinandersetzung mit nachhaltiger Produktion und nachhaltigem Konsum. Dem Globalisierungsszenario werden in der Folge alternative Wirtschaftsmodelle gegenübergestellt. Sie zeigen, dass für eine positive Zukunftsentwicklung eine geteilte und gemeinsame Verantwortung von Politik, Unternehmen, Zivilgesellschaft und Individuen unabdingbar ist. Auch politische Anreizsysteme sind zur Reduktion des Ressourcenverbrauchs und zur Unterstützung des nachhaltigen Lebens und Wirtschaftens vonnöten.

▶ Kapitel 5 widmet sich dem Thema der dynamischen Verstädterungsprozesse und wirft die Frage auf, ob Nachhaltigkeit in urbanen Agglomerationen überhaupt funktionieren kann oder ob es nicht gerade die Städte – durch die extrem dynamischen Agglomerationstendenzen – sind, die eine Vorreiterrolle für eine nachhaltige Entwicklung übernehmen **müssen**.

Neben den negativen ökologischen Phänomenen gibt es enorme soziale Herausforderungen in den Städten, trotzdem sind sie für die Menschen attraktiv und interessant. Daher sind neue Lösungsansätze notwendig: Zukunftsfähige Städte leben von innovativen Formen der Partizipation und Kommunikation und einem Miteinander von Politik, Verwaltung und Zivilgesellschaft. Allerdings bleibt – insbesondere in den explodierenden Megastädten – die Umsetzung dieser Ansätze mehr oder weniger ein Rätsel. Gefordert sind integrative Konzepte, die die Stadt kompakt und vielfältig machen, wie es etwa in europäischen und amerikanischen Städten mit dem Ansatz der Smart Cities versucht wird.

In ▶ Kapitel 6 werden Möglichkeiten diskutiert, die aus den ehemaligen Versorgungs- und Freizeiträumen der Städte, unterstützt durch konsequente Raumentwicklung, selbstbewusstere und auf eigene Stärken aufbauende Sozial- und Wirtschaftsgebilde machen. Trotzdem sind Nutzungskonflikte eklatant, der Landwirtschaftsraum wird von Siedlungsentwicklung und Freizeitnutzung überformt, die regionale Grundversorgung ist gefährdet. Die Einflüsse einer globalisierten Welt auf die Peripherien, das *Global-local Interplay* oder, wie es Ritzer (1997) formulierte, die McDonaldisierung unserer Gesellschaft, erfordern neue Konzepte zur Inwertsetzung ländlicher Räume. Die Fokussierung auf Natur, Lebensqualität und endogene Entwicklungsprozesse, die auf den steigenden Bedürfnissen nach immateriellen Werten und regionalen Identitäten beruhen und insbesondere auf das „eigene" Wissen der Akteurinnen und Akteure aufbauen, sind erfolgversprechende Zukunftsoptionen für Menschen in ländlichen Regionen.

▶ Kapitel 7 widmet sich zunächst der globalen Tourismusindustrie und stellt die Frage, ob nachhaltiger Tourismus Realität oder Selbsttäuschung ist, dies insbesondere unter dem Eindruck der globalen Tourismusindustrie sowie der globalen Netzwerke bei Fluglinien, Hotelketten und Reiseveranstalter. Der Tourismus ist wohl der ökonomische Wachstumssektor schlechthin, aber er hinterlässt deutliche Spuren. Diese Tatsache ist der Tourismusbranche bewusst, und in vielen Bereichen werden – wohl auch um die Attraktivität der Tourismusdestinationen zu erhalten – Nachhaltigkeitsinitiativen ergriffen, die sich mit der Tragfähigkeit des Tourismus ebenso auseinandersetzen wie mit Nachhaltigkeitszertifikaten. Gegenströmungen zu Massentourismus, „alternative", „sanfte" Tourismusformen wie etwa Ökotourismus oder neue Tourismusformen – insbesondere in Ländern des globalen Südens – wie verantwortungsbewusster Tourismus (*responsible tourism*), Community-basierter Tourismus (*community-based tourism*) oder *Pro-Poor Tourism* bieten gute Ansätze. Trotzdem stellt sich schlussendlich die Frage, ob Nachhaltigkeit und Reisen nicht ein Widerspruch per se sind.

Die der Nachhaltigkeit innewohnende Frage der intergenerationellen und intragenerationellen Gerechtigkeit wird in ▶ Kapitel 8 um die Frage des Umgangs mit Vielfalt in unserer Gesellschaft erweitert, und es wird der Prozess zu einer nachhaltige(re)n, inklusive(re)n Gesellschaft diskutiert. Das größte Hindernis auf dem Weg dorthin sind wohl die „Barrieren in den Köpfen", die dem Gedankenzugang einer Gesellschaft „für alle" entgegenstehen und sich in Diskriminierung – bezüglich Geschlecht, ethnischer Herkunft, Alter, Behinderung und besondere Bedürfnisse – ausdrücken. Dagegen können Gesetze, Erlässe oder aber Mainstreaming-Initiativen nur bedingt wirken; der wichtigste Baustein ist die Bewusstseinsbildung. Nur die Verknüpfung von Top-down- und Bottom-up-Ansätzen, basierend auf Nachhaltigkeit, Gerechtigkeit und Inklusion, führt zum Wertewandel und schafft die Grundlagen für eine interaktivere und inklusivere Gesellschaft – ein wichtiger Schritt zur Lösung für eines der größten Paradoxa der Nachhaltigkeit: den Zerfall unserer Gesellschaft.

▶ Kapitel 9 geht der Frage nach, welche Verantwortung die Wissenschaft für die (nachhaltige) Entwicklung unserer Gesellschaft hat. Aber auch die Verantwortung der Universitäten und Hochschulen als Ausbildungsstätten für das Wissen von zukünftigen Entscheidungstragenden wird thematisiert. Als Ausgangspunkt dient das traditionelle Wissen der indigenen Völker, das seit jeher auf Ressourcenschonung, Natur, sozialem Zusammenhalt und daraus resultierenden Wertesystemen beruht. Die Auseinandersetzung mit modernem Wissen führt zu integrativen Sichtweisen und den gerade in der Nachhaltigkeit notwendigen integrativen, interdisziplinären und transdisziplinären Ansätzen, die vonnöten sind, um unsere durch den globalen Wandel verwundbare Gesellschaft resilienter und damit widerstandsfähiger zu machen. Dies erfordert ein neues Rollenverständnis der Universitäten (in unserer Gesellschaft und für unsere Gesellschaft) mit neuen Forschungsparadigmen und neuen Bildungskonzepten.

▶ Kapitel 10 ist ein neuer Ansatz, um die Komplexitäten unserer Gesellschaften unter den vorhandenen Rahmenbedingungen (Globalisierung, Informationsflut, Technologiehörigkeit etc.) transparent zu machen und zu einem neuen Miteinander durch veränderte Kommunikationskulturen zu führen. Aufbauend auf die Erkenntnisse unserer Wissensgesellschaft wird die Bedeutung von Emotionen bei der Bewertung von Nachhaltigkeit herausgearbeitet. Damit wird die Rolle bewusster und unbewusster Glaubensprozesse (Creditionen) sichtbar gemacht und dargestellt, wie unsere individuellen Glaubensprozesse – die durch unsere persönliche Biographie, unsere Sozialisation sowie unsere daraus resultierenden Wertesysteme geprägt sind – unsere Weltanschauung und damit unsere Handlungen beeinflussen. Die Sichtbarmachung von (Welt-)Anschauungen kann bedrohliche (Struktur-)Entwicklungen aufzeigen und transparent machen. Dadurch entstehen neue Handlungsspielräume, weil das „harte Wissen" neu bewertet bzw. gedeutet wird. In anderen Worten ausgedrückt: „Vom Umdenken zum Umhandeln."

Es bleiben viele Fragen, Themenbereiche, Zugänge und Lösungsansätze offen; dennoch ist klar, dass es unserer Gesellschaft gelingen muss, die negativen Effekte einer globalisierten Wirtschaft zu reduzieren, globale Verantwortung zu übernehmen, Disparitäten abzubauen, Klüfte und Barrieren zu überwinden, um unsere Gesellschaft in eine nachhaltige Zukunft zu führen – dies zum Schutz und zur angepassten Nutzung unseres gemeinsamen Lebensraumes und zum Wohle aller zukünftigen Generationen.

Weiterführende Literatur

Carlowitz von HC (1732) Sylvicultura Oeconomica, Oder Haußwirthliche Nachricht und Naturmäßige Anweisung zur Wilden Baum-Zucht. Brauns Erben, Leipzig

Carson RL (1962) Silent Spring. Crest Book Fawcett, Greenwich, Conn

Carson RL (1963) Der stumme Frühling (aus d. Amerikan. übertr. von Margaret Auer). Biederstein, München

Kraas F (2003) Megacities as Global Risk Areas. Petermanns Geographische Mitteilungen, Bd 147, H 4 Megastädte, Gotha. Klett-Perthes, Gotha, S 6–15

Meadows DL, Meadows DH, Zahn E, Milling P (1972) Die Grenzen des Wachstums. Bericht des Club of Rome zur Lage der Menschheit. Rowohlt, Stuttgart

Ritzer G (1997) Die McDonaldisierung der Gesellschaft. Fischer-Taschenbuch 13811. Fischer-Taschenbuch Verlag, Frankfurt am Main

UN (United Nations) (2012) The Future We Want. http://www.un.org/en/sustainablefuture/. Zugegriffen: Februar 2015

UN (United Nations) (2014) World Urbanization Prospects. The 2014 Revision http://esa.un.org/unpd/wup/Highlights/WUP2014-Highlights.pdf. Zugegriffen: Juli 2015

WCED (World Commission on Environment and Development) (1987) Our Common Future (Unsere gemeinsame Zukunft) = Brundtland-Bericht. http://www.un-documents.net/wced-ocf.htm. Zugegriffen: Juli 2015

Die Autorinnen und Autoren

Dr. Hans-Ferdinand Angel ist ordentlicher Universitätsprofessor und seit 1997 Inhaber des Lehrstuhls für Katechetik und Religionspädagogik an der Universität Graz. Studien in Regensburg und Paris. Dissertation 1988: „Naturwissenschaft und Technik im Religionsunterricht". Wissenschaftliche Positionen an den Universitäten Würzburg und Regensburg. Habilitation 1994: „Der religiöse Mensch in Katastrophenzeiten". Von 1988 bis 1997 Gesellschafter der EcclesiaData GmbH. In Kooperation mit dem Institut FUTUR der Universität Regensburg Beteiligung an einem Forschungsprojekt „Theologie und Wirtschaft im Dialog". Professur an der TU Dresden (1996/1997). Seit 2010 wissenschaftlicher Leiter des Credition Research Project, einem an der Universität Graz beheimateten internationalen Netzwerk zur Erforschung von Glaubensprozessen (▶ http://uni-graz.at/credition/).

Dr. Franz Brunner ist Assistenzprofessor am Institut für Geographie und Raumforschung der Universität Graz. Studium der Geographie. Dissertation 1982: „Die ländlichen Siedlungen des Bezirkes Fürstenfeld". In Forschung und Lehre ist er im Bereich der nachhaltigen raumbezogenen Entwicklung tätig. Besondere Forschungsschwerpunkte sind raumbezogene Konflikte und partizipative Prozesse in Städten, Gemeinden und Regionen. Langjähriger Leiter des Arbeitskreises „Nachhaltigkeit – Kommunikation und Partizipation". An der Schnittstelle zwischen Forschung und praktischer Anwendung ist er wissenschaftlicher Betreuer und Evaluator von partizipativen Entwicklungsprozessen in Kommunen, unter anderem bei der Leitlinienentwicklung zur BürgerInnenbeteiligung in Graz.

Mag. Thomas Drage ist operativer Leiter des RCE Graz-Styria und Universitätsassistent an der Universität Graz. Studium der Umweltsystemwissenschaften mit Schwerpunkt Geographie in Graz. Außeruniversitäre Forschungstätigkeit mit Schwerpunkt nachhaltige Mobilität bei der Forschungsgesellschaft Austrian Mobility Research. Mitarbeiter im Referat für BürgerInnenbeteiligung der Stadtbaudirektion Graz. Sein Forschungsschwerpunkt liegt in der partizipativen Entwicklung der Funktionen Wohnen und Mobilität zur Verbesserung von Lebensqualität und Gesundheit in einer nachhaltigen Stadtentwicklung – unter besonderer Berücksichtigung innovativer Formen von städtischer Governance.

Mag. Dr. Thomas Höflehner ist Post-Doc am RCE Graz-Styria (Universität Graz) und arbeitet im EU-Projekt „Urb@Exp: Towards New Forms of Urban Governance and City Development". Studium der Geographie mit dem Schwerpunkt Nachhaltige Stadt- und Regionalentwicklung in Graz. Abschlussarbeit: „Ökodörfer in der nachhaltigen Regionalentwicklung". Von 2011 bis 2014 Universitätsassistent am Institut für Geographie und Raumforschung, im Sommersemester 2014 wissenschaftlicher Mitarbeiter am Metropolitan Institute der Virginia Tech (USA). Dissertation 2015: „Integrative Mehrebenenanalyse der regionalen Resilienz". Seine Forschungen befassen sich mit integrativen Zugängen zu Mensch-Umwelt-Beziehungen sowie mit der regionalen Resilienz.

Mag. Jonas Meyer ist wissenschaftlicher Mitarbeiter am RCE Graz-Styria (Universität Graz) im EU-Projekt „ConSus: Connecting Science-Society Collaborations for Sustainability Innovations" mit Universitäten und Institutionen aus Albanien und dem Kosovo. Studium der Geographie sowie der Nachhaltigen Stadt- und Regionalentwicklung in Münster und Graz. Auslandsaufenthalt in Shanghai (China). In seinen Forschungen widmet er sich den regionalen Wissenspotenzialen und ihrer kooperativen Nutzung, der Abwanderung von Hochqualifizierten aus ländlichen Regionen sowie der gesellschaftlichen (und regionalen) Verantwortung von Unternehmen.

MMag. Dr. Judith Pizzera ist Senior Lecturer für Humangeographie am Institut für Geographie und Raumforschung der Universität Graz. Sie studierte Geographie, Italienisch, Umweltsystemwissenschaften und Betriebswirtschaftslehre in Graz und Udine (Abschlussarbeit: „Das Produkt Sommertourismus am Beispiel der Dachstein-Tauern-Region"). Dissertation 2007: „Innovationsprozesse in ehemaligen Bergbauregionen". Wissenschaftliche Projektarbeit in EU-Programmen (INTERREG, ESPON, EU eLearning-Programme). In Forschung und Lehre beschäftigt sie sich vor allem mit dem Management von (Tourismus-)Destinationen, der Imageforschung, der Umweltökonomie sowie der nachhaltigen Regionalentwicklung.

Mag. Dr. Filippina Risopoulos-Pichler ist akademische Koordinatorin der Nachhaltigen Universität Graz und Koordinatorin für „Sustainability4U". Studium Erwachsenenbildung am Institut für Bildungs- und Erziehungswissenschaften in Graz. Dissertation 2005: „Fallstudien als transdisziplinäre Form der universitären Bildung". Sie ist Mitglied des ITdNet (International Network on Inter- and Transdisciplinary Case-Studies) und des Advisory Board der International Conference Social Responsibility and Current Challenges (IRDO). Mitherausgeberin der Nachhaltigkeitsberichte der Universität Graz. Ihre Forschungsinteressen sind nachhaltige Entwicklung, insbesondere soziale und kulturelle Nachhaltigkeit, Bildung für nachhaltige Entwicklung sowie *leadership competences for sustainable development*.

Mag. Petra Wlasak, MSc, MA, ist operative Leiterin des RCE Graz-Styria und Universitätsassistentin an der Universität Graz. Studien der Politikwissenschaften an der Universität Wien und Gender Studies an der Universität Graz und der Ruhr-Universität-Bochum sowie European Project and Public Management an der Fachhochschule Joanneum in Graz. Sie arbeitete im NGO-Bereich als Integrationsberaterin und Projektkoordinatorin mit Flüchtlingen in der Steiermark sowie in der außeruniversitären Forschung zum Thema Migration und Geschlechterverhältnisse. Ihre Forschungsschwerpunkte umfassen Migrations- und Fluchtforschung im Spannungsfeld von nachhaltiger Entwicklung und sozialer Inklusion.

Mag. Dr. Susanne Zimmermann-Janschitz ist Assoziierte Universitätsprofessorin am Institut für Geographie und Raumforschung der Universität Graz. Studien der Geographie und Mathematik in Klagenfurt und Columbia, SC (USA). Dissertation 1997: „The Application of Geographic Information Systems for Regional Planning and Development". Habilitation 2011: „Von Barrieren in unseren Köpfen und ‚Karten ohne Grenzen'". Ihre Forschungs- und Lehrschwerpunkte widmen sich der Computational Geography, insbesondere im Bereich der Geographischen Informationssysteme und der Statistik mit Anwendungsbezug in der Regionalentwicklung und der Nachhaltigkeit. Aktuelle Forschungen im Themenfeld Inklusion, mit der Modellierung und Implementierung von Geographischen Informationssystemen für Menschen mit besonderen Bedürfnissen.

Dr. Friedrich M. Zimmermann ist ordentlicher Universitätsprofessor und seit 1997 Inhaber des Lehrstuhls für Humangeographie am Institut für Geographie und Raumforschung der Universität Graz. Leiter des UN-zertifizierten RCE Graz-Styria (► http://www.rce-graz.at/).

Studien in Graz und München. Habilitation 1986: „Tourismus in Österreich zwischen Instabilität der Nachfrage und Innovationskraft des Angebotes". Wissenschaftliche Engagements in Klagenfurt, München und in den USA. Von 2000 bis 2007 Vizerektor für Forschung und Wissenstransfer der Universität Graz. Nachhaltigkeitsbeauftragter der Universität Graz und Gründungspräsident sowie Advisory-Board-Mitglied der COPERNICUS Alliance, dem European Network on Higher Education for Sustainable Development. Seine Forschungen befassen sich mit nachhaltigen städtischen und regionalen Transformationsprozessen, nachhaltigem Tourismus sowie mit Nachhaltigkeitsintegration im Wissensaustausch.

Inhaltsverzeichnis

AutorInnenverzeichnis

Angel, Hans-Ferdinand, O. Univ.-Prof. Dr.
Katechetik und Religionspädagogik
Universität Graz
Heinrichstraße 78 B/II
8010 Graz
Österreich
hfangel@inode.at

Brunner, Franz, Dr.
Geographie und Raumforschung
Universität Graz
Heinrichstraße 36
8010 Graz
Österreich
fr.brunner@uni-graz.at

Drage, Thomas, Mag.
RCE Graz-Styria
Universität Graz
Attemsgasse 11
8010 Graz
Österreich
thomas.drage@uni-graz.at

Höflehner, Thomas, Mag. Dr.
RCE Graz-Styria
Universität Graz
Attemsgasse 11
8010 Graz
Österreich
thomas.hoeflehner@uni-graz.at

Meyer, Jonas, Mag.
RCE Graz-Styria
Universität Graz
Attemsgasse 11
8010 Graz
Österreich
jonas.meyer@uni-graz.at

Pizzera, Judith, MMag. Dr.
Geographie und Raumforschung
Universität Graz
Heinrichstraße 36
8010 Graz
Österreich
judith.pizzera@uni-graz.at

Risopoulos, Filippina, Mag. Dr.
Geographie und Raumforschung
Universität Graz
Heinrichstraße 36
8010 Graz
Österreich
filippina.risopoulos@uni-graz.at

Wlasak, Petra, Mag., MSc, MA
RCE Graz-Styria
Universität Graz
Attemsgasse 11
8010 Graz
Österreich
petra.wlasak@uni-graz.at

Zimmermann-Janschitz, Susanne, Univ.-Prof. Dr.
Geographie und Raumforschung
Universität Graz
Heinrichstraße 36
8010 Graz
Österreich
susanne.janschitz@uni-graz.at

Zimmermann, Friedrich M., O. Univ.-Prof. Dr.
Geographie und Raumforschung
Universität Graz
Heinrichstraße 36
8010 Graz
Österreich
friedrich.zimmermann@uni-graz.at

Was ist Nachhaltigkeit – eine Perspektivenfrage?

Friedrich M. Zimmermann

F. M. Zimmermann (Hrsg.), *Nachhaltigkeit wofür?*,
DOI 10.1007/978-3-662-48191-2_1, © Springer-Verlag Berlin Heidelberg 2016

1

Kernfragen

- Ist Nachhaltigkeit ein Modewort oder bereits eine Geisteshaltung?
- Ist überall Nachhaltigkeit drin, wo Nachhaltigkeit draufsteht?
- Welche Dimensionen der Nachhaltigkeit gibt es, und wie können und müssen diese integrativ gesehen werden?
- Warum ist es höchste Zeit, umzudenken und unsere Werthaltungen zu verändern?

1.1   Die Genese der „Geisteshaltung" Nachhaltigkeit

Die Frage nach Kriterien, Konzepten und Strategien zur Umsetzung einer zukunftsfähigen Entwicklung der Menschheit nahm in den vergangenen Jahren im akademischen Diskurs, aber auch in der Zivilgesellschaft immer mehr an Bedeutung zu. Im Mittelpunkt steht hierbei der Begriff „Sustainable Development", der – etwas unglücklich – als „nachhaltige Entwicklung" ins Deutsche übertragen wurde. Der Begriff **Nachhaltigkeit** bzw. **nachhaltige Entwicklung** ist von großer Komplexität gekennzeichnet, weshalb eine praktikable Verwendung und notwendige Begriffsbestimmung nicht leicht möglich ist. Daher soll die Auseinandersetzung mit der Genese, den Dimensionen und den integrativen bzw. systemischen Ansätzen des Begriffs am Beginn dieses Buches stehen. Damit wird der Bogen vom Leitbild zu einer Geisteshaltung der Menschen für eine nachhaltige Entwicklung angestrebt und die Notwendigkeit des Handelns nach dessen Grundgedanken vor Augen geführt. Denn nur wenn für jeden Einzelnen **das Leitbild Nachhaltigkeit zur Geisteshaltung** wird, können entscheidende Veränderungen stattfinden. Unter dem Eindruck der globalen und regionalen Herausforderungen muss in unseren Gesellschaften ein Wandel stattfinden. Rapide Umdenkprozesse und deutlich veränderte Werthaltungen sind vonnöten, wenn wir die Zukunft erfolgreich meistern wollen.

Durch die vielfältige Verwendung des Begriffs „Nachhaltigkeit" besteht mittlerweile allerdings die Gefahr – oder sie ist bereits eingetreten –, dass er zu einem Modebegriff mutiert. Ob in Parlamentsreden, politischen Deklarationen, Strategiepapieren oder in den Medien, der Begriff „Nachhaltigkeit" ist en vogue und allgegenwärtig. Nachhaltigkeit kommt in den denkwürdigsten Zusammenhängen vor und ersetzt zahlreiche Synonyme. Im sinnstiftenden Sprachgebrauch der Menschen ist der Begriff schon viel seltener in Gebrauch. Grund dafür ist, dass die Bevölkerung in entwickelten Ländern mit Themen wie Ressourcenknappheit, Zerstörung der Regenwälder, Versteppung oder Artenschwund (noch) nicht direkt konfrontiert ist. Erst unmittelbare Betroffenheit würde einen Handlungsdruck bewirken und eine raschere Veränderung des Bewusstseins der Menschen in Bezug auf eine nachhaltige Gestaltung der Zukunft ermöglichen.

Gedankensplitter

Nachhaltiger Erfolg

Die Medien berichten von der Kriegsfront. „Unseren Truppen sind nachhaltige Erfolge bei der Eroberung der Stadt gelungen, wir sind auf dem Vormarsch!", stellt ein Offizier nicht ohne Stolz beim Interview fest. Was heißt das eigentlich? Heißt das nicht, dass wir die meist große Anzahl der militärischen und zivilen Opfer oftmals zugunsten einer „nachhaltigen Ausweitung von Macht" zur Kenntnis nehmen? In den meisten Fällen bleiben die „nachhaltige Zerstörung" von privatem Eigentum und Volksvermögen sowie „nachhaltiges Leid" bei den betroffenen Menschen übrig, aber die sogenannten Sieger haben „nachhaltige Erfolge" gefeiert!

1.1.1 Ursprünge und Begriffserklärung

Das lateinische Verb *sustinere* bedeutet so viel wie „aufrecht halten", „stützen" (Stowasser et al. 1994). Auch im Englischen hat das Verb *sustain* die Bedeutung „stützen", „tragen", „aushalten", „erhalten". Das Verb wird in physikalischen, moralischen, biologischen, gesundheitsbezogenen, also in vielfältigen Zusammenhängen verwendet. Das Verb *to sustain* wird das erste Mal schriftlich im Jahr 1290 in folgendem Zusammenhang gebraucht: „Two chiefs [...] each able to sustain a nations fate" („Zwei Könige [...] jeder fähig, das Schicksal der Nation aufrechtzuerhalten").

Die **älteste Verwendung** des Begriffs im deutschen Sprachraum geht auf das Jahr 1713 zurück. Oberhauptmann Hans Carl von Carlowitz verlangt in seinem Werk *Sylvicultura oeconomica* eine „continuierliche, beständige und nachhaltige Nutzung des Waldes". Die verschärfte Holzknappheit veranlasste den Adeligen, ein Konzept zur dauerhaften Bereitstellung von Holz für den Silberbergbau zu erarbeiten. Das Konzept sah den Wald als natürliche Ressource, dessen Fortbestand auf Dauer gesichert werden musste. Es durfte nämlich nur so viel Holz geschlagen werden, wie durch Aufforstung wieder nachwachsen konnte. Oder, wie Hartig (1795) schrieb: „[...] die Wälder nur soweit zu nutzen sind, dass die Nachkommenschaft ebenso viele Vorteile daraus ziehen kann, als sich die jetzt lebende Generation zueignet" (Ninck 1997, S. 52). Aus diesem forstwirtschaftlichen Zugang gehen zentrale Botschaften auch für die aktuelle Nachhaltigkeitsdiskussion hervor, so etwa die **Langfristigkeit** und **Bestandssicherung**, die intergenerationelle **soziale Verantwortung** und ein auf den **Gesamtnutzen** abgestimmter Schutz der Ressourcen – eine wünschenswerte Handlungsmaxime für alle Gesellschaftsbereiche.

Im 19. Jahrhundert wird das Wort „Nachhaltigkeit" schließlich im Wörterbuch der deutschen Sprache (Campe 1809, S. 403) als neu vermerkt. Das Adjektiv „nachhaltig" wurde mit „einen Nachhalt haben, naher, später noch anhaltend, dauernd" umschrieben. Hierin ist sowohl die Bedeutung Vorrat als auch die Bedeutung Dauerhaftigkeit impliziert. Als Belegstelle wird Goethe zitiert. In der Folge ist die Verwendung des Begriffs mit der in der Forstwirtschaft typischen Bedeutung verloren gegangen. Der Begriff „Nachhaltigkeit" umschreibt heute nicht mehr einen Weg zur dauerhaften Vorratserhaltung, sondern den Zustand von Dauerhaftigkeit (Ninck 1997; Büchi 2000).

Mit der Einführung des Begriffs Sustainable Development, der erstmals 1980 in dem Strategiepapier „World Conservation Strategy" der International Union for the Conservation of Nature (IUCN; Weltnaturschutzunion) zu lesen war, und der damit verbundenen Übersetzung ins Deutsche tauchte die Bedeutung einer Entwicklung bezüglich der Vorratserhaltung wieder auf. Heute wird häufig von einer zukunftsfähigen, dauerhaften, umweltgerechten oder nachhaltigen Entwicklung gesprochen. Weltweit formuliert wurde das Konzept „Sustainable Development" auf der United Nations Conference on Environment and Development (UNCED; UN-Konferenz für Umwelt und Entwicklung) in Rio de Janeiro. Im deutschen Sprachraum hat sich der Begriff „nachhaltige Entwicklung" durchgesetzt, der zwei grundsätzliche Tendenzen vereint – zum einen („nachhaltig") das Konservative, Bewahrende, zum anderen („Entwicklung") das Fortschreitende, sich Verändernde –, und somit als Dichotomie zu verstehen ist. Bei einer Trennung des Begriffs würde man je einer der beiden Tendenzen mehr Bedeutung zumessen. Der entscheidende Fakt ist jedoch genau die Verknüpfung dieser beiden Wörter, durch die das Leitbild Nachhaltigkeit einen innovativen und kreativen Charakter erhält (Aachener Stiftung Kathy Beys 2014; Grossmann et al. 1999; Kopfmüller et al. 2001). **Aus Praktikabilitätsgründen werden im Folgenden die Begriffe „Sustainable Development", „nachhaltige Entwicklung" und „Nachhaltigkeit" synonym verwendet.**

Vorläufer aller Veröffentlichungen, die ein ökologisches Anliegen zum Thema hatten, stellte die Publikation *Silent Spring* (*Der stumme Frühling*) von Rachel Carson dar (1962;

1

1963). In ihrem Buch erläuterte sie die schleichende Verseuchung der Natur mit Chemikalien und deren unmittelbare Folgen für die Gesundheit der Menschen. Sie stellte durch Untersuchungen fest, dass das Insektizid DDT (Dichlordiphenyltrichlorethan), das als Kontakt- und Fraßgift bei der Produktion von Lebensmitteln in der Landwirtschaft eingesetzt wurde, über die Nahrungskette verbreitet, bei Tieren und Menschen dramatische Folgeerscheinungen zeigte (bei Vögeln wurde die Fortpflanzung drastisch beeinträchtigt, bei Haustieren kam es zu Vergiftungserscheinungen, bei Menschen zu erhöhtem Krebsrisiko) (http://www.chemie.de/lexikon/DDT.html).

Bei dem 1968 gegründeten Club of Rome handelt es sich um einen Zusammenschluss von Wissenschaftlerinnen und Wissenschaftlern, Unternehmensmanagement und Politik, die aufgrund der wachsenden Umweltprobleme eine Studie in Auftrag gaben. 1972 wurde dieser Bericht unter dem Titel *The Limits to Growth* (*Die Grenzen des Wachstums*) von Dennis Meadows et al. veröffentlicht, in dem der Club of Rome die Endlichkeit der natürlichen Ressourcen zum ersten Mal weltweit darstellte (Martini 2000).

In der Folge erfuhr der Begriff „Nachhaltigkeit" eine massive Ausdehnung in seiner Anwendung, da er sich über die Forst- und Landwirtschaft hinausgehend auf das **gesamte Ökosystem** bezog. Zu der erhofften globalen Neuorientierung kam es jedoch aufgrund der Ölkrise in den 1970er Jahren noch nicht. Im Mittelpunkt der internationalen Diskussion standen nicht mehr die Umweltdebatte, sondern das Thema der nachhinkenden Wirtschaftsentwicklung und die Diskussion einer neuen Weltwirtschaftsordnung. Zeitgleich mit der Veröffentlichung des Berichts tagte 1972 die erste internationale UN-Konferenz in Stockholm: die United Nations Conference of the Environment. Auf dieser und auch auf weiteren Konferenzen wurde Nachhaltigkeit von den Industrie- und den Entwicklungsländern höchst gegensätzlich gedeutet, wodurch es zu erheblichen Auseinandersetzungen und deutlichen Interpretationsunterschieden kam. Die Entwicklungsländer räumten nämlich der ökonomischen und sozialen Dimension einen eindeutigen Vorrang ein, während die Industriestaaten noch immer ihren Fokus auf die Umweltdebatte legten. Zur Koordinierung der umweltrelevanten UN-Aktivitäten wurde in Stockholm das United Nations Environment Programme, (UNEP; Umweltprogramm der Vereinten Nationen) mit Sitz in Nairobi (Kenia) beschlossen. Es sollte ein Konzept ausarbeiten, mit dem Ziel einer umwelt- und sozialverträglichen Entwicklung. Diese Strategie wurde 1973 unter dem Namen „Ecodevelopment" bekannt, in die erstmals auch soziale Belange eingebracht wurden (Kopfmüller et al. 2001; Martini 2000).

Aufgrund wachsender Probleme im ökologischen, ökonomischen und sozialen Bereich nahm die World Commission on Environment and Development (WCED; Weltkommission für Umwelt und Entwicklung) im Jahr 1983 unter der Führung der norwegischen Ministerpräsidentin Gro Harlem Brundtland ihre Arbeit auf, mit dem Auftrag, ein Programm des Wandels auszuarbeiten. Der 1987 vorgelegte Bericht „Our Common Future" („Unsere gemeinsame Zukunft"), auch als Brundtland-Bericht bekannt, beschäftigt sich sehr eingehend mit dem Begriff der nachhaltigen Entwicklung und definiert ihn wie folgt: „Sustainable development is development that meets the needs of the present without compromising the ability of future generations to meet their own needs" (WCED 1987, Kap. 2, S. 1). Der Bericht verfolgt außerdem zwei Thesen, die ein **intragenerationelles**, also zwischen den jetzt lebenden Generationen, und ein **intergenerationelles**, d. h. heutige und zukünftige Generationen, betreffendes Gerechtigkeitspostulat fordern. Weiterhin verlangt der Bericht die **Deckung der Grundbedürfnisse** der Dritten Welt als übergeordnetes Ziel: Armut ist als die Hauptursache der Umweltzerstörung zu sehen. Die Beseitigung der Armut stellt demnach die Grundvoraussetzung für eine globale nachhaltige Entwicklung dar. Überdies zeigt der Bericht die **Problematik der Belastbarkeit der Ökosysteme**, wenn es um die Befriedigung der Bedürfnisse heutiger und zukünftiger

Generationen geht. Im Brundtland-Bericht erfolgte auch ein Bedeutungswandel des Begriffs „Nachhaltigkeit". Während in dem Strategiepapier „World Conservation Strategy" der IUCN der Begriff „Sustainable Development" noch auf den nachhaltigen Ertrag der natürlichen Ressourcen abzielte, fordert der Brundtland-Bericht nun eine nachhaltige Entwicklung. Somit enthält er auch anthropozentrische Sichtweisen, da er die Umwelt im Interesse der Menschen schützen will und nicht nur um ihrer selbst willen.

Diese Definition verankerte sich in der Fachliteratur wie keine andere. Von diesem Zeitpunkt an kam der Begriff weltweit in Debatten über geeignete Wege zur Umsetzung nachhaltiger Entwicklung vor und wurde auch erstmals der nicht wissenschaftlichen Öffentlichkeit nähergebracht. „Sustainable Development" wurde zum Schlüsselbegriff und Leitbild der 1990er Jahre, da erstmals die drei Dimensionen Ökologie, Ökonomie und Soziales vereint, ein Gerechtigkeitspostulat gefordert und ein globales Bewusstsein erzeugt wurden.

Die Diskussion um den Nachhaltigkeitsbegriff ist noch lange nicht abgeschlossen; er bleibt weiter abstrakt und wenig konkret. Dies ist ein Vorteil für politische Konsensbildung auf nationaler, supranationaler und globaler Ebene, ist aber für konkrete gesellschaftspolitisch relevante Handlungen im Sinne einer zukunftsfähigen Entwicklung unserer globalen Gesellschaft zu schwammig. Dies gilt zunächst für die Definition des Begriffs, dessen unglückliche deutsche Formulierung dazu verleitet, Synonyme wie etwa „dauerhaft aufrechterhaltbar", „zukunftsfähig", „zukunftstauglich" etc. zu entwickeln. Über den Umfang des Begriffs gibt es weniger Diskussion. Heute ist unbestritten, dass **ökologische, ökonomische und soziale Ziele** damit gemeint sind. Weiter klaffen die Meinungen über die Hierarchie dieser Zieldimensionen auseinander; die Positionen lassen sich in vier Kategorien festhalten (Rogall 2013; ▶ Abschn. 1.3):

- Die wirtschaftliche Dimension ist die wichtigste, weil diese die Bedürfnisbefriedigung der Menschen dauerhaft sicherstellt.
- Die ökologische Dimension ist die wichtigste, da der Schutz der Natur die existenzielle Voraussetzung unseres Lebens und damit aller Ziele ist.
- Die Dimensionen der Nachhaltigkeit sind gleichberechtigt und integrativ zu sehen (Drei-Säulen-Modell; Tetraeder der Nachhaltigkeit).
- Die Dimensionen sind innerhalb der von der Natur vorgegebenen Grenzen grundsätzlich gleichberechtigt; die Grenzen sichern die natürlichen (Lebens-)Grundlagen und sind Grundlage des Wirtschaftens.

1.1.2 Politische Umsetzungen im Rahmen von Konferenzen

Der Brundtland-Bericht und die folgenden Debatten stellten die Basis für die **UNCED 1992 in Rio de Janeiro** und die Rio-Folgeprozesse dar. Ziel der UN-Sondergeneralversammlung über Umwelt und Entwicklung (es werden synonym auch „Rio-Konferenz 1992", Erdgipfel 1992" oder „Earth Summit 1992" verwendet), an dem über 100 Staats- und Regierungschefs aus insgesamt 178 Länder teilnahmen, war es, aufgrund der wachsenden globalen Probleme mit teilweise irreversiblen Folgen und zunehmend globalen Verflechtungen zumindest politisch verbindliche Normen für die globale Entwicklung festzulegen und erstmals die Umweltpolitik mit der Entwicklungspolitik zu verknüpfen. Die Lösung der globalen Probleme sollte vor allem durch neue globale Partnerschaften ermöglicht werden. Außerdem trat erstmals in allen Dokumenten der Begriff „Nachhaltigkeit" auf und erreichte unter Einbeziehung großer Teile der Gesellschaft eine einzigartige Bandbreite und politische Brisanz.

Die **Rio-Konferenz 1992** ist wohl diejenige, deren Ergebnisdokumente bis heute noch grundlegende Bedeutung haben und in denen das Leitbild der nachhaltigen Entwicklung als globale Ethik festgeschrieben wurde (Aachener Stiftung Kathy Beys 2014; Schretzmann et al. 2006; Vogt 2009; Kopfmüller et al. 2001; Görg und Brand 2002; Martini 2000):

- Die **Deklaration von Rio über Umwelt und Entwicklung** mit 27 Grundsätzen, die erstmals global das Recht auf Nachhaltigkeit verankern und einige wichtige Bereiche hervorheben (Verursacherprinzip, Bekämpfung der Armut, Partizipation etc.)
- Die **Agenda 21**, die die Regierungen einzelner Staaten zu nationalen (Nachhaltigkeits-) Strategien und Plänen verpflichten
- Die **Klimaschutzkonvention**, als Rahmenkonvention über Klimaveränderungen und die Notwendigkeit, den Ausstoß von Treibhausgasen zu reduzieren bzw. zu stabilisieren
- Die **Biodiversitätskonvention** zum Schutz der biologischen Vielfalt durch gerechte, ausgewogene und nachhaltige Nutzung
- Die **Konvention zur Bekämpfung der Wüstenbildung**
- Die **Walddeklaration** mit Leitsätzen für die Bewirtschaftung, Erhaltung und nachhaltige Entwicklung der Wälder

Hierbei spielt vor allem die Agenda 21 eine große Rolle, da sie bei der Verknüpfung umweltbezogener, ökonomischer und sozialer Fragen einen einheitlichen politischen Rahmen anstrebt. Sie enthält über 2500 weitreichende Empfehlungen für Aktionen sowie detaillierte Vorschläge, verschwenderischen Konsum zu verringern, Armut zu bekämpfen, die Atmosphäre, die Ozeane und die Artenvielfalt zu schützen und eine nachhaltige Landwirtschaft zu fördern. Die ebenfalls in Rio beschlossene Commission on Sustainable Development (CSD; Kommission für Nachhaltige Entwicklung) wurde eingerichtet, um den Prozess der nachhaltigen Entwicklung in den einzelnen Staaten besser beobachten, fördern und evaluieren zu können. So wurde „Sustainable Development" noch deutlicher zum entscheidenden Leitbegriff, ohne jedoch eine eindeutige Definition des Begriffs selbst festzulegen.

Bei der UN-Sondergeneralversammlung 1997 in **New York (Rio + 5)** nahmen 53 Staats- und Regierungschefs sowie 65 Minister für Umwelt oder anderer Ressorts teil. Sie endete im Prinzip mit großer Ernüchterung bis hin zur Enttäuschung und eigentlich mit nur einer Übereinstimmung, nämlich dass es der Erde schlechter gehe als je zuvor. Die globale Situation, angefangen von der wachsenden Kluft zwischen Arm und Reich sowie zwischen Nord und Süd bis zu zunehmenden Umweltproblemen, hatte sich trotz aller entwickelten Nachhaltigkeitsstrategien drastisch verschlimmert. Der Begriff „Nachhaltigkeit" wurde je nach Betrachtungsweise und Interessensvertretung unterschiedlich interpretiert und gedeutet. Er ist für viele, wie bereits anfangs erwähnt, zu einem Schlagwort, einem Deckmantel, einem Feigenblatt geworden; die Kluft zwischen Realität und Wunschvorstellungen bzw. den politischen Beschlüssen hat sich deutlich vergrößert.

Nun war es in den folgenden Jahren Aufgabe, Nachhaltigkeitsstrategien auf ihre praktische Umsetzbarkeit hin zu überprüfen. Dies erfolgte insbesondere auf dem World Summit on Sustainable Development (CSD; Weltgipfel für nachhaltige Entwicklung) in **Johannesburg** im Jahr 2002 (**Rio + 10**), an dem 104 Staats- und Regierungschefs und über 9000 Delegierten aus mehr als 190 Staaten teilnahmen, um zehn Jahre nach Rio eine Bilanz des Erreichten zu ziehen, neue Maßnahmen zu beschließen und über deren Finanzierung zu verhandeln. Es sollte ein weiterer Meilenstein gelegt werden – dazu ist es jedoch nicht gekommen. Abgesehen von den Ergebnissen des Gipfels – ein umfassender Implementierungsplan von Johannesburg, eine politische Deklaration sowie eine offene Liste mit Partnerschaften zur Umsetzung der Agenda 21 – ist die Bilanz eher enttäuschend (BMLFUW 2002). Konkrete Zielformulierungen und Umsetzungsmaßnahmen für die nachhaltige Entwicklung blieben aus. Auch sollte ein ambitionierter Aktionsplan für die nächsten zehn Jahre erstellt werden – ein Unterfangen, das aufgrund unterschiedlicher Einsprüche scheiterte. Einigkeit bestand nur darüber, dass in Bezug auf nachhaltige Entwicklung und deren Umsetzung ein gemeinsamer Lern- und Erfahrungs-prozess eingeleitet werden müsse (Aachener-Stiftung Kathy Beys 2014).

Viel Hoffnung lag auf der dritten Nachfolgekonferenz **Rio + 20,** sie fand im Juni 2012, wie-derum in der brasilianischen Metropole **Rio de Janeiro**, mit Vertretungen aus 190 Ländern auf „höchster politischer Ebene" statt, mit dem Ziel, der nachhaltigen Entwicklung neuen Schwung zu verleihen. Das Abschlussdokument „The Future We Want" („Die Zukunft, die wir wollen") (UN 2012) wurde in zahlreichen Vorbereitungstreffen ausgehandelt und am Abend vor dem Gipfel vorgelegt. Nach langen Diskussionen gelang eine Verabschiedung des Dokuments mit zwei Schwerpunkten (UN 2012):

- Entwicklung einer Wirtschaft basierend auf nachhaltiger Entwicklung und Armutsbe-kämpfung (Green Economy).
- Institutionelle Rahmenbedingungen einer nachhaltigen Entwicklung, im Sinne einer Einbindung des Leitbildes Nachhaltigkeit in die politischen Systeme der UN-Mitglieds-staaten und auf internationaler Ebene. Dabei wurden auch die Kernbereiche der zukünf-tigen Entwicklungen und Herausforderungen benannt, nämlich Arbeitsplätze, Energie, nachhaltige Städte, Naturkatastrophen, Nahrungsmittelsicherheit und nachhaltige Land-wirtschaft, Wasser und Ozeane. Zudem sollen Zielvorgaben für eine nachhaltige Entwick-lung der Welt ab 2015 formuliert werden (Global Action Plan) mit der Integration neuer nachhaltiger Entwicklungsziele (Sustainable Development Goals) in die Millenniument-wicklungsziele (Millennium Development Goals) (UN 2015).

Aus der Praxis

Rio+20-Konferenz

Insgesamt gesehen wurde Rio + 20 sehr kritisch aufge-nommen. Der Rat für Nachhal-tige Entwicklung (RNE 2012) hat einige Stellungnahmen zusammengefasst. Bundes-kanzlerin Angela Merkel sagte zum Abschlussdokument des Nachhaltigkeitsgipfels: „Die Rio-Ergebnisse sind hinter dem zurückgeblieben, was angesichts der Ausgangs-lage notwendig gewesen wäre." Trotzdem habe es in Rio Schritte in die richtige Richtung gegeben. Der Gewerkschafter Hans-Joachim Wilms, Berichterstatter des Europäischen Wirtschafts- und Sozialausschusses für die Rio + 20-Konferenz resümierte: „Es ist ein „Armutszeugnis der Regierungen, die Zivilgesell-

schaft anzubetteln, aktiver zu werden." Vor allem der ecuadorianische Wirtschafts-wissenschaftler Alberto Acosta kritisierte das Rio-Ergebnis scharf: Das Modell einer Green Economy sei nur eine „grüne Fassade – die grüne Farbe dafür kommt von US-Dollar-Scheinen". Angesichts des un-gebremsten Klimawandels und 1 Mrd. hungernder Menschen sei ein Paradigmenwechsel dringend vonnöten, den habe Rio keinesfalls gebracht: „Wir sind von Rio sehr enttäuscht." Der Visionär Acosta fragte weiter: „Wie können wir eine Gesellschaft aufbauen, in der die Beziehung zur Natur in den Mittelpunkt gestellt wird?" Im Gegensatz zu Acosta stellte Bundeskanzlerin Merkel das

Rio-Konzept der Green Eco-nomy nicht infrage, sondern sieht darin einen Schlüssel zu mehr Nachhaltigkeit: „Unsere Art zu leben und zu wirt-schaften zeigt sich als nicht mehr zukunftsfähig. Wenn wir unsere Wirtschaftsweise nicht ändern, dann berauben wir uns unserer Lebensgrundla-gen." Auch Umweltorganisa-tionen sahen die Ergebnisse als mangelhaft an, so etwa der der Vorsitzende des Bundes für Umwelt und Naturschutz (BUND), Hubert Weiger, der die wenig konkreten Zielvor-schläge kritisierte: „Blumige Absichtserklärungen und ein Aufguss früherer Gipfelbe-schlüsse helfen dem globalen Ressourcenschutz nicht."

1.2   Dimensionen von Nachhaltigkeit

1.2.1   Ökologische Nachhaltigkeit

Noch zu Beginn des 20. Jahrhunderts wurde im Zusammenhang mit dem Begriff „Nachhaltigkeit" von forst- bzw. landwirtschaftlichen Belangen gesprochen. Im Jahr 1972 erfuhr der Begriff durch das Buch *The Limits to Growth* (*Die Grenzen des Wachstums*) von Meadows et al. (1972) eine deutliche Ausweitung in seiner Verwendung und umspannte nunmehr den Bereich der Ökologie. Der Mensch begriff, dass er Teil des gesamten Ökosystems und deshalb auf die Funktionsfähigkeit natürlicher Kreisläufe und Regenerationsprozesse angewiesen ist, wodurch sich das ökologische System als wichtige Funktion festigte. Hierbei haben sich drei Grundsätze herauskristallisiert. Diese Grundsätze, auch ökologische Managementregeln genannt, sind in vielfältiger Weise ergänzt und modifiziert worden, ohne ihren entscheidenden Aussagegehalt verändert zu haben, und enthalten praktikable Rahmenbedingungen für eine **ökologisch nachhaltige Entwicklung** (Rogall 2008):

- Der rücksichtslose Verbrauch erneuerbarer Ressourcen ist einzudämmen. Die Abbaurate soll deren Regenerationsrate nicht überschreiten.
- Der Abbau von nicht erneuerbaren Ressourcen (z. B. Erze, Erdöl) ist zu verhindern. Es gilt, Ressourcen in dem Umfang zu nutzen, wie gleichwertiger Ersatz in erneuerbaren Rohstoffen oder eine erhöhte Produktivität der erneuerbaren oder nicht erneuerbaren Rohstoffe geschaffen wird.
- Regel- und Trägerfunktion der Natur sind zu erhalten. Dies bedeutet, dass Stoffeinträge in die Umwelt an der Belastbarkeit der Umweltmedien orientiert werden sollen. Das Zeitmaß menschlicher Eingriffe bzw. Einträge in die Umwelt muss in ausgewogenem Verhältnis zum Zeitmaß der natürlichen Prozesse stehen, die für das Reaktionsvermögen relevant sind.

Im Hinblick auf die Forderung nach Erhalt der natürlichen Lebensgrundlagen ergeben sich demnach zwei Positionen: die der starken Nachhaltigkeit, auch stoffliche Substituierbarkeit genannt, und die der schwachen Nachhaltigkeit, auch nutzenorientierte Substituierbarkeit genannt. Die schwache Nachhaltigkeit besagt, dass natürliches Kapital durch künstliches ersetzt werden darf, sofern das Wohlfahrtsniveau über die Zeit konstant bleibt. Die starke Nachhaltigkeit hingegen fordert, dass der natürliche Kapitalstock konstant gehalten werden sollte und nur ein begrenztes Maß von Substitution möglich ist. Beide Positionen sind jedoch nicht haltbar, weshalb das Einräumen einer mittleren Nachhaltigkeit bzw. der funktionalen Substituierbarkeit, die eine Verbindung beider darstellt, notwendig wird. Diese fordert, dass vorhandene Ressourcen nur in dem Maße genutzt werden dürfen, wie sie der nächsten Generation in derselben Quantität und Qualität wieder zur Verfügung stehen (▶ Abschn. 2.1). So wurde der Begriff der ökologischen Dimension geprägt, der als der erste Hauptpfeiler im Zusammenhang mit Nachhaltigkeit zu sehen ist (Grunwald und Kopfmüller 2012).

Missachtet der Mensch nun diese Grundregeln, zerstört er unweigerlich sich selbst, wie am Beispiel der **Klimaproblematik** bereits zu sehen ist. Die menschengemachte Erderwärmung stellt das größte Umweltproblem unserer Zeit dar. Mit der Unterzeichnung des Kyoto-Protokolls hat die internationale Staatengemeinschaft die Notwendigkeit für globales Handeln dokumentiert. Ziel war, die klimaschädigenden CO_2-Emissionen bis 2010 um 5 % zu senken. Dies stellte aber erst den Anfang dar, denn bis zum Ende dieses Jahrhunderts muss es gelingen, den weltweiten Ausstoß auf 20–30 % des heutigen CO_2-Wertes zu reduzieren. Nur wenn die Erderwärmung bei 2° stabilisiert werden kann, lässt sich verhindern, dass das Weltklima gänzlich aus der Bahn gerät. Das Problem am Kyoto-Protokoll bestand darin, dass es erst völkerrechtliche Gültigkeit erlangen konnte, wenn mindestens 55 Länder, die zusammengerechnet mehr als 55 % der CO_2-Emissionen des Jahres 1990 verursachten, das Abkommen ratifiziert haben. Erst im November 2004 wurde diese Auflage erfüllt. Russland ratifizierte das Kyoto-Protokoll, sodass dieses Anfang 2005 seine völkerrechtliche Verbindlichkeit erlangte. Einzig die USA haben sich lange Zeit vollständig ausgeklinkt und sich für einen American Way entschieden – dennoch ist auch hier unter dem Eindruck drastisch zunehmender Auswirkungen des Klimawandels in den USA ein Umdenkprozess erkennbar, wie eine Rede des amerikanischen Präsidenten Barack Obama an der Georgetown University im Juni 2013 verdeutlicht: „[…] Science, accumulated and reviewed over decades, tells us that our planet is changing in ways that will have profound impacts on all of humankind […] Those who are already feeling the effects of climate change don't have time to deny it – they are busy dealing with it." Aus dem Jahr 2100 zurückgeblickt, wird man dies wohl als Startschwierigkeiten sehen, denn der Einsicht über die Notwendigkeit von Klimaschutzmaßnahmen wird sich angesichts der dramatischen Entwicklungen des Weltklimas keine Nation verschließen können. Das Abschmelzen der Polkappen, der Anstieg des Meeresspiegels, die durch die Temperaturverschiebung bedingten Änderungen der Standortbedingungen für Pflanzen, die Zunahme von Naturkatastrophen und extremen Wetterereignissen, die Störung der allgemeinen atmosphärischen Zirkulation oder die Bildung und Ausweitung von Wüsten sind nur Vorboten für das, was uns in Zukunft wohl noch erwartet.

1.2.2 Ökonomische Nachhaltigkeit

Die Auswirkungen der ökonomischen Veränderungsprozesse, die auf die dynamische Entwicklung der weltwirtschaftlichen Verflechtungen ab den 1970er Jahren zurückzuführen sind, erfordern ein rasches Umdenken. Die Globalisierung führte nicht automatisch zu einer Anpassung des Wohlstandsniveaus und der Lebensqualität zwischen den weltwirtschaftlichen Zentren und den Peripherien, sondern verschärfte die Disparitäten. Diese zunehmend globalen Probleme, verschärft durch Bevölkerungswachstum und steigenden Konsum, waren nicht mehr allein durch ökologisch nachhaltiges Handeln zu lösen. Immer stärker kam dem ökonomischen Aspekt, im Sinne eines **nachhaltigen Wirtschaftens**, Bedeutung zu (▶ Kap. 4).

In Bezug auf das intergenerative Gerechtigkeitspostulat wird häufig die **Kapitaltheorie** erwähnt, die besagt, dass nicht vom Kapital selbst, sondern von den laufenden Erträgen gelebt werden soll. Diese Forderung nach Konstanz des Kapitalstocks über die Zeit hinweg geht auf die Einkommenskonzeption des englischen Ökonomen J. R. Hicks (1940) zurück. Er stellte dar, dass für ein Individuum das Einkommen die maximale Summe ist, die ausgegeben werden kann. Übertragen auf die Gesellschaft bedeutet dies, dass von einer Gesellschaft in einer Periode nur so viel konsumiert werden darf, dass dabei künftige Konsummöglichkeiten nicht eingeschränkt werden müssen. Die ökonomische Säule wurde eingangs primär als volkswirtschaftliche Nachhaltigkeit interpretiert, jedoch würde diese nicht funktionieren, wenn nicht einzelwirtschaftlich erfolgreiche Unternehmen vorhanden wären. Gleichermaßen ist die globale Nachhaltigkeit zu sehen. Ohne funktionierende nationale Volkswirtschaften ist keine global ökonomisch nachhaltige Entwicklung möglich (Kopfmüller et al. 2001; Becker 2001).

Als weitere Meilensteine der Diskussion um ökonomische Nachhaltigkeit sind die Ansätze der **neoklassischen Umweltökonomie** in den 1970er Jahren zu nennen; sie wurden in der **Ökologischen Ökonomie** in den 1980er Jahren weiterentwickelt und mündeten in die Zugänge der **Neuen Umweltökonomie** gegen Ende der 1990er Jahre (eine Zusammenfassung bietet Rogall 2012). Bemerkenswert sind aber auch Denkanstöße bzw. Bewegungen wie die **Postau-**

1

tistische Ökonomie (Dürmeier 2005; Dürmeier et al. 2006) oder die Gemeinwohlökonomie (Felber 2010, 2012), die sich gegen den allgemeinen Wachstums- und Konsumzwang stellen. Diese Ansätze werden in der Nachhaltigen Ökonomie (*sustainable economics*) wie folgt umschrieben: „eine Nachhaltige Entwicklung will für alle heute lebenden Menschen und künftigen Generationen ausreichend hohe ökonomische, ökologische und sozial-kulturelle Standards in den Grenzen der natürlichen Tragfähigkeit der Erde erreichen und so das intra- und intergenerative Gerechtigkeitsprinzip durchsetzen" (Rogall 2013, S. 128). Folgende Begriffe spielen in der Nachhaltigen Ökonomie eine zentrale Rolle:

- **Starke Nachhaltigkeit:** Dauerhafte Erhaltung und nicht optimaler Verbrauch der natürlichen Ressourcen (▶ Abschn. 4.3.1)
- **Pluralistische Ansätze:** Verknüpfung unterschiedlicher theoretischer und methodischer Ansätze
- **Weiterentwicklung der traditionellen Ökonomie und Ökologischen Ökonomie zur Nachhaltigen Ökonomie:** Grundlegende Änderung der Lehrinhalte
- **Wachstumsfragen:** Ersetzen des traditionellen Wachstumsparadigmas durch ein Nachhaltigkeitsparadigma, unter anderem durch Umsetzung von Effizienz-, Konsistenz- und Suffizienzstrategien
- **Ethische Prinzipien:** Gerechtigkeit und Verantwortung, Heterogenität und Diversität sowie Vorsorge und Demokratie als Grundwerte
- **Inter- und transdisziplinäre Ansätze:** Wissenschaft interagiert mit Zivilgesellschaft
- **Politisch-rechtliche Instrumente zur Transformation:** Operationalisierung des Nachhaltigkeitsbegriffs (neue Messsysteme, Prinzipien, Managementregeln) für den Nachhaltigkeitsgrad und die Lebensqualität
- **Globale Verantwortung:** Globaler Ordnungsrahmen für Finanzmärkte, globale Umweltgüter, sozial-ökologische Mindeststandards etc.
- **Nachhaltige (sozial-ökologische) Markt- oder Gemischtwirtschaft:** Marktwirtschaftliche Systeme mit einem nachhaltigen Ordnungsrahmen (Stabilität, Transparenz und Transformation) sowie einer Stärkung der kommunalen und gemeinschaftlichen Unternehmen

Somit stellt die ökonomische Dimension einen zentralen zweiten Pfeiler der Nachhaltigkeit dar, mit dem Ziel, die Grundbedürfnisse der lebenden Generation zu befriedigen und dies auch für zukünftige Generationen sicherzustellen. Diese Zielformulierung der ökonomischen Dimension ist nicht mehr naturwissenschaftlich begründbar, sondern muss an gesellschaftlichen Vorstellungen und Werthaltungen gemessen und weiterentwickelt werden.

Zahlreiche **Unternehmen** erkennen bereits, dass Sensibilität gegenüber Umwelt und Menschen kein Profitkiller ist, sondern viele neue innovative Geschäftsfelder eröffnet. Und sie begreifen, dass ein positives Image durch die Wahrnehmung gesellschaftlicher Verantwortung nicht nur zufriedene Mitarbeiterinnen und Mitarbeiter hervorbringt, sondern auch die Kaufentscheidung der Kunden beeinflussen kann. Immer mehr Kunden legen Wert darauf, wie, unter welchen Bedingungen und insbesondere wo die Produkte, die sie kaufen, produziert werden. Die Frage, ob ein erneuerbarer Rohstoff oder Recyclingmaterial verwendet wurde, inwieweit klimaneutral produziert wird, ob die Hersteller mitarbeiterfreundlich und umweltbewusst agieren, ob regional produziert oder große Transportwege in Kauf genommen werden – all das spielt bei der Kaufentscheidung eine immer größere Rolle (◘ Abb. 1.1). Dies dokumentiert sich zunehmend z. B. durch den Einkauf von regionalen Produkten durch Handelsketten oder in der Hotellerie. Hierbei wird ein wichtiger Teil zur integrativen Nachhaltigkeit geleistet: Verkürzung der Transportwege, Schonung der Umwelt sowie Förderung der regionalen Wirtschaft und somit der Menschen.

◘ Abb. 1.1 Produktinformation auf einer Sommerhose

Weitere wichtige Bestandteile der Nachhaltigkeitsphilosophie wären die Langlebigkeit von Produkten sowie der Grundsatz „Reparieren statt wegwerfen". Der Konjunktiv ist hier wohl angebracht, denn in unserer Konsumgesellschaft ist es geradezu unmöglich geworden, Güter zu reparieren. Zum einen fehlen Handwerker, die in der Lage und willens sind, solche Aufgaben zu übernehmen, zum anderen sind Ersatzteile für die meisten unserer Produkte weder vorhanden noch erhältlich – absurderweise übersteigen die Kosten für eine eventuell doch mögliche Reparatur meist den Neukaufwert. Unsere Konsumgesellschaft wird dazu verdammt, eine Wegwerfgesellschaft zu sein.

Die Antwort auf diese gesellschaftliche Entwicklung vonseiten der Wirtschaft ist unter dem Begriff **Corporate Social Responsibility (CSR)** bekannt (▶ Abschn. 4.2). Damit wird ein breites Spektrum von Aktivitäten bezeichnet, mit denen Unternehmen auf freiwilliger Basis gesellschaftliche und nachhaltige Belange, von Maßnahmen zum Umweltschutz, über die Verwendung bestimmter Rohstoffe bis hin zum partnerschaftlichen Umgang mit Mitarbeitern, in ihre Unternehmenstätigkeiten integrieren.

1

Nachhaltigkeit im BMW-Konzern

Nachhaltiges Wirtschaften ist eine langfristige Unternehmensstrategie der BMW Group. Der Konzern hat 2014 über 2 Mio. Automobile der Marken BMW, Mini und Rolls-Royce ausgeliefert – an dessen Herstellung und Vertrieb weltweit mehr als 100.000 Menschen beteiligt sind. Als globaler Automobilkonzern übernimmt die BMW Group Verantwortung und verfolgt daher das Leitbild der Nachhaltigkeit mit einem ganzheitlichen Ansatz. Der Konzern reagiert somit auf die großen gesellschaftlichen Herausforderungen und zeigt, dass umweltgerechtes Handeln, soziale Verantwortung und erfolgreiches Wirtschaften keine Gegensätze darstellen müssen. Die Bereiche Umwelt, Gesellschaft, Politik und Wirtschaft beeinflussen sich wechselseitig. Die BMW Group (2014) informiert mit dem nach GRI-Richtlinien zertifizierten „Sustainable Value Report" ihre Stakeholder sowie Kundinnen und Kunden ausführlich über die Nachhaltigkeitsstrategie und die Fortschritte bei der Verankerung von Nachhaltigkeit im Unternehmen. Ein Auszug aus den Argumenten der BMW Group (2015):

- **Nachhaltiges Wirtschaften:** „Wir schaffen Werte. Nachhaltiges Wirtschaften sichert unsere Zukunftsfähigkeit. Es ist aber auch bereits heute Grundlage unseres unternehmerischen Erfolgs. Wir erschließen dadurch neue Geschäftschancen, minimieren Risiken und suchen frühzeitig nach Lösungen für gesellschaftliche und unternehmerische Herausforderungen. Dazu tauschen wir uns

kontinuierlich mit unseren Stakeholdern aus. Dass wir dabei verantwortungsvoll und rechtmäßig handeln, versteht sich für uns von selbst. Wir haben den Anspruch, das nachhaltigste Unternehmen der Automobilindustrie zu sein. Nachhaltigkeit ist deshalb wesentlicher Treiber unseres Geschäfts. Dadurch schaffen wir nicht nur Mehrwert für Umwelt und Gesellschaft, sondern auch für das Unternehmen selbst. Denn nachhaltiges Wirtschaften spart Kosten, generiert Umsatz und Ertrag. Als Ergebnis unserer Anstrengungen sind wir seit 1999 durchgängig Mitglied im Dow Jones Sustainability Index, dem weltweit bedeutendsten Aktienindex für nachhaltig wirtschaftende Unternehmen."

- **Produktverantwortung:** „Wir verändern Mobilität. [...] Sie reicht von verbrauchseffizienten Antriebstechnologien über innovative Mobilitätsdienstleistungen bis hin zu Sicherheitsaspekten. Gleichzeitig wollen wir mit unseren Produkten Umwelt und Ressourcen schonen. Maßstab für den Erfolg dieser Maßnahmen ist die Zufriedenheit unserer Kunden. Unser Ziel ist es, bis 2020 die CO_2-Emissionen unserer Fahrzeugflotte gegenüber 1995 zu halbieren. Langfristig verfolgen wir die Vision einer emissionsfreien Mobilität. Das erreichen wir, indem wir auf ganzheitliche

Premium-Elektromobilität und integrierte Mobilitätsdienstleistungen setzen."

- **Konzernweiter Umweltschutz:** „Wir schonen Ressourcen. Aus langer Tradition reduziert die BMW Group ihre Auswirkungen auf Natur und Umwelt. Bereits 1973 haben wir als erster Automobilhersteller weltweit einen Umweltbeauftragten in unserer Organisation verankert. Wir wollen auch in Zukunft Vorbild sein und uns stetig weiterentwickeln. Wir senken den Ressourcenverbrauch, reduzieren Emissionen, vermeiden Abfall und setzen auf eine ökologisch bewusste Standortwahl. Damit erzielen wir gleichzeitig auch Kosteneinsparungen."

- **Lieferantenmanagement:** „Wir teilen Ideen. [...] Wir arbeiten mit mehr als 13.000 Lieferanten in 70 Ländern. Wichtig ist für uns, dass unsere Partner dieselben ökologischen und sozialen Standards erfüllen, an denen wir uns selbst messen lassen. Als Grundlage dient der ‚BMW Group Nachhaltigkeitsstandard' für das Lieferantennetzwerk. Darin enthalten sind u. a. die Achtung international anerkannter Menschenrechte sowie Arbeits- und Sozialstandards."

Aus der Praxis *(Fortsetzung)*

- **Mitarbeiter:** „Wir nutzen Potenziale. Unsere Mitarbeiter sind die Grundlage für den Erfolg der BMW Group. Ihre fachliche Qualifikation und ihr Engagement zeichnen sie aus. Dafür bieten wir ihnen sichere und attraktive Arbeitsplätze sowie umfassende Entwicklungs- und Qualifizierungsmöglichkeiten. Die Kompetenzen unserer Mitarbeiter stetig weiterzuentwickeln und sie nach ihren individuellen Stärken zu fördern ist eine Investition in unsere Zukunft. Vor dem Hintergrund weltweit unterschiedlicher Herausforderungen in den jeweiligen Arbeitnehmermärkten agieren wir aktiv, indem wir konsequent in die Gewinnung und Entwicklung von Talenten investieren."

- **Gesellschaftliches Engagement:** „Wir bündeln Kräfte. Gesellschaftliches Engagement ist im unternehmerischen Selbstverständnis der BMW Group fest verankert. [...] Im Fokus unserer Strategie stehen die Schwerpunkte interkulturelle Innovation und soziale Inklusion sowie der verantwortungsvolle Umgang mit Ressourcen. Als global agierendes Unternehmen haben wir darin unsere größten Kompetenzen. Mit unseren Bildungsprojekten können wir das Verständnis für beide Schwerpunktthemen fördern. [...] Unser strategisches Corporate Citizenship leistet einen Beitrag zur Lösung gesellschaftlicher Herausforderungen und stellt gleichermaßen einen unternehmerischen Nutzen dar. [...] Über unsere Stiftungen leisten wir einen wirksamen Beitrag zur Gestaltung einer durch gesellschaftlichen Zusammenhalt und soziale Innovationen geprägten Gesellschaft." „Nachhaltig zu handeln – das bedeutet für uns, in unsere Zukunft zu investieren" (Norbert Reithofer, Vorsitzender des Aufsichtsrats der BMW AG).

1.2.3 Soziale Nachhaltigkeit

Wie die Diskussion um Corporate Social Responsibility (CSR) und das Beispiel der BMW Group gezeigt haben, setzen sich in der unternehmerischen, aber auch in der entwicklungspolitischen Diskussion mehr und mehr die Ansichten durch, dass wirtschaftliches Wachstum zwar eine notwendige, aber keine hinreichende Voraussetzung für eine nachhaltige Entwicklung darstellt. Darauf beruht auch die Konsequenz, dass soziale Aspekte zunehmend für eine zukunftsfähige Gestaltung unserer globalisierten Gesellschaft wichtig sind. Zentrales Element der sozialen Dimension stellt die Forderung nach einer intergenerativen und intragenerativen Gerechtigkeit dar, die im Brundtland-Bericht und in der beim Erdgipfel 1992 in Rio verabschiedeten Agenda 21 gefordert wird. Demnach sind soziale Herausforderungen in Bezug auf gesellschaftliches Leben wichtige Einflussfaktoren, wurden aber bisher den ökologischen und ökonomischen Dimensionen hintangestellt. Die soziale Perspektive in Bezug auf Nachhaltigkeit wurde in der Forschung erst um die Jahrtausendwende verankert, und es wurden Konkretisierungen zur sozialen Dimension formuliert (Empacher und Wehling 2002; Ritt 2002; Littig und Grießler 2004; 2005). Die Aspekte sozialer Nachhaltigkeit sind eine ausgesprochene Querschnittsmaterie, daher gibt es mehrere Verweise auf andere Kapitel und Abschnitte dieses Buches, die themenbezogene Zugänge zur sozialen Nachhaltigkeit darstellen: ▶ Kap. 3, ▶ Abschn. 4.2 (CSR), ▶ Abschn. 5.3 (Partizipation), ▶ Abschn. 6.4 (Kultur) und ▶ Kap. 8 (Gerechtigkeit).

Ursprünglich bezog sich die soziale Nachhaltigkeit auf das **globale System** und die **Verteilungsgerechtigkeit.** Demzufolge ist zunächst ein Ausgleich zwischen menschlichen Bedürfnissen und den Potenzialen und Ressourcen der Natur anzustreben. Weiterhin soll – im

Sinne der intergenerationalen Gerechtigkeit – ein Ausgleich zwischen den Bedürfnissen der gegenwärtigen und der zukünftigen Generationen sowie – bezogen auf die intragenerationelle Gerechtigkeit – zwischen den Bedürfnissen der Armen und der Reichen angestrebt werden. Im Mittelpunkt der Diskussionen stehen die Einkommensverteilung sowie die Vision eines menschenwürdigen Lebens. Damit rücken auch Fragen von Arbeit und Chancengleichheit, von Rollen in der Gesellschaft, Einfluss und Wahlmöglichkeiten sowie Aspekte einer gerechten Verteilung gesellschaftlicher Belastungen in das Blickfeld. Dies bezieht sich nicht nur auf die Ebene unserer Gesellschaften, sondern auch auf die individuellen Belange ihrer Mitglieder. Durch die großen Herausforderungen ist ein Spannungsverhältnis vorprogrammiert, da die Definitionen und Erwartungen von Verteilungsgerechtigkeit (Umweltgerechtigkeit, Zugang und Nutzung von Ressourcen etc.) sehr stark divergieren und zudem oftmals widersprüchlich sind (Grunwald und Kopfmüller 2012).

Aus dem großen Spektrum an **sozialen Nachhaltigkeitskonzepten** soll ein kurzer Auszug andiskutiert werden, der sowohl globale als auch gesellschaftliche individuelle Aspekte beinhaltet. Angelehnt an eine Gliederung von Helge Torgersen (2001) werden vier Ebenen der sozialen Nachhaltigkeit diskutiert (▶ Kap. 3 und 8).

- Im Brennpunkt der **Integration** stehen die Vernetzung und die Anerkennung kultureller Unterschiede, die anstelle von Ausgrenzung erfolgen sollte.
- Die **Dauerhaftigkeit** umfasst die Sicherung des sozialen Friedens und des Rechtes auf Bildung, auf Sicherheit sowie Risikovermeidung.
- Die **Verteilungsgerechtigkeit**, die soziale Gerechtigkeit innerhalb der Generationen (sowohl national, zwischen Arm und Reich, als auch international, zwischen den Industrie- und Entwicklungsländern) und zwischen den Generationen (Altersversorgung, Familienunterstützung) meint, ist als dritte Ebene zu sehen.
- **Partizipation** entspricht der Forderung nach Mitsprache und Mitentscheidung aller Mitglieder der Gesellschaft.

Diese vier Ebenen sind die Bedingungen, die für ein menschenwürdiges, sicheres, selbstbestimmtes und gesellschaftliches Leben notwendig sind.

Gedankensplitter

Arbeit und soziale Gerechtigkeit

Arbeit ist in der heutigen Weltwirtschaft stark durch das Phänomen der Globalisierung beeinflusst. Globalisierung bedingt aber auch Entwicklungen wie etwa Kostensenkungen, hohe Arbeitsbelastungen, ja sogar Ausbeutung von Mitarbeiterinnen und Mitarbeiter, und sind demnach Aspekte, die einer sozialen Nachhaltigkeit widersprechen. Wir befinden uns in dem Dilemma, dass sich die Schere zwischen Arm und Reich immer weiter öffnet und insbesondere die geringer werdende Absicherung durch ein soziales Netz auf dem Rücken jener ausgetragen wird, die von dieser Entwicklung am meisten betroffen sind. Dies gilt nicht nur für weniger entwickelte Länder, auch im eigenen Land gibt es Tendenzen zur „neuen Armut", zum erhöhten Risiko von sozialen Drop-outs, zur Demokratisierung von Unsicherheit, zur Privatisierung sozialer Risiken etc.

Welche Möglichkeiten gibt es nun für uns Menschen in den Industriestaaten, selbst soziale Verantwortung zu übernehmen? Hier ist vor allem die sogenannte Sozialverträglichkeit unseres Konsums angesprochen; gemeint ist ein ethisch orientierter Konsum, der darauf abzielt, durch unser Konsumverhalten negative Effekte globaler Kapital- und Geldströme zu beeinflussen und bewusst in sozialverträgliche(re) Bahnen zu lenken.

TransFair und Fair Trade

1992 wurde TransFair – Verein zur Förderung des Fairen Handels mit der „Dritten Welt" e. V. mit Sitz in Köln – als Entwicklungshilfeorganisation gegründet; sie setzt sich aus unterschiedlichen NGOs, Verbraucherorganisationen, kirchlichen Institutionen etc. zusammen. Ziel ist es, wirtschaftlich benachteiligte kleinbäuerliche sowie Arbeiterinnen- und Arbeiterfamilien in weniger entwickelten Ländern zu unterstützen, um ihre Lebensbedingungen zu verbessern, damit sie menschenwürdig von ihrer Arbeit leben können und weniger von Armut betroffen sind, da sie für ihre Produkte faire Preise erzielen. Dies ermöglicht eigenverantwortliches Wirtschaften und garantiert soziale Mindeststandards hinsichtlich Arbeitsbedingungen, Gesundheit und Bildung. Es würden Fair-Trade-Standards entwickelt, und zertifizierte Importfirmen, Verarbeitungs- und Handelsbetriebe können das Fair-Trade-Siegel auf ihren Produkten, die für eine sozialverträgliche Produktions- und Handelsweise stehen, aufdrucken. Die öster- reichische Initiative definiert sich wie folgt: „Fairtrade ist wirkungsvolle Armutsbekämpfung durch Fairen Handel, mit dem Ziel, eine Welt zu schaffen, in der alle Kleinbauernfamilien und ArbeitnehmerInnen auf Plantagen im globalen Süden nachhaltig ein sicheres und menschenwürdiges Leben führen und ihre Zukunft selbst gestalten können. Der Faire Handel verbindet KonsumentInnen mit Kleinbauernfamilien und ArbeitnehmerInnen auf Plantagen im globalen Süden" (www.fairtrade.at).

Etwas kontrovers wird die wissenschaftliche Diskussion um die zusätzliche Einführung der **kulturellen Dimension** geführt. In den meisten Fällen werden die darin subsumierten Ziele und Forderungen der sozialen Dimension beigefügt, manchmal wird auch von einer soziokulturellen Dimension gesprochen. Die kulturelle Perspektive auf globaler Ebene umfasst die Lebensformen von Gesellschaften und deren Grundwerte, also im Sinne einer Vielfalt von eigenständigen Kulturen. Auf lokaler Ebene ist die Bewahrung und Förderung lokaler Identitäten anzustreben (Becker 2001; Kaufmann et al. 2007). Der deutsche Philosoph und Publizist Schmidt-Salomon hat wohl einen der komplexesten Zugänge formuliert: „Kultur" umfasst das theoretische Verständnis und das konkrete Verhalten einer Personengruppe in Bezug auf Sozialordnung, Bildung, Erziehung, Kunst, Literatur, Musik, Rechtsprechung, Politik, Religion, Sprache, Technik, Wissenschaft, Sport, Freizeitverhalten, Wirtschaftsweise, Alltagsgestaltung, Gefühlserleben, Sexualverhalten, Natur„beherrschung" usw. In diesem weiten Sinne verstanden deckt der Begriff „Kultur" die Bereiche Ökologie, Ökonomie und Soziales nicht nur ab, sondern ergänzt diese durch zahlreiche andere Elemente, die für die Etablierung einer nachhaltigen Entwicklung ebenso entscheidend sind. Konsequenz: Nachhaltige Entwicklung müsste als im Sinne von nachhaltiger Kulturentwicklung begriffen werden (▶ Abschn. 6.4). Wir stehen vor der gewaltigen Aufgabe, das Gesamte der über soziale Lernprozesse entstandenen Begehren, Einstellungen, Kenntnisse, Empfindungen, Verhaltensweisen sowie deren Produkte darauf auszurichten, dass allen gegenwärtig wie zukünftig lebenden Menschen die Chance eröffnet wird, ihre individuellen Vorstellungen von gutem Leben im Diesseits zu verwirklichen.

Besonders hervorzuheben ist aber auch die **Bildung geistiger und sozialer Fähigkeiten**. Bildung befähigt Menschen, Probleme zu lösen, eigenverantwortlich zu handeln und ihre Existenz zu sichern (▶ Abschn. 9.3.2). So erweist sich Bildung schließlich als Grundvoraussetzung für gesellschaftliches und politisches Engagement und ist auch intergenerativ von großer Bedeutung: Um morgen Probleme lösen und nachhaltig handeln zu können, muss Bildung betrieben werden – die UN-Dekade „Bildung für nachhaltige Entwicklung 2005–2014" hat diesen Aspekt aufgegriffen und insbesondere an den Universitäten vieles bewegt. Erwähnenswert sind neue, reflexive und integrative Lernprozesse sowie auf Netzwerken aufgebaute interdisziplinäre und transdisziplinäre Forschungskonzeptionen. Ebenso bemerkenswert ist der nationale und internationale Zusammenschluss von „nachhaltigen Universitäten", wie etwa auf europäischer Ebene die COPERNICUS Alliance, das europäische Netzwerk für Hochschulbildung für nachhaltige Entwicklung.

1.2.4 Institutionelle Nachhaltigkeit

In unserer Gesellschaft wird die Wahrnehmung verschiedener Interessen traditionellerweise über demokratische Systeme bestimmt. Die Bevölkerung kann in einer Demokratie über Wahlen, über Parteien und über Interessenvertretungen auf politische Entscheidungen – im Sinne einer indirekten Demokratie – Einfluss nehmen. Aufgrund des sozialen Wandels und der globalen Herausforderungen wie Überalterung, ökonomische Vulnerabilität, wachsende Disparitäten und soziale Polarisation, Mobilitätsprobleme, Umweltverschmutzung und das Verkommen öffentlicher Räume gerät dieses Modell zunehmend an Grenzen.

Die Komplexität der Aufgaben und die notwendigen Reaktionen auf soziale Probleme werden für das politisch-administrative System immer schwieriger. Die Diskussion um Verwaltungsreformen deckt nur einen Aspekt ab; viel schwieriger ist der notwendige Diskurs mit der Zivilgesellschaft – der Kernaspekt der institutionellen Dimension von Nachhaltigkeit.

Und hier kommt der Begriff der **Governance** ins Spiel (▶ Abschn. 2.3.2). Dieses Konzept ist besonders für das Lösen von mehrdimensionalen Herausforderungen, wie sie auch im Konzept der nachhaltigen Entwicklung formuliert sind, sehr gut geeignet und dringend vonnöten. Entscheidungsebenen in Politik, Verwaltung, Wirtschaft und zivilgesellschaftlichen Organisationen können ihre Anliegen und Interessen nicht mehr mittels *command and control* durchsetzen, staatliche Akteurinnen und Akteure sowie Institutionen sind nicht mehr die allein Verantwortlichen für die Bereitstellung von Werten (Kjær 2004). Bevir (2012, S. 1) formuliert es wie folgt: „Since the 1980 s the word ‚governance' has become ubiquitous. […] Governance refers […] to all processes of governing, whether undertaken by a government, market, or network, […] and whether through laws, norms, power or language. Governance differs from government in that it focuses less on the state and its institutions and more on social practices and activities." Hierbei geht es also nicht um die Frage, ob mehr oder weniger Staat, oder um die formelle, durch Verfassung, Recht und Gesetz definierte Politik, sondern um die Ordnung der Verantwortung und Aufgaben – auch mit informellen Regelungen und nicht institutionalisierten Formen des Regierens – in unserer schnelllebigen, von äußeren Einflüssen gekennzeichneten Gesellschaft.

Beschäftigt man sich nunmehr mit einem postneoliberalen Modell von Governance, so ist das am stärksten diskutierte Konzept jenes der **Partizipation** (▶ Abschn. 5.3 und 8.2.2). Partizipation bedeutet die Teilnahme unterschiedlicher Interessierter, sowohl einzelner Bürgerinnen und Bürger als auch von Gruppen wie NGOs, Lobbys, zivilgesellschaftlichen Initiativen oder Interessenverbänden an Entscheidungs-, Planungs- und Umsetzungsprozessen. Wesentlich dabei ist auch die Bereitschaft, mitwirken zu wollen, denn in nachhaltigen Entwicklungsprozessen spielt Partizipation eine Schlüsselrolle. Grunwald (2002) argumentiert, dass **Lernen und Wissensaustausch** die Basis sind für gemeinsame **Werthaltungen und Visionen**, dass die verantwortliche Einbindung der Menschen und die damit verbundene Reflexion ihrer sozialen Bedürfnisse eine wesentliche Rolle bei der Konfliktminimierung spielen und dieser integrative Ansatz deutlich zum Erfolg von nachhaltigen Entwicklungsprozessen beiträgt. Sehr wichtig ist dabei zu wissen, dass es unterschiedliche Ebenen von Partizipation gibt (Arbter 2007; Arnstein 1969):

- Die niedrigste Stufe ist die **Stufe der Information**, die diejenigen Prozesse transparent macht, über die die Entscheidungsträgerinnen und Entscheidungsträger bereits entschieden haben. In der Literatur wird dies auch als *non-participation* bezeichnet – der Effekt ist oft Widerstand durch die Bürgerinnen und Bürger und Protest.
- Die zweite Ebene ist die **Ebene der Konsultation** in der nicht nur Informationen gegeben, sondern auch Feedback erwartet wird und die Meinungen der Menschen respektiert werden. Durch den Konsultationsprozess und den Austausch zwischen der Entscheidungsebene und der Zivilgesellschaft können Projekte optimiert und eine gemeinsame Vision entwickelt werden.
- Die höchste Ebene der Partizipation ist die **Ebene der Entscheidungsbeeinflussung**. Diese Ebene ist notwendig, um durch gemeinsame kreative Prozesse Innovationen zu ermöglichen. Sie hat zu definieren, wie die Bevölkerung Entscheidungen beeinflussen, kontrollieren oder eben mittragen kann – in der Literatur wird dies als direktes Empowerment bezeichnet.

Diese Strategie richtet sich also nicht nur an die Politik, sondern an alle Verantwortlichen. Staat, Unternehmen, Bürgerinnen und Bürger müssen gemeinsam Aktivitäten setzen, um ökonomische, politische, ökologische und gesellschaftspolitische Herausforderungen konkret lösen zu können. Die Antwort auf die Frage nach einem intelligenten Zusammenwirken von Politik, Verwaltung und Zivilgesellschaft ist Gegenstand zahlreicher transdisziplinärer Projekte, meist im schwierigen Interaktionsbereich zwischen Verantwortung und Macht.

1.3 Integrative Perspektiven der Nachhaltigkeit

Wir haben bisher die einzelnen Dimensionen von Nachhaltigkeit – auch in ihrem zeitlichen „Erscheinen" – beschrieben und festgestellt, dass die verschiedenen Dimensionen, je nach Blickwinkel und Themenstellung, unterschiedliche Bedeutung haben können. Es gibt durchaus polarisierende Ansichten in Bezug auf die Gewichtung der Dimensionen und damit auf die Wertigkeit von Zielsetzungen. Diese hängen auch von individuellen Sichtweisen, Projektzielen, Vorgaben von Auftraggebern etc. ab und können daher oftmals den in der Nachhaltigkeitsdiskussion hochgesteckten Ansprüchen an integrative und holistische Zugänge nicht gerecht werden. Zwei polarisierende Meinungen seien dennoch diskutiert:

Die Vertreter des **Ein-Säulen-Modells** räumen einer Dimension grundsätzliche Priorität ein und stellen die natürliche Umwelt in den Mittelpunkt. Sie sehen die Lösung aller Probleme in einem entsprechenden zukunftsorientierten Umgang mit Umwelt und natürlichen Ressourcen – oberste Priorität hat die Formulierung von Umwelt(handlungs)zielen. Ökonomische und soziale Belange spielen nur als Ursache und Folge umweltrelevanter Problemstellungen eine Rolle. Sie stellen somit keine eigene Dimension dar, sondern werden in die ökologische Komponente eingegliedert.

Das **Drei-Säulen-Modell** (◧ Abb. 1.2) hingegen geht von einer prinzipiellen Gleichberechtigung der Dimensionen aus und sieht eine nachhaltige Entwicklung nur dann gegeben, wenn die ökologische, ökonomische und die soziale Dimension gleichermaßen berücksichtigt werden. Eine getrennte Darstellung der drei Aspekte mag eine legitime Methode sein, den Begriff „Nachhaltigkeit" zu beschreiben, jedoch bringt sie auch wesentliche Nachteile mit sich. So

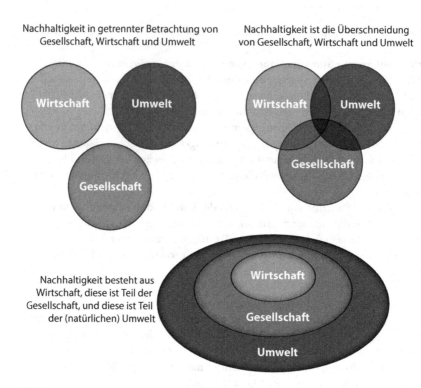

Nachhaltigkeit in getrennter Betrachtung von
Gesellschaft, Wirtschaft und Umwelt

Nachhaltigkeit ist die Überschneidung
von Gesellschaft, Wirtschaft und Umwelt

Nachhaltigkeit besteht aus
Wirtschaft, diese ist Teil der
Gesellschaft, und diese ist Teil
der (natürlichen) Umwelt

◻ **Abb. 1.2** Dimensionen der Nachhaltigkeit

verschwindet das Gefühl dafür, wie die Teile zusammenwirken und dass eine Veränderung in dem einen Bereich eine Veränderung in einem anderen nach sich zieht. Außerdem geht der Effekt, den Nachhaltigkeitsbestrebungen eigentlich erzielen wollen, nämlich einen integrierten Gesamteindruck zu vermitteln, verloren. Somit gilt es, den Begriff „Nachhaltigkeit" in der Verbindungsebene der drei Teilbereiche zu sehen (Grunwald et al. 1998; Kopfmüller et al. 2001).

Eine noch exaktere Darstellung der Wechselbeziehungen definiert Ökologie, Ökonomie und Soziales als ineinandergreifende Subsysteme in einem Gesamtsystem Nachhaltigkeit. ◻ Abbildung 1.2 zeigt, dass ökonomische Aktivitäten in der sozialen Dimension eingebettet liegen, die wiederum innerhalb der ökologischen Dimension einzuordnen ist, denn ökonomische Interaktionen setzen menschliches Handeln und Naturkapital voraus. Die soziale Dimension umfasst sowohl Teile der Ökonomie als auch der Ökologie, da sie auf der einen Seite Ressourcen für die ökonomische Dimension zur Verfügung stellt, auf der anderen Seite aber auf das Kapital der ökologischen Dimension angewiesen ist. So ist die ökologische Dimension als grundlegendes Fundament zu sehen, auf der ökonomische und soziale Aktivitäten aufbauen. Nachhaltige Entwicklung kann somit nur dann stattfinden, wenn es zu einem ständigen Interessensausgleich zwischen ökologischen, ökonomischen und sozialen Interessen kommt (Sustainable Measures 2014).

Stahlmann (2008) ist in einem weiteren Zugang wertend und gewichtend in die Diskussion um die unterschiedlichen Säulen der Nachhaltigkeit eingestiegen. Dies ist der Versuch, die Spannung zwischen Ökologie, Ökonomie und Sozialem aufzulösen und ein realitätsnahes „Gebäude" der Nachhaltigkeit zu entwerfen (◻ Abb. 1.3): „Die Ökologie bildet das Fundament, auf dem soziale, kulturelle und ökonomische Säulen aufbauen. Darauf stützt sich das Dach der

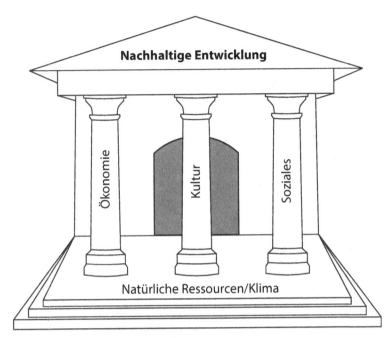

Abb. 1.3 Gewichtetes Säulenmodell der nachhaltigen Entwicklung. (Adaptiert nach Stahlmann 2008, S. 61; mit freundlicher Genehmigung von © Volker Stahlmann 2008. All rights reserved)

nachhaltigen Entwicklung" (Stahlmann 2008, S. 61). Wenn man den Gedanken auf unsere aktuelle (Welt-)Situation umgelegt, so muss man feststellen, dass für unser weiteres (Über-) Leben eindeutig die Natur als originäre Wertschöpfungsquelle an oberster Stelle zu stehen hat, gefolgt von einer den Menschenrechten, der Wohlfahrt (Lebensqualität) und kulturellen Vielfalt verpflichteten Gesellschaftsordnung; bleibt die dritte Stelle für die Ökonomie (Haushaltsökonomie, Erwerbs- und Gemeinwirtschaft) – ganz im Gegensatz zu unserer derzeit vorherrschenden globalen Geisteshaltung. Aufbauend auf diese Argumentation fordert Stahlmann (2015) eine verfassungsrechtliche Verankerung eines „Eigenrechtes der Natur", um diese vor den Menschen zu schützen.

Die Weiterentwicklung des Drei-Säulen-Modells zu einem gewichteten Säulenmodell ist ein wichtiger Eckpunkt für das Verständnis von Nachhaltigkeit. Es wird deutlich, dass die „Haushaltung der Natur die alleinige Basis für unsere Ökonomie ist" (Grober 2010, S. 129). Auf diese unterschiedlichen Zugänge aufbauend haben sich unterschiedliche Ergänzungen und Spezifizierungen der Säulen, je nach fachlicher Betrachtung, ergeben. So wird etwa mit Blick auf CSR aktuell die ursprünglich auf Gerechtigkeit fokussierende vierte Säule um die „politisch-institutionelle Dimension" mit Schwerpunkt auf „die verstärkte Einbeziehung der Bevölkerung in die Gestaltung der Lebensumwelt" gefordert (Vitols 2011, S. 19; Freericks et al. 2010, S. 347).

Eine noch komplexere Darstellung enthält ◘ Abb. 1.4, in der neben den drei Dimensionen Ökologie, Ökonomie und Soziales zusätzlich die institutionelle Dimension eingeführt wird. Der Unterschied zum „magischen Dreieck" besteht darin, dass der institutionelle Rahmen, der diese drei Dimensionen zusammenhält, zu einer eigenständigen Dimension ausgeformt wird und somit ein **Tetraeder der Nachhaltigkeit** entsteht. Dies ist insbesondere deshalb vonnöten, weil die unterschiedlichen globalen Problembereiche (▶ Kap. 2) einen **institutionellen Rahmen** zur Umsetzung von Lösungsansätzen benötigen. Im Konkreten sind die internationale Staa-

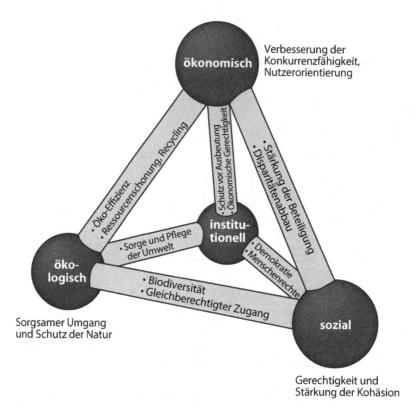

Abb. 1.4 Tetraeder der Nachhaltigkeit. (Adaptiert und ergänzt nach Spangenberg 1997, 2002; mit freundlicher Genehmigung von © Joachim H. Spangenberg 1997. All rights reserved; Wuppertal Institut 1998; Valentin und Spangenberg 2000)

tengemeinschaft, multinationale Konzerne, supranationale (Wirtschafts-)Zusammenschlüsse, Nationalstaaten und Kommunen gefordert, geeignete institutionelle Handlungsbedingungen bereitzustellen. So erfordern globale ökologische Probleme wie der Klimawandel, die Zerstörung der Biodiversität und die exzessive Übernutzung der erneuerbaren und nicht erneuerbaren Ressourcen gemeinsames Handeln und institutionell verankerte Interaktionsroutinen. Dasselbe gilt für die negativen Effekte durch die Finanzmärkte, die (Nord-Süd-)Disparitäten und Abhängigkeiten, die fehlenden (sozialen) Infrastrukturen und die Probleme der Arbeitsmärkte sowie die zunehmenden Risiken durch Konflikte, Terrorismus und Migration (▶ Abschn. 4.1).

Die Zusammenhänge zwischen den einzelnen Dimensionen sind durch die Querverbindungen beschrieben. So liegt die Verbindung der sozialen mit der ökonomischen Dimension in Verteilungsfragen. Der Zusammenhang zwischen der sozialen und der ökologischen Dimension ist durch Zugangsfragen geregelt. Die institutionelle und die soziale Dimension hängen dagegen im Wunsch nach Festigung des Demokratiegedankens zusammen. Den Gedanken der Gerechtigkeit hinsichtlich wirtschaftlicher Tätigkeiten haben die ökonomische und die institutionelle Dimension gemeinsam, und die Sorge um Natur und Umwelt sind Themen im Interface zwischen Ökologie und Institutionen. Das Ziel, auf das sich die ökonomische Dimension und die ökologische Dimension zu einigen haben, lautet Ökoeffizienz – eine Unternehmensstrategie, die eine effiziente Nutzung von Rohstoffen, Energie und natürlichen Ressourcen bei gleichzeitiger Verringerung der Abfallmengen und Emissionen anstrebt (Deller und Spangenberg 1997; Valentin und Spangenberg 2000).

Sustainability indicators

Die bisher gezeigten Konzepte bleiben in ihrer Argumentation eher auf einer Metaebene stehen, sodass sich die Frage der Anwendung und Umsetzbarkeit stellt. In der Praxis wird häufig mit dem Begriff der *sustainability indicators* gearbeitet, die die oben genannten Dimensionen der Nachhaltigkeit detaillieren, bewerten und überprüfen. Dabei gibt es Ansätze auf unterschiedlichen Ebenen:

- Vereinte Nationen, z. B. Integrated Environmental and Economic Accounting (http://unstats.un.org/unsd/envaccounting/seea.asp) oder die 2007 veröffentlichte UN-Publikation *Indicators of Sustainable Development: Guidelines and Methodologies* (http://www.un.org/esa/sustdev/natlinfo/indicators/guidelines.pdf)
- Europäische Union und Nationalstaaten (diverse Regulative *on European environmental economic accounts*) oder auch spezifische Ansätze der United States Environmental Protection Agency (http://www.epa.gov/sustainability/docs/framework-for-sustainability-indicators-at-epa.pdf)
- Eine Reihe von wissenschaftlichen Ansätzen (Hart 1999; Hák et al. 2007; Bell und Morse 2008)
- Green Communities (http://www.epa.gov/greenkit/ indicator.htm#ei) und NGO-Ansätze wie das Global Footprint Network (http://www.footprintnetwork.org/en/index.php/GFN/)
- Unternehmensspezifische Ansätze, die sich auf Beratung und Umsetzung von indikatorengesteuerten Nachhaltigkeitsprogrammen für Regierungsorganisationen, Wirtschaftsunternehmen, NGOs etc. spezialisiert haben, um deren Nachhaltigkeit zu bewerten und zu unterstützen (z. B. Sustainable Measures, gegründet bereits 1993) (http://www.sustainable-measures.com/company)

Leitbild Nachhaltigkeit

Allzu oft klagen wir, dass das Leitbild Nachhaltigkeit doch eine Leerformel sei, die nur dazu tauge, die echten Probleme zu vernebeln. Klar ist, dass sich hinter dem Begriff „nachhaltige Entwicklung" keineswegs ein analytisch präzise gefasstes Konzept verbirgt. Nachhaltigkeit steht als Behelf für eine Vielfalt an Forderungen, nach denen sich unser künftiges Leben richten sollte und die methodisch vernetzt betrachtet werden müssen. Jedes Individuum und jede Gruppe muss sich also durch Reflexion oder Diskurs seine oder ihre Bedeutungszuweisung für Nachhaltigkeit erarbeiten, die getragen ist von den Prinzipien der Verantwortung und Gerechtigkeit in Zeit und Raum.

„Unsere Lage wäre bald hoffnungslos, wenn es nicht auf dem Grunde unseres Seins einen letzten Rettungsanker gäbe. Es handelt sich um den angeborenen Reichtum an menschlichem Verständnis, visionärer Kraft und Kreativität, das leider meist vergessene und ungenutzte Erbe eines jeden Individuums" (Peccei 1981).

Herausforderungen für die Zukunft

- Wie die Auseinandersetzung mit der Genese und den unterschiedlichen Zugängen zum Thema Nachhaltigkeit und nachhaltige Entwicklung gezeigt hat, besteht die vordringliche Herausforderung in dieser Diskussion darin, die systemischen, holistischen und integrativen Zugänge und Interpretationen in den Vordergrund zu stellen, um den komplexen Zusammenhängen zwischen Natur, Umwelt und unseren diversifizierten Gesellschaften gerecht zu werden.
- Dabei geht es darum, Einzelinteressen – die unserer neoliberalen Konsumgesellschaft inhärent sind – zu reduzieren und das Gemeinsame zugunsten einer positiven und zukunftsfähigen Entwicklung unseres Planeten deutlich in den Vordergrund zu stellen. Nur dadurch wird es möglich sein, die Grand Challenges zu meistern.

1

— „Die Menschheit steht an einem entscheidenden Punkt ihrer Geschichte. Wir erleben eine zunehmende Ungleichheit zwischen Völkern und innerhalb von Völkern, eine immer größere Armut, immer mehr Hunger, Krankheit und Analphabetentum sowie eine fortschreitende Schädigung der Ökosysteme, von denen unser Wohlergehen abhängt. Durch eine Vereinigung von Umwelt- und Entwicklungsinteressen und ihre stärkere Beachtung kann es uns jedoch gelingen, die Deckung der Grundbedürfnisse, die Verbesserung des Lebensstandards aller Menschen, einen größeren Schutz und eine bessere Bewirtschaftung der Ökosysteme und eine gesicherte, gedeihliche Zukunft zu gewährleisten. Das vermag keine Nation allein zu erreichen, während es uns gemeinsam gelingen kann: in einer globalen Partnerschaft, die auf eine nachhaltige Entwicklung ausgerichtet ist" (Auszug aus der Präambel der Agenda 21 1992, verabschiedet beim Erdgipfel in Rio de Janeiro [UN 1992, S. 1]).

┌─ **Pointiert formuliert** ─────────────────────────────────────

Die Diskussion um Nachhaltigkeit ist noch lange nicht beendet. Es bedarf einer noch intensiveren Diskussion und Zusammenarbeit zwischen Politik, Wissenschaft und der Zivilgesellschaft, um die bevorstehenden Herausforderungen in einem *Global-local Interplay* zu meistern. In Zukunft gilt es, die wissenschaftlichen Erkenntnisse in einem transdisziplinären Dialog in die Praxis umzusetzen und damit die vorhandenen politischen Strategien von der Ebene der konsensualen Willensbekundungen in konkrete und verbindliche Maßnahmen zu überführen. Dabei sind die Interessen unterschiedlicher Gruppen von Akteurinnen und Akteuren in einem nicht von (ökonomischer) Macht determinierten Aushandlungsprozess zu berücksichtigen.

Literatur

Aachener Stiftung Kathy Beys (2014) Lexikon der Nachhaltigkeit. http://www.nachhaltigkeit.info/. Zugegriffen: Februar 2015

Arbter K (2007) Öffentlichkeitsbeteiligung bei abstrakten strategischen Planungen: geht das überhaupt? Erfahrungen aus der Praxis. Glocalist 21:6–7

Arnstein Sh (1969) A Ladder of Citizen Participation. JAPA/Journal of the American Institute of Planners 35(4):216–224.http://lithgow-schmidt.dk/sherry-arnstein/ladder-of-citizen-participation.html. Zugegriffen: März 2015

Becker A (2001) Zukunftsfähige Politik: volkswirtschaftliche, ökologische und soziale Aspekte vernetzt. Ökonom, München

Bell S, Morse S (2008) Sustainability Indicators: Measuring the Immeasurable? In: Hák T, Moldan B, Dahl AL (Hrsg) Indicators of environmental sustainability: From concept to applications. Earthscan, London, Sterling, VA

Bevir M (2012) Governance: A Very Short Introduction. Oxford University Press, Oxford

BMLFUW (Bundesministerium für Land- und Forstwirtschaft, Umwelt und Wasserwirtschaft) (Hrsg) (2002) Die Österreichische Strategie zur Nachhaltigen Entwicklung. Österreichs Zukunft nachhaltig gestalten. BMLFUW, Wien

BMW Group (2014) Zusammen wirken. Sustainable Value Report 2014. http://www.bmwgroup.com/com/de/_common/pdf/BMW_Group_SVR2013_DE.pdf. Zugegriffen: Februar 2015

BMW Group (2015) Nachhaltigkeit in der BMW Group. http://www.bmwgroup.com/bmwgroup_prod/com/de/verantwortung/nachhaltigkeit/index.html. Zugegriffen: Februar 2015

Büchi H (2000) Naturgerechte Zukunft: weshalb Regionalisierung und ökologische Stabilisierung das Umweltproblem nicht lösen. UVK Universitätsverlag, Konstanz

Campe HJ (1809) Wörterbuch der deutschen Sprache: L bis R. Bd 3. Schulbuchhandlung, Braunschweig

Carson RL (1962) Silent Spring. Crest Book Fawcett, Greenwich, Conn

Carson RL (1963) Der stumme Frühling (aus d. Amerikan. übertr. von Margaret Auer). Biederstein, München

Deller K, Spangenberg J (1997) Fünf Jahre nach dem Erdgipfel. Wie zukunftsfähig ist Deutschland? Entwurf eines alternativen Indikatorensystems. Forum Umwelt & Entwicklung, Bonn

Literatur

Dürmeier T (2005) Post-Autistic Economics: eine studentische Intervention für plurale Ökonomik. Intervention 2(2):65–76

Dürmeier T, Egan-Krieger T, Peuker H (Hrsg) (2006) Die Scheuklappen der Wirtschaftswissenschaft: Postautistische Ökonomik für eine pluralistische Wirtschaftslehre. Metropolis, Marburg

Empacher C, Wehling P (2002) Soziale Dimensionen der Nachhaltigkeit. Theoretische Grundlagen und Indikatoren. ISOE-Studientext, Bd 11. ISOE, Frankfurt am Main

Felber C (2010) Die Gemeinwohl-Ökonomie. Das Wirtschaftsmodell der Zukunft. Deuticke, Wien

Felber C (2012) Die Gemeinwohl-Ökonomie: Erweiterte Neuausgabe. Deuticke, Wien

Freericks R, Hartmann R, Stecker B (2010) Freizeitwissenschaft. Handbuch für Pädagogik, Management und nachhaltige Entwicklung. Oldenbourg, München

Görg C, Brand U (Hrsg) (2002) Mythen globalen Umweltmanagements. Westfälisches Dampfboot, Münster

Grober U (2010) Die Entdeckung der Nachhaltigkeit. Kulturgeschichte eines Begriffs. Kunstmann, München

Grossmann WD, Eisenberg W, Meiß KM, Multhaup T (Hrsg) (1999) Nachhaltigkeit: Bilanz und Ausblick. Lang, Frankfurt am Main

Grunwald A (2002) Technikfolgenabschätzung – Eine Einführung. Gesellschaft – Technik – Umwelt, Bd 1. Edition Sigma, Berlin

Grunwald A, Kopfmüller J (2012) Nachhaltigkeit, 2. Aufl. Campus, Frankfurt am Main

Grunwald A, Coenen R, Nitsch J, Sydow A, Wiedemann P (Hrsg) (1998) Forschungswerkstatt Nachhaltigkeit: Wege zur Diagnose und Therapie von Nachhaltigkeitsdefiziten. Sigma, Berlin

Hart M (1999) Guide to Sustainable Community Indicators. Hart Environmental Data, North Andover, MA

Hicks JR (1940) The Valuation of Social Income. Economica 7:105–124

Hák T, Moldan B, Dahl AL (2007) Sustainability Indicators: A Scientific Assessment. Island Press, Washington, Covelo, London

Kaufmann R, Burger P, Stoffel M (2007) Nachhaltigkeitsforschung – Perspektiven der Sozial- und Geisteswissenschaften. Schweizerische Akademie der Geistes- und Sozialwissenschaften, Bern

Kjær AM (2004) Governance. Polity Press, Cambridge

Kopfmüller J, Brandl V, Jörissen J, Paetau M, Banse G, Coenen R, Grundwald A (2001) Nachhaltige Entwicklung integrativ betrachtet: konstitutive Elemente, Regeln, Indikatoren. Edition Sigma, Berlin

Littig B, Grießler E (2004) Soziale Nachhaltigkeit. Informationen zur Umweltpolitik, Bd 160. Bundeskammer für Arbeiter und Angestellte, Wien

Littig B, Grießler E (2005) Social sustainability: a catchword between political pragmatism and social theory, Int. J Sustainable Development, Vol 8, 1/2, S 65–79

Martini K (2000) Nachhaltigkeit – Was ist das? Deutsche Hochschule für Verwaltungswissenschaften Speyer. Speyerer Vorträge, Bd 60. Speyer

Meadows DL, Meadows DH, Zahn E, Milling P (1972) Die Grenzen des Wachstums. Bericht des Club of Rome zur Lage der Menschheit. Rowohlt, Stuttgart

Ninck M (1997) Zauberwort Nachhaltigkeit. Hochschulverlag an der ETH Zürich, Zürich

Peccei A (1981) Die Zukunft in unserer Hand. Gedanken und Reflexionen des Präsidenten des Club of Rome. Wien, München, Zürich, New York

Ritt T (2002) Soziale Nachhaltigkeit: von der Umweltpolitik zur Nachhaltigkeit? Informationen zur Umweltpolitik, Bd 149. Arbeiterkammer Wien, Wien

RNE (Rat für Nachhaltige Entwicklung) (2012) Jahreskonferenz des RNE: Unterschiedliche Bewertungen von Rio+20. http://www.nachhaltigkeitsrat.de/news-nachhaltigkeit/2012/2012-07-05/jahreskonferenz-des-rne-unterschiedliche-bewertungen-von-rio-20/?blstr=0. Zugegriffen: Februar 2015

Rogall H (2008) Ökologische Ökonomie: Eine Einführung, 2. Aufl. Verlag für Sozialwissenschaften, Wiesbaden

Rogall H (2012) Nachhaltige Ökonomie – Ökonomische Theorie und Praxis der Nachhaltigen Entwicklung. In: Sauer T (Hrsg) Ökonomie der Nachhaltigkeit. Metropolis, Marburg

Rogall H (2013) Volkswirtschaftslehre für Sozialwissenschaftler. Einführung in eine zukunftsfähige Wirtschaftslehre, 2. Aufl. Springer, Wiesbaden

Schretzmann R et al (2006) Wald mit Zukunft. Nachhaltige Forstwirtschaft in Deutschland. Aid, Bd 1478. Aid (Ernährung, Landwirtschaft, Verbraucherschutz e. V.), Bonn

Spangenberg JH (1997) Prisma der Nachhaltigkeit. Archiv des Wuppertal Instituts, UM-631/97. Wuppertal Institut für Klima, Umwelt, Energie GmbH, Wuppertal

Spangenberg JH (2002) Environmental space and the prism of sustainability: frameworks for indicators measuring sustainable development. Ecological Indicators 2:295–309. doi:10.1016/S1470-160X(02)00065-1

Stahlmann V (2008) Lernziel: Ökonomie der Nachhaltigkeit: eine anwendungsorientierte Übersicht. Oekom Verlag, München

Stahlmann V (2015) Eigenrecht der Natur – Gewinn für wen? Rechte der Natur – Biokratie Bd 4. Metropolis, Marburg

Stowasser JM, Petschenig M, Skutsch F (1994) Lateinisch-deutsches Schulwörterbuch. Hölder-Pichler-Tempsksy, Wien

Sustainable Measures (2014) Sustainable Development. http://www.sustainablemeasures.com/sustainability. Zugegriffen: Februar 2015

Torgersen H (2001) Soziale Nachhaltigkeit – Schwerpunkt ohne Gewicht. ORF on science. http://sciencev1.orf.at/science/torgersen/14641. Zugegriffen: Februar 2015

UN (United Nations) (1992) AGENDA 21. Konferenz der Vereinten Nationen für Umwelt und Entwicklung, Rio de Janeiro, Juni 1992. http://www.un.org/depts/german/conf/agenda21/agenda_21.pdf. Zugegriffen: April 2015

UN (United Nations) (2012) The Future We Want. http://www.un.org/en/sustainablefuture/. Zugegriffen: Februar 2015

UN (United Nations) (2015) Sustainable Development Knowledge Platform. Sustainable Development Goals. https://sustainabledevelopment.un.org/sdgs. Zugegriffen: Dezember 2015

Valentin A, Spangenberg JH (2000) A guide to community sustainability indicators. Environ Impact Assess Rev 20:381–392

Vitols K (2011) Nachhaltigkeit – Unternehmensverantwortung – Mitbestimmung. Ein Literaturbericht zur Debatte über CSR. edition sigma, Berlin

Vogt M (2009) Prinzip Nachhaltigkeit. Ein Entwurf aus theologisch-ethischer Perspektive. Hochschulschriften zur Nachhaltigkeit Bd 39. Oekom, München

WCED (World Commission on Environment and Development) (1987) Our Common Future (Unsere gemeinsame Zukunft) = Brundtland-Bericht. http://www.un-documents.net/wced-ocf.htm. Zugegriffen: Februar 2015

Wuppertal Institut (1998) Jahrbuch 1997/98. Wuppertal Institut für Klima, Umwelt, Energie GmbH, Wuppertal

Globale Herausforderungen und die Notwendigkeit umzudenken – wie soll das funktionieren?

Friedrich M. Zimmermann

F. M. Zimmermann (Hrsg.), *Nachhaltigkeit wofür?*,
DOI 10.1007/978-3-662-48191-2_2, © Springer-Verlag Berlin Heidelberg 2016

2

┌─ **Kernfragen** ───

- Was sind die großen globalen Herausforderungen des 21. Jahrhunderts?
- Wie gehen wir auf unterschiedlichen Ebenen mit diesen Herausforderungen um, wie sind die Trends zu bewerten?
- Wie können integrative Konzepte der Nachhaltigkeit aussehen, und welche Lösungspotenziale werden diskutiert?
- Warum ist es an der Zeit, umzudenken und unsere Werthaltungen zu verändern?

Wie erwähnt haben Dennis Meadows et al. (1972) in *The Limits to Growth* (*Die Grenzen des Wachstums*) erstmals über die begrenzte Ressourcenkapazität unserer Erde und über die Folgen des exponentiellen Wachstums in einer begrenzten Welt geschrieben. Fünf Themen wurden bereits vor mehr als 40 Jahren als von globaler Bedeutung definiert – ohne, dass bis heute Lösungen in Sicht wären:

- steigende Industrialisierung,
- rascher Bevölkerungsanstieg,
- weit verbreitete Unterernährung,
- Erschöpfung nicht erneuerbarer Energien,
- eine sich verschlechternde Umweltsituation.

Es wurde prognostiziert, dass die Grenzen des Wachstums innerhalb der nächsten 100 Jahre erreicht werden, wenn keine gegensteuernden Maßnahmen ergriffen werden. Seither wurde auf politischer Ebene viel diskutiert, und es wurden zahlreiche Konferenzen mit entsprechenden Dokumenten zu diesem Thema durchgeführt (▶ Abschn. 1.1.2).

Die zukunftsfähige Entwicklung von Gesellschaft und Wirtschaft ist allerdings abhängig von unserem Umgang und unserem Lösungspotenzial für die in vielen wissenschaftlichen Publikationen, in Politikkreisen, in den Medien und in der Zivilgesellschaft breit diskutierten **Grand Challenges** (◘ Tab. 2.1). Messner (2013) spricht – in Anlehnung an Crutzen und Stoermer (2000) – angesichts der massiven, bisher in der Erdgeschichte nie dagewesenen Einflüsse der Menschheit auf unser globales (Öko-)System von einem Übergang ins Zeitalter des „Anthropozän", in dem nicht die Natur die Grenzen menschlicher Handlungen setzt, sondern wir Menschen natürliche Prozesse dynamisch, langfristig und irreversibel verändern. Das Hauptgutachten des Wissenschaftlichen Beirats der Bundesregierung Globale Umweltveränderung (WBGU 2011) verlangt daher einen Gesellschaftsvertrag für die Transformation zu einer nachhaltigen Gesellschaft. Dabei wird die Übernahme von Zukunftsverantwortung, kombiniert mit demokratischer Teilhabe, als Schlüssel zum Erfolg angesehen (vgl. auch ▶ Abschn. 2.3.2 und 5.3).

Wie ◘ Tab. 2.1 zeigt, sind die Herausforderungen vielfach und komplex. Dabei ist noch zu berücksichtigen, dass diese regional äußerst unterschiedlich ausgeprägt sein können (Nord-Süd Disparitäten). Insbesondere die Länder des Südens können aufgrund ihrer ökonomischen und meist auch politischen Unzulänglichkeiten mit diesen Problemen weniger gut umgehen als die Länder des Nordens. Es sind aber gerade die Länder des Nordens, die für viele der genannten Herausforderungen durch ihre globalisierten Wirtschafts- und Gesellschaftsstrukturen verantwortlich sind. Daher wird in nahezu allen Stellungnahmen zum globalen Wandel – um das zweite Schlagwort zu nennen – nachdrücklich ein Umdenkprozess (besonders in der entwickelten Welt und in den Schwellenländern) postuliert und eingefordert, um alle diese Herausforderungen zum Wohle unserer Gesellschaften zu meistern.

Tab. 2.1 Grand Challenges im Überblick. (Adaptiert nach Coy und Stötter 2013; Garland et al. 2007; Urdal 2005)

Ökologische Herausforderungen	Ökonomische Herausforderungen	Gesellschaftliche Herausforderungen
Effekte des Klimawandels	Instabilität der Finanzmärkte	Dominanz der Wirtschaft und Ohnmacht der Politik
(Zer-)Störung der Biodiversität	Regionale Disparitäten	Unsicherheiten, ökonomische Disparitäten
Ressourcenverbrauch und Ressourcenverknappung	Unterentwicklung, Armut, Ausbeutung	Demographischer Wandel und Urbanisierung
(Zer-)Störung der Ökosysteme (Ozeane, Regenwälder etc.)	Staatsverschuldung und degradierende Sozialsysteme	Sicherstellung der Grundbedürfnisse
Umweltschäden durch Urbanisierung und Ressourcenausbeutung	Technische und soziale Infrastrukturen	Internationale Migration, soziale Disparitäten
Naturkatastrophen	Negative Arbeitsmarkt-Entwicklungen	Kriege, Terrorismus, Kriminalität

Gedankensplitter

Konsum und Wegwerfgesellschaft

Eigentlich dreht sich unsere globalisierte Welt und Wirtschaft nur deshalb, weil wir konsumieren! Angesichts der großen ökologischen und gesellschaftlichen Herausforderungen stellt sich die Frage, inwieweit wir in unserer westlichen Gesellschaft bereit sind, unseren Konsum einzuschränken. Wir wissen, dass wir für eine Wegwerfgesellschaft produzieren. Es wird nichts mehr repariert, wenn Dinge kaputtgehen, es wird Neues gekauft, das Alte landet im Müll. Viele Bereiche unserer auf Wachstum ausgerichteten Wirtschaft funktionieren nur noch über spezielle Marketing-Gags und Sales, und weil der Markt in den westlichen Industrienationen gesättigt ist, werden neue Märkte in aufstrebenden Ländern und Regionen wie China, Indien, Vorderasien oder Südamerika erschlossen – die Potenziale für Wachstum scheinen unbegrenzt. Diese Wachstumseuphorie benötigt konsequenterweise noch mehr natürliche Ressourcen, die in vielen Bereichen aber nicht mehr vorhanden sind. Dennoch ist ein Umdenken nicht in Sicht, zum einen weil die Mitglieder der westlichen Konsumgesellschaft nicht bereit sind, zugunsten einer gerechteren Verteilung von Wohlstand und Lebensqualität auf Konsum zu verzichten, zum anderen weil die Menschen in weniger entwickelten Ländern und Schwellenländern Verteilungsgerechtigkeit einfordern, was eigentlich als grundlegendes Menschenrecht gelten sollte. Der Lösungsansatz, der im Raum steht, ist ein gerechtes, auf das Gemeinwohl ausgerichtetes Leben und Wirtschaften, also Nachhaltigkeit. In Abwandlung eines Zitats des US-amerikanischen Dichters und Historikers Carl Sandburg („Stell dir vor es ist Krieg und keiner geht hin") muss man allerdings in weiten Teilen unserer Gesellschaften festhalten: „Stell dir vor, wir sind nachhaltig, aber keiner lebt es."

2.1 Ökologische Herausforderungen

2.1.1 Das Klima im Wandel – ist schon alles zu spät?

Die Diskussion um den Klimawandel ist in aller Munde. Eng damit verknüpft ist das Intergovernmental Panel on Climate Change (IPCC; im Deutschen auch als Weltklimarat bezeichnet), das im Jahr 1988 von der World Meteorological Organization (WMO; Weltorganisation für Meteorologie) und dem United Nations Environment Programme (UNEP; Umweltprogramm der Vereinten Nationen) als Forschungs- und Beratungsgremium für Politik und Wirtschaft etabliert wurde. Ziel des IPCC (2015a) ist „[…] to prepare, based on available scientific information, assessments on all aspects of climate change and its impacts, with a view of formulating realistic response strategies". Zwischen 1990 und 2014 wurden in bisher fünf *Assessment Reports* die Ergebnisse, die im Rahmen von Arbeitsgruppen generiert wurden, veröffentlicht (Working Group I: *The Scientific Basis;* Working Group II: *Impacts, Adaptation and Vulnerability;* Working Group III: *Mitigation; Synthesis Report*) (IPCC 2014).

Die Veränderungen des globalen Klimas und dessen Auswirkungen werden als eine der größten Herausforderungen der Menschen im 21. Jahrhundert erachtet – einen guten Überblick, z. B. für die USA, bietet National Climate Assessment (NCA 2014). Der Anstieg der Durchschnittstemperatur an der Erdoberfläche zwischen 1880 und 2012 um 0,85 °C ist nachgewiesen. Vornehmlich wird dies dem anthropogen bedingten **Anstieg der Treibhausgase** CO_2, Methan und Lachgas zugeschrieben. Nachgewiesen ist in diesem Zusammenhang, dass die anthropogenen Emissionen von Treibhausgasen die höchsten sind, die es jemals in der Geschichte gab (❏ Abb. 2.1). Dies wird durch den 5. IPCC-Bericht erhärtet und untermauert, der die zukünftigen Klimaänderungen durch Klimamodelle anhand von vier repräsentativen Konzentrati-

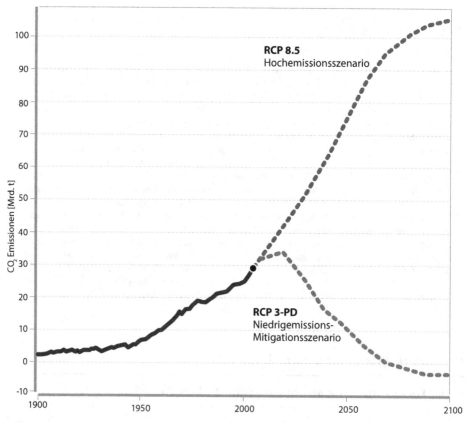

❏ **Abb. 2.1** Anthropogen bedingter CO_2-Anstieg 1900–2010 und Prognose 2010–2100 nach Konzentrationspfaden. (Friedlingstein et al. 2014; WRI 2015; IPCC 2015b; mit freundlicher Genehmigung von © IPCC 2015. All rights reserved)

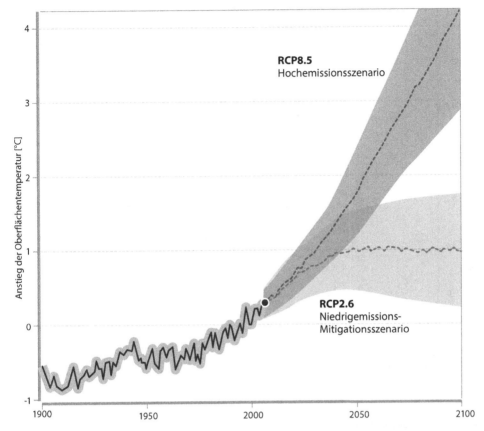

onspfaden (RCP) (unter RCP versteht man unterschiedliche Szenarien der Erderwärmung mit unterschiedlichen Annahmen der CO_2-Konzentration in der Luft) nachweist. Das Ergebnis ist ernüchternd. Als Konsequenz des zunehmenden Ausstoßes von Treibhausgasen variiert der Anstieg der Temperatur bis zum Jahr 2100 je nach Konzentrationspfad zwischen 0,3–1,7 °C (RCP 2.6) (Niedrigemmissions-, Mitigationsszenario) und 2,6–4,8 °C (RCP 8.5) (Hochemmissionsszenario)(■ Abb. 2.2). Die direkten Auswirkungen, die heute bereits feststellbar sind, erscheinen fatal (vgl. auch Kromp-Kolb et al. 2014):

- **Anstieg der Temperaturen** sowohl in der Atmosphäre (die Periode zwischen 1983 und 2012 war auf der Nordhalbkugel die wärmste 30-Jahre-Periode der vergangenen 1400 Jahre) als auch in den Ozeanen (■ Abb. 2.3)
- **Abschmelzen des Eises**, insbesondere in der Nordpolarregion (die mittlere jährliche Ausdehnung des Packeises in der Arktis verringerte sich zwischen 1979 und 2012 um ca. 3,5–4,1 % pro Dekade) (■ Abb. 2.4)
- Langsamer **Meeresspiegelanstieg** durch Abschmelzung des Inlandeises und durch thermische Ausdehnung des erwärmten Meerwassers (der mittlere Anstieg des Meeresspiegels betrug zwischen 1901 und 2010 rund 0,2 m)
- Ansteigende **Gefahr der Überflutung** dicht besiedelter, tief liegender Küstengebiete (Nigerdelta, Bangladesch, Malediven)

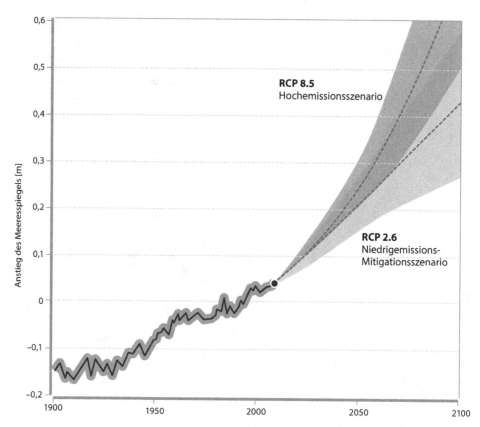

□ Abb. 2.3 Anstieg des Meeresspiegels 1900–2010 und Prognose 2010–2100 nach Konzentrationspfaden. (Adaptiert nach IPCC 2015b; mit freundlicher Genehmigung von © IPCC 2015. All rights reserved)

- Starke Zunahme der **Niederschläge** aufgrund stärkerer Verdunstung (zwischen 35° und 70° nördlicher Breite schon nachweisbar); in einigen Regionen, wie den Subtropen, deutliche Abnahme der Niederschläge und zunehmende Trockenheit
- Verlagerung der **Trockenzonen** nach Norden um 400–800 km in die dicht besiedelten subtropischen Gebiete
- Verlagerung der wichtigsten **Anbaugebiete** nach Norden in Gebiete mit schlechteren Böden
- Zunahme der **Wetterextreme** (Hitzewellen, extreme Trockenheit, Großflächenbrände, Starkniederschläge, Überflutungen, Muren und Erosionen, Tornados und Zyklone etc.)

Die Auswirkungen werden sich bis 2100 dramatisch erhöhen. Das IPCC erwartet, je nach RCP-Szenario, drastische Erhöhungen der mittleren Lufttemperaturen bis zum Ende des 21. Jahrhunderts, eine weitere deutliche Erhöhung des mittleren Meeresspiegelniveaus bis zu knapp 1 m, einen Rückgang der Ausdehnung des Permafrosts, je nach RCP-Szenario um 37–81 %, eine nahezu eisfreie Zone in der Arktis sowie einen Rückgang des globalen Gletschervolumens von über 50 %.

Die Risiken und Gefahren durch den Klimawandel hängen einerseits sehr eng mit der **Vulnerabilität** und andererseits mit der **Adaptionsfähigkeit** des Menschen und der natürlichen Systeme zusammen. Die genannten Auswirkungen zeigen allerdings ein erhöhtes Risiko von drastischen und in einigen Fällen irreversiblen negativen ökologischen und gesellschaftlichen Folgen. Be-

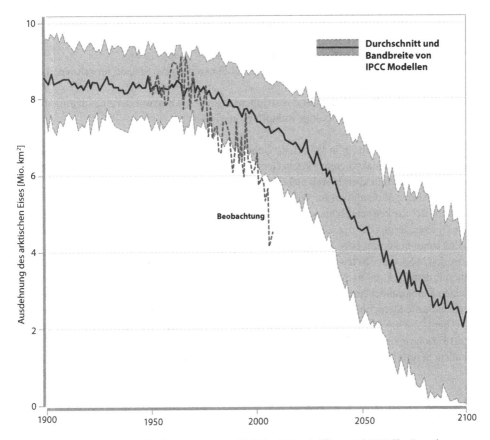

sonders betroffen sind Meeresorganismen durch den geringer werdenden Sauerstoffgehalt und die zunehmende Versauerung der Meere. Vulnerabel sind Korallenriffe, aber auch die polaren Ökosysteme (durch den Rückgang der Eisbedeckung). Auch die tief liegenden Ökosysteme an den Meeresküsten sind durch den Anstieg des Meeresspiegels bedroht. Eng damit in Zusammenhang steht die Reduktion der Biodiversität in sensitiven Meeren, die die Fischerei deutlich betreffen wird. Auch in der Landwirtschaft und damit der Nahrungsmittelsicherheit sind etwa für Weizen, Reis und Mais in den tropischen und gemäßigten Zonen durch den Temperaturanstieg negative Auswirkungen auf die Produktion zu erwarten – demgegenüber gibt es aber auch Regionen, insbesondere in den nördlichen Breiten, die von einem Temperaturanstieg profitieren werden. Somit bedingen Veränderungen in der Produktivität von Nahrungsmitteln, verknüpft mit einem steigenden Bedarf an Nahrungsmitteln, große Risiken für die globale Nahrungsmittelversorgung. Verschärft wird die Situation auch deshalb, weil sich durch die Klimaerwärmung und die damit bedingten Bedarfe an Bewässerung in der Landwirtschaft die Oberflächen- und Grundwasserressourcen in den meisten trockenen subtropischen Regionen reduzieren werden und sich damit der Konkurrenzkampf um Wasserressourcen verstärken wird. Ebenso erwähnenswert sind die Auswirkungen des Klimawandels auf die menschliche Gesundheit. Hier werden vor allem in weniger entwickelten Ländern bestehende Krankheitssymptome durch zunehmende Hitze deutlich zunehmen (vgl. auch kontroversielle Diskussionen, z. B. in Renn 2014).

Anlässlich der **Klimakonferenz** in Lima (Peru) im Jahr 2014 wurden die wichtigsten Ergebnisse des 5. Berichts präsentiert und die folgenden Kernstatements abgegeben:

- Der menschliche Einfluss auf das Klimasystem ist klar nachweisbar.
- Je stärker wir das Klima beeinflussen, desto größer werden die Risiken für schwere, tief greifende und irreversible Folgen.
- Wir haben die Möglichkeiten und Instrumente, um den Klimawandel einzudämmen und eine gedeihliche und nachhaltige Zukunft zu erwirken.

Wie bereits die Konferenzen in Warschau, Doha, Durban, Cancún, Kopenhagen etc. bis hin zur ersten weltweiten Klimakonferenz 1979 in Genf hat auch die Klimakonferenz in Lima enttäuschend geendet, weil die wohlhabende Welt nicht auf Wachstum und Wohlstand verzichten möchte. Wiederum sind keine Maßnahmen zur Verringerung der Treibhausgasemissionen und damit zu einer Reduktion der Risiken verabschiedet worden, obwohl die Instrumente klar sind und auch die regionale Differenzierung der Auswirkungen mit ihren Effekten auf Gesellschaft und Umwelt bekannt ist. Erst langsam kommt es zu Reaktionen der Zivilgesellschaft, etwa in Form des Climate Action Network (CAN), eines Netzwerks, an dem mehr als 900 NGOs aus mehr als 100 Ländern teilnehmen, mit dem Ziel, politische und individuelle Aktionen voranzutreiben, um den menschengemachten Klimawandel einzudämmen und auf einen zukunftsfähigen Pfad zu bringen. Dies lässt hoffen, dass die Menschheit den Ernst der Lage erkannt hat – ein verbindliches Klimaabkommen ist bei der UN-Klimakonferenz in Paris im Dezember 2015 gelungen. Die Ratifizierung soll im April 2016 erfolgen, die Umsetzung bedarf besonderer Anstrengungen aller Menschen und erfordert vor allem in unserer globalisierten Konsumgesellschaft drastische Umdenkprozesse.

2.1.2 Die Energieressourcen werden knapp – keiner will sparen

Wenn es um die Frage der immer knapper werdenden Ressourcen geht, so steht an oberster Stelle die Diskussion um den globalen Energieverbrauch. Die stetig steigende Weltbevölkerung und das wirtschaftliche Wachstum, vor allem in Schwellenländern wie China und Indien, sind die stärksten Treiber der Energienachfrage (◘ Abb. 2.5). Die den westlichen Industrieländern eigenen material- und energieintensiven **Konsum- und Lebensweisen** breiten sich durch die Globalisierung, die Verbesserung des Lebensstandards und der damit verbundenen Übernahme von nicht nachhaltigen Lebensweisen sehr rasch in Schwellenländer und weniger entwickelte Länder[1] aus. Dadurch zeigen auch die aufstrebenden Volkswirtschaften in Asien in den kommenden Jahrzehnten die höchsten Zuwächse beim Energieverbrauch.

Demgegenüber zeigen sich eine Verknappung des Angebots an Energieressourcen sowie große Preisschwankungen, die Unsicherheiten postulieren und damit negative Auswirkungen auf die Dynamik der Weltwirtschaft haben – davon betroffen sind in erster Linie die weniger entwickelten Länder. Der Weltenergiebedarf stieg zwischen 1990 und 2010 um nahezu 40 %, der Pro-Kopf-Energiebedarf um 10 %. Die höchsten Zuwächse im Pro-Kopf-Verbrauch verzeichnete China mit ca. 110 %, während in Europa und in den USA der Pro-Kopf-Verbrauch in diesem Zeitraum auf

---

1   Ohne näher auf die Diskussionen um den Begriff „Entwicklungsländer" einzugehen, sei hier vermerkt, dass die Unterscheidungen im Wesentlichen auf den Interpretationen des Human Development Index beruhen und die englischen Begriffe *developed country, newly industrialized country, less developed country* und *least developed country* in etwa der Quartilsgliederung dieses Index entsprechen. Im Deutschen werden die Begriffe „Industrieländer", „Schwellenländer", „weniger entwickelte Länder", „unterentwickelte Länder", „Länder der Dritten Welt" sowie „Länder des (globalen) Südens" verwendet. In diesem Buch werden die vier letztgenannten Begriffe synonym verwendet.

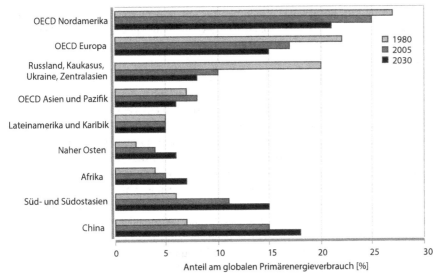

☐ **Abb. 2.5** Globaler Primärenergieverbrauch nach Regionen 1980, 2005 und 2030. (OECD 2008)

sehr hohem Niveau stagnierte (Eurostat 2015; IEA 2014): EU-28-Länder 2180 kg Rohöleinheiten pro Einwohner, USA 4790 kg, Japan 2470 kg und Deutschland 2600 kg. Der große Nutzen des Energieverbrauchs entfällt nur auf einen Teil der Menschen; die USA, die EU-28-Länder und Japan haben – bei einem Bevölkerungsanteil von ca. 14 % – einen Anteil von rund 37 % am Weltenergiebedarf. Demgegenüber verbraucht Afrika bei einem Anteil von 17 % an der Weltbevölkerung nur 5 % der globalen Energieressourcen. Die Übernutzung – oder besser gesagt die Verschwendung – der Ressourcen, aber auch die ungerechte Verteilung von Energieressourcen zwischen Ländern (entwickelt – nicht entwickelt) sowie innerhalb von Ländern (Stadt-Land-Disparitäten) sind zentrale Gründe dafür, dass noch immer etwa 2,7 Mrd. Menschen in den Entwicklungsländern keinen Zugang zu modernen Energiedienstleistungen haben, noch immer 1,2 Mrd. Menschen ohne Stromversorgung sind und damit heute 1,4 Mrd. Menschen in extremer Armut leben.

Diesem steigenden Weltbedarf steht nunmehr die Frage der **Verfügbarkeit der Ressourcen** gegenüber. Über 85 % der weltweit verbrauchten Primärenergie von 532 Exajoule (EJ) pro Jahr (1 EJ = 1018 Joule; der Primärenergieverbrauch Deutschlands beträgt ca. 14 EJ pro Jahr) ist fossilen Ursprungs – Erdgas und Erdöl liefern knapp 60 % der Primärenergie. ☐ Abbildung 2.6

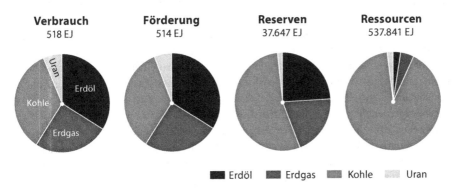

☐ **Abb. 2.6** Nicht erneuerbare Energierohstoffe nach Verbrauch, Förderung, Reserven und Ressourcen 2013. 1 EJ [Exajoule] = 23,9 Mio. t Öl-Äquivalent = 26,3 Mrd. m³ Erdgas = 278 Mrd. kWh (Kilowattstunden) (BGR 2014)

zeigt sehr deutlich, dass die **Reserven** (Vorkommen, die mit großer Genauigkeit erfasst und mit derzeitigen technischen Möglichkeiten profitabel zu gewinnen sind) mit 37.646 EJ den heutigen Energiebedarf (ohne Steigerungen) unter Nutzung aller dieser Reserven noch für ca. 70 Jahre abdecken können. Demgegenüber werden die **Ressourcen** (Vorkommen, die geologisch mehr oder weniger nachgewiesen, aber derzeit nicht wirtschaftlich gewinnbar sind) mit 550.000 EJ geschätzt, wobei bemerkenswert ist, dass der Anteil von Hartkohle, dessen exzessive Verwendung ökologisch überaus bedenklich ist, dabei rund 80 % beträgt. Bei einer Fortschreibung des heutigen Kohleverbrauchs von ca. 30 % würden sich die Ressourcen auf 177.200 EJ reduzieren, immerhin – auf heutige Ausgangswerte bezogen – noch eine Versorgungsdauer von 333 Jahren.

Gerade in Bezug auf die Erdölreserven ist eine genaue Datierung des Endes des Erdöls überaus schwierig. Neue Lagerstätten werden entdeckt, die Förderung von Öl und Gas aus schieferartigen Sedimentgesteinen durch Fracking (das Gestein wird angebohrt, und mit speziellen, potenziell gesundheitsschädigenden Chemikalienmischung werden Öl und Gas mit hohem Druck herausgepresst) wird, insbesondere in den USA und in Kanada, immer bedeutender, rückläufige Nachfrage (etwa in Rezessionsphasen der Wirtschaft), die fehlende Transparenz der Erdölproduzenten sowie Preisspekulationen und die damit verbundene Variabilität und Rentabilität der Erdölförderung lassen hier wohl nur Spekulationen zu – Ähnliches gilt auch für andere fossile Energieträger.

Diese Annahmen tragen allerdings die Problematik in sich, dass aufgrund der oben dargestellten Folgen des Klimawandels eine drastische Reduktion der Treibhausgase vonnöten ist und vor allem die Nutzung fossiler Energieträger einen massiven Beitrag zu den Treibhausgasemissionen leisten. Nach Untersuchungen des Wuppertal Instituts liegen die direkten Treibhausgasemissionen bei Erdgas bei 56 t CO_2-Äquivalent/TJ (das ist der Ausstoß an Treibhausgasen in Tonnen CO_2 im Verhältnis zur durch die Verbrennung des Energieträgers erzeugten Energie in TJ = Terrajoule), bei Heizöl bei 74 t CO_2-Äquivalent/TJ, bei Steinkohle bei 92 t CO_2-Äquivalent/TJ und bei Braunkohle bei 111 t CO_2-Äquivalent/TJ. Gerade in Bezug auf den Klimawandel darf die aktuelle Entwicklung nicht außer Acht gelassen werden, speziell die Schwellenländer greifen – vor allem aus Kostengründen – immer stärker auf Kohlevorräte zurück. So hat sich der Kohleverbrauch in China von 2000 mit 679 Mio. t Öl-Äquivalent bis 2014 auf 1962 Mio. t Öl-Äquivalent nahezu verdreifacht. China fördert ca. 48 % der weltweiten Kohleproduktion von knapp 8 Mrd. t (gefolgt von den USA mit ca. 12 %) und hat einen Anteil von deutlich mehr als 50 % am globalen Kohleverbrauch (mehr als 75 % der Stromproduktion in China stammt aus der Verbrennung von Kohle in fast 700 Kohlekraftwerken) (Statistica 2015). Damit ist China mit knapp 10 Mrd. t zum größten CO_2-Emittenten weltweit geworden. Die Smogschichten in den chinesischen Städten sind bereits legendär, mehrere 100.000 Menschen sterben in China jährlich an den Folgen der Luftverschmutzung, und auch die Verschmutzung von Flüssen und Grundwasser ist beachtlich.

Die bisherige Politik des Wachstums um jeden Preis gerät in Gefahr, die globalen Auswirkungen der chinesischen Wirtschafts- und Gesellschaftsentwicklung sind nicht mehr abschätzbar. Die chinesische Regierung versucht gegenzusteuern, die Umweltpolitik (Energieeffizienz, erneuerbare Energien, Atomkraft, breiter Energiemix) wird zu einer Frage der „nationalen Sicherheit" und damit zu einer „Überlebensfrage" für die chinesische Regierung. Der Kohleboom (nicht zuletzt auch durch den Preisverfall von CO_2-Zertifikaten) ist demnach derzeit das verhindernde Element im Klimaschutz. Erstmals wurde Chinas „Rückzug aus der Kohle" bei der Lima-Konferenz 2014 thematisiert. Es ist festzuhalten, dass alle Maßnahmen für klimafreundliche und erneuerbare Energie sowie für mehr Gaskraftwerke als „Brückentechnologie" im Wesentlichen an der noch immer problematischen wirtschaftlichen Konkurrenzfähigkeit scheitern – die Ökonomie siegt nach wie vor über die menschliche Vernunft.

Dennoch sind Ansätze vorhanden, die Vorteile **erneuerbarer Energieträger** ein- und umzusetzen (REN21 2014). Weltweit werden 19 % (9 % traditionelle Biomassenutzung und 10 %

moderne erneuerbare Energien) der globalen Primärenergieversorgung und 22 % der globalen Stromproduktion durch erneuerbare Energien abgedeckt. Die Leistung der erneuerbaren Energien erhöhte sich von 85 GW (Gigawatt) im Jahr 2004 (unter Einbezug der Wasserkraft waren es 2004 800 GW) auf 560 GW im Jahr 2013 (mit Wasserkraft 1560 GW). Bemerkenswert ist auch, dass China bei der Nutzung erneuerbarer Energien (ohne Wasserkraft) zur Stromerzeugung mit 118 GW im Jahr 2013 erstmals weltweit Platz 1 einnimmt, vor den USA mit 93 GW und Deutschland mit 78 GW (EU-28-Länder: 235 GW). China hat auch bei den direkten und indirekten Arbeitsplätzen in der Branche erneuerbare Energie mit über 40 % weltweit die meisten Beschäftigten, gefolgt von Brasilien mit 14 % und den USA mit 10 %.

Prognosen von BP gehen davon aus, dass sich der Anteil erneuerbarer Energien am globalen Energiemix nur geringfügig von 9 % im Jahr 2012 auf 14 % im Jahr 2035 erhöhen wird (ohne Wasserkraft von 2 % auf knapp 7 %). Der dynamische Zuwachs des Energiebedarfs, insbesondere in den Schwellenländern (der weltweite Energiebedarf wird von 12,5 auf 17,5 Mrd. t Öl-Äquivalente steigen), kann durch erneuerbare Energien nur zum Teil abgedeckt werden, obwohl die Verfügbarkeit von erneuerbaren Energien (Wasser, Wind, Geothermie, Biomasse, Gezeiten, Solar etc.) als Ressource mit unterschiedlichen Intensitäten überall vorhanden ist und damit als Vorteil für weniger entwickelte Länder anzusehen ist – allerdings besteht auch hier wiederum die Problematik der Kosten und des notwendigen Technologietransfers.

Aus der Praxis

Trinkwasser – eine knappe Ressource

Sowohl bei Energiefragen (Nutzung der Wasserkraft), aber auch im Zusammenhang mit der Veränderung der Niederschlagsregime und der damit verbundenen Ausbreitung der Trockengebiete gewinnt die Versorgung der Menschen mit Trinkwasser und Gebrauchswasser immer mehr an Bedeutung. Dabei ist bemerkenswert, dass der Verbrauch aufgrund der dynamischen Bevölkerungsentwicklung sehr stark zunimmt (der globale Verbrauch hat sich im 20. Jahrhundert versechsfacht), die Verteilung allerdings große Disparitäten aufweist, die noch zunehmen werden. Asien etwa muss bei einem Bevölkerungsanteil von rund 60 % mit nur 30 % des globalen Süßwasserpotenzials auskommen. Bereits heute führt die Tatsache, dass sich unterschiedliche Länder Wasser aus denselben Quellen teilen müssen (grenzüberschreitende Flüsse und Seen) und die Wasserressourcen ständig knapper werden, zu zahlreichen Konflikten. Die

Landwirtschaft (für 1 kg Fleisch sind rund 15.000 l Wasser als Trinkwasser für Tiere und intensive künstliche Bewässerung von Futterpflanzen notwendig – das entspricht dem durchschnittlichen Tagesbedarf von 125 Bürgerinnen und Bürgern Deutschlands bzw. 600 Bewohnerinnen und Bewohnern der Sahelzone) liegt mit 70 % des Süßwasserverbrauchs vor der Industrie mit rund 20 % an der Spitze, nur knapp 10 % werden von privaten Haushalten genutzt – wobei sich aufgrund des zunehmenden Wassermangels die Nutzungs- und Verteilungskonflikte deutlich verschärfen. Laut UN (2015a) sind die Anstrengungen im Rahmen der Millennium Development Goals zwar erfolgreich, dennoch haben fast 750 Mio. Menschen noch immer keinen Zugang zu sauberem Trinkwasser und sind damit wasserbedingten Krankheiten extrem ausgesetzt. Virulent wird die Problematik durch die Bevölkerungszunahme und hauptsächlich durch die

steigende Urbanisierung. Städte sind häufig von Grundwasserreserven abhängig, die Nutzung übersteigt bei Weitem die Regenerationsfähigkeit, sodass in vielen Regionen, vor allem in Lateinamerika, Indien und China der Grundwasserspiegel bedrohlich absinkt und in der Folge die Brunnen versiegen. Die Tatsache, dass rund 2,5 Mrd. Menschen keine akzeptablen sanitären Einrichtungen (und damit ein erhöhtes Krankheitsrisiko) haben, vergrößert das Problem, weil die ohnehin knappen unter- und oberirdischen Süßwasserreserven durch ungeklärte städtische Abwässer verschmutzt werden. Im Rahmen der UNICEF-Entwicklungszusammenarbeit wird versucht, den Zugang zu sauberem Trinkwasser und die Hygienebedingungen zu verbessern, insbesondere durch Technologietransfer, durch Kooperation von Bewohnern in Slumvierteln und der städtischen Verwaltung, durch Aufklärungsarbeit in Schulen sowie durch Nothilfeprogramme.

2.1.3   Biodiversitätsverlust – ein paar Arten weniger, kein Problem!

Biodiversität ist in der Nachhaltigkeitsdiskussion eines der zentralen Themen. **Biodiversität oder biologische Vielfalt** umfasst „die Vielfalt der Lebensformen in allen ihren Ausprägungen und Beziehungen untereinander. Eingeschlossen ist die gesamte Bandbreite an Variationen in und Variabilität zwischen Systemen und Organismen auf den verschiedenen Ebenen sowie die strukturellen und funktionellen Beziehungen zwischen diesen Ebenen, einschließlich des menschlichen Einwirkens: Ökologische Diversität (Vielfalt von Biomen, Landschaften und Ökosystemen bis hin zu ökologischen Nischen), Diversität zwischen Organismen (Vielfalt zwischen taxonomischen Gruppen wie Stämmen, Familien, Gattungen bis hin zu Arten), Genetische Diversität (Vielfalt von Populationen über Individuen bis hin zu Genen und Nukleotidsequenzen)" (Loft 2009, S. 5).

Die **Funktionen der biologischen Vielfalt** (und damit auch die Begründung, warum Biodiversität für uns Menschen essenziell ist) können wie folgt detailliert werden:

- Die **Ökosystemdienstleistungen** umfassen alle Funktionen der Ökosysteme und der Stoffkreisläufe, somit wichtige Vorgänge wie die Photosynthese, die Sauerstoffproduktion, die Klimaregulation, die Bodenbildung, den Wasserrückhalt etc.
- Die **wirtschaftlichen Funktionen** umfassen die Ernährungssicherung für Menschen, Tiere und Pflanzen sowie die Sicherung der Rohstoffe (Materialien, Energieträger etc.). Weitere wichtige ökonomische Funktionen sind die genetischen Ressourcen als Grundlage für die Entwicklung neuer Nutzpflanzen, von Medikamenten und diversen industriellen Rohstoffen.
- Die **kulturelle Funktion** besteht im Beitrag der biologischen Vielfalt unseres Ökosystems zur Vielfalt von Landschaften, zur Erholung und Regeneration sowie zur Bildung im Sinne der Bewusstseinsbildung für den Wert unserer natürlichen Umwelt.

Alle diese Funktionen wurden bereits anlässlich der UN-Konferenz in Rio 1992 durch eine Biodiversitätskonvention zum Schutz der Arten sowie zum Stopp des Artenverlusts als schützenswert dokumentiert (CBD 2015). Dabei geht es um drei zentrale Anliegen: den Schutz der biologischen Vielfalt (Arten, Ökosysteme), die nachhaltige Nutzung der biologischen Vielfalt sowie einen gerechten Vorteilsausgleich zwischen den Nutzerinnen und Nutzern der biologischen Vielfalt und denjenigen, die die biologische Vielfalt erhalten. Auf diese Konvention aufbauend gibt es eine Reihe von weiteren Strategien, etwa die Biodiversitätsstrategie 2020 der EU, nationale Strategien und Aktionspläne zum Schutz und zur nachhaltigen Nutzung der biologischen Diversität. Zwischen 1996 und 2015 haben 184 Staaten (95 %) nationale Strategien auf unterschiedlichen Anspruchsniveaus entwickelt. Das Nagoya-Protokoll aus dem Jahr 2010, das auch die genetischen Ressourcen und deren faire Nutzung regelt, wurde bis jetzt von 91 Staaten unterzeichnet.

Unterstützt werden die Initiativen durch die UN-Dekade „Biologische Vielfalt", die die Vereinten Nationen für den Zeitraum von 2011 bis 2020 festgelegt haben. Dabei geht es vornehmlich um die Umsetzung der 20 Ziele des „Strategischen Planes Biologische Vielfalt 2011–2020" (*Living in harmony with nature*), die auf den folgenden strategischen (**Aichi-Biodiversitäts-) Zielen** beruhen (CBD 2010):

- Bekämpfung der Ursachen des Rückgangs der biologischen Vielfalt durch Einbeziehung der Biodiversität in alle nationalen und gesellschaftlichen Bereiche
- Abbau des Druckes auf die biologische Vielfalt und Förderung einer nachhaltigen Nutzung
- Verbesserung des Zustands der biologischen Vielfalt durch Sicherung der Ökosysteme, der Arten und der genetischen Vielfalt
- Erhöhung des sich aus der biologischen Vielfalt und den Ökosystemleistungen ergebenden Nutzens für alle

■ Verbesserung der Umsetzung durch partizipative Planung, Wissensmanagement und Kapazitätsaufbau

Die zahlreichen Aktivitäten während der Dekade sind die Basis für Bewusstseinsbildung, politische und gesellschaftliche Aktivitäten sowie für konkrete Aktionen, die dazu beitragen, den Verlust der Biodiversität zu stoppen und eventuell umzukehren.

Aus der Praxis

Unsere Erde – lebender oder aussterbender Planet?

Der Living Planet Index, eine vom WWF (2014) im „Living Planet Report" veröffentlichte Darstellung über die „Gesundheit" von mehr als 3000 Arten (Spezies) und mehr als 10.000 Populationen gilt als Messgröße für die Entwicklung der Biodiversität. Der jüngste Bericht zeigt einen Rückgang der weltweiten Artenvielfalt um mehr als 50 % zwischen 1970 und 2010. Besonders dramatisch ist der Verlust der **Frischwasserarten** in den Flüssen und Seen – hier zeigt der Index ein Minus von 76 %, insbesondere hervorgerufen durch Verlust, Fragmentierung und Verschmutzung von Lebensräumen sowie durch invasive (nicht endemische) Arten. Auch Veränderungen der Wasserführung bzw. der Konnektivität von Frischwassersystemen, z. B. durch Bewässerung und Wasserkraftwerke, haben negative Auswirkungen.

Der Verlust bei **Landtierarten** liegt bei 39 %, hauptsächlich hervorgerufen durch Veränderungen in der Landnutzung: die Ausweitung und Intensivierung der Landwirtschaft (Monokulturen, Übernutzung, Bodenerosion, Pestizideinsatz, Schadstoffeinträge durch Düngemittel), die Schrumpfung und Degradierung von Habitaten, z. B. durch Abholzung, die dynamischen Verstädterungstendenzen mit ihrem extensiven Flächenverbrauch sowie die Zerschneidung von Lebensräumen speziell durch Verkehrsachsen. Auch die Effekte des Massentourismus sowie der Jagd sind in diesem Zusammenhang nicht zu vernachlässigen. Die **Meerestierarten** zeigen ebenfalls einen Verlust von 39 %, wobei die Verlustraten in den tropischen Gewässern und in den südlichen Ozeanen am größten sind – speziell betroffen sind Meeres-

schildkröten, Haifischarten und die großen Meereszugvögel. Dabei spielt die Verschmutzung der Weltmeere eine ebenso große Rolle wie die Veränderungen der Meerestemperaturen durch die Auswirkungen des Klimawandels sowie die Überfischung der Weltmeere durch die kommerzielle Fischereiindustrie – fast 50 % der Fischbestände in den europäischen Gewässern gelten als überfischt. Laut der von der International Union for Conservation of Nature and Natural Resources (IUCN; International Union for Conservation of Nature and Natural Resources; Weltnaturschutzunion) erstellten Roten Liste gefährdeter Arten (IUCN 2015) sind ca. 22.000 akut vom Aussterben bedroht, darunter 41 % der Amphibien, 33 % der riffbildenden Korallen, 25 % aller Meeresfischbestände, 25 % der Säugetiere und 13 % der Vögel.

Gedankensplitter

Die Biodiversität verschwindet

Die Entnahme an natürlichen Ressourcen aus den globalen Ökosystemen wird in den nächsten Jahrzehnten drastisch zunehmen. Parallel dazu werden die dynamische Verstädterung, der steigende Nahrungsmittelbedarf sowie die Industrialisierung der Landwirtschaft und der Fischerei globale Auswirkungen auf Lebensräume haben und weiter zum Verlust von Feuchtbiotopen, großen Waldflächen (Mangroven- und Tropenwäldern), Korallenriffen etc. führen. Zahlreiche politische Maßnahmen auf globaler, nationaler und regionaler Ebene versuchen gegenzusteuern. Durch entsprechende Rechtsgrundlagen und Leitlinien für die Ausweisung von Schutzgebieten (Nationalparks, Biosphärenparks, Naturschutzgebiete etc.) mit ihren Programmen zur Wiederansiedlung natürlicher oder naturnaher Tier- und Pflanzengemeinschaften sind durchaus Erfolge zu verzeichnen – so treten in bestimmten Regionen bereits verschwundene Tierarten wieder vermehrt in Erscheinung (Seeadler, Wölfe, Bären, Luchse etc., oftmals auch zum Leidwesen der Menschen, weil sie in den Kulturraum eindringen und Schäden anrichten).

Gedankensplitter *(Fortsetzung)*

In den entwickelten Regionen der Erde gelingt es auch, über Bildung und Sensibilisierungsmaßnahmen Umdenkprozesse einzuleiten. Sieht man sich aber die für die Biodiversität besonders wichtigen Gebiete an, so stellt sich die Frage, ob alle die genannten Strategien und Maßnahmen, einschließlich der UN-Dekade, in der Lage sind, auch in weniger entwickelten Ländern, in denen es für die Menschen oftmals um das nackte Überleben geht, dem Natur- und Artenschutz Vorrang einzuräumen – oder ist dieser Schutz der Biodiversität nur eine Marotte der Reichen, die es sich leisten können? Die 34 „Hotspots" der Biodiversität sind nämlich vorwiegend in den weniger entwickelten Ländern gelegen; bedeutend sind etwa das Amazonasbecken, die Anden, der mittelamerikanische/karibische Raum, Ost- und Südostafrika, das Himalaja-Gebiet sowie Südostasien. In diesen Hotspots leben auf 2,3 % der Erdoberfläche mehr als die Hälfte aller bekannten endemischen Pflanzenarten und knapp 43 % aller endemischen Vögel, Säugetiere, Reptilien und Amphibien.

2.2   Soziale Herausforderungen

2.2.1   Bevölkerungsdynamik und Migration – gefährden sie den Weltfrieden?

Im 20. Jahrhundert ist es zu einer **Vervierfachung der Weltbevölkerung** gekommen. 1900 lebten 1,65 Mrd. Menschen auf unserer Erde, 1950 waren es 2,52 Mrd. Im Jahr 2000 erreichte die Weltbevölkerung 6,13 Mrd., und 2015 sind es 7,32 Mrd. (60 % davon in Asien). Nach der *2015 Revision of World Population Prospects* (UN 2015b) wird sich die Weltbevölkerung bis 2050 auf 9,7 Mrd. und bis 2100 auf 11,2 Mrd. erhöhen. Dabei ist bemerkenswert, dass derzeit mehr als 80 % der Menschen weltweit in weniger entwickelten Ländern leben. Auch die Steigerungsraten in den nächsten Jahrzehnten werden sich hauptsächlich auf weniger entwickelte Länder beziehen – der Gesamtanteil wird sich bis 2050 auf über 86 % erhöhen –, wobei sich die Zahl der Menschen, die in den ärmsten Ländern der Welt leben werden, von derzeit 900 Mio. auf 1,8 Mrd. verdoppeln wird.

Neben der Stagnation der Bevölkerungszahlen in den Industrieländern ist auch die Überalterung der Bevölkerung als große Herausforderung zu sehen. Diese bezieht sich nicht nur auf die entwickelte Welt, sondern wird zunehmend auch in weniger entwickelten Ländern – nicht zuletzt durch die Verbesserung der Gesundheits- und Bildungssysteme – sichtbar. Dies bedeutet, dass die Frage der sozialen Absicherung von alten Menschen und auch die Frage der Pflege alter Menschen zunehmend zu einem globalen Phänomen wird – nicht zuletzt durch die Auswirkungen der drastischen Urbanisierung sowie der Globalisierungseffekte in weniger entwickelten Ländern und die damit verbundene Auflösung der traditionellen Gesellschaftsstrukturen und sozialen Netzwerke. 2015 beträgt der Urbanisierungsgrad weltweit 53 % (1950: 30 %), der gesamte Zuwachs der Weltbevölkerung bis 2050 entfällt auf den Bevölkerungszuwachs in Städten, wodurch sich der Urbanisierungsgrad weiter auf über 66 % steigern wird. Diese Entwicklungen lassen schon sehr deutlich die globalen Herausforderungen im Zusammenhang mit aktuellem und prognostiziertem Bevölkerungswachstum erkennen (◘ Abb. 2.7). Erwähnt werden muss auch die Tatsache, dass die globale Verteilung der Bevölkerungszuwächse extrem ungleich erfolgen wird: Asien bleibt mit über 58 % – trotz leichten Rückgangs – führend, der Anteil Afrikas wird sich auf über 21 % (jährliche Zuwächse von nahezu 5 %) erhöhen, Mittel- und Lateinamerika stagnieren bei ca. 9 %, während Europa und Nordamerika deutliche Einbußen hinnehmen werden und mit 6,5 % bzw. 5 % firmieren. Dies lässt darauf schließen, dass sich auch die politischen und ökonomischen Machtverhältnisse durch die sich ändernden Interessen und daraus resultierenden Konflikten wandeln werden (vgl. auch Weiner und Russel 2001).

Bevölkerungsdynamik und Urbanisierung sehen sich der Herausforderung gegenüber, die menschlichen Grundbedürfnisse für möglichst viele Menschen auf unserem Globus zu befriedigen. Dem steht allerdings entgegen, dass der **Bevölkerungsdruck** und die daraus resultierende Befriedigung der Bedürfnisse auch mit Umweltzerstörung, Ressourcenverbrauch, wachsender Armut, ökonomischen Disparitäten und Hunger einhergehen. Dies führt konsequenterweise zu sichtbarer Ungerechtigkeit und ist – wie es die aktuellen Verteilungskämpfe um natürliche Ressourcen, aber auch die globalen Migrationsphänomene zeigen – Basis für Konflikte (Tir und Diehl 1998; Urdal 2005). So etwa nennt die internationale Organisation Peace Council (2012) sieben zentrale Gefahren für den Frieden:

- dynamisches Bevölkerungswachstum,
- religiöse Intoleranz,
- Waffenlieferungen, Gewalt und Krieg,
- Umweltzerstörung,
- ökonomische Ungerechtigkeit und ökonomisches Ungleichgewicht,
- Patriarchat (hierarchische Gesellschaften, Dominanzverhalten und Kontrolle),
- Unterdrückung durch Globalisierung.

Zu beachten ist bei dieser Argumentation generell die Tatsache, dass die westlichen Industrienationen mit ihrer Überalterung der Gesellschaft andere Konfliktpotenziale (◘ Abb. 2.7) haben als weniger entwickelte Länder mit hohen Wachstumsraten, in denen die junge und dynamische Bevölkerung nach neuen Lebens- und Zukunftsperspektiven sucht. Bei den alternden und schrumpfenden Gesellschaften kommt es zu einer Anpassung von innen- und außenpolitischen Themen durch sinkende Zahlen von Erwerbspersonen bei gleichzeitiger Erhöhung der Staatsausgaben für Alters- und Sozialleistungen und damit zu eingeschränkten Handlungsspielräumen von Politik und Wirtschaft.

Ausschlaggebend für das Entstehen von **Migration** ist das deutliche Wohlstandsgefälle zwischen entwickelten und weniger entwickelten Ländern. Während die westlichen Industrienationen in den 1980er und 1990er Jahren bestrebt waren, Zuwanderung durch staatliche Intervention zu begrenzen, ist – durch die Entwicklung freier Arbeitsmärkte in einer globalisierten Wirtschaft und der damit verbundenen Suche nach neuen Chancen für junge Menschen

◘ **Abb. 2.7** Ursachen und Folgen des Bevölkerungswachstums im globalen Süden

aus weniger entwickelten Ländern – Migration heute allgegenwärtig. Zudem sind viele Menschen aufgrund von Gewalt und kriegerischen Konflikten (z. B. die Flüchtligswellen, die durch (Bürger-)Kriege in Syrien, Afghanistan, Somalia oder im Sudan ausgelöst wurden) sowie von Umweltkatastrophen (z. B. Dürre in Subsahara-Afrika) zur Flucht/Migration gezwungen. Ein rasant zunehmendes Phänomen ist der organisierte Menschenhandel (illegale Arbeitskräfte, sexuelle Ausbeutung etc.), der zu einem überaus lukrativen Geschäft auf Kosten der Ärmsten der Gesellschaft geworden ist.

Die **migrationsbedingten Herausforderungen** sind mannigfaltig: Neben der Zunahme der ethnischen, kulturellen und religiösen Vielfalt verstärken sich Identitätskonflikte und Ausländerfeindlichkeit durch fehlende bzw. fehlgeschlagene Integration. Immer stärker wird wiederum der Versuch der Abschottung der reichen Länder des Westens und der Kriminalisierung der Migration – eine verstärkte Grenzüberwachung ist sowohl in Europa als auch in den USA feststellbar, allerdings aufgrund des großen Bevölkerungsdruckes ohne nachvollziehbare Wirkung. Die Migration hinterlässt aber auch in den Herkunftsländern tiefe Spuren. Die Abwanderung von jungen, gut ausgebildeten Fachkräften führt zu einer Verringerung der Entwicklungschancen der ohnehin unterentwickelten Länder und damit zu einem sogenannten Braindrain. Dieser ist nicht zuletzt dadurch bedingt, dass durch die internationalen Investitionen und durch „globalisierte" Strukturanpassungsprogramme die regionale Wirtschaft und die regionalen Wertschöpfungsketten zerstört worden sind und fehlende Marktkonkurrenz zu hoher Arbeitslosigkeit geführt hat. Migration bedeutet – nunmehr positiv argumentiert – demnach eine Entlastung des Arbeitsmarktes sowie einen Wohlfahrtseffekt in den weniger entwickelten Ländern, und zwar dann, wenn Geldüberweisungen der Migrantinnen und Migranten aus dem Ausland (*remittances*) in ihre Heimatländer erfolgen. Teilweise sind diese Überweisungen höher als die Deviseneinkünfte aus Güterexporten und höher als Gelder aus der Entwicklungszusammenarbeit (nach UN-Schätzungen für 2011 sind es ca. € 370 Mrd.).

2.2.2   Rapide Urbanisierung – die Städte werden unregierbar

Die **Urbanisierung** ist eines der wichtigsten Entwicklungsphänomene in unserer modernen, globalisierten Welt, mit dynamischen Komponenten wie Industrialisierung, Tertiärisierung, gesellschaftlichem Wandel und neuen (ökonomischen) Abhängigkeiten. Im Jahr 2007 lebte erstmals mehr als die Hälfte der Weltbevölkerung in Städten (1950: 30 %; 2050: 66 %), das städtische Wachstum spielt sich nahezu explosionsartig – sowohl durch natürliches Bevölkerungswachstum als auch durch Land-Stadt-Wanderung – in den Schwellen- und Entwicklungsländern ab – und hier dramatisch in den Städten Asiens. Demgegenüber zeigen die Städte in den Industrieländern Stagnation bzw. leichte Rückgangstendenzen.

Zu den **Pull-Faktoren**, den Faktoren die die Urbanisierung begünstigen, zählen der bessere Zugang zum Arbeitsmarkt, zu Bildung- und Gesundheitseinrichtungen sowie eine verbesserte Teilhabe am kulturellen und politischen Leben. Auch die Stadt als anonymer Raum, ohne die soziale Kontrolle in ländlichen Gemeinden, mag für viele junge Menschen attraktiv sein. Die **Push-Faktoren**, die die Menschen aus dem „Hinterland" treiben, sind darin begründet, dass ländliche Gebiete zunehmend entwicklungspolitisch vernachlässigt werden, woraus ein immer geringer werdendes Arbeitsplatzangebot, eine sich verschlechternde Infrastruktur (Verkehr, Trinkwasser, Abwasser) und zunehmende Defizite in der Versorgung mit sozialen Diensten (Bildung, Gesundheit etc.) resultieren.

Die extrem **dynamische städtische Entwicklung** ist kaum mehr regulierbar. In sich selbst steuernden Prozessen entstehen Slums gleichermaßen wie Gated Communities und innerstädtische Oberschichtwohnviertel – sozioökonomische Segregation, aber auch der Zusammenprall der Ersten und der Dritten Welt auf engstem Raum, prägen das Entwicklungsbild. Coy und Kraas (2003) sprechen von sichtbaren Folgen der Integration weniger entwickelter Länder in die ökonomische Globalisierung; Resultat ist eine fragmentierte Stadt mit einem massiven funktionalen Stadtumbau, bei dem neue Stadtfragmente mit neuen Zentralitäten entstehen. Dies führt zu Desintegration, entweder zur Aufwertung oder zur Degradierung von Stadtvierteln und durch die Auflösung bisheriger Struktur- und Ordnungsmuster zu komplexen sozialen, ökonomischen und ökologischen Problemen. Diese äußern sich in der Überforderung der Stadtpolitik bei der Bereitstellung von Infrastrukturen und Leistungen zur Befriedigung der Grundbedürfnisse sowie in der unmöglichen Planung und Kontrolle der Flächenexpansion in das Stadtumland (administrative Hindernisse erschweren die grenzüberschreitende Planung und Regulierung).

Die **sozioökonomischen Probleme** beziehen sich in erster Linie auf soziale Verdrängungsprozesse durch städtische Modernisierung, auf fehlende Arbeitsplätze im formellen Sektor bei dynamischer Bevölkerungszunahme; dies führt konsequenterweise zur Ausweitung des informellen Sektors. Es wird angenommen, dass etwa in asiatischen Großstädten der informelle Sektor bis zu 50 % der städtischen Arbeitskräfte absorbiert, da die fehlende soziale Absicherung informelle Arbeit als einzige Überlebensstrategie sieht – diese ist inzwischen zu einer spezifisch urbanen, ökonomisch wichtigen Lebensform in Megastädten in weniger entwickelten Ländern geworden. Der informelle Sektor bezieht sich hauptsächlich auf kleinbetrieblichen Aktivitäten, z. B. Straßenverkäufer, in informellen sozialen Netzwerken.

Weitere Phänomene städtischer Slums sind völlig unzureichende Wohnverhältnisse, ohne jeglichen Besitzanspruch bei gleichzeitiger extremer Bevölkerungsdichte, fehlende Infrastrukturen, keine sozialen Leistungen und kaum Zugang zu Gesundheits- zu Bildungseinrichtungen sowie (stark nach innen gerichtete soziale) Netzwerke (einerseits gewalttätige Milieus wie Banden und Gangs, andererseits unterstützende, meist ethnisch begründete Netzwerke) (vgl. auch Garland et al. 2007). Das bedeutet folglich eine überproportionale Zunahme von Armut in den Städten – UN-Habitat (2012) Schätzungen zufolge lebte 2012 knapp ein Viertel der städtischen Bevölkerung weltweit in Slums, das sind rund 860 Mio. Menschen (1990: 650 Mio.). Die regionale Differenzierung zeigt noch dramatischere Situationen: In Afrika leben über 60 % der städtischen Bevölkerung in Slums, in Asien sind es 30 % und in Mittelamerika – trotz politischer Initiativen zur Aufwertung von Wohngebieten –immer noch 24 %.

Obwohl sich diese Argumente hauptsächlich auf die Situation in Ländern des globalen Südens beziehen, sind ähnliche Entwicklungen durchaus auch in den sogenannten Industrieländern feststellbar. Auch hier öffnet sich die Schere zwischen Arm und Reich immer weiter, was zu einer Zunahme von Armut führt. Ebenso bedeutend sind Migrationsprozesse aus unterentwickelten Ländern und Schwellenländern in Richtung USA und Westeuropa, die Segregationsprozesse in Städten zur Folge haben. Parallel dazu ist bemerkenswert, dass die Deindustrialisierung und damit der Verlust der Arbeitsplätze, der Investitionen und in der Folge der wirtschaftlichen Attraktivität in den Städten der „alten" Industrieregionen (Rust-Belt der USA, Europa, insbesondere England und die ehemaligen kommunistischen Länder Südosteuropas, die ehemalige UdSSR sowie Japan) zum Phänomen der „schrumpfenden Städte" geführt hat. Parallel dazu kommt es zum Bevölkerungsverlust durch Abwanderung der jungen Menschen und der Fachkräfte, zu sinkender Wirtschaftsleistung und Wettbewerbsfähigkeit, Verlust der Urbanität, Imageverlust sowie zu einer starken Überalterung der Bevölkerung und damit einhergehender, fehlender Innovationskraft.

Demgegenüber steht die Entwicklung der **Megastädte** (◻ Abb. 2.8). 1990 gab es weltweit zehn Megastädte (UN-Definition: über 10 Mio. Einwohner), in denen mit 153 Mio. Menschen knapp 7 % der globalen Stadtbevölkerung lebten. 2015 stieg die Zahl der Megastädte auf 28 an, die Bevölkerungszahl erreichte mit über 450 Mio. Menschen etwa 12 % der globalen Stadtbevölkerung.

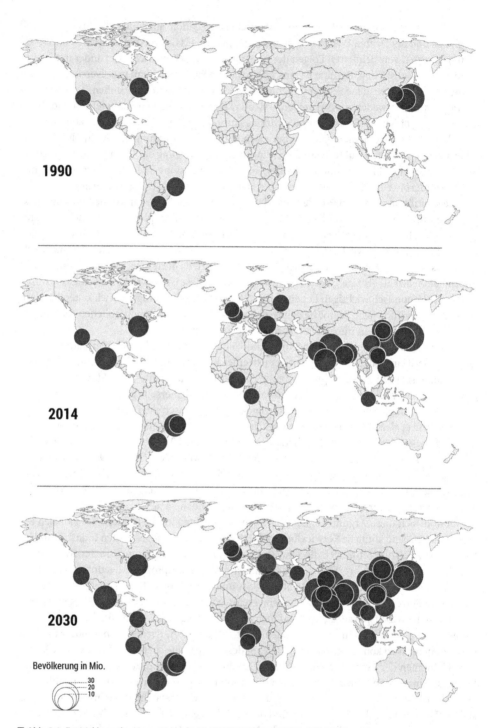

■ **Abb. 2.8** Entwicklung der Megastädte der Welt 1990, 2014 und 2030. (UN 2014)

Die Prognose für 2030 spricht von 41 Megastädten. Tokio liegt dabei mit 38 Mio. Einwohnern vor Delhi mit 25 Mio., Shanghai mit 23 Mio. sowie Mexiko-Stadt, São Paulo and Mumbai mit je knapp 21 Mio. Einwohnern. Klarerweise bestehen Unterschiede hinsichtlich des wirtschaftlichen Entwicklungsstandes, der infrastrukturellen Ausstattung sowie der Regierbarkeit der Megastädte. Allen ist allerdings gemeinsam, dass sie sich deutlich auf die globalen Städtenetzwerke und Städtekonkurrenzen orientieren, damit eine zunehmende Außenorientierung stattfindet; dies bindet Investitionen zur Stärkung der Weltmarktintegration und führt zu einem abnehmenden Interesse an einer nach innen gerichteten Entwicklung, was in der Folge weitere ökonomische soziale und ökologische Nachteile für die lokale Stadtbevölkerung bedeutet – die sozialen und ökologischen Problembereiche und die „modernisierungsbedingten" Disparitäten verstärken sich (◘ Abb. 2.9).

Die Steuerung der Entwicklung in Megastädten ist gekennzeichnet von einer Vielzahl von unterschiedlichen Interessen und nicht koordinierten Entscheidungen von Akteurinnen und Akteuren auf unterschiedlichen Ebenen: Die Headquarter multinationaler Konzerne geben die Strategien für das Management von Produktion und Dienstleistungen vor, der weltmarktorientierte Handel determiniert das Warenangebot. Lokale Wertschöpfungsketten werden durch Globalisierungseffekte überlagert und in der Folge zerstört, die steigende internationale Bedeutung führt zu Bodenspekulationen und der Angleichung der Bodenpreise an internationale Niveaus, die funktionale Differenzierung zeigt alle Elemente der Ersten Welt. Auf der Strecke bleibt die lokale Bevölkerung, die nicht dem Netzwerk der oben genannten Eliten angehört und nach wie

◘ **Abb. 2.9** Sozioökonomische Probleme in Megastädten. (Adaptiert und ergänzt nach Coy und Kraas 2003; Marcuse et al. 2009; UN 2014)

vor auf dem Niveau der Dritten bzw. Vierten Welt verharrt – die bereits diskutierten negativen sozioökonomischen Phänomene verbleiben bzw. werden verstärkt, soziale Gruppen, die funktional irrelevant sind, bilden die „informelle Stadt". Die Parallelität von modernen urbanen Lebensformen der Reichen, von modernen Bürostädten und Einkaufszentren sowie zunehmender „Verslumung" ist überaus konfliktträchtig und führt aufgrund von Hoffnungslosigkeit und Verdrängungsprozessen zu Kriminalität und Gewalt. Diesen Entwicklungen gegenüber ist die politische Ebene in den Megastädten willenlos und machtlos, zu sehr dominieren das Geld und das globale Finanzsystem über die Bedürfnisse der lokalen Bevölkerung.

2.2.3   Überfluss und Konsum – meist auf Kosten von Hungernden

Konsum, damit meint man den Kauf von Waren und Dienstleistungen, wird immer als der **Motor von Wirtschaftswachstum** und damit als Voraussetzung für das Funktionieren unseres Wirtschaftskreislaufes angesehen. Dabei gelingt es unserer globalisierten Wirtschaft, in uns immer wieder (neue) Interessen, Bedürfnisse und Wünsche zu wecken. Unsere Konsumentscheidungen sind demnach für die Umsetzung einer nachhaltigen Entwicklung unserer Welt von entscheidender Bedeutung. Mit jedem Kauf eines Produkts oder einer Dienstleistung entscheiden wir über Nutzung von Ressourcen, über Stoffströme und Energie, die für Produktion, Transport und Vertrieb eines Konsumgutes vonnöten sind. Das derzeitige Konsumverhalten der Menschen in den Industrie- und Schwellenländern, mit hohem Ressourcenverbrauch und negativen Effekten einer Wegwerfgesellschaft, ist weder bezüglich der Verantwortung für künftige Generationen noch einer gerechten globalen Verteilung der Ressourcen zukunftsfähig. Allerdings ist gerade hier ein Umdenken bzw. sind Verhaltensänderungen extrem schwierig, aber dringend notwendig. Die Reichen wollen auf Konsum und Komfort nicht verzichten, und die Menschen in Schwellenländern und weniger entwickelten Ländern argumentieren sehr schlüssig damit, dass sie auch ein Recht auf Wohlstand und Bedürfnisbefriedigung haben. Weitere Treiber des Konsums sind das dynamische Bevölkerungswachstum, eine neue Kultur des „Konsumismus" bei höheren Einkommensschichten, der verbesserte Zugang zu Produkten und Dienstleistungen durch Globalisierungseffekte sowie die Potenziale der Informations- und Kommunikationstechnologien.

Lösungsansätze sind sehr schwierig; die Akteurinnen und Akteure treffen auf oft unvereinbare **Werthaltungen und Verhaltensmuster**, die globalen ökonomischen Player beherrschen das Feld, Umdenkprozesse wären erforderlich, sind aber nicht in Sicht. Laut UNEP (2011) wird sich der konsumbedingte Ressourcenverbrauch der Menschheit bis 2050 auf 140 Mrd. t Mineralien, Erze, fossile Brennstoffe und Biomasse pro Jahr belaufen; das ist dreimal so viel wie 2015. Dass diese Steigerung völlig illusorisch ist, liegt auf der Hand. Gefordert wird eine Entkoppelung des Ressourcenverbrauchs und der damit verbundenen Umwelteinflüsse vom Wirtschaftswachstum – die Frage ist, wie soll das gehen bzw. anders formuliert: Wer ist bereit zu verzichten?

Achim Steiner, Executive Director von UNEP meint hierzu: „People believe environmental ‚bads' are the prices we must pay for economic ‚goods'. However, we cannot, and need not, continue to act as if this trade-off is inevitable" (UNEP 2011).

Bemerkenswert ist, dass bereits im Jahr 1994 Schmidt-Bleek und Klüting den Einbezug des sogenannten unsichtbaren oder ökologischen Rucksacks forderten. Dieser umfasst die Menge an Ressourcen, die für Erzeugung, Gebrauch und Entsorgung eines Konsumgutes aufgebracht werden muss, und beinhaltet auch Ressourcen, die für die Herstellung eines bestimmten Produkts (Kohle, Öl etc.) vonnöten, aber schlussendlich nicht Bestandteil des Produkts sind. Dies gilt oftmals auch für Dienstleistungen, etwa den Energieverbrauch, der für touristische Aktivitäten anfällt. Nach Schmidt-Bleek und Klüting (1994) „schleppt" 1 kg Industrieprodukte im Durchschnitt etwa 30 kg Natur mit. Lösungsansätze bestehen in der Dematerialisierung der Wirtschaft – „radikale" Dematerialisierung hieße z. B., weltweit den Ressourcenverbrauch zu halbieren. In den hochentwickelten Industrieländern würde das bedeuten, dass eine Dematerialisierung um einen Faktor 10 als Minimum anzusehen ist, um den weniger entwickelten Ländern Spielraum für Entwicklung auf einem gewissen Niveau zu geben. Seither sind mehr als 20 Jahre vergangen, und der Konsumwahn blüht mehr denn je.

Gedankensplitter

Der Welterschöpfungstag

Wenn man den Verbrauch an Ressourcen global betrachtet, so ist erschreckend, dass die Menschheit in weniger als acht Monaten den Jahresvorrat an erneuerbaren Ressourcen verbraucht hat. Das Global Footprint Network ermittelt seit Mitte der 1980er Jahre den „Welterschöpfungstag"; dieser war im Jahr 2014 am 19. August (im Jahr 2000 war es noch der 1. November; 1990 der 7. Dezember!). Ab diesem Datum – im Englischen auch als *Overshoot Day* bezeichnet, leben wir auf Kosten unserer Kinder und Kindeskinder. 85 % der Weltbevölkerung leben in Ländern, die deutlich mehr verbrauchen als reproduziert wird. In Österreich wäre der kritische Tag 2015 bereits am 2. Mai gewesen, in den USA am 25. März. Mit anderen Worten: Um den derzeitigen Bedarf an Biokapazität weltweit zu decken, bräuchte man global gesehen 1,56 Planeten Erde. Die regionalen Unterschiede sind groß: Die USA verbrauchen 4,2 „Erden", Deutschland verbraucht 2,6 „Erden", Österreich 2,0 „Erden", Brasilien und China etwa 1,5 „Erden" und Indien 0,5 „Erden"; Afrika hat keinen *Overshoot*, sondern 104 Tage „Reserve" (Global Footprint Network 2015).
Einen „richtigen" ökologischen Fußabdruck – wie er nur in einer unberührten Natur vorkommen kann – zeigt ◻ Abb. 2.10.

◻ **Abb. 2.10** Der ökologische Fußabdruck im Nationalpark Gesäuse. (© Reinhard Thaller, Nationalpark Gesäuse.)

Selbst bei Einhaltung der immer wieder geforderten **Effizienz- und Suffizienzstrategien** ist zunehmende Nachhaltigkeit im Konsum nicht in Sicht. Einsparungen von Ressourcen werden durch deutliche quantitative Steigerungen des Konsums mehr als zunichte gemacht. Dieser Rebound-Effekt zeigt sich etwa an einem Beispiel aus den USA, wo die Verwendung von Klimaanlagen, die Ökostrom verwenden, in den Haushalten überproportional steigt. Zudem können durch Effizienzverbesserungen und Produktionsverlagerungen in Billiglohnländer viele Produkte und Dienstleistungen noch preisgünstiger angeboten werden, was den Konsum anheizt und die Konsumspirale vorantreibt.

Erneut geschieht dies zulasten der Menschen in weniger entwickelten Ländern, die mehrfache Benachteiligungen erfahren, zum einen durch Ausbeutung, Lohndumping, schlechte und unsichere Arbeitsbedingungen bis hin zur Kinderarbeit, zum anderen durch Kostenersparnisse aufgrund fehlender oder nicht exekutierter Umweltgesetze oder aber durch die Situation, dass im Klimaschutz die CO_2-Emissionen den produzierenden Ländern angerechnet werden; eigentlich sollten diese zur Umsetzung von gerechten Entwicklungschancen den konsumierenden Ländern zugeschrieben werden, die die Vorteile der Produktion ja auch „konsumieren".

Darüber hinaus hat noch ein anderer Aspekt Bedeutung: Nach Studien der Food and Agriculture Organization (FAO; Ernährungs- und Landwirtschaftsorganisation) der Vereinten Nationen (Gustavsson et al. 2011) geht knapp ein Drittel der weltweit produzierten Lebensmittel verloren bzw. wird weggeworfen – das sind 1,3 Mrd. t pro Jahr. Die Gründe für die offensichtliche Verschwendung von Lebensmitteln liegen bei den industriellen **landwirtschaftlichen Produktions- und Erntemethoden** sowie in Absatzschwierigkeiten durch gesetzliche oder vom Handel fixierte Vorgaben (so werden z. B. durch EU-Richtlinien große Mengen an Lebensmitteln bereits bei der Ernte vernichtet). Bei der **Lebensmittelverarbeitung** beziehen sich die Verluste in erster Linie auf Lagerüberschüsse oder auf schlechte Lagerung und Kühlung. Diese Verluste finden demnach während der gesamten Wertschöpfungskette statt, wobei gerade in den Ländern mit mittlerem bis hohem Einkommensniveau die Verschwendung von Lebensmitteln durch die Konsumentinnen und Konsumenten den höchsten Anteil ausmacht; hier hat sich die Wertschätzung der Menschen gegenüber Lebensmitteln drastisch verändert, übermäßige Einkäufe und großer Konsum, vor allem von tierischen Produkten, führt zu einem immensen Verbrauch an Ressourcen. Schätzungen zufolge verschwenden wir in Europa und in Nordamerika zwischen 95 und 115 kg Lebensmittel pro Kopf und Jahr; dieser Wert liegt in Subsahara-Afrika und in Süd-/Südostasien bei 6–11 kg pro Kopf und Jahr. Ein Satz zum Nachdenken: **Weltweit hungern über 800 Mio. Menschen, über 160 Mio. Kleinkinder in Entwicklungsländern sind chronisch unterernährt.**

Um die Frage der Ressourcen nochmals aufzurollen, sei festgehalten, dass die (industrialisierte) Landwirtschaft große Mengen an Energieressourcen, Wasser, Pestiziden und Dünger verbraucht. Bis zu einem Drittel der Treibhausgasemissionen entfallen auf die Landwirtschaft; sowohl der Ressourcenverbrauch als auch die Emissionen könnten durch mehr Bewusstsein bei der Produktion und Konsum von Lebensmitteln deutlich reduziert werden. Dies gilt auch für die Überfischung der Meere durch industrielle Fischereimethoden, die zu Artenvernichtung und zum Verlust der Biodiversität unserer Meere beiträgt (nach Schätzungen des WWF werden bis zu 40 % des Fischfangs, der sogenannte Beifang verletzt, sterbend oder tot wieder ins Meer geworfen).

Leitlinien für nachhaltigen Konsum

Das Bayerische Landesamt für Umwelt (2012) hat Leitlinien herausgegeben, durch die der Konsum nachhaltig gestaltet werden kann:

- **Umweltfreundlich:** Energie- und Ökobilanzen der Produkte beachten, schadstoffarme Produkte wählen, Lebensmittel aus ökologischer Landwirtschaft bevorzugen
- **Regional:** Produkte aus der Region kaufen, Aufträge an ortsansässige Handwerker vergeben, saisonale Lebensmittel kaufen

- **Fair:** Produkte aus fairem Handel mit Entwicklungsländern und aus benachteiligten Regionen den Vorzug geben
- **Einkauf:** Nicht mit dem Auto zum Einkaufen fahren – Alternativen verwenden
- **Planung:** Nur wirklich benötigte Produkte anschaffen. Lebensmittel nicht verderben lassen, da dann der Energie- und Ressourcenverbrauch zur Herstellung umsonst war

Natürlich gibt es auch kritische Überlegungen zu solchen Top-down-Ansätzen; im Wesentlichen geht es um die Veränderung der individuellen Bedürfnisse bzw. um die individuelle Definition von Lebensqualität und Lebensglück. Dazu kommt auch noch die Tatsache, dass der Umgang mit Produkten, z. B. in der Bewertung des CO_2-Verbrauchs, durchaus komplexe Ansätze benötigt. So sind z. B. die CO_2-Emissionen von vollbesetzten PKWs durchaus denen der Bahn, die oftmals unterbesetzt ist, gegenüberzustellen.

Konsum hat aber nicht notwendigerweise mit persönlicher Zufriedenheit, **Lebensqualität und Lebensglück** zu tun, obwohl Konsum zur heiligen Kuh unserer entwickelten Gesellschaften geworden ist. Die Nachhaltigkeitsdiskussion versucht gegenzusteuern und unterstützt eine dauerhafte Erhaltung und Erhöhung der Lebensqualität der Menschen. In diesem Zusammenhang wird Lebensqualität – als Verknüpfung von objektiven Lebensbedingungen (Einkommen, Gesundheit, Bildung etc.) mit subjektivem Wohlbefinden (nicht unbedingt Wohlstand) – als Voraussetzung für individuelles Glück angesehen. Gerade in Ländern mit höherem Einkommen treten zunehmend immaterielle Faktoren von Lebensqualität (Sinnerfüllung, soziale Beziehungen, Teilhabe und Integration etc.) in den Vordergrund. Der „World Happiness Report" nennt folgende Faktoren, die glücklich machen bzw. wichtiger sind als Reichtum (Helliwell et al. 2015):

- Politische Freiheit, soziale Netzwerke und Abwesenheit von Korruption
- Erwerbsarbeit als entscheidender Faktor für persönliches Glück: Arbeitslosigkeit führt zu Armut, Armut führt zu Ausgrenzung und Statusverlust und hinterlässt kranke und depressive Menschen
- Stabile Partnerschaften und Beziehungen
- In ärmeren Ländern mit unsicheren Lebensbedingungen hat Religion und Glaube eine bedeutende soziale Funktion
- Geistige und körperliche Gesundheit
- Altruismus im Sinne von Selbstlosigkeit und durch Solidarität gekennzeichnete Denk- und Handlungsweise

◘ Abbildung 2.11 zeigt, wie **Lebenszufriedenheit** (gemessen auf einer zehnteiligen Skala: nicht zufrieden = 1 bzw. sehr zufrieden = 10) und **Wohlstand** (gemessen am Bruttonationaleinkommen pro Kopf – kaufkraftbereinigt) zusammenhängen bzw. wie stark sich Armut – aber auch Überfluss – negativ auf die Zufriedenheit auswirken können. Daraus ergibt sich auch die immer stärker werdende Forderung an die Politik (oftmals erzwungen durch Demonstrationen oder Streiks), das Wohlergehen und die Zufriedenheit der Menschen in politischen Entscheidungsprozessen endlich zu berücksichtigen.

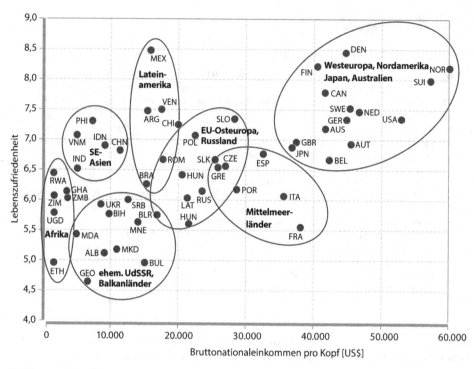

☐ **Abb. 2.11** Lebenszufriedenheit und Wohlstand. (Veenhoven 2012; World Bank 2015)

Bruttonationalglück

Ein spannendes Beispiel ist das Königreich Bhutan: Es verwendet das Bruttonationalglück (*Gross National Happiness* [GNH]), das die Qualität eines Landes auf integrative, holistische Weise zu messen versucht (im Gegensatz zur ökonomischen Messzahl *Gross National Product* [GNP], dem Bruttonationalprodukt). Bhutans *legal code* aus dem Jahr 1629 ist die Basis: „[…] if the Government cannot create happiness for its people, there is no purpose for the Government to exist." Dieser Ansatz wurde im Jahr 1972 vom 4. König von Bhutan, Jigme Singye Wangchuck, mit dem Zitat „Gross National Happiness is more important than Gross National Product" wiederbelebt und in die neue Verfassung im Jahr 2008 integriert. Die Grundannahmen, in der buddhistischen Philosophie tief verwurzelt, sind ein Gleichgewicht von ökonomischen und nicht ökonomischen politischen Zielen und Programmen, wie etwa die Förderung einer sozialgerechten Gesellschaft- und Wirtschaftsentwicklung, die Bewahrung und Förderung kultureller Werte, der Schutz der Umwelt sowie gute Regierung und Verwaltungsstrukturen. Überprüft wird die Wirkung der Maßnahmen durch den GNH-Index, der 33 Indikatoren in neun Bereichen misst, nämlich das Zeitbudget, die Lebenskraft der Gemeinde, die kulturelle Diversität, die ökologische Resilienz, den Lebensstandard, die Gesundheit, die Bildung und Good Governance (Helliwell et al. 2015; OECD 2011). Ein anderes Beispiel ist der Happy Planet Index der Organisation New Economics Foundation, der globale Daten zu Lebenserwartung und subjektivem Wohlbefinden mit dem ökologischen Fußabdruck verknüpft (weitere Details unter http://www.happyplanetindex.org/about/#sthash.XndfsOOX.dpuf).

▶ Kapitel 3 wird sich sehr ausführlich mit sozialer Nachhaltigkeit, mit den Menschen, deren Werthaltungen und den möglichen und gewünschten Lösungsansätzen sowie Veränderungspotenzialen auseinandersetzen. Dabei geht es darum, die gezeigten Herausforderungen anzunehmen und über politische Willensbekundungen hinaus konkrete Hinweise zu geben, inwieweit nachhaltige Entwicklung Realität oder Schimäre ist. In ▶ Kap. 4 wird insbesondere die Verknüpfung von ökonomischen Herausforderungen mit nachhaltiger Entwicklung versucht; dabei geht es darum, Auswege aus der konsumhörigen, Ressourcen vernichtenden, oftmals Menschen verachtenden und global wirkenden neoliberalen Wirtschaftsentwicklung zu finden, um die Zukunftsfähigkeit unseres Planeten und damit ein adäquates Überleben der Menschen zu gewährleisten. Sollte die Kluft zwischen Arm und Reich weiter größer werden, sind globale, regionale und lokale Konflikte vorprogrammiert.

2.3 Institutionelle Herausforderungen

2.3.1 Global-local Interplay – welche Macht regiert die Welt?

Mehrfach wurde bereits von Macht, Machtverteilung und Veränderung der Machtverhältnisse gesprochen, die insbesondere bei der Diskussion und Umsetzung von Lösungen für die dargestellten globalen Herausforderungen entscheidend sind. Es geht letztlich darum, wer, mit welchem Wissensstand, mit welchen Instrumenten, in welchem Zeitrahmen und auf welchen räumlichen Ebenen befähigt/willens/in der Lage ist, die Herausforderungen im Sinne einer nachhaltigen und zukunftsfähigen Entwicklung unserer Gesellschaft anzunehmen und zu lösen.

Im Zuge der **Globalisierung**, der Öffnung von Märkten, der globalen Finanzflüsse, der internationalen Migration, der Ressourcen- und Klimaproblematik sowie der globalen Vernetzung durch Informations- und Kommunikationstechnologien müssen wir eine zunehmende Veränderung der Machtverhältnisse feststellen. Transnationale Konzerne üben durch ihre wirtschaftliche Macht, im Sinne von Investitionen für die Ansiedlung von Produktions- und Betriebsstätten, immer stärkeren Einfluss auf die Wirtschafts- und Gesellschaftspolitik von Nationalstaaten aus. Das häufig zitierte *Global-local Interplay* spiegelt sich aber auch darin, dass globale und supranationale Entscheidungsebenen die Souveränität von Nationalstaaten untergraben und die nationalstaatliche Politik und damit die nationalstaatliche politische Macht an Bedeutung verliert. Diese Verschiebung von Entscheidungsmacht „nach oben" bedingt unter anderem die EU-skeptische Haltung vieler Menschen in Europa, Autonomiebestrebungen auf unterschiedlichen regionalen Ebenen, verstärkten Nationalismus und Existenzängste. Diese Entwicklung führt aber auch zum Auseinanderdriften des privilegierten globalen Nordens und – des wirtschaftlich und gesellschaftlich benachteiligten – globalen Südens. Dadurch entsteht eine neue Art von Kolonialherrschaft und Kolonialisierung. Es intensivieren sich neue Abhängigkeiten, bei denen insbesondere die ökonomischen Machtverhältnisse dominieren. Diese verstärken aber auch die regionalen Disparitäten in den Ländern des Südens durch konzentrierte Investitionen in großen urbanen Zentren und die Privilegierung der regionalen Eliten.

Überlagert werden die politischen und wirtschaftlichen **Machtstrukturen** von globalen Institutionen wie etwa der World Trade Organization (WTO; Welthandelsorganisation) (WTO 2015), die sich der Öffnung des Welthandels verschrieben hat und als Verhandlungsplattform für Regierungen dient sowie eine Reihe von Handelsregelungen abwickelt – eine andere Art von politischer Macht. Die Organisation besteht aus 160 Mitgliedsländern, hat ihren Sitz in Genf, das Kerngeschäft sind Verhandlungen. Ihr Aufgabenfeld ist die Umsetzung der Verhandlungsergebnisse der sogenannten Uruguay-Runde (1986–1994) und der Ergebnisse des General

Agreement on Tariffs and Trade (GATT; Allgemeines Zoll- und Handelsabkommen). Seit 2001 laufen neue Verhandlungen unter dem Begriff „Doha Development Agenda" (DDA). Neben dem bereits erwähnten GATT sind zwei weitere Vertragswerke bedeutend, nämlich das General Agreement on Trade in Service (GATS; Allgemeines Übereinkommen über den Handel mit Dienstleistungen) und das Agreement on Trade-Related Aspects of Intellectual Property Rights (TRIPS; Übereinkommen über handelsbezogene Aspekte der Rechte des geistigen Eigentums), die die Bereiche Dienstleistungen und Patentrechte international regeln. Die Zielsetzung aller dieser Vertragswerke ist:

- Stärkung der Selbstbindung eines Landes an Prinzipien des internationalen Wettbewerbs,
- laufende Überprüfung der Handelspolitik der Mitgliedsländer und Schlichtung von Streitfällen,
- Vermeidung der selektiven Anwendung einzelner Bestandteile der Vertragswerke (das Mitglied muss alle Verpflichtungen übernehmen).

Wichtig sind noch die Prinzipien der WTO, nämlich das Prinzip der Meistbegünstigung (ausländische Leistungserbringer müssen genauso wie heimische Anbieter behandelt werden), das Reziprozitätsprinzip (Leistungen und Zugeständnisse auf Basis der Gegenseitigkeit), das Prinzip der Liberalisierung (Abbau von Zöllen und nichttarifären Handelshemmnissen) sowie die Verpflichtung zur Transparenz (Offenlegung der Außenhandelspolitik).

Ohne auf die Problematik der einzelnen Verträge näher einzugehen – bei GATS etwa der Umgang mit öffentlichen (Gesundheits-)Diensten oder bei TRIPS die Problematik von Patentrechten auf Heilpflanzen bzw. die Herstellung von Generika (▶ Abschn. 9.1) –, sei festgehalten, dass die Gründung der WTO zur Stärkung der Verbindlichkeit völkerrechtlicher Verträge zur Durchsetzung von globalen Wettbewerbsregeln beigetragen hat. Allerdings werden die Regelungen durch den Pragmatismus einzelner Industrieländer in ihrem Sinne „angepasst" und führen somit zur Benachteiligung von Entwicklungsländern. Eine Reform der Entscheidungsstrukturen der WTO unter Einbezug der neuen Schwellenländer ist dringend vonnöten. Des Weiteren wäre die WTO ein geeignetes Forum, um im Bereich des internationalen Umwelt- und Ressourcenschutzes sowie beim Schutz sozialer Rechte und der Menschenrechte eine zentrale Rolle zu spielen.

Auf die weiteren supranationalen politischen oder wirtschaftlichen Zusammenschlüsse, etwa die EU, das North American Free Trade Agreement (NAFTA; Freihandelsabkommen zwischen USA, Kanada und Mexiko), den Mercado Común del Cono Sur (MERCOSUR; Zusammenschluss der südamerikanischen Staaten), wird nicht näher eingegangen; es wird auf die einschlägige wirtschaftswissenschaftliche Literatur verwiesen.

Die vergangenen Jahre sind aber auch gekennzeichnet durch das Auftreten neuer, großer nationaler **Keyplayer**, allen voran China, Indien und Brasilien. Dies ergibt neben dem internationalen Bedeutungsverlusts Russlands und den durch die Finanzkrise 2009 stagnierenden Wirtschaften in den USA und in Europa eine Verschiebung der globalen Machtstrukturen, die sich auf unterschiedlichen, insbesondere ökonomischen Ebenen zeigt. Die Theorien der Wirtschaftszyklen, wie sie etwa von Kondratjew (1926) in seiner Publikation „Die langen Wellen der Konjunktur" oder von Schumpeter (1939) in seinem Werk *Business Cycles* dargelegt wurden, zeigen, dass bahnbrechende Innovationen und die dadurch ausgelösten Investitionen zu neuem Wirtschaftsaufschwung führen (Kerninnovationen waren demnach die Erfindung der Dampfmaschine, der Eisenbahn, der Automobile sowie der Informationstechnologien). Heute werden diese Theorien relativiert durch die Effekte der Finanzmärkte, durch Spekulationen, durch Staatsschulden etc., welche die Realwirtschaft massiv beeinflussen. Dennoch ist am Beispiel Chinas auch ein zyklisches Phänomen festzuhalten: China war bis ca. 1850 die größte

Volkswirtschaft der Erde, Mitte des 19. Jahrhunderts führte die zunehmende Industrialisierung zu einer Vorherrschaft der Briten, mit dem Beginn des 20. Jahrhunderts haben sich die USA an die Spitze der globalen Wirtschaft gesetzt, und seit 2014 ist China wieder die größte Wirtschaftsmacht der Welt. Nach Angaben des Internationalen Währungsfonds (IWF 2014) hat China Ende 2014 mit einem (kaufkraftbereinigten) Bruttonationalprodukt von 17.632 Trillionen US-Dollar die Vereinigten Staaten knapp überholt – dies entspricht einem globalen Anteil von 16,48 %. Damit ist China im Spiel der Weltmächte ganz vorn. Dies wird noch verstärkt durch die geringe Staatsverschuldung: Japan liegt im Jahr 2013 mit 243 % des Bruttoinlandsprodukts an der Spitze, die USA kommen auf 105 %, Deutschland auf 78 %, Indien und Brasilien auf 66 % und die Volksrepublik China auf nur 22 %. Zudem sei festgehalten, dass China nach Angaben der Zentralbank in Peking mit US$ 3,82 Billionen auch bei den Währungsreserven, aufgrund des starken Außenhandelsüberschusses, die Spitzenposition einnimmt, wodurch dem Land als Investor weltweit große Bedeutung zukommt. Wesentlich geringer sind etwa die Werte von Japan mit US$ 1,26 Billionen, Brasilien mit US$ 375 Mrd., Indien mit US$ 314 Mrd., Deutschland mit US$ 197 Mrd. sowie der USA mit US$ 138 Mrd. Diese wirtschaftliche Sonderstellung und die Dynamik des bevölkerungsreichsten Landes der Welt verändern durch das selbstbewusste Auftreten der politischen Führung Chinas die Macht- und Entscheidungsverhältnisse deutlich. Im Sog dieser Entwicklung spielen auch die neuen Schwellenländer Indien und Brasilien eine immer stärkere Rolle.

Aus der Praxis

Landgrabbing – eine neue Form der Kolonialisierung

Der Weltagrarrat (International Assessment of Agricultural Knowledge, Science and Technology for Development, IAASTD) hat im Weltagrarbericht (IAASTD 2009) den Begriff „Landgrabbing" erwähnt und die Prozesse der Landnahme, des Landraubes bzw. der Landgrabscherei präzisiert. Gemeint sind internationale, private (Agrarunternehmen) oder staatliche Investitionen für (billige) großflächige Käufe von Agrarflächen mit unterschiedlichen Zielen: Zum einen geht es um billige großflächige Produktion von Agrarprodukten, entweder zur Sicherung der Nahrungsmittelversorgung der eigenen Bevölkerung oder zur Produktion von Biotreibstoffen, zum anderen sind Gewinnstreben, Grundstücksspekulationen oder die Sicherung von Wasserrechten bedeutend. Neoliberalpolitisch wird argumentiert, dass Landverkäufe große Chancen für „rückständige" Landwirtschaften bringen, z. B. Technologietransfer, Produktionssteigerung, Schaffung von Arbeitsplätzen, Kapitalzufuhr, Erhöhung von Lebensqualität, steigende Steuereinnahmen und Armutsreduktion. Oftmals befinden sich die Investoren und die Grundstücksverkäufer in Grauzonen des Rechtes zwischen traditionellen Land(nutzungs)rechten und modernen Eigentumsverhältnissen. Deregulierung und ökonomische Liberalisierung, die durch internationale Abkommen legitimiert sind, unterstützen nicht nur internationale Finanzflüsse, sondern auch die Privatisierung von Land und tragen damit zu einer Art von Landreform bei, welche die lokale, meist indigene Bevölkerung – häufig mit Beteiligung und Zustimmung der politischen Entscheidungsträgerinnen und Entscheidungsträger – massiv benachteiligt (enteignet) und zu neuen kolonialen Strukturen führt (vgl. auch Kruchem 2012).

2.3.2 Governance – von wem, für wen und wozu?

Die dargestellten globalen Machtstrukturen, ihre Verschiebungen und ihre Ökonomielastigkeit lassen vielfach die Forderung nach mehr **Einbindung der Zivilgesellschaft** und damit veränderten Regierungs- und Entscheidungsstrukturen laut werden. Der Begriff **Governance** wurde in den 1980er Jahren von internationalen Organisationen (OECD, Weltbank, Vereinten Nationen) als Schlagwort begründet, bereits Anfang der 1990er Jahre wurde das heutige Verständnis von Governance geprägt, und die EK (Europäische Kommission) formuliert in ihrem Weißbuch (2001, S. 10): „Governance steht für Regeln, Verfahren, Verhaltensweisen, die die Art und Weise, wie auf europäischer Ebene Befugnisse ausgeübt werden, kennzeichnen, und zwar vor allem in Bezug auf Offenheit, Partizipation, Verantwortlichkeit, Wirksamkeit und Kohärenz." Als Ziele werden verbesserte Demokratie und höhere Legitimation der Institutionen postuliert. Governance unterscheidet sich von „Government" dadurch, dass es weniger den Staat und ihre Institutionen in den Vordergrund stellt, sondern mehr auf soziale Praktiken und Netzwerkaktivitäten ausgerichtet ist – in anderen Worten ausgedrückt geht es um innovative und alternative Ansätze durch neue Strategien für *top-down meets bottom-up*. Dabei gibt es verschiedene Ansätze und Kriterien (Amin and Hausner 1997; Nischwitz et al. 2002; Bevir 2012):

- Paradigmenwechsel vom relativ statischen „Lenken von Entwicklung" hin zum dynamischen „Initiieren und Formen von Entwicklung" durch Verwendung von sogenannten *soft policy instruments* (*codes of conducts*, freiwilligen Audits, wertorientierten Visionen, partizipativen Methoden etc.) anstelle von *Command-and-control*-Regelungen.
- Neugestaltung der Interaktion zwischen Staat, Verwaltung, Wirtschaft, Netzwerken und der Zivilgesellschaft; die *civil society* (Zivilgesellschaft) soll Mitverantwortung tragen an dem, was passiert, und die Zukunft mitgestalten.
- Verstärkte Zusammenarbeit der verschiedenen Politikebenen auf verschiedenen Maßstabsebenen (lokal, regional, global) (*multi-level governance*) und Vereinbarung von gemeinsamen Entwicklungsleitbildern (*common grounds*).
- Selbstorganisation und interorganisationelle Zusammenarbeit in Form von Netzwerken und Partnerschaften.

Demnach geht es nicht um die Frage von „mehr" oder „weniger" Staat, sondern um eine neue Ordnung von Verantwortung und Aufgabenverteilung in unserer Gesellschaft mit mehr Transparenz, Offenheit, Partizipation, Zielorientierung, Kohärenz und Evaluierungskultur.

Die komplexer werdenden Herausforderungen, insbesondere im Zuge der dynamischen Urbanisierungsprozesse (▶ Kap. 2), haben die Diskussion um **neue Formen von Governance** entfacht, um das kreative, intellektuelle und soziale Kapital der Bürgerinnen und Bürger noch stärker für eine innovative Entwicklung zu nutzen. Beispiele für solche neuen Formen, die in den Mittelpunkt von transdisziplinärer Forschung gerückt sind, sind die **Living Labs** und **City Labs**. Living Labs repräsentieren einen Zugang zu benutzerorientierter Innovation durch die Einbindung von „Endverbraucherinnen und Endverbrauchern" in kreative transdisziplinäre Entwicklungsprozesse (▶ Aus der Praxis: Urban Experiments als Beispiel transdisziplinärer Forschung in ▶ Abschn. 9.2.3), vor allem durch gemeinsame Visionen, reflexive (soziale) Lernprozesse, *co-designing* und *co-creation* von Ergebnissen (skalierbaren sozialen und technischen Innovationen) sowie *real-life experiences* (Zimmermann et al. 2016).

Die Ansätze von Good Governance wurden bereits 1992 in Rio im Rahmen der Lokalen Agenda 21 festgehalten, als von der Notwendigkeit der Beteiligung von Bürgerinnen und Bürgern in nachhaltigen Entwicklungsprozessen gesprochen wurde (UN 1992). Die Umsetzung von Lokale-Agenda-21-Prozessen mit ihren weit über Governance hinausgehenden Politikbereichen erfolgt weltweit; bisher haben über 10.000 Städte und Gemeinden derartige Prozesse in die Wege geleitet (◻ Abb. 2.12). Die meisten entfallen auf Europa, in Deutschland und in Österreich haben jeweils ca. 20 % der Kommunen einen Lokale-Agenda-21-Prozess durchgeführt.

Gerade im Zuge der globalen Urbanisierung wird der Ruf nach Transformation durch städtische Governance immer lauter. Harvey (1989, S. 16) forderte bereits vor mehr als 25 Jahren

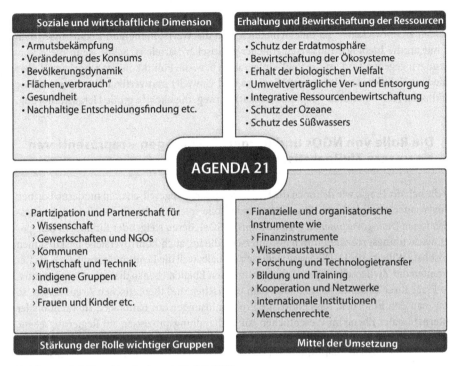

Soziale und wirtschaftliche Dimension	Erhaltung und Bewirtschaftung der Ressourcen
• Armutsbekämpfung • Veränderung des Konsums • Bevölkerungsdynamik • Flächen„verbrauch" • Gesundheit • Nachhaltige Entscheidungsfindung etc.	• Schutz der Erdatmosphäre • Bewirtschaftung der Ökosysteme • Erhalt der biologischen Vielfalt • Umweltverträgliche Ver- und Entsorgung • Integrative Ressourcenbewirtschaftung • Schutz der Ozeane • Schutz des Süßwassers

AGENDA 21

Stärkung der Rolle wichtiger Gruppen	Mittel der Umsetzung
• Partizipation und Partnerschaft für › Wissenschaft › Gewerkschaften und NGOs › Kommunen › Wirtschaft und Technik › indigene Gruppen › Bauern › Frauen und Kinder etc.	• Finanzielle und organisatorische Instrumente wie › Finanzinstrumente › Wissensaustausch › Forschung und Technologietransfer › Bildung und Training › Kooperation und Netzwerke › internationale Institutionen › Menschenrechte

◘ **Abb. 2.12** Politikbereiche der Agenda 21. (UN 1992)

ein radikales Umdenken und argumentierte: „But a critical perspective on urban entrepreneurialism indicates not only its negative impacts but its potentiality for transformation into a progressive urban corporatism." Seither haben sowohl Forschung als auch städtische Akteurinnen und Akteure unterschiedliche Themen bearbeitet (vgl. auch Brenner et al. 2012), wie etwa politische Schwerpunktsetzungen in den Bereichen soziale und räumliche Gerechtigkeit, sozioökonomische Gerechtigkeit, kulturelle Diversität und Demokratie, demokratische Prozesse in der Stadtplanung und -entwicklung – oder, wie es Marcuse et al. (2009) bzw. Mitchell (2003) formulieren, die „just city" bzw. the „right to the city".

Es ist offensichtlich allen bewusst, dass den Herausforderungen der dynamischen Urbanisierung nur durch neue, radikale Ansätze in der Stadtentwicklung begegnet werden kann. Lösungen müssen sich auf **politische und soziale Partizipation** sowie Empowerment der Menschen konzentrieren, die Forschung muss auf transdisziplinäre Ansätze fokussieren, und Governance ist die notwendige Basis für eine nachhaltige (Stadt-)Entwicklung.

Dennoch ist das gesamte Konzept von Governance auch kritisch zu hinterfragen: Die Umsetzung der Lokalen Agenda bzw. von Governance in Entwicklungsprozessen muss bei globaler Betrachtung der Thematik vor dem Hintergrund ideologisch bedingter unterschiedlicher Sichtweisen und Bewusstseinsebenen von Demokratie betrachtet werden. Die großen Herausforderungen dabei beziehen sich im Wesentlichen auf die politischen Systeme und die damit verbundene Hierarchie politischer Entscheidungsebenen, auf die Vorstellungen und Chancen von Partizipation, auf die Möglichkeiten/Fähigkeiten der zivilgesellschaftlichen Selbstorganisation, auf die jeweilige Konflikt(lösungs)kultur sowie auf die ökonomischen (Macht-)Verhältnisse, die es eben erlauben oder aber nicht erlauben, gute Governance-Strukturen und damit langfristiges, reflektiertes politisches Handeln zu etablieren. Eine weitere wichtige Ebene ist die der sich überlagernden und oftmals konkurrenzierenden individuellen Werte und der Schwierigkeit, gemeinsame Werte zu kreieren, um etwa effiziente Strategien für den Einsatz öffentlicher Ressourcen zu entwickeln – zu unterschiedlich sind die Wertsysteme und Bedürfnisse (man denke nur an die Ideologien unterschiedlicher politischer Parteien). Selbst wenn diese Voraussetzungen gegeben sind, ist die Politikintegration bzw. die Politikkohärenz, horizontal über verschiedene Politikfelder (Wirtschaft, Soziales und Umwelt) und vertikal über verschiedene Jurisdiktionen (EU – national – regional – lokal) hinweg, die nächste große Herausforderung.

2.3.3 Die Rolle von NGOs und Bürgerbewegungen – repräsentieren sie unsere Zivilgesellschaft?

Nun stellt sich die Frage, wie dennoch die Einbindung der Zivilgesellschaft in moderne Formen von Governance erfolgen kann. Eine bedeutende Rolle spielen weltweit die Nichtregierungsorganisationen (*non-governmental organizations*, **NGOs**), deren steigender Einfluss in den globalen Entscheidungsprozessen durchaus unterschiedliche, auch kontroversielle Diskussionen ausgelöst hat (Willetts 2011). Die Frage stellt sich deshalb, weil die Legitimität von NGOs als Repräsentanten der Zivilgesellschaft auf allen räumlichen Ebenen ebenso diskutiert werden muss wie die Frage ihrer Unabhängigkeit. Folgt man politischen und theoretischen Argumenten, so gewinnt man den Eindruck, dass politische Problemlösungen auf nationaler, supranationaler und internationaler Ebene im Wesentlichen auf Verhandlungsprozessen auf Regierungsebene erfolgen – damit ist die Einbindung von NGOs meist auch durch Regierungsentscheidungen legitimiert. In der Realität allerdings hat sich der Einfluss von NGOs in den letzten Jahren insbesondere durch Professionalisierung, Netzwerkaktivitäten und die Nutzung moderner Kommunikationstechnologien massiv ausgeweitet. Traditionelle politische Bahnen werden verlassen und neue Formen der Partizipation eingesetzt. NGOs agieren in allen Themenbereichen und profitieren durch die Nutzung von Wissen und Expertise aus transnationalen Kooperationen und tragen intensiv dazu bei, durch Nutzung der Möglichkeiten des Internets globale Entscheidungsprozesse zu beeinflussen.

Da es sich bei nationalen und internationalen Entscheidungen um pluralistische Prozesse, an denen sich viele Akteurinnen und Akteure mit unterschiedlichen **Werthaltungen** beteiligen, handelt, können NGOs globale Themen als „Anliegen der Menschheit" vertreten – im besten Falle ohne soziale, kulturelle, ethnische, physische Differenzierung. Die Vertretung der bekannten virulenten Themen wie globale Ressourcen, Naturschutz, Klimawandel, Menschenrechte, Frieden und nachhaltige Entwicklung ist deshalb wichtig, da es sich dabei um globale „Güter" handelt, die weder an nationalstaatliche Grenzen noch an Völker oder Generationen gebunden sind, sondern alle Menschen dieser Erde betreffen und im Sinne der Gerechtigkeit und Zukunftsfähigkeit besonderer Beachtung bedürfen.

Sowohl die unterschiedlichen **Organisationen** der Vereinten Nationen (UNICEF, UNESCO etc.) als auch die OECD, der IWF, die WHO, um nur einige zu nennen, arbeiten sehr eng mit NGOs zusammen; NGOs haben auch ihre Rechtspersönlichkeit entsprechend legitimiert. Die großen Keyplayer wie das Internationale Rote Kreuz (IRK), der World Wildlife Fund (WWF) oder aber die International Union for Conservation of Nature (IUCN) haben es geschafft, durch gleichberechtigte und konstruktive Zusammenarbeit mit Nationalstaaten Beiträge zu Gesetzen und Verordnungen zu leisten, und tragen damit in vielen Bereichen zur Aufweichung traditioneller Entscheidungshierarchien und zu neuen, offenen Ansätzen für globale Governance bei. Die Zukunftsfrage allerdings lautet, wie sich die Rolle des Staates und seiner Regierungen darstellt in einem Umfeld, das deutliche Veränderungen in unterschiedlichen politischen Systemen mit ebenso deutlichen Emanzipationstendenzen der Zivilgesellschaft zeigt – und dies in einem Umfeld zunehmender „grenzenloser" globaler Herausforderungen, deren Lösung wohl nur als transnationaler Prozess im Sinne einer Global Governance gelingen kann.

Bleibt die Frage: Wie sieht es mit **Bürgerbewegungen, -initiativen und lokalen NGOs** aus? Vorausgeschickt werden muss, dass Bürgerinitiativen (aber auch Governance) in Bezug auf ihr Entstehen und ihr Wirken positive Rahmenbedingungen sowohl aus ökonomischer als auch aus politisch-demokratischer Sicht benötigen. In Westeuropa und in den USA geht die Entstehung von Bürgerinitiativen auf das Ende der 1960er Jahre zurück, in anderen Regionen der Welt werden die Initiativen als Störfaktor (autonome Szene), „Scheindemokratie" oder aber als Legitimation der herrschenden Ordnung missbraucht bzw. sind solche Initiativen bis heute nicht etabliert. Bürgerinitiativen können sich auf nationaler und regionaler Ebene bilden; insbesondere die Stadt oder die Kommune als politisches Handlungsfeld ist durch die direkte Konfrontation mit politischen Entscheidungen oftmals mit Unzufriedenheit oder Kritik verbunden, die allerdings oft auch auf Eigeninteressen von Individuen und Gruppen beruhen. Dennoch ist feststellbar, dass immer mehr Mitwirkung in kommunalen Entwicklungs- und Entscheidungsprozessen gefordert wird, dass das Vertrauen der Bevölkerung in etablierte politische Parteien und Institutionen geringer wird bzw. diese – aus der Sicht der Betroffenen – ihre Aufgaben nur ungenügend wahrnehmen. Wie kann es nun gelingen, dass Bürgerinitiativen oder lokale NGOs nicht nur die politische Willensbildung, sondern auch den Entscheidungsprozess beeinflussen? Neuere Beispiele dafür sind die Einrichtung von City Labs/Living Labs und Zukunftswerkstätten, als sogenannte Public Private People Partnerships (PPPP), um den Erfahrungsschatz der Bürgerinnen und Bürger zu nutzen, oder, wie es Montgomery (2014) in *The Happy City* (2014) formuliert: „Any of us can help reveal the mysteries of the city by doing our own informal experiments on the places where we live – and sharing the results. The better we understand the relationship between our cities, our minds and our experiences, the better equipped we'll all be to design cities that are happier, healthier, and more resilient. We are all experts on our own urban experience." Ganz nach dem Motto: „Die Stadt ist unser Laboratorium. Benutzen wir es!"

❶ Herausforderungen für die Zukunft
- Die Folgen des Klimawandels liegen auf der Hand und werden immer sichtbarer. Trotz vieler Klimakonferenzen ist eine Verringerung der Treibhausgasemissionen schwierig, da weder die entwickelten Nationen noch die Schwellenländer auf Wachstum und Wohlstand (Wohlstandssteigerung) verzichten wollen.
- Der steigende Bedarf an Ressourcen führt nicht nur zu Kapazitätsengpässen, insbesondere bei den Energieressourcen, sondern auch zu deutlich zunehmendem CO_2-Ausstoß und einer weiteren Gefährdung des Weltklimas.
- Die Übernutzung der Ökosysteme bedingt eine deutliche Abnahme der Biodiversität und der biologischen Vielfalt, die bisher weder durch globale noch durch nationale Strategien gestoppt werden konnte.
- Die Bevölkerungsdynamik und die notwendige Sicherstellung der Grundbedürfnisse der Menschen verstärken den Ressourcenbedarf und führen zu weiterer Übernutzung; das Wohlstandsgefälle bedingt globale Migrationstendenzen.
- Die Urbanisierung führt zu Wachstum, Expansion und städtischer Transformation, die nicht nur sozioökonomische Probleme und Konflikte, sondern auch Überlastungs- und Umweltprobleme bedingen; die Stadtpolitik kann immer weniger steuern.
- Konsum ist zum Motor des Wirtschaftswachstums geworden, die Effekte von Überfluss- und Wegwerfgesellschaften bedingen steigenden Ressourcenbedarf und Ausbeutung und die weitere Zunahme der Disparitäten.

- Die Veränderung der globalen Machtverhältnisse von der nationalstaatlichen Ebene hin zu supranationalen Organisationen und transnationalen Konzernen führt zur Dominanz ökonomischer Akteurinnen und Akteure mit neuen Abhängigkeiten des globalen Südens vom privilegierten globalen Norden.
- Neue Formen von Governance zur besseren Einbindung der Zivilgesellschaft sind aufgrund der dynamischen Urbanisierung gefragt; politische und soziale Partizipation sowie Empowerment müssen in unterschiedlichen politischen Systemen einen neuen Platz finden.
- Global agierende NGOs können die Zivilgesellschaft bei Lösungsansätzen für die Global Challenges im Sinne eines Global-Governance-Prozesses erfolgreich vertreten; Bürgerbewegungen werden aber auch auf lokaler Ebene im Sinne von Public Private People Partnerships (PPPP) immer bedeutender.

Pointiert formuliert

Das zentrale Problem im Umgang mit den globalen Herausforderungen des 21. Jahrhunderts ist das auf Konsum und Wachstum fokussierte globalisierte Wirtschaftssystem. Dieses bedingt nicht nur einen überbordenden Ressourcenverbrauch, sondern durch die zunehmenden Disparitäten zwischen Arm und Reich auch enorme soziale Spannungen und eine deutliche Zunahme der Konfliktpotenziale. Die wirtschaftlich determinierte Globalisierung und die damit verbundenen Machtverhältnisse (zer)stören alle Ansätze der ökologischen, sozialen und auch ökonomischen Nachhaltigkeit.

Literatur

Allison I, Bindoff NL, Bindschadler RA, Cox PM, de Noblet N, England MH, Francis JE, Gruber N, Haywood AM, Karoly DJ, Kaser G, Le Quéré C, Lenton TM, Mann ME, McNeil BI, Pitman AJ, Rahmstorf S, Rignot E, Schellnhuber HJ, Schneider SH, Sherwood SC, Somerville RCJ, Steffen K, Steig EJ, Visbeck M, Weaver AJ (2009) The Copenhagen Diagnosis. Updating the World on the Latest Climate Science. The University of New South Wales Climate Change Research Centre (CCRC), Sydney, Australia = The Copenhagen Diagnosis

Amin A, Hausner J (Hrsg) (1997) Beyond Market and Hierarchy: Interactive Governance and Social Complexity. Edward Elgar, Cheltenham

Bayerisches Landesamt für Umwelt (2012) Klimaschutz durch nachhaltigen Konsum. http://www.lfu.bayern.de/klima/treibhausgase/emissionsminderung/konsum/index.htm. Zugegriffen: Mai 2015

Bevir M (2012) Governance: A Very Short Introduction. Oxford University Press, Oxford

BGR (Bundesanstalt für Geowissenschaften und Rohstoffe) (2014) Energiestudie 2014 – Reserven, Ressourcen und Verfügbarkeit von Energierohstoffen (18). Hannover. http://www.bgr.bund.de/DE/Themen/Energie/Bilder/Energiestudie2014/Energierohstoffe_2014_Vergleich_g.html?nn=1542234. Zugegriffen: Februar 2015

Brenner N, Marcuse P, Meyer M (Hrsg) (2012) Cities for People, Not for Profit: Critical Urban Theory and the Right to the City. Routledge, New York

CBD (Convention on Biological Diversity) (2010) X/2.Strategic Plan for Biodiversity 2011–2020. http://www.cbd.int/decision/cop/?id=12268. Zugegriffen: Februar 2015

CBD (Convention on Biological Diversity) (2015) National Biodiversity Strategies and Action Plans (NBSAPs). http://www.cbd.int/nbsap/. Zugegriffen: Februar 2015

Coy M, Kraas F (2003) Probleme der Urbanisierung in den Entwicklungsländern. Petermanns Geographische Mitteilungen 147(1):32–41

Coy M, Stötter J (2013) Die Herausforderungen des Globalen Wandels. In: Borsdorf A (Hrsg) Forschen im Gebirge – Investigating the mountains – Investigando las montanas. IGF-Forschungsberichte, Bd 5. Verlag der Österreichischen Akademie der Wissenschaften, Wien, S 73–94

Crutzen PJ, Stoermer EF (2000) The „Anthropocene". IGBP Newsletter 41:17–18

EK (Europäische Kommission) (2001) Europäisches Regieren. Ein Weißbuch. http://www.partizipation.at/fileadmin/media_data/Downloads/themen/governance_weissbuch_europ_regieren.pdf. Zugegriffen: Februar 2015

Eurostat (2015) Energy balance sheets – 2011-2012-2014 edition. http://ec.europa.eu/eurostat/web/products-statistical-books/-/KS-EN-14-001. Zugegriffen: Februar 2015

Friedlingstein P, Andrew RM, Rogelj J, Peters GP, Canadell JG, Knutti R, Luderer G, Raupach MR, Schaeffer M, van Vuuren DP, Le Quéré C (2014) Persistent growth of CO2 emissions and implications for reaching climate targets. Nature Geoscience 7:709–715

Garland A M, Massoumi M, Ruble B A (Hrsg) (2007) Global Urban Poverty. Setting the Agenda. Washington, D.C. http://www.wilsoncenter.org/sites/default/files/GlobalPoverty.pdf Zugegriffen: März 2015

Global Footprint Network (2015) Earth Overshoot Day. http://www.footprintnetwork.org/en/index.php/GFN/page/earth_overshoot_day/. Zugegriffen: Februar 2015

Gustavsson J, Cederberg Ch, Sonesson U, van Otterdijk R, Meybeck A (2011) Global Food Losses and Food Waste. Extent, Causes and Prevention. FAO, Rome. http://www.fao.org/docrep/014/mb060e/mb060e.pdf. Zugegriffen: Februar 2015

Harvey D (1989) From managerialism to entrepreneurialism: The transformation in urban governance in late capitalism. Geogr Ann 71 B(1):3–17

Helliwell J, Layard R, Sachs J (2015) World Happiness Report 2015. Sustainable Development Solutions Network. New York. http://worldhappiness.report/wp-content/uploads/sites/2/2015/04/WHR15-Apr29-update.pdf. Zugegriffen: März 2015

IAASTD (International Assessment of Agricultural Knowledge, Science and Technology for Development) (2009) Agriculture at a Crossroads. Synthesis Report. http://www.weltagrarbericht.de/fileadmin/files/weltagrarbericht/IAASTDBerichte/SynthesisReport.pdf. Zugegriffen: Juni 2015

IEA (Internationale Energieagentur) (2014) Energy Balances of OECD Countries – 2014 Edition. http://www.iea.org/stats/index.asp. Zugegriffen: März 2015

IPCC (Intergovernmental Panel on Climate Change) (2014) Assessment Reports 1990–2014. http://www.ipcc.ch/publications_and_data/publications_and_data_reports.shtml. Zugegriffen: Februar 2015

IPCC (Intergovernmental Panel on Climate Change) (2015a) Organization. http://www.ipcc.ch/organization/organization.shtml. Zugegriffen: Februar 2015

IPCC (Intergovernmental Panel on Climate Change) (2015b) Climate Change 2014: Synthesis Report. Contribution of Working Groups I, II and III to the Fifth Assessment Report of the Intergovernmental Panel on Climate Change. IPCC, Geneva (Core Writing Team, R.K. Pachauri and L.A. Meyer)

IUCN (International Union for Conservation of Nature and Natural Resources) (2015) The IUCN Red List of Threatened Species 2015-3. http://www.iucnredlist.org/about/overview

IWF (Internationaler Währungsfonds) (2014) World Economic and Financial Surveys. World Economic Outlook Database. http://www.imf.org/external/pubs/ft/weo/2014/02/weodata/index.aspx. Zugegriffen: August 2015

Kondratieff ND (1926) Die langen Wellen der Konjunktur. Archiv fuer Sozialwissenschaft und Sozialpolitik, Bd 56. J.C.B. Mohr, Tübingen, S 573–609

Kromp-Kolb H, Nakicenivic N, Steininger K, Gobiet A, Formayer H, Köppl A, Prettenthaler F, Stötter J, Schneider J (Hrsg) (2014) Österreichischer Sachstandsbericht Klimawandel 2014. Austrian Panel on Climate Change (APCC). Verlag der Österreichischen Akademie der Wissenschaften, Wien

Kruchem T (2012) Der Große Landraub – Bauern des Südens wehren sich gegen Agrarinvestoren. Brandes & Apsel, Frankfurt am Main

Loft L (2009) Erhalt und Finanzierung biologischer Vielfalt-Synergien zwischen internationalem Biodiversitäts-und Klimaschutzrecht. Schriftenreihe Natur und Recht, Bd 12. Springer, Berlin, Heidelberg

Marcuse P, Connolly J, Novy J, Olivo I, Potter C, Steil J (Hrsg) (2009) Searching for the Just City: Debates in Urban Theory and Practice. Routledge, New York

Meadows DL, Meadows DH, Zahn E, Milling P (1972) Die Grenzen des Wachstums. Bericht des Club of Rome zur Lage der Menschheit. Rowohlt, Stuttgart

Messner D (2013) Willkommen im Anthropozän: der WBGU-Report „Welt im Wandel". Baustelle Zukunft: die Große Transformation von Wirtschaft und Gesellschaft. Oekom 31(6):24–31

Mitchell D (2003) The Right to the City: Social Justice and the Fight for Public Space. Guilford, New York

Montgomery C (2014) The Happy City. What is urban experimentalism?. http://thehappycity.com/urban-experimentalism/. Zugegriffen: Juli 2015

NCA (National Climate Assessment) (2014) Highlights. http://nca2014.globalchange.gov/highlights. Zugegriffen: März 2015

Nischwitz G, Molitor R, Rohne S (2002) Local and Regional Governance für eine nachhaltige Entwicklung. Schriftenreihe des IÖW, Bd 161/02. , Berlin. http://www.ioew.de/uploads/tx_ukioewdb/IOEW_SR_161_Local_and_Regional_Governance_fuer_nachhaltige_Entwicklung.pdf. Zugegriffen: Februar 2015

OECD (2008) OECD-Umweltausblick bis 2030. http://browse.oecdbookshop.org/oecd/pdfs/product/9708015e.pdf. Zugegriffen: März 2015

OECD (2011) How's Life? Measuring Well-being. http://www.oecd-ilibrary.org/economics/how-s-life/subjective-well-being_9789264121164-14-en. Zugegriffen: März 2015

Peace Council (2012) Seven Threats to Peace. http://www.peacecouncil.org/Purpose-Commitments/Seven-Threats-to-Peace. Zugegriffen: Februar 2015

REN21 (2014) Renewables 2014. Global Status Report. http://www.ren21.net/portals/0/documents/resources/gsr/2014/gsr2014_full%20report_low%20res.pdf. Zugegriffen: Februar 2015

Renn O (2014) Das Risikoparadox. Warum wir uns vor dem Falschen fürchten. Fischer Taschenbuch, Frankfurt

Schmidt-Bleek F, Klüting R (1994) Wieviel Umwelt braucht der Mensch? MIPS. Das Maß für ökologisches Wirtschaften. dtv, München

Schumpeter JA (1939) Business cycles. Cambridge University Press, New York

Statistica (2015) Kohleverbrauch von China in den Jahren 1998 bis 2014 (in Millionen Tonnen Öläquivalent). http://de.statista.com/statistik/daten/studie/41498/umfrage/china---kohleverbrauch-in-millionen-tonnen-oelaequivalent/. Zugegriffen: Februar 2015

The Copenhagen Diagnosis (2009) Updating the World on the Latest Climate Science. I. Allison, N.L. Bindoff, R.A. Bindschadler, P.M. Cox, N. de Noblet, M.H. England, J.E. Francis, N. Gruber, A.M. Haywood, D.J. Karoly, G. Kaser, C. Le Quéré, T.M. Lenton, M.E. Mann, B.I. McNeil, A.J. Pitman, S. Rahmstorf, E. Rignot, H.J. Schellnhuber, S.H. Schneider, S.C. Sherwood, R.C.J. Somerville, K. Steffen, E.J. Steig, M. Visbeck, A.J. Weaver. The University of New South Wales Climate Change Research Centre (CCRC), Sydney, Australia

Tir J, Diehl PF (1998) Demographic Pressure and Interstate Conflict: Linking Population Growth and Density to Militarized Disputes and War, 1930–89. Journal of Peace Research 35(3):319–339 (SAGE)

UN (United Nations) (1992) AGENDA 21. Konferenz der Vereinten Nationen für Umwelt und Entwicklung, Rio de Janeiro, Juni 1992. http://www.un.org/depts/german/conf/agenda21/agenda_21.pdf. Zugegriffen: Februar 2015

UN (United Nations) (2014) World Urbanization Prospects. The 2014 Revision. http://esa.un.org/unpd/wup/Highlights/WUP2014-Highlights.pdf. Zugegriffen: Februar 2015

UN (United Nations) (2015a) Millennium Development Goals and Beyond 2015. http://www.un.org/millenniumgoals/beyond2015-news.shtml. Zugegriffen: Februar 2015

UN (United Nations) (2015b) 2015 Revision of World Population Prospects. http://esa.un.org/unpd/wpp/. Zugegriffen: September 2015

UN Habitat (United Nations Human Settlement Programme) (2012) Prosperity of Cities: State of the World's Cities 2012/2013. http://unhabitat.org/books/prosperity-of-cities-state-of-the-worlds-cities-20122013/. Zugegriffen: August 2015

UNEP (United Nations Environment Programme) (2011) Humanity Can and Must Do More with Less: UNEP. http://www.unep.org/resourcepanel/decoupling/files/pdf/Decoupling_Press_Release.pdf. Zugegriffen: August 2015

Urdal H (2005) People vs. Malthus: Population Pressure, Environmental Degradation, and Armed Conflict Revisited. Journal of Peace Research 42(4):417–434

Veenhoven R (2012) States of Nations, Variable Happiness Measure 2012. World Database of Happiness, Erasmus University Rotterdam, The Netherlands. http://worlddatabaseofhappiness.eur.nl/statnat/statnat_fp.htm. Zugegriffen: Juli 2015

WBGU (Wissenschaftlichen Beirats der Bundesregierung Globale Umweltveränderung) (2011) Hauptgutachten: Welt im Wandel. Gesellschaftsvertrag für eine Große Transformation. http://www.wbgu.de/fileadmin/templates/dateien/veroeffentlichungen/hauptgutachten/jg2011/wbgu_jg2011.pdf. Zugegriffen: April 2015

Weiner M, Russel SS (Hrsg) (2001) Demography and the National Security. Berhahn Books, New York and Oxford. http://www.polisci.umn.edu/~ronkrebs/Publications/Krebs-Levy,%20Demography%20and%20Security%20(2001),%20Proofs.pdf. Zugegriffen: Februar 2015

Willetts P (2011) Non-Governmental Organizations in World Politics: The Construction of Global Governance. Routledge, London, New York

World Bank (2015) GNI per capita, PPP (current international $). http://data.worldbank.org/indicator/NY.GNP.PCAP.PP.CD. Zugegriffen: Februar 2015

WRI (World Resource Institute) (2015) Global Emissions of CO2 from Fossil Fuels: 1900–2004. http://www.wri.org/resources/charts-graphs/global-emissions-co2-fossil-fuels-1900-2004. Zugegriffen: Februar 2015

WTO (World Trade Organization) (2015) About WTO. http://www.wto.org/index.htm. Zugegriffen: März 2015

WWF (World Wildlife Fund) (2014) Living Planet Report 2014. Species and spaces, people and places. http://www.livingplanetindex.org/projects?main_page_project=LivingPlanetReport&home_flag=1. Zugegriffen: März 2015

Zimmermann F, Drage T, Wlasak P, Höflehner T (2016) RCE Graz-Styria as a transdisciplinary research platform: the URB@Exp project implementing sustainable urban development by governance experiments. GAIA, Ecological Perspectives for Science and Society, Oekom, Zürich, München, im Druck.

Soziale Nachhaltigkeit als Thema der Anthropologie

Friedrich M. Zimmermann und Hans-Ferdinand Angel

F. M. Zimmermann (Hrsg.), *Nachhaltigkeit wofür?*,
DOI 10.1007/978-3-662-48191-2_3, © Springer-Verlag Berlin Heidelberg 2016

3

Kernfragen

- Was können soziale Gruppen und Menschen als Individuen zu einer nachhaltigen Entwicklung unserer Gesellschaft beitragen?
- Welche Prozesse tragen zu einem Sinneswandel unserer Konsumgesellschaft bei?
- Welche Rolle spielen Sozialisation, Glauben, persönliche Werte und ethische Grundhaltungen im Konzept der Nachhaltigkeit?
- Ist ein Umdenkprozess unserer Gesellschaft(en) in Richtung Nachhaltigkeit zur Lösung der Global Challenges möglich und noch rechtzeitig?

3.1 Von Macht und Ohnmacht der (sozialen) Nachhaltigkeit

3.1.1 Sichtweisen von sozialer Nachhaltigkeit – immer sachlich-emotional besetzt

Gedankensplitter

Soziale Nachhaltigkeit

Was geht eigentlich beim Entwickeln von Definitionen vor sich? Schließlich ist es höchst irritierend, dass zu einem Begriff häufig mehrere verschiedene Definitionen existieren, die sich bisweilen sogar widersprechen. Dies trifft oft auch für die Beschreibung von Merkmalen zu, etwa die „Merkmale von Systemen" (wenn z. B. von „Merkmalen eines finanzkapitalistischen Systems" die Rede ist). Aus unserer Sicht sind Definitionen daher meist Gedankenspiele, die auf unterschiedlichen sachlich-emotionalen Komponenten beruhen – gerade das macht die Auseinandersetzung mit unterschiedlichen Sichtweisen der sozialen Nachhaltigkeit überaus spannend.

So etwa definiert das *Business Dictionary* (2015) „soziale Nachhaltigkeit" wie folgt: „Social sustainability is [...] the ability of a community to develop processes and structures which not only meet the needs of its current members but also support the ability of future generations to maintain a healthy community."
Die World Bank (2013) fokussiert auch auf die Ebene der „community", allerdings wird soziale Nachhaltigkeit deutlich ausgeweitet verstanden, auf die politischen Ziele der Weltbank abgestimmt und wie folgt definiert: „Social sustainability means responding better to local communities; ensuring responses are tailored to local country contexts; and promoting social inclusion, cohesion and accountability. [...] Social sustainability takes the larger worldview into consideration in relation to communities, culture, and globalization. When working on development projects, this means undertaking adequate social analysis and assessment, which in turn allows for adequate identification of social opportunities, as well as adequate mitigation of social impacts and risks, including through the proper application of the Bank's social safeguard policies."
Einen ähnlich weit gefassten Zugang wählt thwink.org (2015), eine internationale wissenschaftliche NGO: „The general definition of social sustainability is the ability of a social system [...] to function at a defined level of social wellbeing indefinitely. That level should be defined in relation to the goal of Homo sapiens, which is (or should be) to optimize quality of life for those living and their descendants. After that there is universal disagreement on what quality of life goals should be. Not only do nations disagree. So do their political parties, their religions, their cultures, their classes, their activists organizations, and so on."

Neben den bereits in ▶ Kap. 1 gewählten Zugängen zum Thema soziale Nachhaltigkeit und den in ▶ Kap. 2 im Detail dokumentierten globalen (sozialen) Herausforderungen sei hier die Position der Autoren dargelegt, nach deren Verständnis sich soziale Nachhaltigkeit auf die **Erhaltung der menschlichen Lebensgrundlagen** bezieht und im Wesentlichen nicht nur der Effizienzstrategie, d. h. der Überwindung sozialer Probleme durch technologische Innovationen, sondern auch der Suffizienzstrategie, d. h. den individuellen Verhaltensänderungen und damit dem Verändern von Lebensstilen, folgt (vgl. auch Schneidewind und Zahrnt 2013). Menschen sind der Schlüssel zur Lösung der Herausforderungen, daher setzt unser Ansatz direkt bei uns Menschen an. Was auch immer unter Nachhaltigkeit verstanden wird: Es sind Menschen, die sich dafür einsetzen oder nicht einsetzen. Wie kommen sie zu ihren Positionen, was haben sie – insbesondere in den entscheidenden Jahren ihrer Jugend – erlebt (Sozialisation)? Welche Werte haben sich entwickelt? Und falls es zu Umdenkprozessen kommt: Es sind immer Menschen, in denen sich solche Veränderungen abspielen – und es ist das individuelle Glauben, welches das menschliche Handeln bestimmt (▶ Abschn. 10.2).

Unsere globalisierte Welt ist durch zahlreiche sozial relevante Grand Challenges gekennzeichnet. Wie gezeigt werden konnte, sind dies die sozialen Effekte des Klimawandels, Fragen der Ernährungssicherheit, die Versauerung der Ozeane und die damit verbundenen Konsequenzen für Mensch und Tier, die Herausforderungen der globalen Energieversorgung, die Ressourcenverknappung, der demographische Wandel, intra- und intergenerationelle Gerechtigkeit, Fragen der sozialen Sicherheit, Migration etc. Viele dieser Herausforderungen werden in den einzelnen Kapiteln dieses Buches noch im Detail und bezogen auf spezifische Aspekte dargestellt. In dem vorliegenden Kapitel wird auf diejenigen Bereiche eingegangen, die durch Veränderungen von Glaubenssätzen, Werthaltungen, Verhaltensänderungen und Umdenkprozesse „nachhaltiger" gestaltet werden könnten.

3.1.2 Menschliche Bedürfnisse als Kern sozialer Nachhaltigkeit

Voraussetzung für eine sozial nachhaltige Entwicklung ist die **Befriedigung der menschlichen Bedürfnisse**, die sich auf die bekannte sozialpsychologisch basierte Bedürfnishierarchie (existenzielle Bedürfnisse, Sicherheitsbedürfnisse, soziale Bedürfnisse, Individualbedürfnisse und Selbstverwirklichung) des amerikanischen Psychologen Maslow (1943) gründen. Der Psychologe Alderfer (1969) überarbeitete die Annahmen Maslows und ordnete die damals diskutierten Bedürfnisse in drei neue Kategorien: Existenz-, Beziehungs- und Wachstumsbedürfnisse. Bereits 1987 haben Crowhurst und Lennard in ihrer Arbeit zu „social and design principles for the future of the city" diese Bedürfnisstrukturen anwendungsorientiert erweitert und wie folgt formuliert – sie können als Grundlage für die weiteren Überlegungen angesehen werden:

- Erfüllung der Grundbedürfnisse der Menschen nach Nahrung, Wohnung, Bildung, Arbeit und Einkommen sowie sicheren Lebens- und Arbeitsbedingungen (vgl. auch in der Sozialgeographie die Ansätze über die „Daseinsgrundfunktionen" der Münchner Schule [Maier et al. 1977]),
- faire Verteilung der Entwicklungsvorteile in der Gesellschaft,
- Verbesserung des physischen, psychischen und sozialen Wohlbefindens der Bevölkerung,
- Förderung von Bildung, Kreativität und Entwicklung des Humanpotenzials,
- Schutz des kulturellen und biogenen Erbes und die Verbesserungen unseres Bewusstseins sowie starke Verbindung mit Natur und unserer Vergangenheit,
- Stärkung des Zusammengehörigkeitsgefühls der Menschen sowie gegenseitige Hilfe und Unterstützung,
- Demokratisierung und insbesondere Partizipation der Bürgerinnen und Bürger in Entwicklungs- und Entscheidungsprozesse,
- Verbindung physischer Infrastruktur und der gebauten Umwelt mit dem sozialen, emotionalen und physischen Wohlbefinden der Menschen.

3

◘ **Tab. 3.1** Bedürfnisse nach Existenzkategorien. (Max-Neef 1992, S. 206f.)

Bedürfnisse (existenziell) — Bedürfnisse (wertorientiert)	Merkmale des Seins (*qualities*)	Besitz im Sinne von Haben (*things*)	Aktivitäten im Sinne des Tuns (*actions*)	Umgebungen des Sichbefindens (*settings*)
Lebenserhaltung	Körperliche Gesundheit, geistige Gesundheit, Flexibilität	Nahrung, Wohnung, Arbeit	Ernähren, kleiden, sich ausruhen, fortpflanzen, arbeiten	Naturraum, Lebensumfeld, soziales Netzwerk
Sicherheit	Fürsorge, Anpassungsfähigkeit, Selbstständigkeit, Solidarität	Soziale Sicherheit, Ersparnisse Gesundheitswesen, Arbeit	Zusammenarbeiten, planen, betreuen, helfen	Lebensraum, gesellschaftliches Umfeld, Wohnung
Zuneigung	Selbstwert, Respekt, Toleranz, Großzügigkeit Humor, Sinnlichkeit	Familie, Freundschaften, Naturbezug	Teilen, umsorgen, lieben, Gefühle ausdrücken, anerkennen	Privatsphäre, Intimsphäre, Begegnungsorte
Verstehen	Kritische Aufnahmefähigkeit, Neugierde, Disziplin, Intuition, Vernunft	Literatur, Lehrer, (Bildungs-)Politik, Kommunikation	Analysieren, studieren, experimentieren, nachdenken, erforschen	Familien, Bildungseinrichtungen, Organisationen, Gemeinschaften
Partizipation	Aufnahmefähigkeit, Hingabe, Anpassungsfähigkeit, Respekt, Solidarität, Engagement	Verantwortlichkeiten, Verpflichtungen, Rechte, Privilegien, Arbeit	Kooperieren, teilen, gehorchen, interagieren, Meinungen äußern, austauschen	Organisationen, Parteien, Kirchen, Gemeinschaften, Nachbarschaft, Familie
Freizeit, Muse	Vorstellungskraft, Spontaneität, Ruhe, Sorglosigkeit, Humor	Spiele, Feste, Clubs, Ruhephasen	Träumen, nachdenken, sich erinnern, sich entspannen, Spaß haben, spielen	Landschaften, abgelegene Orte, Intimsphäre, Freizeit
Kreativität	Leidenschaft, Vorstellungskraft, Kühnheit, Intuition, Neugierde, Erfindungsgeist	Fähigkeiten, Geschicklichkeit, Arbeitstechniken	Erfinden, bauen, designen, interpretieren, arbeiten	Räume für Kreativität, Workshops, (Kultur-)Vereine und Publikum, Freiheit
Identität	Zugehörigkeitsgefühl, Selbstachtung, Selbstbewusstsein, Kontinuität	Sprache, Religion, Geschichte, Gewohnheiten, Bräuche, Werte, Normen, Arbeit	Sich engagieren, sich integrieren, sich kennen (lernen), entscheiden, (mit der Aufgabe) wachsen	Soziale Wellen, Reifephasen, Zugehörigkeit zu Räumen, alltägliche Routinen
Freiheit	Autonomie, Leidenschaft, Selbstbewusstsein, Offenheit, Toleranz, Kühnheit	Gleichbehandlung, Gleichberechtigung	Verschiedener Meinung sein, Optionen wählen, Risiken eingehen, Bewusstsein bilden, alternativ sein	Überall in Raum und Zeit

Max-Neef (1992; Max-Neef et al. 1989) geht – ohne den Begriff der sozialen Nachhaltigkeit explizit zu verwenden – einen Schritt weiter. Er verknüpft die fundamentalen menschlichen Bedürfnisse in einer Matrix (◘ Tab. 3.1) mit den Aspekten Qualität (*qualities*), Besitz (*things*), Aktivitäten (*actions*) und Umgebungsparameter (*settings*), um die Möglichkeiten, Barrieren und Stimuli der Menschen bei der Erfüllung oder Nichterfüllung ihrer Bedürfnisse darlegen zu können. Ohne näher darauf einzugehen, sei vermerkt, dass Max-Neef sich auch sehr eingehend mit den externen (globalen, institutionellen, politischen oder ökonomischen) Einflussfaktoren auseinandersetzt. Er bezeichnet sie als „satisfier", die entscheidende Elemente bei der Befriedigung von Bedürfnissen darstellen und im Konkreten zerstörende, behindernde oder synergetische Effekte aufweisen können und damit die menschliche Bedürfnisbefriedigung wesentlich beeinflussen. Auf die endogenen Effekte, nämlich auf die Bedeutung des Individuums mit seinen Kognitionen, Emotionen und seinen Werten bzw. Glaubenssätzen für die Nachhaltigkeitsdiskussion wird in ▶ Kap. 10 im Detail eingegangen.

Die Überlegungen in ◘ Tab. 3.1 werden im Rahmen der Diskussion um soziale Nachhaltigkeit weitergeführt und führen zur Operationalisierung der menschlichen Bedürfnisse und damit zur Darstellung von (objektiven und subjektiven) **Leitindikatoren** – als wichtiges Element der Erfolgskontrolle von Nachhaltigkeitsstrategien. Diese beziehen sich demnach im Wesentlichen auf fünf Bereiche (vgl. auch Empacher und Wehling 1999; Kopfmüller et al. 2000):

- Grundbedürfnisse,
- Sozialressourcen,
- Chancengleichheit,
- Partizipation,
- Existenzsicherung,
- kulturelle Vielfalt.

Einen sehr ausführlichen, auf Indikatoren basierten Zugang wählt auch die nationale Strategie für nachhaltige Entwicklung in Deutschland, die seit 2002 unter dem Titel „Perspektiven für Deutschland" existiert und mit dem Indikatorenbericht 2014 bereits zum fünften Mal einen Entwicklungsbericht zur Nachhaltigkeit in Deutschland veröffentlicht hat (Statistisches Bundesamt 2014). Darin werden die oben genannten Aspekte deutlich ausgeweitet und mit 21 Indikatoren präzisiert, die schwerpunktmäßigen Ansätze im Bereich der sozialen Nachhaltigkeit lassen sich durch die Detaillierung in ◘ Abb. 3.1 gut nachvollziehen.

Aus diesen Überlegungen wird klar, dass die heute als Kernaspekte der sozialen Nachhaltigkeit in Diskussion stehenden menschlichen Bedürfnisse schon sehr lange als relevant für das Denken und Handeln der Menschen diskutiert werden. Allerdings haben die Effekte der globalisierten Wirtschaft viele dieser Aspekte entweder außer Kraft gesetzt, oder sie entsprechen diesen nicht oder nur unzureichend. Zudem werden in unterschiedlichen Kulturen und Gesellschaften unterschiedliche Effekte der oben diskutierten *satisfier*, der externen Einflussfaktoren, wirksam, daher können Ansätze der sozialen Nachhaltigkeit nicht greifen, und die Disparitäten nehmen auf unterschiedlichen Ebenen drastisch zu. Dies konterkariert die breit diskutierte und offensichtlich weitgehend akzeptierte, dennoch in den Kernbereichen überhaupt nicht umgesetzte nachhaltige Entwicklung unserer Gesellschaft.

3

◘ Abb. 3.1 Indikatoren nachhaltiger Entwicklung. (Statistisches Bundesamt 2014)

3.2   Der Mensch als Akteur von Nachhaltigkeit

3.2.1   Die Handlungen der Menschen im (sozialen) Nachhaltigkeitsdiskurs

Soziale Nachhaltigkeit war lange Zeit das Stiefkind der Nachhaltigkeitsdiskussion. Aufbauend auf die Ansprüche „soziale Gerechtigkeit innerhalb der Generationen **und** zwischen den Generationen" wurden nach der Jahrtausendwende zahlreiche **neue Aspekte der Gerechtigkeitsdebatte** hinzugefügt (▶ Kap. 8). Aufbauend auf die Gliederung in vier Ebenen von Torgersen (2001; Biermann et al. 1997) (Integration, Dauerhaftigkeit, Verteilungsgerechtigkeit und Partizipation) bzw. auf die drei konstituierenden Elemente sozialer Nachhaltigkeit von Majer (2008) (Langfristigkeit, Gerechtigkeit, Ganzheitlichkeit), fokussiert ◘ Abb. 3.2 auf diejenigen Bereiche, die in der jüngeren Literatur als Grundlage für menschliches Handeln diskutiert wurden und auch wieder als notwendige Voraussetzungen für ein menschenwürdiges, selbstbestimmtes und gesellschaftliches Leben genannt werden.

Grundversorgung – Verteilungsgerechtigkeit	Dauerhaftigkeit – Langfristigkeit
• Grundgüter für das tägliche Leben • Soziale Grundgüter • Chancengleichheit im Zugang zu Ressourcen • Umweltqualität, Lebensqualität • Arbeit und gerechte Entlohnung	• Sozialer Frieden • Sicherheit und Risikovermeidung • Recht auf Bildung • Recht auf Tradition und Kultur

Menschenwürdiges Leben

Soziale Ressourcen – Integration	Gesellschaftliche Teilhabe – Partizipation
• Soziale Integration • Soziales Netz und Gemeinschaft • Soziale Unterstützung (materiell) • Anerkennung und Wertschätzung	• Information und Kommunikation • Mitsprache und Mitbestimmung • Empowerment

◻ **Abb. 3.2** Menschenwürdiges Leben durch soziale Nachhaltigkeit

Das Primat des Konsums und die Macht der Medien

Wenden wir uns nunmehr einer globalen Perspektive zu und versuchen wir, die eben diskutierten Aspekte der sozialen Nachhaltigkeit auf die Menschen und ihr Leben in unserer globalisierten und vernetzten Welt zu übertragen. Wir gehen von der seit den 1980er Jahren sich dynamisch entwickelnden Globalisierung aus und fragen uns, wie sich diese auf das Leben der Menschen in den Ländern des entwickelten Nordens und in denjenigen des weniger entwickelten Südens auswirkt. Wer profitiert eigentlich vom Konsum? Wie viel fließt an die Menschen zurück, die in unterentwickelten Ländern für wenig Geld unsere Konsumgüter produzieren? Was wird uns von Medien und Werbung suggeriert, und was trägt dies zu sozialer Nachhaltigkeit bei? Eine Reihe von Fragen, einige Antworten (Anmerkung: Ziel dieses Gedankenspiels ist es, meine (Friedrich M. Zimmermann) Sicht der Entwicklungen – basierend auf jahrzehntelanger Auseinandersetzung mit Themen der Nachhaltigkeit in Forschung, Lehre und auf institutioneller Ebene – und damit meine (gewordene) Positionierung zu diesen Fragen offenzulegen. Natürlich sind die Argumente nicht frei von meinen persönlichen Werten und Glaubenssätzen oder, wie wir es in ▶ Abschn. 10.3.3 nennen, von meinen „Mega-Babs" (Anmerkung: gemeint ist damit ein Sachverhalt, der für mich mit Emotionen belegt ist). Sie sind als (Gegen-)Position zu rein kapitalorientierten Sichtweisen formuliert und sollen keineswegs die vielen weltweit vorhandenen positiven (Einzel-) Initiativen schmälern oder gar entwerten – dies wäre weder in meinem noch im Sinne dieses Buches). Als Orientierungsrahmen nehmen wir dazu die in ◻ Abb. 3.2 aufgezeigten vier Ebenen.

➖ **Grundversorgung und Verteilungsgerechtigkeit:**
  – Wenn wir uns auf die **Grundgüter für das tägliche Leben** beziehen, so müssen wir feststellen, dass noch immer Hunderte Millionen Menschen hungern, auf der anderen Seite aber gerade in weniger entwickelten Ländern Agrarflächen nicht für die landwirtschaftliche Produktion zugunsten der lokalen Bevölkerung genutzt werden, sondern für Cash Crops, etwa Getreide und Pflanzen als Grundlage für Biotreibstoffe für die westliche Welt. Uns wird allerdings vorgegaukelt (bzw. wir glauben), dass wir mit unserem Konsum das Leben der Menschen in den Produktionsländern verbessern.

3

- **Soziale Grundgüter** wie Bildung und Gesundheit sind in vielen Ländern der sogenannten Dritten Welt für viele Menschen nicht zugänglich. Bei der Gesundheit etwa ist der Kontrast zwischen reichen und armen Ländern eklatant: In den armen Ländern dominieren „mangelbedingte" Risikofaktoren, etwa durch Unterernährung, Vitamin- und Nährstoffmangel, ungeschützten Geschlechtsverkehr, Luftverschmutzung und verschmutztes Wasser. Die Risikofaktoren in der reichen Welt sind „überflussbedingt", etwa durch Rauchen, Alkohol- und Drogenkonsum, Überge- wicht und als Folge dieser Faktoren hohe Cholesterinwerte und Bluthochdruck. In den armen Ländern ist die Gesundheitsversorgung desolat, in den reichen Ländern gibt es Tendenzen zu einer Zwei-Klassen-Medizin.
- Von einer **Chancengleichheit im Zugang zu Ressourcen** sind wir weit entfernt. Die ressourcen- reichen Länder des Südens werden in einer Art neuer Kolonialisierung ausgebeutet (auslän- dische Investitionen in Bergbaubetriebe, Landgrabbing etc.); die Gewinne kommen nicht der lokalen Bevölkerung zugute, sondern fließen wiederum ins Ausland. Wertvolle Erden, Mineralien und Erze werden abgebaut, um Konsumprodukte für die westliche Welt und für Schwellenländer herzustellen – diese Produkte sind nicht für die lokale Bevölkerung verfügbar.
- Nicht selten beeinträchtigen Raubbau an den Ressourcen und industrielle Intensivlandwirtschaft die **Umweltqualität** – dies gilt sowohl für die entwickelte Welt (z. B. die Folgen von Erdöl- und Erdgasförderung durch Fracking) als auch für die unterentwickelte Welt (*open pit mining*, Abhol- zung der Regenwälder) – und führt zu einer drastischen Beeinträchtigung der **Lebensqualität**.
- Die globalisierte Wirtschaft nutzt weltweit **Arbeitskräfte**, die durch ihr geringes **Einkommen** billige Produktion ermöglichen und Konkurrenzvorteile schaffen. Dies führt zu Produktions- betrieben von multinationalen Konzernen in Ländern des Südens, wo Umweltstandards, Arbeitnehmerrechte, Gewerkschaften etc. nicht oder kaum vorhanden sind. Die Folgen sind geringer Lohn, schlechte Arbeitsbedingungen, schlechte Sicherheitsstandards sowie fehlender Arbeitnehmerschutz und damit die Ausbeutung der Menschen, die bis hin zur Kinderarbeit geht. Die Vorteile genießen die Konsumentinnen und Konsumenten der entwickelten Welt in Form von billigen Massenprodukten. Geld und Produkte bleiben bei „uns", Müll, Umweltschäden und „verbrauchte" Menschen bleiben vor Ort.

- **Soziale Ressourcen und Integration**
  - **Soziale Integration** führt uns in die westliche Welt, insbesondere nach Europa, dessen Politik durch Flüchtlingsströme gefordert ist. Nicht nur die fehlenden bzw. begrenzten Mittel für die entsprechende Versorgung der Migrantinnen und Migranten sind ein Problem. Vor allem die Saturiertheit der Gesellschaft und das steigende Bewusstsein über die Begrenztheit der Ressour- cen fördern die Gier und das Entstehen von Neid (Neckel 1999) und führen zu (vorgeschobener) Angst vor Machtverlust, zu Panikmache und zu Konflikten. Damit wird Integration erschwert oder überhaupt verhindert – sowohl auf lokaler Ebene, etwa bei Flüchtlingen, als auch auf globaler Ebene, wenn es darum geht, Disparitäten zwischen den reichen und armen Ländern zu reduzie- ren.
  - Die **sozialen Netze und Gemeinschaften** sowie die sozialen Ressourcen der Flüchtlinge und Migrierenden und deren Beitrag zur Entwicklung der Gesellschaft werden nicht nur übersehen, wertvolles Potenzial bleibt auch ungenutzt.
  - **Soziale Unterstützung**, hauptsächlich im materiellen Sinne, steht nicht nur für Zuwandernde in einer kritischen Diskussion, Budgetprobleme der Nationalstaaten führen insgesamt zu einem Rückbau des sozialen Netzes, zur Reduzierung von Sozialausgaben – gepaart mit steigender Arbeitslosigkeit ist dies ein konfliktgeladenes Menü.
  - Immaterielle Unterstützung in Form von **Anerkennung und Wertschätzung** ist in unserer von zunehmendem Egoismus geprägten westlichen Konsumgesellschaft oftmals ein Fremdwort. Aber auch in den aufstrebenden Schwellenländern wie China, Indien, Brasilien oder Argentinien wird der individuelle Konkurrenzkampf – und der daraus entstehende Neid – größer und lässt weniger Platz für gegenseitige Achtung übrig. Es kommt global wie auch lokal zu Gruppenbil- dungen, doch Gruppen bedingen immer Außenseiter und Randgruppen, die keine Wertschät- zung erfahren und im Widerspruch zum Inklusionsgedanken stehen.

- **Dauerhaftigkeit und Langfristigkeit**
  - **Sozialer Frieden** hängt einerseits mit dem Vorhandensein von sozialen Netzwerken und sozialer Unterstützung zusammen. Andererseits nehmen Kriege, kriegerische Auseinandersetzungen, ethnische Konflikte, Vertreibungen etc. deutlich zu und beeinträchtigen sowohl die Menschen in den davon betroffenen Ländern als auch – durch Migrationsströme – weltweit den sozialen Frieden.
  - Die vernetzte und globalisierte Welt ist zusätzlich von mehr Terrorismus und Kriminalität (z. B. Drogen- und Cyberkriminalität) betroffen. Es sind aber nicht die einzigen **Risiken**, die die **Sicherheit** der Menschen gefährden. Die Zunahme an Naturkatastrophen (Überschwemmungen, Erdrutsche, Hurrikans etc.) führt zu weiteren Gefahrenpotenzialen. Ökologische Nachhaltigkeit hätte positive Effekte auf die soziale und auch auf die ökonomische Nachhaltigkeit – dies zeigt, dass die drei Säulen der Nachhaltigkeit untrennbar miteinander verbunden sind.
  - **Bildung** ist ein Gut, das insbesondere durch seine Langfristigkeit für Menschen essenziell ist. Viele Programme, z. B. der UNESCO (United Nations Educational, Scientific and Cultural Organization, Organisation der Vereinten Nationen für Erziehung, Wissenschaft und Kultur) haben das Ziel einer *education for all*; Bildung ist auch wesentliches Element der Millennium Development Goals. Dennoch sind nach wie vor knapp 800 Mio. Menschen Analphabeten und haben damit kaum die Möglichkeit, ein menschenwürdiges und selbstbestimmtes Leben zu erreichen.
  - Die menschliche **Tradition und Kultur** ist ein essenzieller Bestandteil der Individualität einer Person. Gerade die durch die Globalisierung bedingten Veränderungen der Lebens-, Produktions- und Konsumgewohnheiten führen zu einer kulturellen Transformation von Gesellschaften mit einer globalen "kulturellen Uniformierung" vor allem in den Städten – trotz UNESCO-Kulturprogrammen gibt es die Prognose, dass z. B. 90 % der weltweit gesprochenen Sprachen im kommenden Jahrhundert aussterben werden. Ähnliches gilt für traditionelles Brauchtum, traditionelle Anbaumethoden oder die Nutzung traditioneller Früchte und Pflanzen (außer sie dienen der Pharmaindustrie).
- **Gesellschaftliche Teilhabe und Partizipation**
  - Die modernen **Informations**- und **Kommunikationstechnologien** überfluten uns tagtäglich. Natürlich können diese auch – im Sinne von Partizipation – genutzt werden und Menschen über Entwicklungen in ihrer Region in Kenntnis setzen. Oftmals werden sie aber für manipulative Zwecke missbraucht bzw. werden Menschen bewusst falsch informiert, oder Information wird bewusst vorenthalten. Eine besondere Rolle kommt dabei der Werbung zu, die den Menschen der westlichen Welt den Konsum als allein selig machende Weltanschauung verkauft. Dadurch werden wiederum Menschen sozial benachteiligt – etwa wenn Schulkinder, deren Eltern sich Markenkleidung nicht leisten können, gemobbt oder aus der Gemeinschaft ausgeschlossen werden. Auch besteht eine ökologische Komponente: Billigprodukte – produziert unter schlechten Arbeitsbedingungen in weniger entwickelten Ländern – verleiten zum Kauf und zum Wegwerfen ("Nimm 2, zahl 1" ist ein beliebter Slogan, der zum Kauf verleitet, egal ob man "zwei" braucht oder nicht).
  - **Mitbestimmung** ist ein grundsätzliches Menschenrecht, das in der Erklärung der Menschenrechte (1948, Art. 20 und 21) mit "sich friedlich zu versammeln" und "an der Gestaltung der öffentlichen Angelegenheiten seines Landes unmittelbar […] mitzuwirken" formuliert wird. Dieses und andere in dieser Erklärung formulierten Menschenrechte – die übrigens mit vielen der in ◘ Abb. 3.2 genannten Bereiche identisch sind – werden nach wie vor in vielen Ländern missachtet. Dies gilt für klassische Diktaturen (sozialistische Einparteiensysteme), absolute bzw. konstitutionelle Monarchien (Naher Osten) oder auch für autoritäre Systeme, in denen Opposition verhindert, Medien zensuriert und Bürgerrechte eingeschränkt werden (besonders viele Beispiele von Militärdiktaturen und Präsidialrepubliken gibt es in Afrika).
  - Die Frage von **Empowerment** der Bevölkerung hängt sehr mit den oben genannten Möglichkeiten der Mitbestimmung zusammen. Gerade in Ländern mit herrschenden Eliten ist es nicht erwünscht, dass sich Menschen (und hier wiederum speziell Frauen) bilden und ihre persönlichen Fähigkeiten zur Bewältigung ihrer Lebensaufgaben "eigenmächtig" verbessern. Dies behindert aber eine langfristige soziale, aber auch wirtschaftliche Entwicklung – insbesondere in den Ländern des Südens –, da viele menschlichen Potenziale ungenutzt bleiben. Umgekehrt erfahren Partizipation und Empowerment auch in unserer reichen Gesellschaft nicht (mehr) ausreichend Wertschätzung: Wir sind zu egoistisch, isoliert und saturiert und haben es nicht nötig, das Miteinander zu leben; aus Neid und Angst vor Machtverlust verhindern wir sogar oft, dass unsere (Mit-)Menschen sich weiterentwickeln können und erfolgreich werden.

Es ist immer der Mensch, der es mit seinen individuellen Entscheidungen und den darauf fußenden Handlungen in der Hand hält, ob seine Aktivitäten gerecht, langfristig und ganzheitlich (gedacht) – somit sozial nachhaltig – sind (Majer 2008). Die ganzheitliche Sichtweise ist wichtig, weil menschliche Handlungen einem komplexen Entscheidungsmuster unterliegen und daher immer Elemente aller Säulen der Nachhaltigkeit beinhalten und mitdenken. Es ist unmöglich, sozial nachhaltige Entscheidungen und Handlungen losgelöst von ökologischen, ökonomischen oder institutionellen Rahmenbedingungen zu treffen. Diese Komplexität macht aber die Thematik ungemein schwierig (vgl. auch Spangenberg 2002). Im Folgenden sollen an einigen Beispielen die Wirkungszusammenhänge aufgezeigt werden.

Die eben dargestellte – nicht gerade positive – Diagnose der „globalen sozialen Nachhaltigkeit" führt weiter zur Frage, welche Lösungsansätze seitens der Forschung bisher vorhanden sind. Wir werden uns in anderen Teilen dieses Buches mit einigen sozialen Aspekten und möglichen nachhaltigen Lösungen auseinandergesetzt, so in ▶ Abschn. 4.2 mit (Corporate) Social Responsibility, in ▶ Abschn. 5.3 mit Partizipation, in ▶ Abschn. 8.2.2 mit Empowerment und in ▶ Abschn. 5.4.3 mit Smart Cities, in ▶ Abschn. 6.4 mit Kultur, in ▶ Kap. 8 mit Gerechtigkeit, Integration und Inklusion und in ▶ Kap. 9 mit Bildung und Forschung. Es gibt natürlich eine Reihe von weiteren Themen, die aus dem besonderen Blickwinkel der sozialen Nachhaltigkeit bearbeitet wurden – hier eine kleine Auswahl:

- (Soziale) Visionen für lebenswerte Städte (Lennard und Crowhurst Lennard 2005; Knox und Mayer 2009; Gehl 2010; Martin und Rice 2014),
- Klassen-, Gender- und ethnische Aspekte (Allen und Sachs 1991; Casimir und Dutilh 2003; Hanson 2010),
- Gesundheit, Wohlfahrt und Fragen des Alterns (Garcés et al. 2003; Alisch 2014),
- Arbeitspolitik und Arbeitsstrukturen (Becke 2008; Brandl und Hildebrandt 2013).

Natürlich gäbe es eine Reihe von weiteren Überlegungen und Ansätzen, aber es ist jetzt an der Zeit, sich einem Perspektivenwechsel zuzuwenden.

3.2.2   Perspektivenwechsel

Methodisch und formal treten wir gegenüber den gängigen Nachhaltigkeitsdiskussionen nunmehr gewissermaßen einen Schritt zur Seite. Uns interessiert bei den folgenden Überlegungen nämlich nicht die eben skizzierte Diskussion zur Frage einer sozialen Nachhaltigkeit, sondern wir richten unseren Blick in eine ganz andere Richtung. Mit anderen Worten, wir verändern die Perspektive. Und das hat eine weitreichende Folge: Wir sehen nun nämlich ganz anderes!

Wir bleiben nicht bei dem, was über Nachhaltigkeit gesagt wird, sondern wir wollen wissen, wie es dazu kommt, was Menschen gerade denken, tun oder sagen. Insbesondere interessiert uns die Frage: Wie kann es möglich sein, dass sich unter heute lebenden Menschen, die doch alle in der gleichen Welt leben, so verschiedene Auffassungen herauskristallisieren konnten, wie sie in vielen Nachhaltigkeitsdiskussionen immer wieder aufeinanderprallen? Wir wollen also nicht mehr (primär) der Frage nachgehen, was die Einzelnen meinen und tun, sondern wie es dazu kommt, dass sie genau dies meinen oder tun. Es ist unübersehbar: Mit Nachhaltigkeit wird ganz Verschiedenes gemeint, und selbst die Folgerungen aus den gleichen Befunden liegen weit auseinander. So ist es kein Wunder, dass auf der Basis des gleichen Überbegriffs „Nachhaltigkeit" auch sehr disparate Handlungsperspektiven entwickelt werden. Doch was ist in den Menschen los, dass sie zu dieser oder jener Auffassung kommen, die sie dann eine spezifische Aktion starten lässt?

Umgebende Welt in erster Linie „konstruieren", ist die Grundvorstellung, die etwa ab der Mitte des vorigen Jahrhunderts zur Entwicklung von Sichtweisen führte, die man unter dem Label „Konstruktivismus" zusammenfasst. Es gibt zahlreiche Spielarten des Konstruktivismus (z. B. von Glasersfeld 1996; Larochelle et al. 1998), die bisweilen auch mit Namen verschiedener Protagonisten (z. B. Piaget, Maturana, Varela, von Foerster, Dewey) verbunden sind. Es kam mittlerweile auch zur schulbildenden Entwicklung verschiedener Richtungen (zu erwähnen ist z. B. die Erlanger Schule). Allerdings gibt es gleichzeitig auch heftige und grundsätzliche Kritik am Konstruktivismus (Unger 2003; Boghossian 2013). Philosophisch gesehen stehen hinter den verschiedenen Formen des „Konstruierens", „Rekonstruierens", „Dekonstruierens" etc. komplexe erkenntnistheoretische wie pragmatische Vorgänge (Janich 2011).

Doch wir wollen hier eine Vorstellung präsentieren, die sich in gewisser Weise als Bestandteil konstruktivistischer Konzepte verstehen lässt, die aber auch die konstruktivistische Perspektive verändernd modifiziert. Unsere Vermutung betrifft die tiefer liegenden Quellen unseres Daseins. Wir gehen davon aus, dass die vielfältigen und sich oft widersprechenden Reaktionen auf Herausforderungen unter anderem damit zusammenhängen, was die Menschen, etwa in Sachen Nachhaltigkeit bzw. „soziale Nachhaltigkeit", glauben. Ist womöglich der Glaube an eine nachhaltige Welt der Auslöser dafür, dass auf die Herausforderungen so unterschiedlich reagiert wird?

Bevor wir in ▶ Kap. 10 genau dieser Frage nachgehen, wollen wir hier zeigen, was mit **Perspektivenwechsel** gemeint ist: Wir wollen die maßgeblichen Konzepte und Positionen von Akteurinnen und Akteuren sowie von gesellschaftlichen oder politischen Gruppierungen nicht hinsichtlich ihrer inhaltlichen Aspekte, sondern gewissermaßen „von der Seite" betrachten. Der Blickwechsel von „Was tun die Menschen?" zu „Wie kommen die Menschen dazu, dass …?" erfolgt in einem doppelten Schritt:

- Der erste Schritt (▶ Abschn. 3.3) lenkt unsere Aufmerksamkeit auf das Thema Anthropologie. Was heißt das? „Anthropologie" ist ein vor allem in der Philosophie und in den Humanwissenschaften weit verbreitetes Wort. Es kommt vom griechischen *ánthropos* für „Mensch". Wir werden im Folgenden also den Menschen als Akteurin und Akteur von Nachhaltigkeit in den Mittelpunkt des Interesses stellen und grundsätzlich auf die „menschlichen" Gegebenheiten schauen, die hinter den Standpunkten und Konzepten erkennbar werden. Konzentriert man den Blick auf die anthropologischen Gegebenheiten, kommen die Menschen, die im Kontext Nachhaltigkeit aktiv sind, als Persönlichkeiten in den Blick. Um diese besser zu verstehen, kann man den Blick auf wissenschaftliche Konzepte richten, die für anthropologische Zusammenhänge bedeutsam sind. Erstaunlicherweise spielen solche in der Nachhaltigkeitsdiskussion bislang so gut wie keine Rolle. Wir werden also einen Standpunkt einnehmen (und offenlegen), von dem aus sich die Konzepte der Nachhaltigkeit – in Geschichte und Gegenwart – betrachten lassen.
- In einem zweiten Gedankengang werden wir noch einen Schritt weitergehen, um den Hintergrund dafür verständlich zu machen, warum wir uns fragen, ob der Auslöser dafür, dass auf die Herausforderungen so unterschiedlich reagiert wird, womöglich Glaube steckt? Die dabei angestellten Überlegungen werden sich auf neueste interdisziplinäre und innovative Forschungen beziehen, die zunächst gar nichts mit der Nachhaltigkeitsthematik zu tun haben – dem Thema „glauben". Wer dabei an Religion denkt, liegt falsch – zumindest insofern, als „glauben" dabei nicht nur und schon gar nicht ausschließlich „religiös" verstanden wird. Es wird vielmehr darum gehen, welche „innermenschlichen Faktoren" die Entstehung von Ideen der Nachhaltigkeit beeinflusst haben. Wie kam es, dass sich bei jemandem die Wahrnehmung gerade so und nicht anders entwickelte? Welche Gefühle waren dabei leitend? Was lief und läuft im Menschen ab, wenn er mit seiner

Welt in einer Weise in Verbindung tritt, dass ihm der Aspekt Nachhaltigkeit wichtig, vordringlich oder aber gänzlich gleichgültig ist? Mit einer solchermaßen veränderten Ausrichtung unseres Blickes können wir uns sogar Ideen und Vorstellungen zuwenden, die z. B. lauten: „Zum Teufel mit der Nachhaltigkeit!" So lautete der Titel eines Vortrags, den ich (Anmerkung: Hans-Ferdinand Angel) vor einigen Jahren bei einem Grundkurs zum Thema Nachhaltigkeit gehalten habe. Auch wenn in diesem Vortrag der „Teufel" an die Wand gemalt wurde, ging es nicht um Fragen des Glaubens in Verbindung mit dem Thema Religion. Ich erwähne diesen Vortrag hier gerade deswegen, um explizit gegen eine sehr verbreitete, aber dennoch nicht zutreffende Vorstellung Stellung nehmen zu können: Das Stichwort „Glaube" löst häufig als eine erste Assoziation das Stichwort „Religion" aus. Doch das, was abläuft, wenn wir „glauben", ist keineswegs auf die Welt der Religion beschränkt. Unser „glauben" kann vielmehr in religiösen wie in profanen Kontexten auftreten. Die neuesten Forschungen zu „glauben" in diesem anthropologischen Sinn können für die Nachhaltigkeitsdiskussion höchst bedeutsam sein und erst recht höchst bedeutsam werden.

Doch nun zunächst zum ersten Gedankengang, der darauf aufmerksam macht, dass die Nachhaltigkeitsthematik an einer fehlenden Integration wissenschaftlicher Disziplinen leidet.

3.3   Anthropologie und Nachhaltigkeit – die Integration bislang kaum rezipierter wissenschaftlicher Disziplinen

Die oben genannte Veränderung der Perspektive lässt nach wissenschaftlichen Disziplinen suchen, die sich mit der Widersprüchlichkeit und Halbherzigkeit des menschlichen Verhaltens oder den inneren Widerständen bei der Umsetzung von Einsichten auseinandersetzen. Wohin muss man sich wenden? Welche Abteilung in einer Buchhandlung oder welchen Bibliotheksraum einer Universität müsste man aufsuchen bzw. welche Stichwortabfrage in Google Scholar müsste man eingeben, wollte man dazu Literatur finden? Es wird sofort deutlich, dass man mit einer solchen Frage auf Disziplinen und Wissenschaften stößt, die bislang in der Nachhaltigkeitsfrage wenig beachtet werden – obwohl die Interdisziplinarität des Gegenstands „Nachhaltigkeit" immer hervorgehoben wird.

Allerdings ist die Frage nach den relevanten Disziplinen einfacher zu stellen, als zu beantworten. Im Rahmen dieses Kapitels kann sie selbstverständlich nicht in einem umfassenderen Sinn dargestellt werden. Zwar sind wir der Meinung, dass es wichtig wäre, die Interdisziplinarität des Nachhaltigkeitskonzepts explizit wissenschaftlich zu fundieren und im wissenschaftlichen Diskurs zu verankern. Doch im vorliegenden Rahmen wollen wir lediglich auf diese Notwendigkeit aufmerksam machen. Wir weisen gewissermaßen auf Türen hin, hinter denen die verschiedenen Wissenschaften sichtbar werden.

3.3.1   Ein Blick auf die Philosophie

Philosophisches Denken ist uns seit der Antike bekannt. Entscheidende Weichenstellungen erfolgten für unsere Kultur in Griechenland, in etwa ab dem fünften und vierten vorchristlichen Jahrhundert. Zu den großen Philosophen zählten Sokrates (469–399 v. Chr.), Platon (428/27–348/347 v. Chr.) und Aristoteles (384–322 v. Chr.). Die Frage, was den Menschen als

Menschen ausmacht, durchzieht die ganze Philosophiegeschichte von damals bis heute. Unterschiedliche Richtungen und unterschiedliche Epochen gaben darauf verschiedene Antworten. Im Mittelalter betonte man z. B. sein „Eingebundensein" in einen göttlichen Plan. In der **Aufklärung** rückte in den Vordergrund, dass der Mensch selbstbestimmt sein Schicksal in die Hand nehmen kann, dass er selbstständig denken kann, ja dass das Denken überhaupt seine Existenz ausmacht. *Cogito, ergo sum* (lat.: „Ich denke, also bin ich") war die griffige Kurzformel, die René Descartes (1596–1650) dafür prägte und auf deren Basis sich der Rationalismus (vom lateinischen *ratio* für „Vernunft") als eine der wirkmächtigen philosophischen Strömungen entfaltete. Nicht unwidersprochen freilich. Schon sein Zeitgenosse Blaise Pascal (1623–1662) hatte den Einwand vorgebracht, dass es nicht nur auf die Vernunft ankommt, sondern auch auf das „Herz". Dieses kennt, so seine Auffassung, eine eigene Art von Vernunft. Er sah den Menschen als ein Wesen, das sowohl von Größe als auch von Zerbrechlichkeit gekennzeichnet ist. In seinen *Pensées* formuliert er: „Nur ein Schilfrohr, das Zerbrechlichste in der Welt, ist der Mensch, aber ein Schilfrohr, das denkt" (zit. nach Béguin 1959, S. 133), und dieses Denken mache die Größe des Menschen aus.

Im **Existenzialismus** (vom lateinischen *existere* für „da sein", „bestehen", „existieren") rückte in den Vordergrund, dass der Mensch einfach „da ist" und er somit unentrinnbar den Bedingungen „ausgeliefert ist", die sein Leben bestimmen (*condition humaine*). Albert Camus (1913–1960) etwa konfrontiert uns damit, dass der Mensch wie Sisyphos, jene berühmte Gestalt der antiken Mythologie, sich abmühen kann, so viel er will – er wird den Bedingungen nicht entkommen, in die er hineingeworfen ist. Die Philosophie der Moderne und Postmoderne, die sich mit dem Grauen von zwei Weltkriegen und organisiertem staatlichen Massenmord auseinanderzusetzen hat(te), bringt weitere Facetten. So betont etwa Emmanuel Levinas (1905–1995) die Bedeutung, die „dem Anderen" für das eigene Selbstverständnis zukommt (▶ Abschn. 8.3.2). Jürgen Habermas (1968) stellt die Wirksamkeit von Interessen, die sowohl menschliches Erkennen wie auch politisches und gesellschaftliches Handeln leiten, heraus. Auch wenn aus solchen philosophischen Grundpositionen für die Nachhaltigkeitsthematik wichtige Momente abzuleiten wären, soll diese Spur hier nicht weiterverfolgt werden, da sie lediglich der Sensibilisierung für eine erforderliche Horizonterweiterung in der Nachhaltigkeitsdiskussion dienen soll.

Gedankensplitter

Philosophische Grundpositionen zur Nachhaltigkeit

Auch wenn es problematisch ist, aus den großen philosophischen Strömungen konkrete Vorstellungen in Sachen Nachhaltigkeit abzuleiten, wollen wir dies hier versuchen, damit erkennbar wird, in welcher Weise sie sich auswirken könnten:

- Denkbar wäre, dass man im Gefolge von Camus' Position zu folgender Auffassung gelangen kann: Man muss gegen die Ungerechtigkeit der Welt revoltieren, auch wenn dieser Revolte kein Erfolg beschieden ist. Es ist Ausdruck menschlicher Würde, sich nicht mit den Ungerechtigkeiten abzufinden.
- Andererseits wäre, wenn man eher in Anlehnung an Descartes argumentiert, die Forderung denkbar, der Mensch solle sich nicht Wolkenkuckucksheime hinsichtlich irgendwelcher idealen Welten bauen, sondern er möge nüchtern und rational seinen Verstand einsetzen, die Probleme analysieren und dann Entscheidungen für deren Lösung treffen.

Es ist nicht ausgeschlossen, dass zwei Personen, von denen jede je eine der genannten Positionen vertritt, gar nicht weit auseinanderliegen, falls sie sich an einem Tisch über das Thema Nachhaltigkeit unterhalten. Allerdings ist ziemlich wahrscheinlich, dass ihre Stimmungslagen (Emotionen) nicht die gleichen sind. Bei der Diskussion konkreter Strategien und Maßnahmen könnte sich gerade das allerdings (behindernd) bemerkbar machen.

Die wenigen Andeutungen lassen allerdings unschwer erkennen, dass man die Welt sehr verschieden sehen kann und die philosophischen Denksysteme bzw. Denkansätze nicht unwesentlich dazu beitragen, was eine Gesellschaft allmählich für „selbstverständlich" hält. Vieles von dem, was uns prägt, bleibt dabei unbewusst. Doch die Wirkung gerade solch „unbewusster", d. h. nicht explizit wahrgenommener, Denkansätze ist beträchtlich. Es sind nicht zuletzt unsere Weltmodelle, nach denen wir unser Leben ausrichten und von denen unser Leben beeinflusst wird. Sie färben gewissermaßen ein, wie wir Nachhaltigkeit verstehen und wie wir uns zum Gedanken der Nachhaltigkeit bzw. einem „nachhaltigen Handeln" stellen – also etwa ob wir der Thematik überhaupt Bedeutung zumessen oder die Entwicklung über uns ergehen lassen. Nicht wenige der heute virulent und kontrovers diskutierten Fragestellungen haben ihre Wurzeln in einem Denken, das in der Antike entwickelt wurde.

3.3.2   Ein Blick auf die Theologie

Theologie (im Sinne einer christlichen Theologie) gehörte über Jahrhunderte hinweg zu den dominierenden Wissenschaften. Nicht wenige Universitätsgründungen in Europa basieren ursprünglich auch auf der Errichtung theologischer Fakultäten. Die innerhalb der Theologie entstandenen Vorstellungen haben – bis heute – markanten Einfluss auf die Ökologiethematik und die Nachhaltigkeitsdiskussion, auch wenn dies oft nicht (mehr) bewusst ist.

Die Frühzeit des Christentums

Um Wirkung und Bedeutung theologischen Denkens zu verstehen, müssen wir einen kurzen Blick auf die Spätantike richten, die auch die Frühzeit des Christentums war. Christlich geprägte philosophische Entwürfe entwickelten sich in etwa ab dem 2. bis 4. Jahrhundert nach Christus. Das war die Zeit, als große Gelehrte, die sich dem neu aufblühenden Christentum angeschlossen hatten – also „christlich" wurden –, begannen, sich mit den großen „heidnischen" Philosophen (vor allem der griechischen Antike) auseinanderzusetzen.

Die damalige Weltsprache war das Altgriechische, und zwar in einer speziellen Ausprägung, die man *koiné* („Griechisch", was in etwa „das allgemein weltweit verbreite Griechisch" heißt) nannte. Deswegen kommen viele der wichtigen philosophischen Begriffe aus dem Altgriechischen. Im christlich geprägten, später allgemein verbreiteten Sprachgebrauch werden diese großen, christlich orientierten Philosophen als Kirchenväter bezeichnet. Ihre Auseinandersetzungen mit der antiken heidnischen Philosophie waren (und sind bis heute) äußerst spannend. Ähnlich wie beim Thema Nachhaltigkeit prallten damals sehr weit auseinanderliegende Vorstellungen aufeinander, und es war keineswegs ausgemacht, welche Konzepte sich durchsetzen würden. Namen großer Gelehrter (Theologen) aus jener Zeit sind etwa Basilius von Caesarea (330–379), Gregor von Nyssa (335/340–nach 394), Gregor von Nazianz (329–390), Athanasius von Alexandrien (298–373) oder Augustinus (354–430).

Ausdrücke, die ihre Wurzeln in jener Epoche haben, sind etwa **„Ethik", „Kosmos", „Ordnung", „Logik", „das Gute" und „das Seiende"**. Über die (stärker) christlich orientierte Philosophie und Theologie flossen Ausdrücke wie **„Schöpfung", „Herrschaftsauftrag", „Rettung" bzw. „Heil(ung) für alle", „Sünde", „Gnade" und „Eschatologie"** (Endzeit bzw. das, worum es letztlich geht) in das philosophische Denken ein. Einige davon spielen mehr oder weniger direkt eine Rolle, wenn in der Nachhaltigkeitsdiskussion darüber reflektiert wird, ob Kinderarbeit aus Kostengründen für die Herstellung von Konsumgütern für die westliche Welt ethisch vertretbar ist (vgl. auch Hemel 2007, 2013) oder ob das Gute im Menschen dazu führen kann, den über-mäßigen Konsum und die damit verbundene Verschwendung unserer Ressourcen – auf Kosten künftiger Generationen – einzuschränken oder aber ob unsere rücksichtslosen Egoismen dies verhindern.

Fragestellungen der Theologie basieren auf dem Glauben daran, dass es Gott gibt und dieser sich selbst dem Menschen offenbart hat und der Mensch ihn somit erkennen kann; dies ermög-licht dem Menschen auch ein tieferes Selbst- und Weltverständnis. Die moderne Wissenschaft basiert demgegenüber auf dem Glauben daran, dass der Mensch mit spezifischen Methoden zu wissenschaftlichen Erkenntnissen gelangt – unabhängig davon, ob es Gott gibt. Dieser Zugang wird als methodischer Atheismus bezeichnet und ist in der heutigen Wissenschaft vorherr-schend.

Viele Themen der Theologie treten in der modernen Wissenschaft in einer nicht theologi-schen Sprache zutage. Deswegen kann es – unabhängig davon, ob man sich selbst als religiös bezeichnet oder nicht – in der Nachhaltigkeitsfrage interessant sein, einen Blick auf einige theologische Themenstellungen zu werfen.

Gedankensplitter

Das Christentum und die ökologische Bedrohung

In seinem 1967 in der Zeitschrift *Science* erschienen Aufsatz „The Historical Roots of Our Ecologic Crisis" hatte der bekannte Wissenschaftshistoriker Lynn Townsend White jr. (1967) in Amerika großes Aufsehen erregt, als er auf die Mitverantwortung der christlich-jüdischen Kultur für das Heranwachsen einer ökologischen Bedrohung hinwies. Die Entmythologisierung der Schöpfung und ein damit einherge-hendes Naturverständnis könne als eine der Voraussetzungen für das wissenschaftliche Sezieren der Welt angesehen werden. Mit der Sensibilisierung für ökologische Themen war innerhalb wie außerhalb der Theologie das *dominium terrae* ins Zentrum des Interesses gerückt. Mit diesem Ausdruck ist eine Pas-sage im Alten Testament (Gen 1,28) charakterisiert, die in der Fassung der Einheitsübersetzung lautet: „Seid fruchtbar und vermehrt euch, bevölkert die Erde, unterwerft sie euch und herrscht über die Fische des Meeres, über die Vögel des Himmels und über alle Tiere, die sich auf dem Land regen." Dementspre-chend lautete der Untertitel einer Streitschrift von Carl Amery (1972), in der er diesen Auftrag als Quelle ökologischer Ausbeutung brandmarkte, „Die gnadenlosen Folgen des Christentums".
Die wirkungsgeschichtliche Seite dieser Perikope wurde seither in der Theologie intensiv diskutiert. Dabei wurde klar, dass die fatale Wirkung nicht zuletzt darauf beruht, dass die Stelle häufig isoliert gesehen wurde. Dabei ging die narrative Struktur und damit das zentrale Anliegen der gesamten Erzählung verloren, die eine Evolution des Lebens in Richtung Komplexität mit dementsprechend komplexer werdenden Handlungsherausforderungen schildert (Navarro Puerto 2011). Der „Herr-schaftsauftrag" ist eingebunden in einen größeren Zusammenhang, in dem es zunächst darum geht, dass der Mensch in gewisser Weise nichts anderes ist als alles andere auch: eine Schöpfung Gottes. So-dann wird – direkt vor dem besagten Vers sein Unterschied zu allen anderen Geschöpfen dargestellt: Er ist nach dem Abbild geschaffen, und folglich hat er dementsprechend zu handeln. Das betrifft auch den *dominium terrae*-Auftrag; er hat nicht wie ein gewalttätiger Despot, sondern in gottebenbildlicher Weise hegend und pflegend mit der Schöpfung umzugehen (vgl. Mathys 1998). Aus Sicht einer femi-nistischen Bibelinterpretation wird dabei „Unterwerfung" als patriarchale Attitüde erkennbar. Zwar wird von biblischer Seite die „Erde als Mutter" entmystifiziert, doch die Berechtigung einer Unterwer-fung der Erde unter den Willen des Mannes(!) ist aus der Struktur dieser biblischen Erzählung genauso wenig herauszulesen wie die Berechtigung zur Unterwerfung der Frau – beides gleichermaßen Ausdruck patriarchaler Verwertungsbedürfnisse, wenn „unterwerfen" in einem Atemzug mit „hegen" und „pflegen" genannt wird. Die feministische Geschichtswissenschaft kann solche Unterwerfungs-fantasien auch bei frühen Impulsgebern naturwissenschaftlicher Entwicklung feststellen, die etwa bei Francis Bacon (1558–1601) in Metaphern der Unterdrückung und Vergewaltigung der Natur zum Ausdruck kommen (Keller 1986, S. 42–45).

Machen wir einen Schritt zurück und beschäftigen uns mit theologischen Zentralfragen wie die nach der Qualität von Gottes Schöpfung oder die nach dem Wesenskern des Menschen. Beide Fragen lassen sich nicht voneinander trennen, da die Schöpfung auch den Menschen beinhaltet. Aus der Vorstellung, die Schöpfung Gottes ist gut, kann man aus der Sicht der Nachhaltigkeits-diskussion folgern: Wenn die Erde als Schöpfung Gottes eine gute Wohnung für den Menschen ist, dann muss der Mensch sich darum kümmern, dass sie dies bleiben kann. Wenn der Mensch Bestandteil dieser Schöpfung ist, hat er sich so zu verhalten, dass er sich immer als Teil dieses größeren Ganzen versteht.

Doch wie ist der Mensch in seinem Kern selbst? Gut oder schlecht? Das ist keine banale Frage, im Gegenteil, sie gehört zu den brennendsten Fragen, auf die die Menschen aller Zeiten und Kulturen Antwort suchten und noch immer suchen. Wenn wir im Kern schlecht sind, dann ist alles Gute, das wir tun und erleben, nur eine Art Täuschungsmanöver, eine Show im Nebel. Sobald dieser sich lichtet, sehen wir, dass wir in den Fängen des Bösen sind. Wenn wir aber im Kern gut sind, warum passiert dann so viel Böses, für das der Mensch der Urheber ist? Ist er in der Lage, gegen seinen innersten „guten" Kern zu handeln? Die Bibel konfrontiert auch mit der harten Realität, dass der Mensch, so wie er nun einmal ist, nicht in der Lage ist, für sich und andere einen paradiesischen Zustand aufrechtzuerhalten. Die alttestamentliche Geschichte vom „Sündenfall" und der „Vertreibung aus dem Paradies", die am Anfang des Alten (besser: Ersten) Testaments zu finden ist (1. Buch Mose/Gen 3,1–24), dreht sich um diese Frage. Wichtig ist, dass der Erzählung vom Sündenfall eine Erzählung vorausgeht, in der Gott die Welt als eine „gute" erschaffen hat. In mehreren Schritten (bildlich als Tage bezeichnet) wird aufgezeigt, was es der Reihe nach braucht, damit es zu jener guten Welt Gottes kommt. Diese Erzählung ist in das damals gängige **geozentrische Weltbild** eingebettet; im 17. Jahrhundert entzündete sich nicht zuletzt daran die berühmte Auseinandersetzung um das **heliozentrische Weltbild** (Stichwort: Fall Galilei).

Theologisch wurde zur Beschreibung des Phänomens „Befähigung zum Bösen" das Wort „Sünde" verwendet, das heute völlig aus der Mode gekommen ist. „Sünde" wurde von Thomas von Aquin (1224–1274), einem der großen Gelehrten des Mittelalters, als Unfähigkeit verstanden, etwas anderes als sich selbst wichtig zu nehmen (*Homo incurvatus in se*, „der [nur] auf sich selbst hingekrümmte Mensch"). Martin Luther (1483–1546) bezeichnete den Menschen geradezu als das sündige Wesen, das im Kern von solcher Selbstbezogenheit ist, dass nur die Gnade Gottes allein (*sola gratia*) ihn aus diesem Elend herausholen könne. Dies sind Sichtweisen, die die heute dominierenden (ökonomischen) Egoismen als entscheidende Barriere für eine nachhaltige Zukunft treffend beschreiben.

Hier zeigt sich, dass die Frage nach dem „Wesenskern des Menschen" theologisch vielfältig beantwortet wird. Dass der Mensch dieser seiner Unfähigkeit nicht zwingend und vollständig ausgeliefert ist, kann man aus einer anderen, ebenfalls auf eine biblische Aussage gründende Idee folgern. Sie wurde vor allem in der mittelalterlichen christlichen Mystik ausgearbeitet und betonte, dass der Mensch „Ebenbild Gottes" (*imago dei*) ist. Das heißt, im Menschen kann irgendwie auch das Göttliche in der Welt zutage treten. Übrigens basiert das Wort „Bildung" auf der Vorstellung „Gottes Ebenbild". Dieses so nur im Deutschen existierende Wort wurde ab dem 16./17. Jahrhundert in Vorstellungen großer pädagogisch orientierter Denker, z. B. Johann Amos Comenius (1592–1670), leitend. Bildung sollte nicht primär dem Funktionieren von Staat oder Wirtschaft dienen, sondern den Menschen darin unterstützen, sich seiner „Ebenbildlichkeit Gottes" bewusst zu werden und auf diese Weise zu einem guten Leben und Sterben zu kommen. Die ungeheure Freiheit des Menschen besteht darin, dass er nicht den Mächtigen, Reichen oder Erfolgreichen der Welt speichelleckend zu gefallen hat oder gar diese als Vorbild nehmen muss, sondern dass er sein eigenes (Eben-)Bild am Bild „Gott" ausrichten kann.

Das Römische Reich und seine Wirkung bis heute

Dass sich der Einfluss antiker (christlich-)philosophischer Vorstellungen bis in unsere heutige westliche Welt ausbreiten konnte, hängt mit einer weltpolitischen Veränderung zusammen: dem ab dem 1. Jahrhundert vor Christus einsetzenden Aufstieg des Römischen Reiches zu einer Weltmacht. Damit einher ging die Ausbreitung des Lateinischen, das allmählich (zumindest im westlichen Teil des Römischen Reiches) den Rang einer Weltsprache erzielen konnte. Die Lateinisch sprechenden (und Griechisch verstehenden) Gelehrten der damaligen Zeit prägten Ideen und Konzepte, um deren Gültigkeit in veränderter „säkularisierter" Sprache bis heute gerungen wird. Latein war über Jahrhunderte die Sprache der Wissenschaft und auch die Sprache der katholischen Kirche. Erst 1534 durch **Martin Luther** wurde die Bibel ins Deutsche übersetzt. Gerade diese führte in der nachreformatorischen Zeit zu einem mächtigen Bildungsimpuls. Viele der lutherisch gewordenen Staaten und Städte errichteten innerhalb ihrer Mauern Schulen und Lyzeen. Über das Bibellesen lernten die Kinder Schreiben und Lesen, also jene Fertigkeiten, die für den Aufbau moderner Stadt- und Staatsgebilde tragend wurden. Weil sich noch im 20. Jahrhundert ein wirtschaftliches Gefälle zwischen dem protestantischen Norden und katholischen Süden Deutschlands bemerkbar machte, vermutete der Soziologe Max Weber (1934), dass es eine besondere „protestantische Ethik" gebe, die für den wirtschaftlichen Aufschwung verantwortlich gewesen sei. Bildungsökonomische Forschungen zeigten allerdings auf, dass es nicht eine spezifische Ethik als vielmehr die aus dem Geist der Reformation gespeisten Investitionen in Bildung gewesen sind, die die wirtschaftlichen Gegebenheiten in deutschen Bundesländern beeinflussten (Becker und Wößmann 2007).

Eine Frage aus der Sicht der Nachhaltigkeit: Hat das Christentum – sei es durch eine spezielle Ethik, sei es durch die Förderung von Bildung – eine zerstörerische Wirtschaft gefördert?

Aus der Praxis

Wo stehen Kirchen in der Nachhaltigkeitsdiskussion?

Im Jahr 1989 fand in Basel – für damals fast noch revolutionär, denn es war das erste Mal seit einer fast tausendjährigen Trennung – die **Erste Ökumenische Versammlung** statt. Ökumenisch heißt, dass die verschiedenen Kirchen bzw. Konfessionen (also katholisch, evangelisch, orthodox) die Kirchenspaltung überwinden wollen und sich auf den Kern ihrer Einheit besinnen (Zweite Ökumenische Versammlung in Graz 1997, Dritte Ökumenische Versammlung in Hermannstadt/Sibiu 2007). Das Zustandekommen der Ersten Ökumenischen Versammlung war Folge einer Bewegung, die im Jahr 1983, während der VI. Vollversammlung des Ökumenischen Rates der Kirchen (ÖRK) in Vancouver ihren Ausgang nahm. Es kam zu der überfälligen Einsicht, dass die Kirchen gemeinsam für Frieden eintreten müssten, um angesichts der weltweiten Stationierung von Massenvernichtungswaffen, die als Verbrechen gegen die Menschheit bezeichnet wurde, etwas bewirken zu können (Rosenberger 2001). In dieser Versammlung wurde das Thema Ökologie theologisch als Bewahrung der Schöpfung gedeutet. Es wurde damit im Kontext der sogenannten Schöpfungstheologie verortet (KEK 1989). Dies zu betonen, ist wichtig, weil in einer naturwissenschaftlich-säkularen Welt das Thema „Gott als Schöpfer der Welt" (auch durch Äußerungen von christlicher Seite mitbedingt) fälschlicherweise so verstanden wird, als ginge es (in fast lächerlicher Verkürzung: nur) um die Frage: Gott oder Urknall? Doch die ethisch und handlungsspezifisch relevante Frage, die theologisch im Raum steht, lautet: Wie soll der Mensch als Geschöpf Gottes mit der Welt umgehen, wenn sie als Ganzes ebenfalls als Schöpfung Gottes angesehen werden kann? Die aktuelle Dramatik dieser Frage wird erst vollends spürbar, wenn man sie wissenschaftlich vor den Hintergrund des Klimawandels stellt und nach den Auswirkungen der von Menschen verursachten globalen Erwärmung um mehr als 2 °C fragt (McNutt 2015).

3

Die Baseler Versammlung hatte weit reichende Folgen – nicht nur, dass in vielen christlichen Gemeinden in Europa die Sensibilität für die ökologische Thematik und ihre komplexe Interdependenz wuchs. Es folgten klare Positionspapiere wie etwa die Gemeinsame Erklärung des Rates der Evangelischen Kirche in Deutschland und der Deutschen Bischofskonferenz „Verantwortung wahrnehmen für die Schöpfung" (EKD und DBK 1985) und die Stuttgarter Erklärung der Deutschen Bischofskonferenz mit dem Titel „Gottes Gaben – Unsere Aufgabe" (DBK 1988). Die globale ökumenische Weltversammlung in Seoul verabschiedete 1990 sehr konkrete „Zehn Grundüberzeugungen" – analog zu den „Zehn Geboten" – als gemeinsam vertretene Auffassung zu sozialethischen Fragen. Die ökologische Idee wurde sehr stark auch von der orthodoxen Kirche vorangetrieben (Tsompanidis 1999). Besonders der Ökumenische Patriarch von Konstantinopel, Bartholomäus I., spielte hier eine maßgebliche Vorreiterrolle. Für die Nachhaltigkeitsdiskussion ist diese innerkirchliche Dynamik von Bedeutung, da ein direkter Zusammenhang zwischen den Themen Frieden, Gerechtigkeit und Bewahrung der Schöpfung hergestellt wurde. Wenn Friede, Gerechtigkeit und Bewahrung der Schöpfung untrennbar miteinander verbunden sind, dann sind Krieg und Ungerechtigkeit Quellen einer Zerstörung der

Schöpfung Gottes und bedrohen die Umwelt. Die Entwicklung des Meinungsbildungsprozesses innerhalb der Kirchen blieb nicht ohne Auswirkung auf den politischen Raum: Die UN-Konferenz für Umwelt und Entwicklung (UNCED) in Rio de Janeiro (1992) stellte gleichfalls die untrennbare Zusammengehörigkeit von Gerechtigkeit, Frieden und Umwelt fest (► Abschn. 1.1.2). In heutiger Sprache würde man sagen: Soziale Nachhaltigkeit erfordert ein Mindestmaß an gerechter Verteilung der Belastungen und der Vorteile wirtschaftlich-ökonomischer Entwicklung. Erst solchermaßen austarierte Strukturen ermöglichen Frieden, der wiederum Voraussetzung für ökologisch nachhaltiges Wirtschaften ist. Genau auf dieser Linie liegt die Enzyklika (Rundschreiben des Papstes an alle Christen), in der der Papst Franziskus (2015) ausdrücklich und vehement dazu auffordert, den individuellen und kollektiven Lebensstil so an die realen Verhältnisse anzupassen, dass ökologische Belange und der Abbau sozialer Ungerechtigkeit in Einklang gebracht werden. Zu den ökologisch bedeutsamen und gleichzeitig beeinflussbaren Faktoren zählt nach Papst Franziskus vor allem auch unser Lebensstil, den er als selbstmörderisch charakterisiert. Der Titel der **Enzyklika „Laudato si"** („Sei gepriesen") greift den Anfang eines der berühmtesten Gebete der christlichen Tradition auf: des

„Sonnengesangs" des heiligen Franz von Assisi (1181/1182–1226), der 1979 von Papst Johannes Paul II. (1920–2005) mit der Proklamationsurkunde „Inter Sanctos" – in Anerkennung seiner Wertschätzung für die belebte und unbelebte Natur – zum Patron des Umweltschutzes und der Ökologie ernannt wurde. (http://w2.vatican.va/content/francesco/de/encyclicals/documents/papa-francesco_20150524_enciclica-laudato-si.html) Auch von islamischer Seite fand im August 2015 in Istanbul das **„International Islamic Climate Change Symposium"** (http://islamicclimatedeclaration.org/) statt, auf dem mehr als 60 Wissenschaftler, Politiker und geistliche Würdenträger der islamischen Welt eine gemeinsame „Stellungnahme zum Klimawandel" (http://islamicclimatedeclaration.org/islamic-declaration-on-global-climate-change/) unterzeichneten und weitreichende und konkrete Forderungen an die Regierungen der Welt formulierten, um die globale Erwärmung des Planeten unter der 2°-Schwelle zu halten. Im Punkt 3.6 heißt es: „Finally, we call on all Muslims wherever they may be – […] do not strut arrogantly on the earth". Die Generalsekretärin der Klimarahmenkonvention der Vereinten Nationen, Christiana Figueres, erklärte, dass „die Lehren des Islam, die die Pflichten der Menschen als Hüter der Erde hervorheben, einen Rahmen für wirksames Handeln gegen den Klimawandel bilden."

Für Menschen ohne tieferen religiösen Bezug mögen solche Gedanken wenig Bedeutung haben. Doch unabhängig davon ist zumindest von Bedeutung, dass Menschen, die sich aus einer christlichen (Grund-)Haltung heraus für ökologisches Engagement entscheiden, durch solche Überlegungen in ihrer Art und Weise des Denkens und Fühlens bestärkt werden (Altner 1982; Hübner 1982; Altner et al. 1984; Philipp 2009) und die Thematik auch im Religionsunterricht eine Rolle spielt (Angel 1988; Hunze 2007). Mit den Stichwörtern

„Denken" und „Fühlen" wird auf eine dritte Bezugswissenschaft verwiesen, auf die hier kurz eingegangen werden soll.

3.3.3 Ein Blick auf die Psychologie und ihre Teildisziplinen

Die Psychologie entwickelte sich ab dem Ende des 19. Jahrhunderts zu einer eigenständigen wissenschaftlichen Disziplin. Ihre Geschichte ist seither schon innerhalb Europas – und erst recht wenn man die amerikanische Entwicklung (etwa mit dem Behaviorismus der 1950er und 1960er Jahre) mit einbezieht – ziemlich turbulent. Der erste Lehrstuhl im deutschsprachigen Raum wurde im Jahr 1879 in Leipzig errichtet (damals als Leipziger Laboratorium bezeichnet). Der Gegenstand der Psychologie, also das, womit sie sich beschäftigt, ist das „Erleben und Verhalten" des Menschen. Dabei richtet sich der Blick auf so unterschiedliche Themen wie Persönlichkeit, Emotionen, Kognitionen, individuelle Entwicklung, Lernen, Gedächtnis, Sprache und Sprechen. Sie beschäftigt sich z. B. damit, wie sich Einstellungen von Menschen entwickeln, warum sich Haltungen verändern, warum es zu Brüchen kommt etc. Eine neue Dynamik hat der Siegeszug der Neurowissenschaft gebracht. Während noch vor wenigen Jahrzehnten anatomische Kenntnisse über die Gehirnstruktur nur an Verstorbenen gewonnen werden konnten, haben technische Fortschritte – insbesondere im Bereich bildgebender Verfahren – dazu geführt, dass man heute Gehirnen gewissermaßen „bei der Arbeit zuschauen kann".

Die Psychologie besteht aus einer Reihe von Teildisziplinen, die erst zusammengenommen das Ganze der Psychologie abdecken. Teilgegenstände sind Entwicklung, Wahrnehmung, Bewusstsein, Lernen, Gedächtnis, Denken, Motivation und Emotion, Persönlichkeit, Diagnostik, Gesundheit und Coping, Psychopathologie, Therapie, soziale Komponenten und biologische Grundlagen (z. B. Zimbardo und Gerrig 1996). Die Komplexität durchzieht des Weiteren auch die verschiedenen Teildisziplinen der Psychologie, z. B. die Entwicklungspsychologie (Miller 1993) oder die Persönlichkeitspsychologie (Pervin et al. 2005). Was bedeutet nun die Binnendifferenzierung der Psychologie, also die Vielfalt der psychologischen Teildisziplinen, für die Nachhaltigkeitsthematik? Welcher Mehrwert sich daraus ergibt, soll an zwei Beispielen verdeutlicht werden:

- Aus **entwicklungspsychologischer Sicht** kann man etwa fragen, in welcher Weise die mit Nachhaltigkeit gemeinte Thematik für Kinder und Jugendliche bedeutsam wird. Ab welchem Alter können Kinder und Jugendliche überhaupt eine Vorstellung von Zukunft entwickeln? Wenn man so fragt, nimmt z. B. Jean Piaget (1896 – 1980) die in den ersten beiden Lebensjahrzehnten vonstatten gehende Veränderung kognitiver Verarbeitungspotentiale in Blick. Mit zehn Jahren nimmt man andere Reize aus der umgebenden Welt wahr und verarbeitet sie teilweise sogar anders als im Erwachsenenalter. Ferner wird erkennbar, dass die Relevanz, die die Nachhaltigkeitsthematik für Jugendliche hat, mit anderen entwicklungsspezifisch bedeutsamen Themen, z. B. Partnerschaft, beruflicher Erfolg, Selbstständigkeit und Abkoppelung von der Herkunftsfamilie, konkurriert. Die gleichen Überlegungen ließen sich auch für ältere Menschen anstellen: Mit welchen anderen Herausforderungen konkurriert der Nachhaltigkeitsgedanke bei Seniorinnen und Senioren? Bedeutend sind offensichtlich Gesundheit, Isolation, Gewohnheiten, Mobilität etc.
- Mit Blick auf **Persönlichkeitstheorien** könnte man die Bedeutung der Nachhaltigkeitsthematik vor dem Hintergrund von markanten Merkmalen erörtern. In der Psychologie werden, auf der Basis relativ stabiler empirischer Untersuchungsergebnisse, fünf Persönlichkeitsmerkmale, die als Big Five der Persönlichkeit bezeichnet werden (John et al. 2008), als über die Lebensspanne besonders stabil eingeschätzt:
    - Neurotizismus (Ängstlichkeit, Unsicherheit, Labilität),

- Extraversion (nach außen orientierte Haltung),
- Offenheit für Erfahrungen,
- Gewissenhaftigkeit,
- Verträglichkeit.

Welche Auswirkungen haben solche persönlichkeitsbezogenen Merkmale auf die Einstellung zum Thema Nachhaltigkeit? Wie beeinflussen sie die Motivation, sich für nachhaltige Entwicklung zu engagieren? Es ist unschwer vorstellbar, dass sich bei Personen mit einer neurotizistisch – von Ängstlichkeit – geprägten Sicht auf den ökologischen Zustand der Welt eine andere Motivation und eine andere Bereitschaft zum Engagement ausprägen als bei jemandem, bei dem das Persönlichkeitsmerkmal „Offenheit für Erfahrungen" dominiert.

Ein wichtiges Thema der Psychologie bzw. der Humanwissenschaft ist die Frage nach dem Verständnis von Kognition und Emotion sowie danach, wie sich die beiden Konzepte zueinander verhalten. Auch für die Einführung einer anthropologischen Perspektive in die Nachhaltigkeitsthematik ist diese Thematik von zentraler Bedeutung:

- **Kognition** gilt in der Psychologie als „allgemeiner Begriff für alle Formen des Erkennens und Wissens. Er umfasst die Aufmerksamkeit, das Erinnern, das bildhafte Vorstellen, intelligentes Handeln, Denken und Problemlösen sowie das Sprechen und Sprachverstehen" (Zimbardo und Gerrig 1996, S. 275). Dementsprechend kann man Kognitionen als „Strukturen oder Prozesse des Erkennens und Wissens" (Zimbardo und Gerrig 1996, S. 790) ansehen.
- **Emotion** ist „ein qualitativ näher beschreibbarer Zustand, der mit Veränderungen auf einer oder mehreren der folgenden Ebenen einhergeht: Gefühl, körperlicher Zustand und Ausdruck" (Schmidt-Atzert 1996, S. 21).

Doch sind die Begriffe „Kognition" und „Emotion" keineswegs so eindeutig, wie sie auf den ersten Blick scheinen mögen. Wir gehen deshalb hier auf die beiden Begriffe näher ein, weil sie eine wichtige Voraussetzung für die Diskussionen in ▶ Kap. 10 sind.

Kognition

Der Terminus „Kognition" hat in Psychologie und Humanwissenschaft in den letzten 50 Jahren eine ungeheure Karriere gemacht (Funke 2013). In der Psychologie (insbesondere in der amerikanischen) dominierte ab Mitte der 1950er Jahre der Behaviorismus (Untersuchung und Erklärung des beobachtbaren und messbaren Verhaltens von Menschen und Tieren mit naturwissenschaftlichen Methoden). Doch ab den 1970er Jahren kam es zu einer nicht mehr zu unterdrückenden Unzufriedenheit mit den verhaltensorientierten Reiz-Reaktions-Ansätzen. Die daraus resultierende Neuorientierung wird in der Psychologiegeschichte gern als kognitive Wende (*cognitive turn*) bezeichnet. Hatte der Behaviorismus menschliche Denkvorgänge einer imaginären Black Box zugewiesen, über deren Inneres man wissenschaftlich keine sauberen Aussagen machen konnte, so kam nun der Terminus „Kognitionen" ins Spiel. Unter diesem Label rückte all das in den Blick der Forschung, was sich im Inneren eines Individuums abspielt, wenn es mit einem Reiz in Berührung kommt – die Verarbeitungsprozesse, die zu unterschiedlichen Reaktionen bei Probandinnen und Probanden führen, die einem Reiz ausgesetzt werden.

Im Anschluss an die „kognitive Wende" erlebte die Frage „Wie laufen unsere Denkprozesse ab?" geradezu einen Boom. Von Verarbeitungsprozessen war die Rede, von Konstruktionen, von Assoziationen. In der neu entstehenden Kognitionspsychologie entwickelten sich umfangreiche Forschungsfelder; heute werden unter dem Label „Kognitionswissenschaft" viele unterschiedliche

Forschungsansätze gebündelt. Hätte man die großen Vertreter des Behaviorismus vor 60 Jahren gefragt – nie und nimmer hätten sie geglaubt, dass sich im Gefolge der kognitiven Wende eines Tages völlig neue Vorstellungen über die Art und Weise unseres Denkens entwickeln würden.

Die Modelle, die unsere kognitiven Fähigkeiten betreffen, unterscheiden sich in beachtlichem Ausmaß von jenen des klassischen Behaviorismus. Treffend charakterisiert Pinker, den das *Time Magazin* 2004 zu den „100 Most Influential People in the World Today" zählte, die Situation vor jenem gewaltigen Umbruch: „Mentale Begriffe wie ‚wissen' und ‚denken' wurden als unwissenschaftlich gebrandmarkt, und Wörter wie ‚Geist' und ‚angeboren' durfte man nicht in den Mund nehmen. Man erklärte sämtliches Verhalten anhand einiger Gesetze des Reiz-Reaktions-Lernens und untersuchte sie an Ratten, die auf Hebel drückten, und Hunden, die auf bestimmte Geräusche mit Speichelfluss reagierten" (Pinker 1996, S. 25). Mit dem Stichwort „Speichelfluss" ist an Pawlow und seine Konditionierungstrainings mit Hunden erinnert. Dass eine Konditionierung stattgefunden hat, merkt man bei Hunden daran, dass der Speichel im Munde schon in dem Augenblick zusammenläuft, in dem es zum Essen läutet. Doch woran merkt man beim Menschen, dass ein Verarbeitungs- bzw. Glaubensprozess stattfindet oder stattgefunden hat?

Emotion

Der Emotionsbegriff befand sich im Verlauf der abendländischen Geistesgeschichte auf verschlungenen Pfaden, die immer wieder zu Neuakzentuierungen im Verständnis wie auch in der Bewertung des Emotionalen führten. So sah Platon das Verhältnis zwischen Vernunft und Begierde als ein Herrschaftsverhältnis; Aristoteles interpretierte es eher als eine partnerschaftliche Interaktion; die Stoa plädiert für eine „Abtötung" der Affekte, unterscheidet diese aber nicht – wie Platon und Aristoteles – im Sinne diskreter Seelenteile bzw. -vermögen (vgl. Vieth 2009, S. 185). In der Fachliteratur wird häufig zwischen „Emotion", „Affekt" bzw. auch „Gefühl" unterschieden (vgl. LeDoux 1998; Damasio 2000). Die semantische Streubreite des Emotionsbegriffs ist irritierend, und es lässt sich eine Vielzahl von Ausdrücken unter dem Emotionsbegriff subsumieren. Der Schweizer Psychiater Ciompi (1997) kann allein mit dem Aufzählen von deutschen emotionsbezogenen Ausdrücken drei Seiten füllen, und es wird – zumindest auf populärer Ebene – sogar von „emotionaler Intelligenz" (Goleman 1998) gesprochen.

Unter der Perspektive emotionaler Belohnungs- und Bestrafungskonzepte stößt man auf Themen wie Hunger, Durst und sexuelles Verhalten – aber auch auf Neuropharmakologie der Emotionen oder neuronale Netzwerke und emotionsbezogenes Lernen (vgl. Rolls 2007). Die Frage nach der Entstehung von Emotionen kommt dabei auch zu Formulierungen wie „das kognitive Unbewusste" oder „das emotional Unbewusste" (LeDoux 1998, S. 33, 61).

Die Emotionsthematik eröffnet eine breite Palette unterschiedlichster Themen. Beispielsweise könnte man auf Plutchiks (1962, 1980) Vorstellung über Basisemotionen (bzw. Primär- und Sekundäremotionen) verweisen, die sich auch hinsichtlich ihrer Intensität unterscheiden. Oder man kann an das von Ainsworth (1978) und Bowlby (1984) angestoßene Forschungsfeld „emotionaler Bindung" denken. Das bringt die Frage nach emotionaler Entwicklung und Emotionsregulation (Friedlmeier 1999) in den Blick und lässt sich bis zu Themen wie interpersonales Vertrauen (Schweer 1997) und therapeutische Intervention (Scheuerer-Englisch et al. 2003) ausweiten. Gleichzeitig stößt man über die Verortung von Emotionen deutlich auf den Körper. „Um der Leiblichkeit […] näher zu kommen, greife ich nach einer Analyse des Verhältnisses von Gefühl und Verstand" argumentiert Hastedt (2009, S. 56) mit Blick auf die Pädagogik – ein Gedanke, der gerade für die Nachhaltigkeitspädagogik von enormer Bedeutung ist. Es muss demnach nicht verwundern, dass angesichts derartiger Perspektiven Frevert (2012, S. 55), Direktorin des Forschungsbereichs „Geschichte der Gefühle" am Max-Planck-Institut für Bildungsforschung in Berlin, feststellte: „Gefühle sind heute der letzte dunkle Kontinent, den es zu entdecken gilt."

Wenn bislang so getan wurde, als seien Emotionen und Kognitionen fein säuberlich zu trennen, dann geschah dies aus präsentationstechnischen Gründen. In Wirklichkeit ist gerade die Frage, wie sich die Interdependenz von Kognitionen und Emotionen darstellt, im Verlauf der Geschichte höchst turbulent erörtert. Insbesondere wenn es um die Emotionsthematik und ihre Rolle im un- und vorbewussten Bereich geht, ist diese Thematik hoch relevant für alle Fragen der nachhaltigen Zukunftsgestaltung, da Entscheidungen für oder gegen Nachhaltigkeit immer auch auf Emotionen aufgebaut sind (▶ Abschn. 10.3).

3.3.4   Ein Blick auf andere Wissenschaftsdisziplinen

Die drei vorgestellten Disziplinen sollten lediglich als Beispiele dafür dienen, dass mit ihrer Integration unterschiedliche, bislang kaum in größerem Umfang reflektierte Aspekte in die Nachhaltigkeitsdiskussion einfließen können. Man könnte nun fortfahren, weitere Disziplinen darzustellen, z. B. die **Rechtswissenschaften (Menschenrechte), die Wissenschaftsgeschichte oder die Soziologie (vor allem die Wissenschaftssoziologie, Wirtschaftssoziologie, Techniksoziologie)**, die alle mit Forschungen zu spezifischen Themen der Nachhaltigkeit (Wissenstransfer und Technikfolgenabschätzung) bereits eine Rolle spielen, und unserer Meinung nach eine noch größere Rolle spielen müssten. Eine besondere Beachtung wäre hier auf die massiven Veränderungen zu richten, die sich (global) für die Gesellschaften in Zeiten von Big Science (Großtechnologie) und Big Data für den Weg von der Wissensgenerierung zur Wissensverwertung ergeben.

Doch ein solchermaßen erweiterter Zugang, der analog zu den vorherigen Wissensbereichen gleichfalls ausdifferenziert werden müsste, soll nicht geschehen. Es soll lediglich noch der Hinweis angebracht werden, dass die Wissenschaftsgeschichte größere Brüche kennt, die die wissenschaftliche Sehweise auf die Welt massiv verändert haben. Kuhn (1967) gehört mit seinen Überlegungen zur Struktur wissenschaftlicher Revolutionen zu den besonders intensiv rezipierten Wissenschaftlern der Gegenwart. Er bezeichnet grundlegende Gemeinsamkeiten, die die Forschung stimulieren, als Paradigma. Dabei lässt sich beobachten, dass in bestimmten Epochen grundlegende Parameter bisheriger Sehweisen, also Paradigmen, brüchig wurden. Das passiert immer dann, wenn es mit traditionellen Zugängen nicht mehr gelingt, neue Erkenntnisse zu integrieren. Dies führt zur Herausbildung eines neuen Paradigmas, das dann wiederum die weiteren Forschungen beflügelt. Ein solches Beispiel wäre in der Physik und Astronomie etwa die Ablösung des geozentrischen Weltbildes durch ein heliozentrisches Weltbild. Tycho Brahe, Nikolaus Kopernikus und Galileo Galilei waren die führenden Persönlichkeiten, die zu dieser Weichenstellung beitrugen. Ein weiteres Beispiel eines Forschungs- und Wissenschaftsprinzips, das sich in den vergangenen Jahrzehnten aufgrund der Komplexität gesellschaftlicher Fragestellungen durchgesetzt hat, ist die Transdisziplinarität (vgl. auch Mittelstraß 2003), die gerade in der Nachhaltigkeitsforschung Spuren hinterlassen hat.

Es wird sich zeigen, ob auch der Gedanke der Nachhaltigkeit letztlich zur Herausbildung eines neuen Paradigmas führen wird, das in der Lage ist, den Herausforderungen im Blick auf das *beyond-two-degree inferno* doch noch adäquat zu begegnen. Oder, wie es der US-amerikanische Präsident Barack Obama (2015) anlässlich der Präsentation seines Aktionsplanes gegen den Klimawandel formuliert hat: „We are the first generation that deals with the impact of climate change, we are the last generation that can do something about it.“

❗ **Herausforderungen für die Zukunft**

- Soziale Nachhaltigkeit bezieht sich auf die Erhaltung der menschlichen Lebensgrundlagen und sollte daher nicht nur der Effizienzstrategie, d. h. der Überwindung sozialer Probleme durch technologische Innovationen, sondern auch der Suffizienzstrategie, d. h. den individuellen Verhaltensänderungen und damit dem Verändern von Lebensstilen, folgen. Menschen sind der Schlüssel zur Lösung der globalen Herausforderungen.
- Die Voraussetzungen für eine sozial nachhaltige Entwicklung sind die Befriedigung der menschlichen Bedürfnisse, die zu sozialen Leitindikatoren der Nachhaltigkeit geworden sind und die Bereiche Grundbedürfnisse, Sozialressourcen, Chancengleichheit, Partizipation, Existenzsicherung und kulturelle Vielfalt umfassen.
- Gehen wir allerdings von der seit den 1980er Jahren sich dynamisch entwickelnden Globalisierung aus, so stellen wir deutliche und sehr unterschiedliche Effekte derselben für das Leben der Menschen in den Ländern des entwickelten Nordens und in den Ländern des weniger entwickelten Südens fest. Bei der Bewertung dieser (regionalen) Unterschiede erkennen wir sehr unterschiedliche Wertesysteme und Weltansichten.
- Offen bleiben die Gründe für das jeweilige Denken, Sagen, Tun und Handeln der Menschen. Und damit auch die Antwort auf die Frage, wie es möglich ist, dass es unter den heute – alle in der gleichen Welt – lebenden Menschen so verschiedene Auffassungen gibt und diese in vielen Nachhaltigkeitsdiskussionen aufeinanderprallen.
- Anthropologische Disziplinen wie die Philosophie, die Theologie oder aber auch die Psychologie und die Soziologie zeigen gerade für Fragen der Nachhaltigkeit neue Perspektiven auf. Sie beziehen sich dabei auf unterschiedliche Paradigmen, in denen auch Widersprüchlichkeit und Halbherzigkeit des menschlichen Verhaltens ebenso wie innere Widerstände bei der Umsetzung von Einsichten thematisiert werden. Derartige Ansätze wurden in der Nachhaltigkeitsdiskussion bisher weder zur Kenntnis genommen, geschweige denn ausführlicher diskutiert oder rezipiert.
- Es wird sich zeigen, ob der Gedanke der Nachhaltigkeit letztlich zur Herausbildung eines neuen Paradigmas führen wird, das in der Lage ist, den Global Challenges – geradezu in letzter Minute – doch noch adäquat zu begegnen.

Pointiert formuliert

Mit Blick auf den (die) Menschen in der Nachhaltigkeitsdiskussion geht es nicht mehr nur um die Befriedigung menschlicher Bedürfnisse und um die Schwierigkeit, menschliche Handlungen in eine weitgehend zukunftsfähige Richtung zu lenken, sondern es geht um mehr: Es geht um die Frage, wie gegensätzliche Sichtweisen der Welt so verändert werden können (unter Einbezug verschiedener anthropologischer Theorien), dass die Menschheit in die Lage versetzt wird, die großen Zukunftsherausforderungen zu meistern.

Literatur

Ainsworth M (1978) Patterns of attachment. A psychological study of the strange. Psychology Press, Hillsdale

Alderfer CP (1969) An empirical test of a new theory of human needs. Organizational Behavior and Human Performance 4(2):142–175. doi:10.1016/0030-5073(69)90004-X

Alisch M (Hrsg) (2014) Älter werden im Quartier: Soziale Nachhaltigkeit durch Selbstorganisation und Teilhabe. Gesellschaft und Nachhaltigkeit, Bd 3. kassel university press, Kassel

Allen PL, Sachs CE (1991) The social side of sustainability: class, gender and race. Science as culture 2(4):569–590. doi:10.1080/09505439109526328

3

Altner G (1982) Technisch-wissenschaftliche Welt und Schöpfung. Christlicher Glaube in moderner Welt. Herder, Freiburg, Bd 20, S 85–118

Altner G, Liedke G, Meyer-Abich KM (1984) Manifest zur Versöhnung mit der Natur. Die Pflicht der Kirchen in der Umweltkrise. Neukirchener, Neukirchen-Vluyn

Amery C (1972) Das Ende der Vorsehung. Die gnadenlosen Folgen des Christentums. Rowohlt, Hamburg

Angel H-F (1988) Naturwissenschaft und Technik im Religionsunterricht. Lang, Frankfurt

Becke G (Hrsg) (2008) Soziale Nachhaltigkeit in flexiblen Arbeitsstrukturen: Problemfelder und arbeitspolitische Gestaltungsperspektiven. Lit, Berlin

Becker SO, Wößmann L (2007) Was Weber Wrong? A Human Capital Theory of Protestant Economic History. CESifo Working Paper, Bd 1987. CESifo, München

Béguin A (1959) Pascal. Hamburg

Biermann F, Büttner S, Helm C (Hrsg) (1997) Zukunftsfähige Entwicklung. Herausforderungen an Wissenschaft und Politik. Festschrift für Udo E. Simonis zum 60. Geburtstag. Edition sigma, Berlin

Boghossian P (2013) Angst vor der Wahrheit. Ein Plädoyer gegen Relativismus und Konstruktivismus. Suhrkamp, Berlin

Bowlby J (1984) Bindung. Eine Analyse der Mutter-Kind Beziehung. Fischer, Frankfurt am Main

Brandl S, Hildebrandt E (2013) Zukunft der Arbeit und soziale Nachhaltigkeit: Zur Transformation der Arbeitsgesellschaft vor dem Hintergrund der Nachhaltigkeitsdebatte. Springer, Wiesbaden

Business Dictionary (2015) social sustainability. http://www.businessdictionary.com/definition/social-sustainability.html#ixzz3FjFYbFNH. Zugegriffen: März 2015

Casimir G, Dutilh C (2003) Sustainability: a gender studies perspective. International Journal of Consumer Studies 27:316–325

Ciompi L (1997) Die emotionalen Grundlagen des Denkens. Entwurf einer fraktalen Affektlogik. Vandenhoek, Göttingen

Crowhurst Lennard SH, Lennard HL (1987) Livable Cities, Social and Design Principles for the Future of the City. Gondolier Press, Southampton, NY

Damasio AR (2000) Ich fühle, also bin ich. Die Entschlüsselung des Bewusstseins. List, Berlin

DBK (Deutsche Bischofskonferenz) (1988) Gottes Gaben – Unsere Aufgabe. Die Erklärung von Stuttgart. Bonn. http://oikoumene.net/home/regional/stuttgart/index.html. Zugegriffen: Juli 2015

EKD, DBK (1985) Gemeinsame Erklärung des Rates der Evangelischen Kirche in Deutschland und der Deutschen Bischofskonferenz „Verantwortung wahrnehmen für die Schöpfung". Gütersloher Verlagshaus Mohn, Stuttgart

Empacher C, Wehling P (1999) Indikatoren sozialer Nachhaltigkeit. ISOE Diskussionspapiere, Bd 13, ISOE, Frankfurt

Frevert U (2012) Alles eine Frage des Gefühls. In: Die Zeit Nr. 37 (9. Sept. 2012) Feuilleton: 55

Friedlmeier W (1999) Emotionsregulation in der Kindheit. In: Friedlmeier W, Holodynski M (Hrsg) Emotionale Entwicklung. List, Heidelberg/Berlin, S 197–218

Funke J (Hrsg) (2013) Kognitive Psychologie. 7. Aufl. Springer, Heidelberg

Garcés J, Ródenas F, Sanjosé V (2003) Towards a new welfare state: the social sustainability principle and health care strategies. Health Policy 65(3):201–215. doi:10.1016/S0168-8510(02)00200-2

Gehl J (2010) Cities for people. Island Press, Washington, Covello, London

von Glasersfeld E (1996) Der Radikale Konstruktivismus. Ideen, Ergebnisse, Probleme. Suhrkamp, Frankfurt am Main

Goleman D (1998) Emotionale Intelligenz. 5. Aufl. Hanser, München

Habermas J (1968) Erkenntnis und Interesse. Suhrkamp, Frankfurt am Main

Hanson S (2010) Gender and mobility: new approaches for informing sustainability. Gender, Place & Culture: A Journal of Feminist Geography 17(1):5–23. doi:10.1080/09663690903498225

Hastedt H (2009) Können Gefühle vernünftig sein? Bemerkungen zu einer leiblich situierten Bildung. In: Esterbauer R, Rinofner-Kreidl S (Hrsg) Emotionen im Spannungsfeld von Phänomenologie und Wissenschaften. Lang, Frankfurt am Main, S 55–67

Hemel U (2007) Wert und Werte. Ethik für Manager- Ein Leitfaden für die Praxis. Hanser, München

Hemel U (2013) Die Wirtschaft ist für den Menschen da – Vom Sinn und der Seele des Kapitals. Patmos, Düsseldorf

Hübner J (1982) Die Welt als Gottes Schöpfung ehren. Kaiser, München

Hunze G (2007) Die Entdeckung der Welt als Schöpfung. Kohlhammer, Stuttgart

Janich P (2011) Konstruktion. In: Kolmer P, Wildfeuer AG (Hrsg) Neues Handbuch philosophischer Grundbegriffe. Alber, Freiburg/B, S 1303–1320

John OP, Naumann LP, Soto CJ (2008) Paradigm Shift to the Integrative Big Five Trait Taxonomy. Handbook of Personality Theory and Research, 3. Aufl., S 114–158. Guilford, New York

KEK (Konferenz Europäischer Kirchen) (Hrsg) (1989) Frieden in Gerechtigkeit. Die offiziellen Dokumente der Europäischen Ökumenischen Versammlung 1989 in Basel. Friedrich Reinhardt, Basel und Benziger, Zürich

Keller EF (1986) Liebe, Macht und Erkenntnis. Männliche oder weibliche Wissenschaft? Hanser, München – Wien

Knox PL, Mayer H (2009) Small Town Sustainability. Economic, Social, and Environmental Innovation. Birkhäuser, Basel, Boston, Berlin

Kopfmüller J, Brandl V, Sardemann G, Coenen R, Jörissen J (2000) Vorläufige Liste der Indikatoren für das HGF-Verbundprojekt. HGF Arbeitspapiere. Helmholtz-Gemeinschaft Deutscher Forschungszentren, Karlsruhe

Kuhn TS (1967) Die Struktur wissenschaftlicher Revolutionen. 2. Aufl. Suhrkamp, Frankfurt am Main

Larochelle M, Bednarz N, Garrison J (Hrsg) (1998) Constructivism and Education. Cambridge University Press, Cambridge

LeDoux J (1998) Das Netz der Gefühle. Wie Emotionen entstehen. DTV, München

Lennard HL, Crowhurst Lennard S (Hrsg) (2005) The Wisdom of Cities. Architecture, Place, Community, Neighborhood, Identity, Planning & Values. Gondolier Press, Carmel, CA

Maier J, Ruppert K, Paesler R, Schaffer F (1977) Sozialgeographie. Westermann, Braunschweig

Majer H (2008) Ganzheitliche Sicht von sozialer Nachhaltigkeit. In: Statistisches Bundesamt (Hrsg) Analyse von Lebenszyklen. Ergebnisse des 4. und 5. Weimarer Kolloquiums. Schriftenreihe Sozio-ökonomisches Berichtssystem für eine nachhaltige Gesellschaft, Bd 5. Statistisches Bundesamt, Wiesbaden, S 9. https://www.destatis.de/DE/Publikationen/Thematisch/VolkswirtschaftlicheGesamtrechnungen/SoziooekonomischesBerichtssystem/VGRSozOekBand5_1030605049004.pdf?__blob=publicationFile. Zugegriffen: Februar 2014

Martin N, Rice J (2014) Sustainable Development Pathways: Determining Socially Constructed Visions for Cities. Sustainable Development 22(6):391–403. doi:10.1002/sd.1565

Maslow AH (1943) A theory of human motivation. Psychological Review 50(4):370–396

Mathys HP (Hrsg) (1998) Ebenbild Gottes – Herrscher über die Welt. Studien zu Würde und Auftrag des Menschen. BThSt, Bd 33. Neukirchener, Neukirchen-Vluyn

Max-Neef M (1992) Development and Human Needs. Latin America. Crisis and Perplexity. In: Ekins P, Max-Neef M (Hrsg) Real-Life Economics: Understanding Wealth Creation. Routledge, London, S 197–213

Max-Neef M, Elizalde A, Hopenhayn M (1989) Human Scale Development: An Option for the Future. Development Dialogue: A Journal of International Development Cooperation Dag Hammarskjold Foundation, Uppsala 1:7–80

McNutt M (2015) The beyond-two-degree inferno. Science 349(6243):7 doi:10.1126/science.aac8698

Miller P (1993) Theorien der Entwicklungspsychologie. Spektrum, Heidelberg

Mittelstraß J (2003) Transdisziplinarität-wissenschaftliche Zukunft und institutionelle Wirklichkeit. Universitätsverlag, Konstanz

Navarro Puerto M (2011) Divine Image and Likeness: Women and Men in Genesis 1–3 as an Open System in the Context of Genesis 1–11. In: Fischer I, Navarro Puerto M, Taschl-Erber A (Hrsg) Torah =The Bible and Woman, Bd 1. Society of Biblical Literature, Atlanta

Neckel S (1999) Blanker Neid, blinde Wut? Sozialstruktur und kollektive Gefühle. Leviathan, Nomos, Baden-Baden, S 145–165

Papst Franziskus (2015) Laudato si: die Umwelt-Enzyklika des Papstes. Freiburg i. Br. http://w2.vatican.va/content/francesco/de/encyclicals/documents/papa-francesco_20150524_enciclica-laudato-si.html. Zugegriffen: August 2015

Pervin LA, Cervone D, John OP (2005) Persönlichkeitstheorien, 5. Aufl. UTB, Stuttgart

Philipp T (2009) Grünzonen einer Lerngemeinschaft: Umweltschutz als Handlungs-, Wirkungs- und Erfahrungsort der Kirche. Oekom, München

Pinker S (1996) Der Sprachinstinkt. Kindler, München

Plutchik R (1962) The emotions: Facts, theories and a new model. Random House, New York

Plutchik R (1980) Emotion. A psychoevolutionary synthesis. Harper & Row, New York

Rolls E (2007) Emotion explained. Oxford University Press, Oxford

Rosenberger M (2001) Was dem Leben dient: Schöpfungsethische Weichenstellungen im konziliaren Prozeß der Jahre 1987–89. Kohlhammer, Stuttgart

Scheuerer-Englisch H, Suess GJ, Pfeifer WK (Hrsg) (2003) Wege zur Sicherheit. Bindungswissen in Diagnostik und Intervention. Psychosozial Verlag, Gießen

Schmidt-Atzert L (1996) Lehrbuch der Emotionspsychologie. Kohlhammer, Stuttgart

Schneidewind U, Zahrnt A (2013) Damit gutes Leben einfacher wird : Perspektiven einer Suffizienzpolitik. Oekom, München

Schweer M (Hrsg) (1997) Interpersonales Vertrauen. Theorien und empirische Befunde. Springer, Opladen

Spangenberg JH (2002) Soziale Nachhaltigkeit. Eine Integrierte Perspektive für Deutschland. In: Dally A, Heins B (Hrsg) Politische Strategien für die soziale Nachhaltigkeit. Akademie, Loccum, S 23–38

Statistisches Bundesamt (2014) Nachhaltige Entwicklung in Deutschland. Indikatorenbericht 2014. Wiesbaden. https://www.destatis.de/DE/Publikationen/Thematisch/UmweltoekonomischeGesamtrechnungen/Umweltin-dikatoren/IndikatorenPDF_0230001.pdf?__blob=publicationFile (Erstellt:). Zugegriffen: März 2015, LIT

thwink.org (2015) Social Sustainability. http://www.thwink.org/sustain/glossary/SocialSustainability.htm. Zugegriffen: März 2015

Torgersen H (2001) Soziale Nachhaltigkeit – Schwerpunkt ohne Gewicht. ORF on science. http://sciencev1.orf.at/science/torgersen/14641. Zugegriffen: März 2015

Tsompanidis S (1999) Orthodoxie und Ökumene. Gemeinsam auf dem Weg zu Gerechtigkeit, Frieden und Bewahrung der Schöpfung. Ökumenische Studien / Ecumenical Studies, Bd 10. LIT, Münster

Unger F (2003) Kritik des Konstruktivismus. Auer, Heidelberg

Vieth A (2009) Emotionen in der Ethik. Eine symbolistische Konzeption ihrer konzeptionellen und konstitutiven Funktion. In: Esterbauer R, Rinofner-Kreidl S (Hrsg) Emotionen im Spannungsfeld von Phänomenologie und Wissenschaften. Lang, Frankfurt am Main, S 185–199

Weber M (1934) Die protestantische Ethik und der Geist des Kapitalismus. Mohr, Tübingen

White LT Jr (1967) The Historical Roots of Our Ecologic Crisis. Science 155:1203–1207. doi:10.1126/science.155.3767.1203

World Bank (2013) Social Sustainability and Safeguards. http://www.worldbank.org/en/topic/socialdevelopment/brief/social-sustainability. Zugegriffen: Februar 2015

Zimbardo P, Gerrig RJ (1996) Psychologie. Springer, Berlin

Globalisierung und ökonomische Nachhaltigkeit – Schein oder Sein?

Friedrich M. Zimmermann und Judith Pizzera

F. M. Zimmermann (Hrsg.), *Nachhaltigkeit wofür?*,
DOI 10.1007/978-3-662-48191-2_4, © Springer-Verlag Berlin Heidelberg 2016

Kernfragen

- Was ist Globalisierung, und welche Herausforderungen bringt sie mit sich?
- Was bedeutet Nachhaltigkeit aus unternehmerischer Perspektive, welche Maßnahmen sind möglich?
- Was können Konsumentinnen und Konsumenten zu einer nachhaltigeren Entwicklung beitragen?
- Muss für eine nachhaltige Entwicklung der politische Rahmen geändert werden, und was schlagen alternative Wirtschaftsmodelle vor?

4.1   Die Zwänge globaler Märkte und Netzwerke

Gedankensplitter

Globalisierung – was ist das?

Wenn es um Globalisierung geht, so ist inzwischen klar geworden, dass es sich dabei um einen vielschichtigen Prozess handelt, über den man im Rahmen von Definitionen vielseitig – und auch durchaus kontrovers – diskutieren kann. So definierte Beck (1997, S. 42) „[…] sicher das am meisten gebrauchte – mißbrauchte – und am seltensten definierte, wahrscheinlich missverständlichste, nebulöseste und politisch wirkungsvollste (Schlag- und Streit-)Wort der letzten, aber auch der kommenden Jahre". Tetzlaff (2000, S. 24) meint, Globalisierung sei „[…] ein komplexer multidimensionaler Prozess der Entgrenzung und Enträumlichung zum einen, der Verdichtung und Vernetzung zum anderen". Viel kürzer und prägnanter formuliert es Kohr (1995, zit. nach Nuscheler 2006, S. 53) „[…] das, was wir in der Dritten Welt einige Jahrhunderte Kolonisierung genannt haben". Einen sehr umfassenden Zugang formulieren Held et al. (1999, S. 16): Globalisierung kann „[…] als Ausdehnung, Intensivierung, Beschleunigung und Wirkungssteigerung in einem weltweiten Verflechtungsprozess betrachtet werden, der alle Dimensionen des sozialen Lebens, kulturelle und kriminelle, finanzielle und politische, geistige und mediale Dimensionen, umfasst".

Im *Gabler Wirtschaftslexikon* findet sich keine eigentliche Definition mehr, sondern eine sogenannte Kurzerklärung; diese bezieht sich auf drei Bereiche: „**Allgemein:** Form der Strategie einer grenzüberschreitend tätigen Unternehmung (globale Unternehmung), bei der Wettbewerbsvorteile weltweit mittels Ausnutzung von Standortvorteilen (internationale Standortpolitik) und Erzielung von Economies of Scale aufgebaut werden sollen. **Umweltpolitik:** Tendenz zur Intensivierung weltweiter Verflechtungen in ökonomischen, politischen, kulturellen und informationstechnischen Bereichen. **Ethik:** Im Zuge der Globalisierung nehmen sowohl Kooperationsmöglichkeiten als auch Interessenkonflikte (Wettbewerb) zu" (http://wirtschaftslexikon. gabler.de/).

Folgen wir der Definition von Held et al. (1999), so wird klar, dass punktuelle Entscheidungen oder Ereignisse globale Bedeutung annehmen können, z. B. wenn politische Unruhen oder etwa Wirtschaftsdaten eines Landes drastische Auswirkungen auf die Börsen und damit den Finanzmarkt haben (z. B. hat die Veröffentlichung der neuen Arbeitsmarkt- oder Wirtschaftsdaten in den USA immer Effekte auf den Dow Jones). Mit Intensivierung sind in erster Linie die politischen Verflechtungen und die Handelsbeziehungen gemeint; diese werden nicht nur intensiver, sondern auch – verstärkt durch moderne Kommunikationstechnologien – regelmäßiger und häufiger. Gerade die Informations- und Kommunikationstechnologien, aber auch die moderne Logistik im Transportwesen, führen dazu, dass Menschen, Güter, Informationen und

Ideen unser Leben drastisch beschleunigen. Die Auswirkungen zeigen sich in mannigfachen Modernisierungsprozessen. Diese greifen durch die globale Verbreitung von westlichen Wertvorstellungen sowie Lebens- und Konsumstilen in das Leben der Menschen ein und verändern Gesellschaften. Dabei ist die Existenz von verschiedenen Eigenlogiken der ökologischen, kulturellen, wirtschaftlichen, politischen und zivilgesellschaftlichen Globalisierung bemerkenswert. Allerdings sind diese Logiken wiederum untereinander stark vernetzt und interagierend, was zu zwei gegenläufigen Reaktionsmustern führt: zum einen eben zur Globalisierung von Ökonomie und zur Universalisierung von Kulturen und Wertesystemen, zum anderen zur Fragmentierung und zu neuem Fundamentalismus und Nationalismus (Grobbauer et al. 2012).

4.1.1 Globalisierung: Alter Hut in neuen Schläuchen?

Betrachten wir die Globalisierung als weltweite Ausbreitung von Wissen, Können oder Fähigkeiten, dann ist dieses Phänomen der Menschheit schon seit Jahrhunderten immanent. Wir können drei (Vor-)Phasen der heutigen Globalisierung festhalten:

- **Die Eroberung der Welt durch die Europäer im 16. Jahrhundert.** Die technologische Überlegenheit, insbesondere die europäische Waffentechnik sowie die Schiffstechnik mit der Herrschaft über die Weltmeere, führte zur Eroberung der außereuropäischen Welt (Süd- und Mittelamerika, Afrika etc.), zum Nachteil der traditionell-agrarisch geprägten indigenen Bevölkerung.
- **Die Industrialisierung Europas im 19. Jahrhundert.** Unter der Vorherrschaft Großbritanniens, als Verkehrs- und Kommunikationsrevolutionen wie Dampfschiff, Eisenbahn, Telegraf und Telefon die Verzahnung von Rohstoffmärkten und Finanzmärkten auslösten, kam es zum Auseinanderdriften der wirtschaftlichen Entwicklung zwischen den Kolonialmächten im Norden und den weniger entwickelten Ländern im Süden – der Reichtum des Nordens verbreitete sich trotz Liberalisierung mit der Abschaffung der Zollhemmnisse und Senkung von Transportkosten in den Kolonien nicht. Die Konsequenzen waren Unterentwicklung und außenwirtschaftliche Abhängigkeit sowie starke Spannungen zwischen traditionellen, regionalen Märkten und modernen Industriestrukturen. Viele Länder des Südens versuchten daraufhin den Aufbau einer eigenständigen Ökonomie und den Weg des Protektionismus. Dieser führte allerdings zu einer enormen Verschuldungskrise – und damit zu neuen Abhängigkeiten – der Länder des Südens, die ihren Höhepunkt in den1980er Jahren erreichte.
- **Seit den 1980er Jahren entsteht die heutige globalisierte Welt.** Erst Anfang der 1970er Jahre erreichte der Welthandel wieder das Niveau, das er vor den zwei Weltkriegen hatte, die Entwicklungen danach sind geprägt vom Neoliberalismus. Ökonomen rund um Friedrich August von Hayek und Milton Friedman beschäftigten sich nach der Wirtschaftskrise und dem Börsencrash schon in den 1930er Jahren mit neuen (sozial gerechteren) Formen des Liberalismus. Die Politik vertraute bis weit nach dem Zweiten Weltkrieg im Westen eher dem **Keynesianismus** und im Osten eher dem Stalinismus. Die Pioniere des Neoliberalismus, der kapitalistischen Marktwirtschaft, waren schließlich in den 1980er Jahren Margaret Thatcher in Großbritannien und Ronald Reagan in den USA. Unterstützt wurde diese Wirtschaftspolitik durch das Aufkommen neuer Informations-, Kommunikations- und Transporttechnologien (Internet, Flugverkehr etc.). Die Folgen zeigen sich in einer starken Konzentration und Polarisierung der Handelsströme sowie des Wohlstands auf die großen Zentren und die Triade der Weltwirtschaft zwischen Nordamerika, Europa und Ostasien. Zudem verstärkt die Internationalisierung

der Dienstleistungen (Finanzen, Versicherungen, Medien, Tourismus etc.) die Globalisierungseffekte, wiederum in den entwickelten Wirtschaftszentren.

Die neoliberalen Konzepte wurden durch Strukturanpassungsprogramme auf die verschuldeten Entwicklungsländer übertragen, etwa durch den „Konsens von Washington" (1990), der zum Schuldenabbau auf Steuerreformen, Handelsliberalisierungen, Privatisierung öffentlicher Unternehmen, Deregulierung und Abbau staatlicher Einflussnahme sowie die Förderung günstiger Bedingungen für ausländische Direktinvestitionen fokussierte – damit waren eigenständige Ökonomien und Protektionismus Geschichte. Dennoch gelingen die postulierten Vorteile des Neoliberalismus, nämlich der zeitverzögerte Trickle-down-Effekt (Wachstumsprozesse sickern zur Masse der armen Bevölkerung durch und verbessern deren Lebensverhältnisse) von Einkommen und Vermögen von reichen zu ärmeren Ländern, kaum oder überhaupt nicht. Verstärkt und aufrechterhalten werden die Disparitäten zusätzlich durch die noch immer vorhandene *digital divide*, die „digitale Nord-Süd-Spaltung" unserer Welt.

Zentrale Kritik an der Globalisierung kommt aus zwei völlig unterschiedlichen Lagern: Zum einen sieht das traditionell/religiöse Lager die westliche (moderne) Welt und deren Werte grundsätzlich als negativ und verwerflich – der Wohlstand des Westens verändert die Wertesysteme in Entwicklungsländern und weckt völlig unerfüllbare Erwartungen. Zum anderen sind es die Fundamentalfeinde des Kapitalismus, mit Elementen des Klassenkampfes, unter der Annahme, dass Globalisierung Menschen ein Modell aufzwingt, das sie eigentlich ablehnen.

4.1.2 Globalisierung ist nicht gleich Globalisierung

Bereits um die Jahrtausendwende entstand eine intensive Diskussion um Konzepte und Sichtweisen von Globalisierung (Held et al. 1999). Dabei werden die unterschiedlichen Veränderungen, basierend auf einer genetischen Betrachtung, analytisch aufgearbeitet. Der Versuch einer Konzeptualisierung von Globalisierung geht von drei „Denkrichtungen" aus:

- **Hyperglobalisierung:** Sie definiert die Globalisierung aus der ökonomischen, neoklassischen Perspektive, mit „grenzenlosen" transnationalen Netzwerken der Produktion, des Handels und des Finanzmarktes.
- **Globalisierungsskepsis:** Sie hängt im Wesentlichen der Kapitalismus- und der Sozialkritik an und argumentiert mit dem Machtgewinn der drei großen Finanz- und Handelsblöcke (Europa, Nordamerika, asiatisch-pazifischer Raum) als signifikante „Regionalisierung".
- **Transformation:** Sie bezieht sich auf die rasante Veränderung der staatlichen Einflüsse, der ökonomischen Rahmenbedingungen sowie der Gesellschaftsformationen und führt konsequenterweise zu einer Neugestaltung von Gesellschaft und Weltordnung. (Anzumerken ist, dass der Begriff auf Interpretationen der Arbeit von Polanyi (1944) zurückgeht, der die Industrialisierung in England im 19. Jahrhundert als „great transformation" bezeichnet hat.)

Die wesentlichen Aspekte der drei Denkrichtungen sind in ◘ Tab. 4.1 zusammengefasst. Dabei kann die Frage, ob das Resultat ein perfekt integrierter globaler Markt, eine globale Gesellschaft oder eine globale Zivilisation sein wird, unterschiedlich – letztlich überhaupt nicht – beantwortet werden, sodass heute von einem offenen, transformativen Prozess mit offenem Ausgang gesprochen wird.

◘ **Tab. 4.1** Globalisierung und ihre Folgen aus unterschiedlichen Denkrichtungen. (Adaptiert nach Held et al. 1999)

	Hyperglobalisierung	Globalisierungsskepsis	Transformation
Was ist neu?	Ein globales Zeitalter	Handelsblöcke, schwächere globale Governance	Historisch beispiellose globale Vernetzung
Prägende Faktoren	Globaler Kapitalismus, globale Governance, globale Zivilgesellschaft, *global marketplace*	Die Welt ist weniger vernetzt als Ende des 19. Jahrhunderts	Intensive und extensive Globalisierung
Macht der nationalen Regierungen	Nimmt ab bzw. wird erodiert	Nimmt zu bzw. wird erweitert	Wird wiederhergestellt bzw. umstrukturiert
Treibende Kräfte der Globalisierung	Kapitalismus und Technologien	Nationalstaaten und Märkte	Druck der Modernisierung
Stratifizierungs-, Ordnungsmuster	Erosion alter Hierarchien	Marginalisierung des Südens	Neue Weltordnung
Dominierendes Motiv	Konsumismus, Unterhaltung, Spaß	Nationalstaatliche Interessen	Veränderung der (politischen) Gemeinschaft
Konzeptualisierung von Globalisierung	Neuordnung der Rahmenbedingungen für menschliche Aktivitäten	Internationalisierung und Regionalisierung	Umstrukturierung der interregionalen Beziehungen und Aktivitäten
Zukunftsperspektiven	Globale Zivilgesellschaft	Regionale Blockbildung, Konflikt der Kulturen	Globale Integration und Fragmentierung
Kernargumente	Das Ende der Nationalstaaten	Internationalisierung hängt von nationalstaatlicher Zustimmung und Unterstützung ab	Globalisierung transformiert die nationalstaatliche Macht und die weltpolitische Situation

Aus heutiger Sicht ist die Folge der Globalisierung mit dem Bedeutungsverlust der nationalstaatlichen Politik verknüpft: Klimawandel, natürliche Ressourcen, Arbeit, Verkehr und Mobilität etc. sind zu internationalen/globalen Herausforderungen geworden, die nicht mehr der Kontrolle einzelner Staaten unterliegen – viele Kompetenzen gehen auf die supranationale Ebene über. Dies betrifft auch und insbesondere den globalen Handel mit Gütern und Diensten, der zum Kernbereich der globalisierten Wirtschaft und damit unserer **Konsumgesellschaft** geworden ist. Die Vernetzung und die zunehmende Interaktionsdichte des globalen Handels führen zur räumlichen Ausdehnung und zur Homogenisierung der Märkte. Der Machtzuwachs transnationaler Konzerne führt zwangsläufig zu einem **Diktat der Märkte** mit deutlichen Folgen, wie der globalen Konkurrenz von Produktionsstandorten, die einen globalen „Kuhhandel" um die niedrigste Steuer und die günstigsten Infrastrukturleistungen zur Folge hat. Die materiellen Lebensadern der Gesellschaften und die lokalen Arbeitskräfte werden durch niedrigste Löhne und schlechte Arbeitsbedingungen ausgebeutet. Die Globalisierungsgewinner setzen auf Produktion von Konsumgütern und auf Wachstum des Welthandels; die Globalisierungsverlierer sind die Menschen – hauptsächlich, aber nicht nur in den weniger entwickelten Ländern –, von deren Ressourcen und auf deren ökonomische, soziale, gesundheitliche Kosten die westliche Konsumgesellschaft lebt.

Diese Situation erzeugt Gegenströmungen. Globalisierung und **Lokalisierung** werden häufig als Gegensatzpaare interpretiert, wobei die Lokalisierung den Nachteilen der internationalen

Arbeitsteilung entgegenwirken soll und die Rückbesinnung auf regionale Märkte – natürlich in Vernetzung mit internationalen Märkten – im Vordergrund steht. Erst dadurch kann von regionaler Nachhaltigkeit gesprochen werden. Unterschiedliche Konzepte aus der Geographie wie kreative Milieus, Lernende Regionen, regionale Cluster und Netzwerke versuchen die lokale/regionale Bedeutung wirtschaftlichen Handelns zu verstärken und zur regionalen Entwicklung beizutragen (vgl. Butzin 2000). Die Fragmentierung von Regionen und Gesellschaften ist nichts Neues, das „neue Bewusstsein" für Nationales, Regionales und Lokales wurde bereits 1998 vom Soziologen Robertson thematisiert; er prägte den Begriff „Glokalisierung" (Beck 1998). Dabei argumentiert er, dass Lokales oder Regionales seit jeher von oben bzw. extern beeinflusst und gestaltet wird und Regionen und lokale Gesellschaften eben nicht als „unbeeinflusste" Enklave zu bezeichnen sind. Demnach sind bei der Vermarktung von Produkten immer lokale Differenzierungen festzustellen, speziell auf die Kulturen der lokalen Konsumentinnen und Konsumenten abgestimmt – dabei spielt der Wunsch nach „dem Bekannten" (regionalen oder ethnischen Produkten etc.) eine große Rolle. Glokalisierung ist somit immer auch die Verknüpfung des (global) Ökonomischen mit dem (lokal) Kulturellen.

4.1.3 Die 20/80-Gesellschaft – kann Wirtschaftspolitik die Arbeitsmarktprobleme lösen?

Martin und Schumann (2005) schreiben in ihrem Buch *Die Globalisierungsfalle* über das Problem, dass eine immer geringer werdende Zahl an Menschen genügt, um all das zu produzieren, was wir (fälschlicherweise glauben) zu benötigen. Sie beziehen sich auf die Ergebnisse eines Braintrusts, eines Gremiums, das 1995 führende Politikerinnen und Politiker, Wirtschafts- und Finanzexperten sowie Wissenschaftlerinnen und Wissenschaftler in San Francisco zusammenbrachte. Dabei wird von einer zukünftigen 20/80-Gesellschaft gesprochen, in der 20 % der arbeitsfähigen Menschen ausreichen, um für die Weltgesellschaft alle Waren zu produzieren und alle Dienstleistungen zu erbringen; 80 % der Arbeitswilligen verbleiben ohne Job. Derselben Ansicht ist auch Rifkin (1995) in seinem Buch über das Ende der Arbeit. Die politische Diskussion um Lösungsansätze für diese Gruppe wird sehr kontrovers geführt; die Sicherstellung von würdevollen Lebensverhältnissen für alle Menschen soll in einer Transformationsphase über ein „bedingungsloses Grundeinkommen ohne Erwerbseinkommen" erfolgen – wie sie in verschiedenen, meist sozialdemokratischen Parteiprogrammen aufscheinen (beispielsweise wurde in Österreich im Jahr 2010 die „bedarfsorientierte Mindestsicherung" eingeführt).

Auch die Politik reagiert auf die drastischen Anstiege der **Arbeitslosigkeit**, die seit dem wirtschaftlichen Einbruch infolge der Finanzkrise 2009 durch strukturelle Verschlechterungen am Arbeitsmarkt – sowohl in Europa als auch in den USA – verstärkt werden (EK 2011a). Während konjunkturbedingte Arbeitslosigkeit durch wirtschaftspolitische Instrumente gemildert werden kann, sind strukturelle Faktoren nur langfristig zu beseitigen. Dies gilt insbesondere für die Verbesserung der notwendigen Fähigkeiten und Kenntnisse für neue Jobs sowie für Incentives für eine größere Mobilität der Arbeitnehmerinnen und Arbeitnehmer, die etwa durch die Verlagerungsprozesse von Produktionsstätten notwendig wäre. Weitere Instrumente struktureller Art, wie sie vor allem in den Krisenländern Europas eingesetzt wurden, sind mit der Kürzung von Staatsausgaben, massivem Abbau der Sozialleistungen, Lohnstopps, Dezentralisierung der Lohn-/Tarifverhandlungen und damit Lohnsenkungen (Schwächung der Gewerkschaften) verbunden und sollen zur Flexibilisierung des Arbeitsmarktes beitragen. **Sozialabbau** steht allerdings im klaren Widerspruch zum Ansatz des bedingungslosen Grundeinkommens. Seitens der Kommission wird aber argumentiert, dass weniger soziale Leistungen zum einen die Mobilität der Arbeitskräfte steigert, zum anderen auch zur Senkung von Produktionskosten und damit zu Wachstum und Beschäftigung führt. Unterstützt wird diese Entwicklung durch den im Jahr 2013 in Kraft getretenen Fiskalpakt, der das europäische Sozialmodell infrage stellt und die Deregulierung der Arbeitsmärkte weiter vorantreibt.

Gedankensplitter

Finanz-, Gesellschafts- und Systemkrisen

Schulmeister (2014, S. 305) hat in seinem Artikel „Der Fiskalpakt – Hauptkomponente einer Systemkrise" Gedanken zur derzeitigen Wirtschafts- und Gesellschaftssituation sehr pointiert formuliert: „Anfang 2013 ist der zwischen 25 EU-Ländern geschlossene Fiskalpakt in Kraft getreten. Sein Konzept und seine Umsetzung weisen jene Merkmale auf, welche für das finanzkapitalistische System insgesamt typisch sind, also für jene ,Spielanordnung', welche seit den 1970er Jahren dominiert. Dazu gehören die neoklassisch-neoliberalen Wirtschaftstheorie als wissenschaftliches Fundament, die daraus abgeleitete ,Navigationskarte' für die Politik, die dadurch verordnete Verlagerung des Entscheidungsprimats von der Politik zum Markt bzw. zu den Mainstream-Ökonomen als den Deutern der Zeichen der ,unsichtbaren Hand', im Konkreten die Aufgabe einer aktiven Wirtschaftspolitik, die Deregulierung der Finanz- und Arbeitsmärkte und der Abbau des Sozialstaats.

Die finanzkapitalistische Spielanordnung stellt ein System dar, in dem die kapitalistische ,Kernenergie', das Profitstreben, sich zunehmend von der Real- zur Finanzakkumulation verlagert. Hauptgründe dafür sind die Instabilität von Wechselkursen, Rohstoffpreisen, Aktienkursen und Zinssätzen, die Zunahme der Spekulation auf den entsprechenden Märkten, gefördert durch den Boom der Finanzderivate sowie die Privatisierung von Staatsbetrieben und der Abbau des Sozialstaats, insbesondere im Bereich der Altersvorsorge und des Gesundheitswesens (in einer realkapitalistischen Spielanordnung – wie etwa in den 1950er und 1960er Jahren […] lenken die Anreizbedingungen umgekehrt das Profitstreben auf realwirtschaftliche Aktivitäten).

Finanzkapitalistische Systeme zerstören sich notwendig selbst: Es wird immer mehr Finanzvermögen gebildet, das keine realwirtschaftliche Deckung besitzt. Die höchste Form dieses ,fiktiven Kapitals' (Karl Marx) sind Staatsanleihen. Mit der sich seit 2008 rasch vertiefenden Krise hat die finale Phase dieses Selbstzerstörungsprozesses eingesetzt."

Das Thema Arbeitslosigkeit ist deshalb so virulent, weil es uns wohl auch die nächsten Jahre begleiten und beschäftigen wird. In nackten Zahlen ausgedrückt heißt das, dass die Arbeitslosenquote (Eurostat 2014, saisonbereinigt für November) im Schnitt in der EU bei 11,5 % liegt, mit Spitzenwerten in Griechenland (25,8 %), gefolgt von Spanien (23,8 %) und Kroatien (16,6 %); am Ende liegen Deutschland (5,0 %) und Österreich (4,9 %); insgesamt ist eine steigende Tendenz feststellbar. Dramatisch schlecht ist die Situation für junge Arbeitnehmerinnen und Arbeitnehmer, für die Berufseinstieg und Arbeitsleben aufgrund von „flexiblen", meist sehr kurzfristigen, oftmals nur Teilzeit abdeckenden, „prekären" Beschäftigungsverhältnissen, überaus problematisch sind („Generation Praktikum"). Dies führt zu einer dramatisch hohen Jugendarbeitslosenquote (Anteil der arbeitslosen 15- bis 24-Jährigen an den Erwerbspersonen dieser Altersklasse; dies ist nicht der Prozentsatz der Arbeitslosen an der Gesamtbevölkerung im Alter von 15 bis 24 Jahren): Im EU-Schnitt sind fast ein Viertel der Jugendlichen betroffen, mit Spitzenwerten in Spanien (53,5 %), in Griechenland (49,8 %; während der Krise Mitte 2015 belaufen sich die Schätzungen auf über 60 %), in Kroatien (45,5 %) und in Italien (43,9 %). Selbst in Österreich (9,4 %) und in Deutschland (7,4 %) sind die Werte überdurchschnittlich.

Gerade die Jugendarbeitslosigkeit schwächt den **sozialen Zusammenhalt** in unserer Gesellschaft, da der Anschluss an Freundeskreise und Netzwerke verloren geht und Isolation oft zu Suchtverhalten (Alkohol, Drogen, Internet-, Spielsucht) führt. Gerade heute gilt es, Verantwortung zu übernehmen und besonders gefährdete Gruppen junger Menschen, etwa solche mit

Migrationshintergrund oder einer Behinderung, aber auch Jugendliche, die die Schule abgebrochen haben, mehr Aufmerksamkeit zu schenken (▶ Abschn. 8.3). Hier kommt der Aspekt der Gerechtigkeit ins Spiel, besonders dort, wo sich Migrantinnen und Migranten, Menschen mit Behinderungen, Jugendliche und ältere Erwerbstätige am Arbeitsmarkt in Konkurrenz gegenüberstehen und sich deutliche (Generationen-)Konflikte und Spannungen auftun. Wir haben die 20/80-Gesellschaft glücklicherweise noch nicht erreicht, sind aber auf einem Weg, der eine gerechte Teilnahme der Menschen am Arbeitsmarkt und damit eine Teilnahme am Arbeitsleben und sozialen Leben überaus schwierig macht. Folgen sind die wirtschaftliche Verarmung, gesellschaftliche und soziale Isolation, Aggressivität und Kriminalität, Familienprobleme, aber auch gesundheitliche, speziell psychische Zermürbung – alles Gründe, die das Risiko, weiter arbeitslos zu sein, massiv erhöhen.

Zusätzlich zur Politik sind die Wirtschaftsunternehmen gefordert, Gegensteuerungsmaßnahmen einzuleiten, um das große geistige und soziale Potenzial aller Menschen in einer Gesellschaft bestmöglich zu nutzen und zur Unterstützung einer nachhaltigen ökonomischen Zukunftsentwicklung mehr Verantwortung für die Zivilgesellschaft zu übernehmen. Damit werden die Menschen, also wir alle, wieder ins Zentrum ihres (ökonomischen) Handels gestellt.

4.2   Corporate Social Responsibility und unternehmerische Nachhaltigkeit

4.2.1   Was bedeutet Nachhaltigkeit aus unternehmerischer Perspektive?

„The only business of business is business" (Milton Friedman).

„In der wissenschaftlichen Literatur ist umstritten, ob Unternehmungen eine soziale Verantwortung (Corporate Social Responsibility) besitzen und sie deshalb an ethischen Prinzipien orientierte Grundsätze für Verhalten aufstellen sollten. Insbesondere die Vertreter des Neoliberalismus sind der Auffassung, dass Unternehmungen keine Verantwortung für Aufgaben zugewiesen werden sollte, die von anderen Institutionen, wie etwa dem Staat, effizienter wahrgenommen werden können. Unternehmungen, die unter den Bedingungen eines funktionierenden Wettbewerbs operieren, erfüllen die an sie gerichteten gesellschaftlichen Ansprüche nach dieser Auffassung dann am besten, wenn sie diejenigen Entscheidungen treffen, die zur Maximierung ihres ökonomischen Gewinns führen" (Welge und Holtbrügge 2009, S. 463).

Dieses Zitat aus einem Lehrbuch für Internationales Management verdeutlicht, dass nach wie vor an der moralisch-ethischen Verpflichtung von Unternehmen gegenüber der Gesellschaft gezweifelt wird. Einer der bekanntesten Vertreter der Wirtschaftsliberalen ist der Nobelpreisträger Milton Friedman (Friedman und Friedman 2002, S. 133), der die soziale Verantwortung von Unternehmen in den 1960er Jahren wie folgt beschreibt: „In such an economy there is one and only one social responsibility of business – to use its resources and engage in activities designed to increase its profits so long as it stays within the rules of the game, which is to say, engages in open and free competition without deception or fraud." Demnach haben Unternehmen, die im freien Wettbewerb stehen, sich im Rahmen der Gesetze bewegen, Umsatzsteigerung generieren und somit zum Wirtschaftswachstum beitragen, ihre soziale Schuldigkeit getan. Diese Aussage steht stellvertretend für wirtschaftsliberale Strömungen, die für die Freiheit des Marktes, mehr Wettbewerb und weniger Einflussnahme des Staates im Wirtschaftsleben plädierten.

Doch nicht erst der Brundtland-Bericht von 1987 hat gezeigt, dass die gesellschaftlichen Ansprüche gegenüber Unternehmen weitaus größer sind als angenommen. Heute wird unternehmerische Verantwortung nicht nur von Großkonzernen nach außen hin zelebriert, sondern auch immer mehr Klein- und Mittelbetriebe knüpfen ihre geschäftlichen Tätigkeiten an konkrete Wertvorstellungen. Doch was versteht man überhaupt unter gesellschaftlicher Verantwortung aus Unternehmersicht, und wie kann Nachhaltigkeit auf Unternehmensebene umgesetzt werden?

Dazu müssen wir einen Schritt zurück machen und die Dimensionen unternehmerischer Nachhaltigkeit als Teil einer nachhaltigen Gesellschaft betrachten, wie sie in ◘ Abb. 4.1 dargestellt ist. Auf der einen Seite sind Unternehmen eingebettet in Regionen, die ihrerseits bereits nachhaltige Rahmenbedingungen schaffen oder nicht schaffen. Auf der anderen Seite sind es die Menschen und damit die Individuen, die ihrerseits entscheidend für Nachhaltigkeitsprozesse sind. In diesem „Klima der Nachhaltigkeit" agieren Unternehmen, die – zumindest nach außen hin – meist drei Begriffe in ihren Nachhaltigkeitskonzepten verwenden: „**Corporate Citizenship**", „**Corporate (Social) Responsibility**" und „**Corporate Sustainability**".

Corporate Citizenship (CC; unternehmerisches Bürgerengagement) ist das systematische **soziale Engagement von Unternehmen** außerhalb der unternehmerischen Tätigkeiten. Dazu zählen Maßnahmen wie Spenden, Sponsoring (Corporate Giving), die Gründung von Stiftungen (Corporate Foundations) oder die Förderung des freiwilligen sozialen Engagements von Mitarbeiterinnen und Mitarbeitern (Corporate Volunteering) (Aachener Stiftung Kathy Beys 2014; Loew et al. 2004). Doch weder Unternehmen noch die wissenschaftliche Literatur grenzen die beiden Begriffe „Corporate Responsibility" (CR) und „Corporate Social Responsibility"

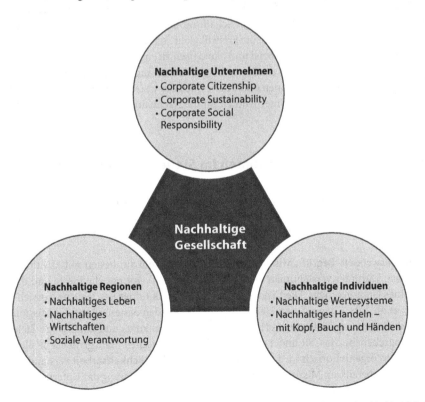

◘ Abb. 4.1 Von der nachhaltigen Gesellschaft zu zentralen Begriffen unternehmerischer Nachhaltigkeit

(CSR) voneinander ab (Schneider und Schmidpeter 2012; Werther und Chandler 2006). Sowohl CSR als auch CR werden nur als Teil einer nachhaltigen Unternehmensführung (Corporate Sustainability, CS) verstanden, die soziale wie auch ökologische Belange in die Geschäftstätigkeiten integrieren. Unternehmen, die sich hingegen der CS verschrieben haben, orientieren sich an den Prinzipien der nachhaltigen Entwicklung.

Die CSR ist spätestens seit der Lissabon-Strategie und dem daraus entstandenen Grünbuch der Europäischen Kommission mit dem Titel „Europäische Rahmenbedingungen für die soziale Verantwortung der Unternehmen" ein fixer Bestandteil der europäischen Nachhaltigkeitsstrategie. Im Jahr 2001 hat die Europäische Kommission erstmals den Begriff präzisiert: „[…] ein Konzept, das den Unternehmen als Grundlage dient, auf freiwilliger Basis soziale Belange und Umweltbelange in ihre Unternehmenstätigkeit und in die Wechselbeziehungen mit den Stakeholdern zu integrieren. Sozial verantwortlich handeln heißt nicht nur, die gesetzlichen Bestimmungen einhalten, sondern über die bloße Gesetzeskonformität hinaus ‚mehr‘ investieren in Humankapital, in die Umwelt und in die Beziehungen zu anderen Stakeholdern" (EK 2001, S. 7).

Zehn Jahre danach wurde die Definition im Rahmen der neuen EU-Strategie für CSR dahingehend verschärft, dass die EU bereits von unternehmerischer Verantwortung gegenüber der Gesellschaft sprach: „the responsibility of enterprises for their impacts on society" (EK 2011b, S. 6). Dazu zählen Maßnahmen in den Bereichen Soziales, Ethik, Umwelt, Menschenrechte und Konsumentenschutz, die präventiv wie auch schadensmindernd eingesetzt werden sollen.

Diese Definitionen verdeutlichen einerseits die gestiegenen gesellschaftlichen Ansprüche gegenüber Unternehmen, andererseits die Dringlichkeit, Unternehmen im Sinne des **Gemeinwohls** in die Pflicht zu nehmen. Als Konzept zur Schaffung einer nachhaltigen Unternehmenskultur wird von politischer Ebene primär an die Freiwilligkeit von Unternehmen appelliert, sich über gesetzliche Bestimmungen hinaus sozial und ökologisch zu engagieren. Daraus ergibt sich ein großer Handlungsspielraum für Unternehmen bei der Gestaltung und Umsetzung von derartigen Maßnahmen. Welche Maßnahmen unter dem Dach der CS(R) und CC gesetzt werden und aus welchen Beweggründen sich Unternehmen für die Nachhaltigkeit engagieren, wird im folgenden Abschnitt erläutert.

4.2.2 Unternehmerische Maßnahmen im Sinne der Nachhaltigkeit

Wie wir bereits erfahren haben, sollte die CSR im Idealfall in sämtliche unternehmerische Tätigkeiten integriert werden. Im Idealfall handelt das Unternehmen nach vorgegebenen Verhaltensgrundsätzen. Die Hierarchie eines Unternehmensleitbildes ist in ☐ Abb. 4.2 schematisch dargestellt.

Der häufig verwendete Begriff „Mission Statement" kann wohl am besten mit „Leitbild" übersetzt werden. Darunter versteht man den (gesellschaftlichen) Auftrag, die Ideale und die Grundwerte eines Unternehmens. Die Vision verdeutlicht die zukünftige betriebliche Ausrichtung (Johnson et al. 2011; Camphausen 2007). Folgerichtig werden basierend auf der Mission und der Vision die unteren Zielebenen orientiert. Dazu gehören kurz- und langfristige Ziele bzw. die Planungsebenen. Die CSR findet sich als Teil des strategischen Managements in allen Zielebenen wieder; organisatorisch wird sie meist als Teil der **Öffentlichkeitsarbeit** verstanden. Oftmals können wir bereits am Mission Statement ablesen, welche Bedeutung das Unternehmen der gesellschaftlichen Verantwortung beimisst.

Abb. 4.2 Zielhierarchien der (unternehmerischen) Leitbildentwicklung

Aus der Praxis

Unternehmensleitbilder

Im Folgenden finden sich Auszüge aus dem Leitbild zweier Großkonzerne aus unterschiedlichen Sparten: der OMV aus dem Energiesektor und der REWE Group aus dem Lebensmittelsektor. Vergleichen Sie die Auszüge aus dem Mission Statement. Welche Unterschiede und welche Wertvorstellungen können Sie erkennen?

„Wir arbeiten professionell und haben uns dazu verpflichtet, in einem umfangreichen und kontinuierlichen Prozess das Nachhaltigkeitsmanagement im Unternehmen zu implementieren. Dazu gehört, dass wir bei allen Entscheidungsfindungsprozessen und allen Geschäftsaktivitäten neben wirtschaftlichen auch ökologische und gesellschaftliche Aspekte gebührend

beachten. Dabei orientiert sich die OMV am erprobten und ökonomisch ausgewogenen Stand der Technik. Wir stehen zu unserer Verantwortung, die wir in Hinblick auf Sicherheit und Gesundheit unseren Mitarbeiterinnen und Mitarbeitern gegenüber haben sowie für eine intakte Umwelt. Daher suchen wir stets nach Lösungen, die zu einer Win-Win-Situation für die OMV, die Gesellschaft und die Umwelt führen. Die Sicherheit unserer Mitarbeiterinnen und Mitarbeiter und aller Personen, die sich an unseren Standorten aufhalten, ist uns ein zentrales Anliegen. Daher sind wir stets bemüht, die Gesundheit unserer Mitarbeiterinnen und Mitarbeiter zu fördern beziehungsweise durch verschiedene

Maßnahmen zu verbessern. Wir legen großen Wert auf die Weiterentwicklung von Fach- und Führungskompetenzen und versuchen deshalb, das persönliche Potenzial unserer Mitarbeiterinnen und Mitarbeiter kontinuierlich weiterzuentwicklen. Bezüglich der Verantwortung gegenüber dem gesellschaftlichen Umfeld hat sich die OMV zum Ziel gesetzt, möglichst viel Positives für die Gesellschaft an unseren Standorten zu leisten." (OMV 2015)

4

„Wir bekennen uns zu unseren genossenschaftlichen Wurzeln. Wir stehen als starke Gemeinschaft für Kontinuität und Sicherheit und fördern selbstständige Existenzen. Wir sind ein internationales, kooperatives und innovatives Netzwerk und nutzen die Kraft der Vielfalt. Für unsere Kunden finden wir Lösungen, die das Leben leichter und angenehmer machen.

- Wir handeln eigenverantwortlich im Sinne der Gemeinschaft!
- Wir handeln für den Kunden – wir sind mitten im Markt!
- Wir haben Mut für Neues, Stillstand ist Rückschritt!
- Wir begegnen einander offen, mit Vertrauen und Respekt. Unser Wort gilt!
- Wir ringen um die beste Lösung, entscheiden wohlüberlegt und handeln konsequent!
- Wir sind uns unserer Verantwortung bewusst und handeln nachhaltig!" (REWE International 2009)

Die Darstellung der Unternehmenswerte auf der eigenen Website ist bereits Standard eines professionellen Internetauftritts geworden. Zusätzlich finden sich hier Informationen zur CSR, zur CR oder zur CS, die manchmal auch hinter den Schlagwörtern Nachhaltigkeit und Umwelt(schutz) versteckt sind.

Selbstverständlich orientieren sich Unternehmen in erster Linie am Erfolg, der meist eng mit dem Gewinn eines Unternehmens verknüpft ist. Ihr Handeln ist nicht mit jenem von wohltätigen oder gemeinnützigen Organisation vergleichbar. Dennoch sprechen auch aus betriebswirtschaftlicher Perspektive eine Reihe von Gründen für **freiwillige Selbstverpflichtungen** (Kotler et al. 2013):

- Betriebskosteneinsparungen,
- gesteigerter Umsatz,
- vergrößerter Marktanteil,
- Verbesserung des Unternehmensimages,
- Stärkung der Markenposition,
- attraktive Arbeitsbedingungen für Mitarbeiterinnen und Mitarbeiter.

Die meisten Punkte haben zweckrationale Hintergründe. Unternehmen sparen beispielsweise Stromkosten mit der Errichtung einer Photovoltaikanlage und verbessern gleichzeitig ihr Unternehmensimage, was wiederum die Markenposition gegenüber den Mitbewerbern stärkt und den Umsatz wie auch die Marktanteile erhöht. Des Weiteren könnte der Energieüberschuss im Sommer für den Betrieb einer Klimaanlage genutzt und so ein angenehmes Raumklima geschaffen werden. Wir sehen, dass nachhaltigkeitsorientiertes Handeln von Unternehmen sehr wohl zu finanziellen Vorteilen für Unternehmen führen kann (vgl. auch Hitchcock und Willard 2009).

Es gibt eine Vielzahl an Möglichkeiten, welche Maßnahmen Unternehmen im Bereich der CSR setzen können. In der Fachsprache werden die in ◻ Tab. 4.2 aufgeführten Begriffe unterschieden.

◻ **Tab. 4.2** Unternehmensmaßnahmen im Bereich der Corporate Social Responsibility. (Adaptiert nach Kotler et al. 2013)

Maßnahmen	Beschreibung und Beispiele
Cause Promotion (Werbesponsoring)	– Unternehmen finanziert direkt oder indirekt Werbekampagnen im Dienste der „guten Sache" – Unternehmen startet eine Kampagne gegen das Bienensterben
Cause-related Marketing	– Unternehmen knüpft den Kauf von Produkten an Geld- und Sachspenden – Beim Kauf eines Produkts kommt ein bestimmter Betrag einem wohltätigen Zweck zu gute
Sustainability/ Social Marketing	– Kampagne zur Förderung von Verhaltensänderung im Sinne der Nachhaltigkeit – Beim Einkauf werden statt Einweg- nur noch Mehrwegtaschen angeboten
Corporate Philantrophy	– Direkte karitative Geld- oder Sachspenden – Unternehmen unterstützt einen Umweltschutzverein oder geht eine langfristige Kooperation ein
Community Volenteering	– Ermunterung und Unterstützung von betriebsinternem Engagement im Sinne der Nachhaltigkeit – Belegschaft eines Betriebs hilft einen Tag bei der Flurreinigung (Müllsammeln) in der Gemeinde
Socially Responsible Business Practices	– Investitionen in nachhaltige Prozesse und Technologien über die gesetzlichen Bestimmungen hinaus – Es werden flexible Arbeitszeitmodelle eingeführt, die die Vereinbarkeit von Familie und Beruf erleichtern – Ein Betrieb steigt bei den Dienstfahrzeugen auf Elektromobilität um oder richtet einen Betriebskindergarten ein

Aus der Praxis

„Don't buy this jacket"

Eine einseitige Werbeschaltung in der *New York Times* im Herbst 2011 ließ nicht nur den Atem vieler Marketing- und Werbeexperten stocken: „Don't buy this jacket" lautete der Slogan des Inserats, und darunter war eine blaue Fleecejacke der Marke Patagonia zu sehen – ein Bestsellerprodukt, wie der Outdoorspezialist in späteren Interviews mitteilte. Mit diesem Slogan wagte Patagonia einen Schritt, den kein Unternehmen bisher gewagt hatte: seinen eigenen Kundinnen und Kunden vom Kauf neuer Produkte abzuraten. Die Umsatzzahlen rasselten trotz oder gerade wegen dieser Werbung nicht in den Keller, ganz im Gegenteil. Diese Werbung hatte vermutlich deswegen so viel Erfolg, da sie die wohl radikalste Form des nachhaltigen Konsums einfordert: den Konsumverzicht. Die Botschaft Patagonias ist klar: Je weniger gekauft wird, umso weniger Ressourcen werden verbraucht. Setze auf langlebige Produkte und versuche, diese so lang wie möglich zu verwenden. Und sollten sie irreparabel geworden sein, recycle sie, um sie einer neuen Nutzung zuzuführen. Dieser Ansatz findet sich auch in der Common-Threads-Kampagne: „Reduce, Repair, Reuse, Recycle, Reimagine." Die abschließenden Worte der Werbung sind eine Aufforderung an uns alle: „There is much to be done and plenty for us all to do. Don't buy what you don't need. Think twice before you buy anything. Go to patagonia.com/CommonThreads, take the Common Threads Initiative pledge and join us in the fifth R, to reimagine a world where we take only what nature can replace" (Gunther 2011).

Aus der Praxis *(Fortsetzung)*

Patagonia hat sich bereits sehr früh für Nachhaltigkeitsmaßnahmen stark gemacht. Diese reichen von der Mitgliedschaft bei der Fair Labour Association (FLA), der Offenlegung der Lieferkette, der Verwendung von nachhaltigen Materialien über Spenden von mindestens 1 % des Umsatzes an Umweltorganisationen bis hin zu flexiblen und familienfreundlichen Arbeitsmodellen für Mitarbeiterinnen und Mitarbeiter. Das „Saubermann-Image" spricht nicht nur bekennende Naturliebhaber und Outdoorfreaks an, sondern immer mehr strategische und nachhaltige Konsumentinnen und Konsumenten (vgl. auch Patagonia 2011).

Aus der Praxis

Strom aus Eigenproduktion für SPAR-Filialen

„Die Handelskette Spar nimmt heuer eine Million Euro in die Hand und investiert in die Errichtung neuer Photovoltaik-Anlagen. Von den insgesamt 18 Anlagen steht derzeit unter anderem jene auf einer Filiale in St. Veit vor der Fertigstellung. Ebenso stammt die Technik mit den Solarmodulen von Kioto Solar aus der ‚Sonnenstadt'. ‚Uns war es bei der Auswahl der Techniker wichtig, auf österreichische Qualität zu setzen. Somit bleibt die gesamte Wertschöpfung im Land', erklärt Spar-Vorstandsdirektor Hans Reisch. Der Standort wird mit dem produzierten Strom direkt vor Ort versorgt" (Kleine Zeitung 2014).

Doch wodurch unterscheiden sich nachhaltige Unternehmen von **Mitläufern** und **Trittbrettfahrern**? Wie eingangs erwähnt wird nachhaltiges Verhalten von politischer wie auch gesellschaftlicher Seite verstärkt eingefordert. Beinahe jedes Unternehmen zeigt sich bemüht, in irgendeiner Form nachhaltig zu agieren oder zumindest so zu erscheinen. Nicht alle nehmen ihr Engagement tatsächlich so ernst, wie es sich Konsumentinnen und Konsumenten wünschen würden. Da viele Maßnahmen auf Freiwilligkeit basieren, wird der moralische Bezugsrahmen unterschiedlich interpretiert.

Die Interpretationsbandbreite reicht von sehr hohen Wertvorstellungen, die vom Unternehmen selbst gelebt werden und nachhaltige Produkte und Produktionsprozesse hervorbringt, bis zu Lippenbekenntnissen oder leeren Worthülsen. Immer mehr Unternehmen scheinen erkannt zu haben, dass Umwelt- und Sozialmaßnahmen dem Unternehmen nützlich sein können. Leider werden solche Initiativen oft dazu missbraucht, um das **Unternehmensimage** aufzupolieren und Gewinne zu erhöhen, ohne dabei wirklich nachhaltig zu agieren.

In der Fachterminologie hat sich für diese Praxis ein neuer Begriff etabliert, der diesem „grünen Mantel" einen Namen gibt: Green Washing. Hinter diesem Anglizismus versteckt sich eine Vielzahl von Unternehmenspraktiken, die in erster Linie dem Unternehmen und nicht dem Gemeinwohl dienen. Dass die Unternehmensspitze nicht immer im Sinne des Gemeinwohles agiert, ist nicht Teil der Kritik, sondern vielmehr die bewusste Irreführung der Konsumentinnen und Konsumenten.

Im Zuge dessen werden folgende Formen des Green Washing unterschieden (Futerra Sustainability Communications 2008; Rickens 2010):

- oberflächliche, insbesondere visuelle Veränderungen, die Umweltbewusstsein suggerieren sollen (z. B. Grünfärbung des Logos, „grüne" Bilder),
- inhaltsleere Partnerschaften oder Kooperationen mit Umweltorganisationen oder glaubwürdigen, prominenten Fürsprechern,
- Neugründungen zur Eigenzertifizierung,
- übertriebene Darstellung kleiner Umwelterfolge bzw. Maßnahmen, obwohl das Unternehmen im Übrigen wenig verantwortungsvoll agiert,

- schwammige Floskeln, geschönte oder nicht nachvollziehbare Daten, fehlende Belege,
- höhere Ausgaben für die Bewerbung von Nachhaltigkeitsmaßnahmen als für die Nachhaltigkeitsmaßnahmen selbst,
- im Verborgenen wird gegen strenge Umweltauflagen gearbeitet oder diese werden umgangen (Produktionsauslagerung), nach außen hin gibt man sich jedoch nachhaltig.

Oft stellt sich die Frage, wo Green Washing beginnt und wo es endet. In vielen Fällen ist auf den ersten Blick ein eindeutiges Vergehen festzustellen (▶ Aus der Praxis: Zwei Beispiele aus dem Alltag des Green Washing), manchmal müssen wir genauer hinsehen, um entlarvende Details festzustellen. Eine **kritische Grundhaltung** gepaart mit objektiven Informationsquellen ist vonnöten, damit wir in Zukunft weniger oft in die Green-Washing-Falle tappen.

Aus der Praxis

Zwei Beispiele aus dem Alltag des Green Washing

1. **Des einen Leid, des anderen Freud:** Ein Großkonzern kauft Wasserquellen in der Dritten Welt auf und verkauft das abgefüllte Grundwasser zu überhöhten Preisen an die Bevölkerung vor Ort. Durch die Absenkung des Grundwasserspiegels sind die Brunnen der Umgebung trocken, weshalb die Menschen zum Kauf ihres eigenen, abgefüllten Wassers gezwungen sind. Nur wenige können sich diesen Luxus jedoch leisten. Die Forderung der ansässigen Bevölkerung, der Konzern möge die Bohrung tieferer Brunnen finanzieren, wird ignoriert. Außerdem fehlt das Brauchwasser für Haushalte und Landwirtschaft. Der Konzern hingegen bewirbt sein Agieren als nachhaltiges Ressourcenmanagement und Entwicklungshilfe in der Dritten Welt: Die Wassermarke als Lebenselixier, das allen dient – eine zynisch anmutende Werbebotschaft.

2. **Vom Umweltzerstörer zum Umweltschützer:** Ein Konzern, dessen Geschäftstätigkeit im Widerspruch zum Leitbild der nachhaltigen Entwicklung steht, ist für eine der schwersten Umweltkatastrophen der Geschichte verantwortlich. In seinem Nachhaltigkeitsbericht prahlt das Unternehmen mit den hohen Summen, das es für die Sanierung des Gebiets ausgegeben hat. Schöne Bilder mit intakter Natur sollen den Eindruck eines wiederhergestellten ökologischen Gleichgewichts vermitteln. Die Tatsache der unwiderruflichen Zerstörung des Naturkapitals, das durch Geld- oder Sachspenden niemals kompensiert werden kann, wird bewusst verschwiegen oder beschönigt. Ganz im Gegenteil: Der Konzern versucht durch die kleinräumigen Sanierungsmaßnahmen Versäumnisse der letzten Jahrzehnte zu verschleiern und sich mit gezielten Imagekampagnen eine verantwortungsvolle und grüne Note zu verleihen. Ganz nach dem Motto: Wir tun etwas für die Umwelt – nachdem wir sie zerstört haben (kritische Anmerkung der Autorin).

4.3 Nachhaltige Produktion, nachhaltiger Konsum – wie kommen wir aus dem Dilemma heraus?

4.3.1 Nachhaltige Produktion

Bevor wir uns in ▶ Abschn. 4.3.3 den Möglichkeiten von **Veränderungen des politischen Rahmens** widmen, drängen sich folgende Fragen auf: Warum agieren wir trotz besseren Wissens weitestgehend wenig nachhaltig? Warum zerstören wir unsere natürlichen Lebensgrundlagen und entziehen uns der Verantwortung, obwohl wissenschaftliche Beweise den menschlichen

Einfluss auf den Klimawandel belegen? Warum werden neueste, umweltschonende Technologien offensichtlich zurückgehalten? Warum verdrängen wir nach wie vor unsere Probleme, anstatt diese anzupacken? Warum machen wir weiter so wie bisher, anstatt unser Verhalten zu ändern? Und abschließend: Wie viel Nachhaltigkeit erwarten wir von Unternehmen, und zu wie viel können wir uns selbst bekennen?

Gedankensplitter

Starke oder schwache Nachhaltigkeit – wie viel Nachhaltigkeit darf es sein?

Auf die Frage, wie viel Nachhaltigkeit wir für unsere Gesellschaft und vor allem für unsere Welt insgesamt wünschen, würden die meisten mit „viel Nachhaltigkeit" antworten. Hinter dieser Wunschvorstellung stehen unterschiedliche Nachhaltigkeitsgrade, die unsere Lebensweise mehr oder minder stark einschränken würden. In Anlehnung an Rogall (2004, 2008) lassen sich zwei Extremvarianten einer nachhaltigen Lebensweise unterscheiden:

- **Starke Nachhaltigkeit:** Die Belastungsgrenzen unseres Ökosystems sind bereits überschritten, weshalb eine Trendwende in allen Lebensbereichen unabdingbar ist. Dies soll durch stärkere Reglementierungen seitens der Politik erreicht werden. Eine Substitution von Naturkapital durch Wirtschaftskapital wird ebenso abgelehnt wie eine Substitution innerhalb des Naturkapitalstocks. Die Nutzung natürlicher Ressourcen sollte sich an ihrer Regenerationsfähigkeit orientieren, wodurch die Nutzung nicht erneuerbarer Energien als unzulässig erachtet wird. All diese Forderungen würden sowohl die Konsumentensouveränität stark einschränken als auch ein hohes Maß an Selbstbeschränkungen zugunsten der Eigenschutzrechte der Natur einfordern.
- **Schwache Nachhaltigkeit:** Die Vertreterinnen und Vertreter der schwachen Nachhaltigkeit gehen davon aus, dass unsere Umwelt- und Ressourcenprobleme durch technische Entwicklungen gelöst oder zumindest stabil gehalten werden können. Was Umweltbelastungen betrifft, sollte die Aufnahmekapazität der Umwelt insgesamt nicht überschritten und die Summe des Kapitalstocks stabil gehalten werden. Dies basiert auf der Annahme, dass natürliche Ressourcen monetär erfassbar wie auch substituierbar sind. Die Grenzen der Natur werden somit weder akzeptiert noch eingehalten.

Selbstverständlich gibt es zwischen diesen beiden Radikalformen Abstufungen und stetigen Diskussionsbedarf. Jedoch sollte uns anhand dieser Beispiele bewusst werden, welche Auswirkungen die eine oder andere Variante auf unsere Umwelt und somit auf unser Leben haben würde. Viele Effekte (insbesondere im Umweltbereich) wären nicht sofort spürbar, andere Maßnahmen wiederum hätten unmittelbare Konsequenzen auf politische Planungsaktivitäten und Konsumgewohnheiten.

Für viele der eingangs gestellten Fragen gibt es eine Reihe von Erklärungen aus den Wirtschaftswissenschaften, der Soziologie und der Psychologie. Diese Erklärungsansätze können auch als Grundlage für die Umsetzung von umwelt- und sozialpolitischen Maßnahmen dienen. Ausgehend von der Tatsache der **Übernutzung natürlicher Ressourcen** nennt Rogall (2008) folgende Gründe:

- **Natürliche Ressourcen werden als öffentliche Güter behandelt:** Darunter versteht man, dass Umweltgüter aufgrund von fehlenden Eigentumsrechten bzw. nicht geklärten Besitzverhältnissen von jedermann kostenlos in Anspruch genommen werden können.
- **Umweltkosten werden externalisiert:** Dabei wird versucht, die Umweltkosten, die im Zuge unseres täglichen Handelns entstehen, auf Dritte, z. B. Steuerzahlende, zukünftige Generationen oder die Umwelt, abzuwälzen.

Zusätzlich zu diesen beiden zentralen ökonomischen Ursachen der Übernutzung führen auch eine Reihe **sozialökonomischer Phänomene und psychologischer Motive** dazu, dass wir unserer Umwelt gegenüber nicht nachhaltig agieren (Rogall 2008):

- **Trittbrettfahrersyndrom (Schwarzfahrersyndrom):** Menschen nutzen Güter bzw. Ressourcen, ohne sich an den Kosten zu beteiligen.

- **Allmende-Problem:** Der Begriff „Allmende" stammt aus dem Hochmittelalter und bezeichnete das im Gemeindebesitz befindliche Wald- und Weideland, das von allen Ortsansässigen genutzt werden konnte. Dies führte meist zur Übernutzung dieser Flächen, da jede und jeder ohne Rücksicht auf die Gesamtsituation von diesem Recht Gebrauch machen wollte.
- **Gefangenendilemma:** Ein aus der Spieltheorie bekanntes Phänomen, besagt, dass Menschen erst dann ihr egoistisches Verhalten ändern, wenn sichergestellt ist, dass die anderen ihr eigennütziges Verhalten auch zugunsten einer besseren Gesamtsituation ablegen.
- **Bequemlichkeit:** Dass Menschen dazu tendieren, den Weg des geringsten Widerstands bzw. des geringsten Aufwands zu gehen, ist allseits bekannt. Nachhaltiges Agieren ist sehr oft mit einem erhöhten Zeit- und Kostenaufwand verbunden, wodurch viele ihre persönliche Nutzenmaximierung gefährdet sehen und sich deshalb nicht nachhaltig verhalten.
- **Konsumstile:** Wir leben in einer Welt, in der die Gruppenzugehörigkeit vielfach über den Konsum von Statussymbolen erfolgt.

All diese Faktoren führen dazu, dass bei der Nutzung natürlicher Ressourcen ein partielles Marktversagen auftritt (Rogall 2004). Zahlreiche natürliche Ressourcen haben keinen Marktpreis und werden daher „übernutzt". Vor allem Unternehmen werden wenig nachhaltig agieren, solange der politische und soziale Druck von außen nicht groß genug sind.

Eine Möglichkeit zur Annäherung an eine **Kostenwahrheit** für Umweltschadenkosten wäre die Monetarisierung der Umweltkosten, wie dies die Umweltökonomische Gesamtrechnung (UGR) vorsieht. Die Erhebung der Umweltkosten zu Marktpreisen unterliegt jedoch Grenzen, da einerseits eine exakte Berechnung schwer möglich und andererseits nicht alles monetär fassbar ist (z. B. ideeller oder kultureller Wert von Natur-/Kulturdenkmälern). Andererseits ist es zumindest ein guter Ansatz, sich über die Kosten von öffentlichen und meritorischen Gütern Gedanken zu machen.

Weitere Möglichkeiten, eine nachhaltigere Produktion anzuregen, wären direkte oder indirekte Einflussmöglichkeiten. Zu den direkten harten Instrumenten zählen Stoffverbote (z. B. FCKW-Verbot), vorgeschriebene Techniken, Qualitätsstandards oder Grenzwerte (z. B. Feinstaubbelastung, Garantie- und Gewährleistungen). Der Vorteil liegt in der Effizienz und Durchsetzbarkeit, da diese meist in Form von Gesetzen oder Verordnungen erlassen werden. Der „weichere", indirekte Weg führt über Zielvorgaben (z. B. erneuerbare Energien), Selbstverpflichtungen (z. B. zur Energieeinsparung seitens der Produzenten, Eco-Design), Förderungen, Umweltbildung und Informationskampagnen. Diese besitzen zwar eine hohe Flexibilität und breite gesellschaftliche Akzeptanz, sie sind jedoch weder ökonomisch effizient noch ökologisch wirksam. Auch moderne **Umweltschutzinstrumente** erweisen sich als durchaus praktikabel (z. B. die Rücknahme- und Verwertungsverpflichtungen bei Elektrogeräten), aber ökologisch wenig wirksam, wie es uns die handelbaren Emissionsrechte des Kyoto-Protokolls bewiesen haben.

Jedoch, in einem Punkt herrscht breite Übereinstimmung: Bildung, Aufklärung und freiwillige Selbstverpflichtungen allein werden unsere Probleme nicht lösen, da für dauerhafte Verhaltensänderungen stärkere Anreize und strengere Regelungen benötigt werden (s. Bequemlichkeit, Trittbrettfahrersyndrom). Unser Fehlverhalten gegenüber Umwelt und Mitmenschen hat meist keine unmittelbaren negativen Auswirkungen auf unser Leben und wird folglich auf nachkommende Generationen, die Umwelt oder andere Erdteile abgewälzt.

Der Weg hin zu einer nachhaltigeren Gesellschaft kann nur durch eine Verzahnung von nachhaltiger Produktion und nachhaltigem Konsum erzielt werden, wichtig sind:

- **Abkehr vom bisherigen Produktions- und Konsumverhalten** (Kultur des Konsumismus und der Gewinnmaximierung)

- **Internalisierung externer Kosten** (vor allem der Umweltkosten) in die Preise von Waren und Dienstleistungen
- **Deutliche Effizienzsteigerungen** (Produktions- und Produktoptimierungen)

Beispiele für nachhaltige Produktionsprozesse wären das Cradle-to-Cradle-Prinzip sowie das Eco-Design. Das **Cradle-to-Cradle-Prinzip** (*cradle-to-cradle* = „von der Wiege zur Wiege") orientiert sich am Regenerationsvermögen der Umwelt. Ziel ist die Rückführung aller eingesetzten Ressourcen in den biologischen oder technischen Kreislauf. Abfälle werden so weitestgehend vermieden und als Wert- bzw. Nährstoffe verstanden. Das **Eco-Design** geht vom intelligenten Einsatz der vorhandenen Ressourcen, minimaler Umweltbelastung und sozial fairen Bedingungen im gesamten Produktionszyklus bei gleichzeitiger Nutzenmaximierung für Endverbraucherinnen und -verbraucher aus (*life cycle management*). Die Anforderungen reichen von der Verwendung langlebiger, umweltfreundlicher Materialien über benutzerfreundliche und vielseitige Einsatzmöglichkeiten von Produkten bis hin zu einem entsorgungsgerechten und recyclebaren Design (Burschel 2003). Die Anforderungen sind durch die Europäische Ökodesign-Richtlinie auf EU-Ebene und durch entsprechende Verordnungen auf nationaler Ebene geregelt.

> **Aus der Praxis**
>
> ### Bean to Bar – von der Bohne zur Schokolade
>
> Hinter der gesamten Produktpalette des Chocolatiers Josef Zotter stehen ein ausgeklügeltes Unternehmenskonzept, eine lebensphilosophische Überzeugung und das Bekenntnis zu nachhaltiger Produktion. Europaweit ist er der Einzige, der Schokolade ausschließlich fair und biologisch produziert. Konsequent wird im Unternehmen das *Bean-to-Bar*-Konzept umgesetzt: Fair gehandelte Bio-Kakao-Bohnen werden direkt bei Kleinbauern eingekauft und selbst bis zum fertigen Produkt weiterverarbeitet. Dadurch wird nicht nur eine bestmögliche Qualitätskontrolle gewährleistet, sondern auch ohne Zwischenhändler gearbeitet. Die Endprodukte sind Fairtrade-, Bio-, IMO- und EMAS-zertifiziert.
>
> Auch außerhalb Österreichs wird dieses Konzept umgesetzt: In Shanghai wurde 2014 ein Schokoladentheater eröffnet. Eine Erlebniswelt auf über 2400 m² soll den Besucherinnen und Besuchern neben dem exklusiven Schokoladengenuss auch die Prinzipien einer nachhaltigen Produktion näherbringen.

4.3.2 Nachhaltiger Konsum

Eingeführt wurde der Begriff des nachhaltigen Konsums bereits in der Agenda 21, die in Rio 1992 verabschiedet wurde. Kapitel 4 der Agenda 21 befasst sich mit den notwendigen Änderungen der Konsumgewohnheiten, die für eine nachhaltige Entwicklung unabdingbar sind. Seither sind mehr als 20 Jahre vergangen und die folgenden Ziele eines nachhaltigen Konsums sind bei Weitem nicht erreicht:

- **Entkopplung** von Wirtschaftswachstum und Umweltzerstörung durch die Erhöhung der Effizienz der Ressourcennutzung in der Produktion, Verteilung und Nutzung von Produkten
- **Stabilisierung** der Energie-, Material- und Verschmutzungsintensität aller Produktions- und Konsummuster innerhalb der Tragfähigkeit der natürlichen Ökosysteme
- **Änderung** von Lebens- und Konsumstilen (im Sinne der Suffizienz)

Wie können Konsumentinnen und Konsumenten zu einer nachhaltigeren Entwicklung beitragen?

Vorab stellt sich die Frage „wie viel Nachhaltigkeit" wir uns von politischer und vor allem unternehmerischer Seite erwarten. Bei den Ausführungen zur starken bzw. schwachen Nachhaltigkeit konnten wir diese Frage für uns persönlich vorerst beantworten. Nun legen wir diese Wertvorstellungen inklusive jener aus den anderen Kapiteln übereinander und fragen uns, welchen Beitrag wir als Einzelperson oder Gruppe zur nachhaltigen Entwicklung leisten können.

Studien belegen, dass Konsumentinnen und Konsumenten Unternehmen eine immer größere gesellschaftlichere Verantwortung zuschreiben. Laut einer internationalen Umfrage würden 94 % der Befragten mit hoher Wahrscheinlichkeit zu Marken wechseln, die gesellschaftliche Interessen unterstützen (Kotler et al. 2013). Dies ruft die Marketingexpertinnen und -experten der Firmen auf den Plan, um ihre Produkte und das gesamte Unternehmen (zumindest) nachhaltiger erscheinen zu lassen. Doch wie können sich Konsumentinnen und Konsumenten, die gezielt einen Beitrag zur Nachhaltigkeit leisten wollen, in der schönen, sauberen Einkaufwelt noch zurechtfinden? Sind die Produkte tatsächlich um so vieles nachhaltiger geworden, oder werden wir gezielt hinters Licht geführt? Einige dieser Fragen konnten wir bereits anhand des Green Washing besprechen. Andere werden Schritt für Schritt am Beispiel des „nachhaltigen Konsums" geklärt.

In der Literatur gibt es eine Vielzahl an Konsumdefinitionen, die sich mit den Wertvorstellungen der nachhaltigen Entwicklung decken:

- **Moralischer Konsum:** Konsum wird in diesem Zusammenhang als moralisch-ethischer Akt gesehen, bei dem die Konsumentin bzw. der Konsument sich zu mehr als nur zur eigenen Nutzenmaximierung verpflichtet fühlt. Der moralische Konsum reicht vom gezielten Kauf über den Boykott bestimmter Produkte oder Hersteller bis hin zum Konsumverzicht (z. B. tierische Produkte) (Ermann 2014).
- **Strategischer Konsum:** Die strategischen Konsumentinnen und Konsumenten agieren selbstbewusst und zielgerichtet, denken langfristig, sind gut informiert und orientieren sich nicht an kurzfristigen Modetrends. Ihr Kaufverhalten ist auch meist an moralisch-ethische und vor allem nachhaltige Wertvorstellungen geknüpft mit dem übergeordneten Ziel, mit ihrem Konsumakt die Märkte zu verändern (Utopia 2014).
- **Nachhaltiger Konsum:** Umwelt- und sozialverträglicher Lebensstil, der sich an den Zielvorstellungen der nachhaltigen Entwicklung orientiert (Verminderung gesellschaftlicher Ungleichheiten und im Einklang mit der Regenerationsfähigkeit der Umwelt) (BMASK 2014; Brunner 2009). Dabei kann man zwischen nachhaltigem Konsum im weiteren und im engeren Sinne unterscheiden. Ersterer drückt sich in einem **bewussteren Einkauf** im Vergleich zum konventionellen Konsum aus, ohne sich im individuellen Nutzen zu einzuschränken. Nachhaltiger Konsum im engeren Sinne ist hingegen inter- und intragenerationell verallgemeinerbar und eng an die Prämissen der Nachhaltigkeit (als absolute Zielerreichung und nicht nur als relative Verbesserung zum Ist-Zustand) geknüpft (Belz 2007).

Alle dargestellten Konsumströmungen haben eines gemeinsam: die Kopplung des Konsums an mehr oder minder klare Wertvorstellungen. In den meisten Fällen überschneiden sich ethisch-moralische mit ökologischen Kriterien, sodass der moralische und strategische Konsum in vielen Fällen auch ein nachhaltiger ist. Dennoch hinterlassen wir mit unseren Konsumhandlungen Spuren, denen wir uns nur selten bewusst sind. Es werden Ressourcen und Energie bei der Herstellung von Produkten verbraucht und Abfälle produziert, die von der Umwelt nur teilweise abgebaut werden können. Diese Spuren unseres täglichen Handelns werden durch den ökologischen Fußabdruck, ausgedrückt als Flächenverbrauch in Globalhektar pro Jahr, veranschaulicht. Die Berechnungsmethode berücksichtigt die Kategorien Wohnen, Ernährung, Mobilität und Konsum (Konsum von Gütern und privaten wie öffentlichen Dienstleistungen und Einrichtungen), d. h. sämtliche Lebensbereiche, in denen wir im weitesten Sinne konsumieren bzw. Ressourcen verbrauchen. Den eigenen ökologischen Fußabdruck kann man unter http://www.mein-fussabdruck.at/ online berechnen. Viele werden verwundert sein, wie groß die eigenen Fußspuren sind.

| Gedankensplitter |

Quick & Dirty oder der Sofort-Wahn

Wer kennt dies nicht: Wenn wir etwas haben möchten, dann wollen wir nicht darauf warten, sondern wollen es sofort. Sie suchen nach einem Buch für eine Lehrveranstaltung. Im Buchladen um die Ecke ist dieses leider vergriffen, der nächste Liefertermin ist mit ungefähr einer Woche anberaumt. Dankend verneinen Sie die Frage, ob das Werk für Sie bestellt werden solle. Wie oft haben Sie sich dabei ertappt, ein Buch lieber online zu erwerben, als den Buchladen um die Ecke zu unterstützen? Täglich treffen wir Konsumentscheidungen und beeinflussen mehr, als uns oft bewusst ist.

Offen gesagt sprechen eine Reihe von Gründen für die schnellere und bequemere Methode: Wir sind ja ohnehin ständig online, und mit ein paar Klicks haben wir das Buch schon in der virtuellen Einkaufstasche, vielleicht sogar billiger, Zahlung per Kreditkarte und Lieferung nach Hause inklusive!

Aber kennen wir noch das Genussschmökern in der Buchhandlung, das Durchblättern, Überfliegen oder gar Anlesen einzelner Passagen? Oder einfach die Entdeckung oder persönliche Empfehlung einer neuen Autorin, die einem trotz täglicher Kaufvorschläge im Zeitalter des modernen personalisierten Marketings per E-Mail wohl entgangen wäre?

4.3.3 Globalisierung und Reichtum versus nachhaltige Entwicklung und alternative Wirtschaftsmodelle

Globalisierung und Reichtum

Bevor es zu „nachhaltigen Perspektiven" unter den Rahmenbedingungen einer globalisierten Welt geht, soll ein Blick auf **Reichtum und Armut** helfen, eine Standortbestimmung durchzuführen, die die Notwendigkeit umzudenken unterstützen soll. Betrachten wir die globalen Einkommensdisparitäten (◑ Abb. 4.3), so zeigt sich für 2014, dass die Schere zwischen Arm und Reich drastisch ist und weiter zunimmt: 8,6 % der erwachsenen Weltbevölkerung vereinigen 85,3 % des gesamten Reichtums auf sich (darunter sind rund 35 Mio. US$-Millionäre, die 44 % des globalen Reichtums besitzen; noch im Jahr 2010 lag diese Zahl bei 24 Mio.; sie besaßen damals 34 % des globalen Reichtums). Das mittlere Segment – das sind 21,5 % der Weltbevölkerung mit einem Einkommen zwischen US$ 10.000 und US$ 100.000 – verfügt nur über 11,8 % des globalen Reichtums, und 69,8 % der Weltbevölkerung verfügen über nur 2,9 %. Die Veränderungen sind drastisch: So hat sich die Einkommensschere zwischen dem Fünftel der Menschheit, das in den reichsten Ländern lebt, und dem Fünftel der Menschen, die in den ärmsten Ländern der Welt leben, seit 1960 von 30:1 auf nahezu 90:1 vergrößert.

Dies legt ein massives **Verteilungsproblem** offen, einerseits mit starken globalen Differenzierungen, andererseits aber auch mit sehr deutlichen innerregionalen Unterschieden (◑ Abb. 4.4). Dazu benutzen wir die Betrachtung der Verteilung des Reichtums nach sogenannten Dezilen, d. h., die Anzahl der Erwachsenen wird in zehn gleiche Teile geteilt und diesen (jeweils 10 %) ihr „Reichtum" zugeordnet. Demnach zeigt sich, dass die reichsten 10 % der Er-

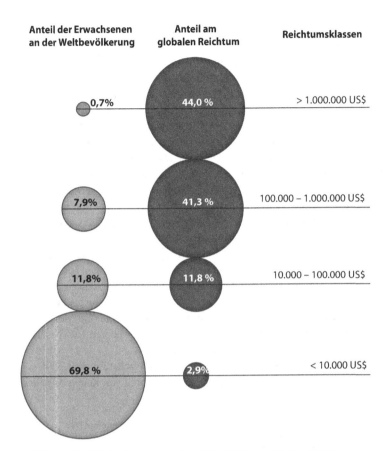

Anteil der Erwachsenen an der Weltbevölkerung	Anteil am globalen Reichtum	Reichtumsklassen
0,7%	44,0 %	> 1.000.000 US$
7,9%	41,3 %	100.000 – 1.000.000 US$
11,8%	11,8 %	10.000 – 100.000 US$
69,8 %	2,9%	< 10.000 US$

☐ **Abb. 4.3** Die globalen Einkommensdisparitäten 2014. (Credit Suisse 2014a)

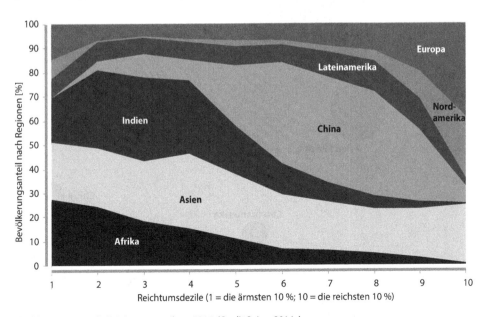

☐ **Abb. 4.4** Regionale Reichtumsverteilung 2014. (Credit Suisse 2014a)

wachsenen Europas nahezu 40 % des gesamten globalen Wohlstands besitzen, die reichsten 10 % Nordamerikas knapp 30 %. Die dynamische Entwicklung in Asien spiegelt sich darin, dass das reichste Dezil im asiatisch-pazifischen Raum bereits über 30 % des globalen Reichtums besitzt – bleibt eigentlich für Lateinamerika und Asien extrem wenig übrig. Demgegenüber ist Armut ein breites Phänomen; auch in Europa oder Nordamerika wird der Anteil an der „globalen Armut" deutlich größer. Eindrucksvoll ist insbesondere der Vergleich zwischen China und Indien: China hat extrem geringe Anteile am unteren Ende der globalen Reichtumsverteilung (untere 10 %) und auch geringe Anteile am oberen Ende (obere 10 %), hat aber eine breite (gehobene) Mittelschicht mit 40 % am globalen Reichtum in den Dezilen 6 bis 8, das durch den hohen Bevölkerungsanteil (knapp 20 % der Weltbevölkerung), durch Wirtschaftswachstum und stabile Währung, deutlich gestiegene Einkommen, aber auch durch die systembedingten geringeren Disparitäten im kommunistisch geführten Land zu erklären ist. Demgegenüber konzentrieren sich die Menschen in Indien sehr stark in den niedrigen Rängen (untere 40 %). Dies spiegelt die extremen Disparitäten zulasten der armen Bevölkerung sehr deutlich wider.

Differenziert man die **Reichtumsdisparitäten** weiter nach einzelnen Ländern, so wird die innerregionale Situation klar: In der Spitzengruppe mit den höchsten Disparitäten (die oberen 10 % besitzen mehr als 70 % des Reichtums) befinden sich etwa die USA, die Schweiz, Argentinien und Russland. In der nächsten Gruppe (die oberen 10 % besitzen mehr als 60 % des Reichtums) sind etwa Österreich, Deutschland, Schweden sowie China, Chile und Mexiko zu finden. Zur Gruppe der Länder mit den geringsten Ungleichgewichten (die oberen 10 % besitzen weniger als 50 % des Reichtums) zählen etwa Belgien und Japan.

Zusammenfassend (◗ Abb. 4.5) – und um die Komponente des Wachstums seit 2000 erweitert – kann festgehalten werden, dass Nordamerika mit einem Anteil von knapp 35 % des

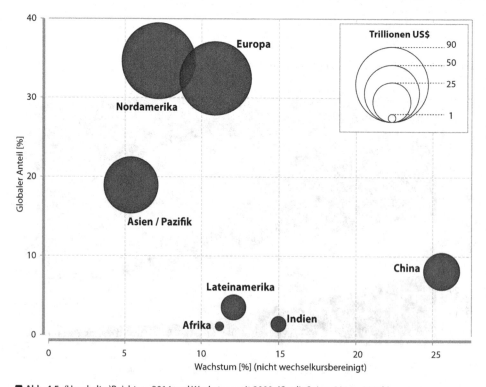

◗ **Abb. 4.5** (Haushalts-)Reichtum 2014 und Wachstum seit 2000. (Credit Suisse 2014a, 2014b)

globalen (Haushalts-)Reichtums und eher moderaten Wachstumsraten seit 2000 nach wie vor der reichste Kontinent ist, knapp gefolgt von Europa mit über 32 % und den asiatisch-pazifischen Ländern mit 19 %. Herausragend ist die Entwicklung in China, das bereits über 8 % des globalen (Haushalts-)Reichtums verfügt – allerdings mit einer extremen Wachstumsdynamik von über 25 %. Alleine in China hat der Reichtumsanteil der oberen 10 % der Bevölkerung zwischen 2000 und 2014 von 49 % auf 64 % zugenommen. Demgegenüber stagniert Japan bei einem Anteil von knapp 12 %.

Anzumerken ist noch, dass diese Aussagen die Rückgänge im (Haushalts-)Reichtum durch die globale Finanzkrise nicht widerspiegeln und seit der Jahrtausendwende deutliche Zuwächse des Reichtums zu verzeichnen sind. Zudem muss berücksichtigt werden, dass bei der Bewertung des Reichtums die Wechselkursschwankungen des US-Dollar zu anderen Währungen nicht berücksichtigt sind. Zu konstanten Wechselkursen wären die jährlichen Wachstumsraten um mehr als die Hälfte geringer; sie würden sich etwa beim Wachstum des Reichtums pro Erwachsenem in Europa und Nordamerika auf ca. 5 % belaufen, in China, Indien und den Lateinamerika jedoch auf knapp 14 %.

Unbeantwortet bleibt auch die Frage, welche Rolle die rasch wachsende neue Mittelschicht in den Schwellenländern (China, Indien, Brasilien, Mexiko etc.) bei deren Demokratisierung, beim Abbau von Disparitäten sowie bei der Nutzung natürlicher Ressourcen spielen wird. Vor allem die Anpassung an das westliche Konsumverhalten führt – ohne Einschränkungen des hohen Lebensstandards der alten Mittelschicht im globalen Norden – zu einer dramatischen Übernutzung der natürlichen Ressourcen, zu weitgehend ungebremstem CO_2 Ausstoß und mittelfristig zum Kollaps der Versorgung mit Energie, Wasser, Lebensmitteln und Rohstoffen (vgl. auch Nölke et al. 2014).

Die dargestellte Dualität zwischen Globalisierung und Fragmentierung, zwischen Internationalisierung und Regionalisierung, zwischen Nord und Süd, zwischen multinationaler Konzernökonomie und sozialem Wohlergehen der Menschen führt zwangsläufig zur Frage, wie und ob der gesellschaftlich-politische Rahmen geändert werden kann. Im Folgenden wird erörtert, was **neue alternative Wirtschaftsmodelle** vorschlagen, um die Einkommensdisparitäten zu reduzieren und unsere Welt sozialer zu gestalten.

Ökosoziale Marktwirtschaft und der Global Marshall Plan

Die Ökosoziale Marktwirtschaft wurde gegen Ende der 1980er Jahre als Erweiterung zur sozialen Marktwirtschaft entworfen. Zu den bereits seit dem Zweiten Weltkrieg bestehenden Forderungen nach sozialer Gerechtigkeit und Sicherheit kommt der Anspruch nach einer intakten Umwelt und der Generationengerechtigkeit ins Spiel. Die Politik sollte nicht nur Quantitatives, sondern vor allem eine Steigerung der Lebensqualität im Auge haben. Im Gegensatz zu den im Anschluss vorgestellten Konzepten tritt die Ökosoziale Marktwirtschaft nicht für einen Systemwechsel ein. Vielmehr wird die These vertreten, dass durch das Drehen an vielen Stellschrauben die notwendigen Veränderungen von globaler bis zur nationalen Ebene herbeigeführt werden können (Buczko et al. o. J.). Zur Schaffung eines **gerechteren und ökologischeren globalen Ordnungsrahmens** wurde auf einer älteren Initiative des Politikers und Umweltaktivisten Al Gore – und in Anlehnung an den Marshallplan nach dem Zweiten Weltkrieg – im Jahr 2003 eine Plattform für Aktivitäten von Personen und Organisationen aus Wissenschaft, Politik, Medien, Kultur, Wirtschaft und NGOs, nämlich der **Global Marshall Plan**, begründet (http://www.globalmarshallplan.org/). Durch Ko-Finanzierungsmodelle, die mit der Einführung von ökologischen und sozialen Standards verbunden sind, soll eine Win-win-Situation sowohl für den globalen Norden als auch für den globalen Süden erreicht werden.

Gemeinwohlökonomie

Deutlicher fällt die die Forderung der Gemeinwohlökonomie aus: Sie plädiert für einen radikalen Systemwechsel ausgehend von der nationalen Ebene. Als Basis dient eine neue Werthaltung, die **das soziale Zusammenleben und das wirtschaftliche Handeln** kennzeichnen sollte. Gewinnstreben und Konkurrenz sollten durch Gemeinwohlstreben und Kooperation ersetzt werden, ebenso wie Egoismus und Gier durch Solidarität und Kooperation. Laut Felber (2012), dem Begründer der Gemeinwohlökonomie, liegt der Kern des Problems darin, dass unser aktuelles Wirtschaftssystem diese positiven Wertvorstellungen nicht fördert. Ganz im Gegenteil werden jene, die sich nicht nachhaltig verhalten, sogar noch belohnt: so etwa Spekulantinnen und Spekulanten an den Börsen oder im Immobiliensektor, aber auch Investorgruppen, die Ressourcen und Menschen in weniger entwickelten Ländern ausbeuten. Sowohl der unternehmerische Erfolg als auch die volkswirtschaftliche Prosperität müssten neu definiert werden. Statt über den Finanzgewinn sollten sich Unternehmen über eine Gemeinwohlbilanz ausweisen. Das globale Wirtschaftsmaß, das Bruttoinlandsprodukt (BIP), würde durch das Gemeinwohlprodukt ersetzt werden. Politisch sollte die repräsentative Demokratie durch eine direkte und partizipative Demokratie ersetzt werden, um den Menschen mehr Gestaltungsmöglichkeiten, aber auch Kontrollrechte einzuräumen. Nicht zuletzt lässt Felber mit folgender Forderung aufhorchen: eine Obergrenze von Privatvermögen sowie eine Beschränkung des Erbrechtes zugunsten des Gemeinwohls.

Solidarische Ökonomie

Die Solidarische Ökonomie geht von der Prämisse aus, dass „die Ökonomie für die Menschen da ist und nicht die Menschen für die Ökonomie" (Voss 2010, S. 15). Wirtschaftsaktivitäten sollten jenen Nutzen stiften, der sich an den Bedürfnissen der Menschen orientiert und die Solidarität untereinander sowie mit der Natur fördert. Dazu müssen sich die Produktionsmittel im kollektiven Eigentum befinden und von übergeordneten Verbänden verwaltet werden. Kapitalistische Strukturen sind als eine der Hauptursachen des globalen Dilemmas aufzulösen. Im Gegensatz zur Gemeinwohlökonomie und Ökosozialen Marktwirtschaft sind die Initiativen der Solidarischen Ökonomie eher im lokalen Rahmen angesiedelt. Ursprünglich in Form von Genossenschaften und Verbänden gegründet, wird die Solidarische Ökonomie nun in Form von Urban Gardening, Open-Source-Plattformen und Regionalwährungen (wie auch bei der Diskussion um den Grexit und die Rückkehr zur Drachme ins Treffen geführt) umgesetzt.

Postwachstumsökonomie

Die Vertreter der Postwachstumsökonomie sehen die Ursache der Fehlentwicklungen nicht im ordnungspolitischen Rahmen, sondern im Dogma des Wachstums und im westlichen Wohlstandverständnis, das nun auch in Entwicklungsländern überhandnimmt. Wie schon Meadows et al. (1972) feststellten, ist **grenzenloses Wachstum weder möglich noch erstrebenswert**, da es unsere Lebensgrundlagen dauerhaft zerstört und die Ungleichverteilung verschärft. Vielmehr wird sich die Gesellschaft in Zukunft mit wenig oder gar keinem Wachstum abfinden müssen und sich auf die Steigerung der Lebensqualität besinnen. Dies ist umso notwendiger, da bereits heute in vielen westlichen Ländern keine Verbesserung der Lebensqualität festzustellen ist. Steigende Umweltverschmutzung, massiv verschuldete Staatshaushalte und soziale Spannungen sind nur einige Beispiele für globale Probleme der Wachstumsgesellschaft. Paech (2012), als bekanntester Vertreter dieser Strömung im deutschsprachigen Raum, appelliert an alle, sich gänzlich von den Wachstumszwängen zu befreien, die individuellen Konsumansprüche herunterzuschrauben und sich einem entschleunigten, einfacheren Lebensstil zuzuwenden.

Alte und neue Bewältigungsstrategien für die Zukunft

Bei einem Vortrag 2010 charakterisierte Dennis Meadows die Einstellung und die Werthaltungen unserer Gesellschaft zur Bewältigung der im jeweiligen Jahrzehnt relevanten globalen Herausforderungen mit folgenden Schlagsätzen:

- Die 1970er Jahre: „There are no limits!"
- Die 1980er Jahre: „There might be limits but they are far away!"
- Die 1990er Jahre: „The limits might not be too far away, but the market will solve the problem!"
- Die 2000er Jahre: „The markets might not function, but technology will save us!"

„30 Jahre haben wir verschlafen", sagt Dennis Meadows anlässlich des 30-Jahre-Updates, die Ausbeutung unserer Umwelt ist noch dramatischer geworden, von den Polen bis zu den Tropen, von den Gebirgsgipfeln bis zu den Meerestiefen. Er und seine Koautoren fordern revolutionäre Zugänge zu mehr Nachhaltigkeit und nennen fünf Ansätze, um den Wandel voranzutreiben (Meadows et al. 2001, 2011):

- Visionen,
- Netzwerkstrukturen,
- Wahrhaftigkeit,
- Lernverhalten und -bereitschaft,
- Zuneigung und Solidarität.

Die Diskussion geht weiter. 2012 stellte Jørgen Randers eine erneuerte Prognose vor: „2052: A global forecast for the next forty years." Darin baut er auf seinen Erfahrungen, unter anderem als Koautor des 30-Jahre-Updates, auf und verfeinert diese mit unterschiedlichen globalen Prognosen sowie den Vorhersagen und Einschätzungen von mehr als 30 führenden Wissenschaftlerinnen und Wissenschaftlern, Ökonomen, Zukunftsforschenden sowie anderen Vordenkenden, um die wahrscheinlichen Entwicklungen in Politik und Wirtschaft, Energie- und Ressourcenversorgung, Klima und Nahrungsmittelversorgung, Bevölkerungsentwicklung und Urbanisierung zu umschreiben. In seinen Zukunftsszenarien beschreibt er technische Fortschritte, insbesondere in der Ressourcennutzung, aber auch eine steigende Bedeutung der **Lebensqualität** und des menschlichen Wohlbefindens, ganz im Sinne der hedonistischen bzw. fernöstlichen Lebensphilosophien, die in unserer westlichen Welt verstärkt Einzug hält. Demgegenüber stehen uns massive Veränderungen durch die rasante Urbanisierung bevor, ebenso werden wirtschaftliche Probleme durch soziale Unruhen und den Folgen von Disparitäten und Armut zunehmen. Auch werden wir wohl den Klimawandel nicht durch nachhaltigere Lebensweisen in den Griff bekommen.

Konkret formuliert Randers in einer Veranstaltung des Club of Rome in Rotterdam seine vier wichtigen Zukunftsaspekte:

- Bildung und Empowerment, speziell für Frauen,
- Respekt und gegenseitige Achtung,
- neue Governance-Systeme,
- neue Wertschätzung für (Voll-)Beschäftigung und neue Einkommensverteilung.

„So, how do we prepare for the years ahead? Our personal journey into the future will need a mix of: values meeting valuation, the head meeting the heart, and the normative marrying with the positive". (https://www.youtube.com/watch?v=8qDy0jHo_DQ)

❶ Herausforderungen für die Zukunft

- **Der anhaltende Finanzkapitalismus hat die politischen Systeme so weit aufgeweicht, dass es zu einer Machtverschiebung von der Politik zu den Keyplayern des „freien Marktes" gekommen ist – die Politik wird dann gebraucht, wenn sie die Folgen von Wirtschafts- und Finanzkrisen reparieren muss.**
- **Aufgrund sinkender Wachstumsraten, insbesondere der nordamerikanischen, europäischen und japanischen Wirtschaft, nicht zuletzt als Folgen der globalen Finanzkrise, wird der Ruf nach einer Abkehr vom quantitativen Wachstumsparadigma immer lauter.**

— **Für eine nachhaltige Entwicklung der Weltwirtschaft ist eine Verringerung der Disparitäten zwischen dem globalen Norden und Süden vonnöten; ebenso ist eine geteilte und gemeinsame Verantwortung von Politik, Unternehmen, Zivilgesellschaft und Individuen unabdingbar.**

— **Von politischer Seite sind Anreizsysteme für nachhaltige Entwicklung zu schaffen, die über Lippenbekenntnisse und Freiwilligkeit hinausgehen und sowohl die Übernutzung der ökologischen Ressourcen stoppen als auch nachhaltiges Leben und Wirtschaften fördern – ansonsten werden die Klimaziele von Paris wohl Utopie bleiben.**

Pointiert formuliert

Zur Gestaltung einer zukunftsfähigen Gesellschaft sind Umdenkprozesse und alternative Wirtschaftsmodelle – als Reaktion auf die Schwächen des derzeitigen globalisierten Wirtschaftssystems – erforderlich: Die neuen Konzepte reichen vom radikalem Systemwechsel auf globaler, supranationaler und nationaler Ebene bis hin zu Ansätzen, die regionale Konzepte und Lösungsansätze bevorzugen, um einen schrittweisen, möglichst schockfreien Wandel herbeizuführen.

Literatur

Aachener Stiftung Kathy Beys (2014) Lexikon der Nachhaltigkeit. http://www.nachhaltigkeit.info/. Zugegriffen: Juli 2015

Beck U (1997) Was ist Globalisierung? Irrtümer des Globalismus – Antworten auf Globalisierung. Suhrkamp, Frankfurt am Main

Beck U (Hrsg) (1998) Perspektiven der Weltgesellschaft. Suhrkamp, Frankfurt am Main

Belz F (Hrsg) (2007) Nachhaltiger Konsum und Verbraucherpolitik im 21. Jahrhundert. Metropolis, Marburg

BMASK (Bundesministerium für Arbeit, Soziales und Konsumentenschutz) (2014) Nachhaltige Produktion – nachhaltiger Konsum. http://www.konsumentenfragen.at/konsumentenfragen/Mein_Alltag/Themen/Nachhaltiger_Konsum/. Zugegriffen: August 2014

Brunner K (2009) Nachhaltiger Konsum – am Beispiel des Essens. SWS-Rundschau 49(1):29–49

Buczko C, Giljum S, Hickersberger M (oJ) Ökosoziale Marktwirtschaft für eine zukunftsfähige Gesellschaftsordnung. Wissenschaftliches Hintergrundpapier

Burschel C (2003) Nachhaltiges Designmanagement. In: Linne G, Schwarz M (Hrsg) Handbuch nachhaltige Entwicklung. Wie ist nachhaltiges Wirtschaften machbar?. Leske & Budrich, Opladen, S 287–298

Butzin B (2000) Netzwerke, Kreative Milieus und Lernende Region: Perspektiven für die regionale Entwicklungsplanung? Zeitschrift für Wirtschaftsgeographie 44(3-4):149–166

Camphausen B (2007) Strategisches Management; Planung, Entscheidung, Controlling. Oldenbourg, München

Credit Suisse (2014a) Global Wealth Databook 2014. Zürich. https://publications.credit-suisse.com/tasks/render/file/?fileID=5521F296-D460-2B88-081889DB12817E02. Zugegriffen: März 2015

Credit Suisse (2014b) Global Wealth Report 2014. Zürich. https://publications.credit-suisse.com/tasks/render/file/?fileID=60931FDE-A2D2-F568-B041B58C5EA591A4. Zugegriffen: März 2015

EK (Europäische Kommission) (2011a) A renewed EU strategy 2011–14 for Corporate Social Responsibility. , Brüssel

EK (Europäische Kommission) (2011b) Assessing the links between wage setting, competitiveness and imbalances. = Note for the Economic Policy Committee, Document No. Ares 666366, Brüssel. http://gesd.free.fr/epc666.pdf. Zugegriffen: März 2015

EK (Europäische Kommission, Generaldirektion Beschäftigung und Soziales) (2001) Europäische Rahmenbedingungen für die soziale Verantwortung der Unternehmen, Brüssel. Eurostat (2014) Arbeitslosenquote. http://ec.europa.eu/eurostat/ Zugegriffen: März 2015

Ermann U (2013) Konsumieren. In: Lossau J, Freytag T, Lippuner R (Hrsg) Schlüsselbegriffe der Kultur- und Sozialgeographie. Ulmer, UTB, Stuttgart, S 243–257

Eurostat (2014) Beschäftigung und Arbeitslosigkeit (LFS/AKE). http://ec.europa.eu/eurostat/web/lfs/data/database

Felber C (2012) Die Gemeinwohl-Ökonomie; Eine demokratische Alternative wächst. Deuticke, Wien

Friedman M, Friedman RD (2002) Capitalism and freedom. University of Chicago Press, Chicago

Futerra Sustainability Communications (2008) The Greenwash Guide. http://www.futerra.co.uk/downloads/Green-wash_Guide.pdf. Zugegriffen: August 2014

Grobbauer H, Gürses H, Vater S (Hrsg) (2012) Globales Lernen. Zugänge. www.erwachsenenbildung.at/magazin. Zugegriffen: Dezember 2015

Gunther M (2011) Patagonia's Conscientious Response to Black Friday Consumer Madness. http://www.greenbiz.com/blog/2011/11/28/patagonias-conscientious-response-black-friday-consumer-madness. Zugegriffen: April 2015

Held D, McGrew A, Goldblatt D, Perraton J (1999) Global Transformations: Politics, Economics and Culture. Stanford University Press, Stanford, S 1–31

Hitchcock D, Willard M (2009) The Business Guide to Sustainability: Practical Strategies and Tools for Organizations, 2. Aufl. Earthscan, London

Johnson G, Scholes K, Whittington R (2011) Strategisches Management – Eine Einführung; Analyse, Entscheidung und Umsetzung. Pearson Education, München

Kleine Zeitung (2014) Strom aus Eigenproduktion für Spar-Filialen. Kleine Zeitung DIGITAL. http://www.kleinezeitung.at/kaernten/sanktveit/3699003/strom-eigenproduktion-fuer-spar-filialen.story. Zugegriffen: August 2014

Kotler P, Hessekiel D, Lee NR, Bertheau N (2013) Good works!; Wie Sie mit dem richtigen Marketing die Welt und Ihre Bilanzen verbessern. Gabal, Offenbach

Loew T, Ankele, Braun, Clausen (2004) Bedeutung der internationalen CSR-Diskussion für Nachhaltigkeit und die sich daraus ergebenden Anforderungen an Unternehmen mit Fokus Berichterstattung. Institut für ökologische Wirtschaftsforschung; future e. V. – Umweltinitiative von Unternehme(r)n. http://www.future-ev.de/uploads/media/CSR-Studie_Langfassung_BMU.pdf. Zugegriffen: Juli 2014

Martin H-P, Schumann H (2005) Die Globalisierungsfalle. Der Angriff auf Demokratie und Wohlstand, 11. Aufl. Rowohlt, Hamburg

Meadows DH, Meadows DL, Randers J (2001) Die Neuen Grenzen des Wachstums, 5. Aufl. Rowohlt, Hamburg (Erstscheinung 1993)

Meadows DH, Randers J, Meadows DL (2011) Grenzen des Wachstums-Das 30-Jahre-Update: Signal zum Kurswechsel. Hirzel, Stuttgart (Nachdruck)

Meadows DL, Meadows DH, Zahn E, Milling P (1972) Die Grenzen des Wachstums. Bericht des Club of Rome zur Lage der Menschheit. Rowohlt, Stuttgart

Nölke A, May C, Claar S (Hrsg) (2014) Die großen Schwellenländer. Springer, Wiesbaden. DOI 10.1007/978-3-658-02537-3

Nuscheler F (2006) Entwicklungspolitik. Bundeszentrale für politische Bildung, Bonn

OMV (OMV Aktiengesellschaft) (2015) OMV Konzern. http://www.omv.com/portal/01/com/omv/OMV_Group. Zugegriffen: August 2015

Paech N (2012) Befreiung vom Überfluss; Auf dem Weg in die Postwachstumsökonomie. Oekom, München

Patagonia (2011) Don't buy this jacket! Patagonia. http://www.patagonia.com/email/11/112811.html. Zugegriffen: September 2015

Polanyi K (1944) The great transformation: The political and economic origins of our time. Beacon Press, New York

Randers J (2012) 2052: A global forecast for the next forty years. University of Cambridge. http://cms.unige.ch/isdd/IMG/pdf/jorgen_randers_2052_a_global_forecast_for_the_next_forty_years.pdf

REWE International (2009) Gemeinsam einen Schritt voraus; Das Leitbild der REWE Group. http://www.rewe-group-haiti.com/project/Download/Leitbild.pdf. Zugegriffen: August 2014

Rickens C (2010) Nachhaltigkeit; Mehr Schein als Sein. Manager Magazin. http://www.manager-magazin.de/magazin/artikel/a-714172.html. Zugegriffen: Juli 2015

Rifkin J (1995) The End of Work. Putnam, New York

Rogall H (2004) Ökonomie der Nachhaltigkeit; Handlungsfelder für Politik und Wirtschaft. VS Verlag für Sozialwissenschaften, Wiesbaden.

Rogall H (Hrsg) (2008) Ökologische Ökonomie; Eine Einführung. VS Verlag für Sozialwissenschaften / GWV Fachverlage, Wiesbaden, Wiesbaden

Schneider A, Schmidpeter R (Hrsg) (2012) Corporate Social Responsibility. Springer, Berlin, Heidelberg

Schulmeister S (2014) Der Fiskalpakt – Hauptkomponente einer Systemkrise. In: Hein E, Dullien S, Truger A (Hrsg) Makroökonomik, Entwicklung und Wirtschaftspolitik. Metropolis, Marburg, S 305–322

Tetzlaff R (Hrsg) (2000) Weltkulturen unter Globalisierungsdruck. Erfahrungen und Antworten aus den Kontinenten. Dietz, Bonn

Utopia (2014) Ganz grundsätzlich Das Prinzip des strategischen Konsums. http://www.utopia.de/magazin/das-prinzip-des-strategischen-konsums. Zugegriffen: August 2014

Voss E (2010) Wegweiser solidarische Ökonomie; ¡anders Wirtschaften ist möglich! AG-SPAK-Bücher, Neu-Ulm

Welge MK, Holtbrügge D (2009) Internationales Management; Theorien, Funktionen, Fallstudien. Schäffer-Poeschel, Stuttgart

Werther WB, Chandler D (2006) Strategic corporate social responsibility; Stakeholders in a global environment. SAGE, Thousand Oaks

4

Nachhaltigkeit in der Stadt – von Herausforderungen, Partizipation und integrativen Konzepten

Franz Brunner und Thomas Drage

F. M. Zimmermann (Hrsg.), *Nachhaltigkeit wofür?*,
DOI 10.1007/978-3-662-48191-2_5, © Springer-Verlag Berlin Heidelberg 2016

5

> **Kernfragen**
> ■ Mit welchen Herausforderungen sind Städte aus Sicht der Nachhaltigkeit konfrontiert, und warum sind sie dennoch der Lebens(t)raum der Zukunft?
> ■ Welche Stadtentwicklung rückt den Menschen und seine Bedürfnisse in den Mittelpunkt?
> ■ Welche Methoden gibt es für die Beteiligung der Bevölkerung (Partizipation), und wie werden möglichst viele Bürgerinnen und Bürger in Stadtentwicklungsprozesse eingebunden?
> ■ Was versteht man unter integrativer Stadtentwicklung und wie lassen sich aktuelle Konzepte, wie etwa das Smart-City-Konzept einordnen?

So vielfältig die **Reize der Stadt** im Alltag sind, so vielfältig sind auch die Interessen der Wissenschaft am Forschungsgegenstand Stadt. „Stadt" kann statistisch, historisch-genetisch, morphologisch, nach der Gestaltung von Grundriss und Aufriss oder nach wirtschaftlichen Funktionen untersucht werden – alle diese Aspekte sind es auch, die Städte so interessant machen (Paesler und Haas 2008). „Verstädterung" ist zum Schlagwort geworden, die Dynamik der Urbanisierungsprozesse ist dramatisch. (Die deutschen Begriffe „Verstädterung" und „Urbanisierung" werden in diesem Buch synonym verwendet, weil sowohl im Englischen (*urbanization*) als auch im Französischen (*urbanisation*) keine Unterscheidung vorhanden ist.) Die Pull-Faktoren für den Zuzug in Städte sind ökonomischer und sozialer Art: In einem ausdifferenzierten Arbeitsmarkt werden Chancen gesehen auf Einkommen und sozialen Aufstieg, auf Wohlstand und Lebensqualität. Zudem findet man in der Stadt alles, was zum Erfüllen der materiellen und immateriellen Bedürfnisse benötigt wird – Wohnungen, Arbeitsplätze, Bildungsstätten, Versorgungsmöglichkeiten, Kultureinrichtungen und Veranstaltungen, kulturelle Vielfalt und (die oft gewünschte) Anonymität (Bullinger und Röthlein 2012). Die Frage der individuellen Nutzung dieser Ressourcen spielt in der Attraktivitätsdiskussion von Städten vorerst eine untergeordnete Rolle (UN HABITAT 2014). Die Urbanität steht für die Befreiung von sozialer Kontrolle und gesellschaftlichen Zwängen sowie für das Entstehen neuer Lebensstile (Bähr und Jürgens 2009; Gebhardt et al. 2008). Urbanisierung steht aber auch für ökologische und soziale Herausforderungen, für integrative Stadtentwicklung und Stadtplanung.

5.1 Dynamische Verstädterung bringt – nicht nur – ökologische Herausforderungen

Der **Klimawandel** und seine bereits deutlich spürbaren Auswirkungen werden von den Vereinten Nationen als die **größte ökologische Herausforderung** für Städte angesehen. Wenn es um Fragen wie Zugang zu Trinkwasser, sauberer Luft, Nahrungsmittelversorgung oder Bedrohungen durch Naturkatastrophen geht, wird augenscheinlich, dass die schlimmsten Auswirkungen des Klimawandels in den Städten des globalen Südens am stärksten spürbar werden. Dort sind es insbesondere die armen Menschen, die ihr Glück in den Städten suchen und damit in Gebiete ziehen, die besonders durch Überschwemmungen, Hangrutschungen und Stürme gefährdet sind (▶ Abschn. 2.1 und 2.2.2). Von jeglicher Art politischer Verantwortung und von Stadtplanung ausgenommen, leben weltweit rund 1 Mrd. Menschen in Slums (illegale, informelle Siedlungen: Squatter Settlements, Shanty Towns; Lateinamerika: Villa Miseria, Favelas, Barriadas; Türkei: Gececondus) und sind somit besonders gefährdet (UN HABITAT 2009). Die ökologischen Herausforderungen nehmen immer dann soziale und wirtschaftliche Dimensionen an, wenn sie etwa Menschenleben fordern, obdachlos machen oder Existenzgrundlagen zerstören.

5.1.1 Luftverschmutzung

„An die frische Luft gehen" – neun von zehn Stadtbewohnerinnen und -bewohnern bleibt diese Möglichkeit verwehrt, weil sie tagtäglich Luft atmen müssen, deren Schadstoffbelastungen deutlich über den empfohlenen Grenzwerten liegen. Besonders dramatisch steht es um die Luftqualität der Städte Afrikas und Südostasiens. Weltweit sterben jährlich rund 7 Mio. Menschen (statistisch gesehen jeder achte Todesfall) an den Folgen von Luftverschmutzung (Atemwegs- und Herz-Kreislauf-Erkrankungen); dabei sind vornehmlich Kinder und alte Menschen gefährdet.

Was wird unter Luftverschmutzung verstanden? Zu den Luftschadstoffen zählen sowohl feste Teilchen als auch Gase. Feinstaub (kleinste Teilchen von $< 2,5\,\mu m$) gilt als besonders gesundheitsschädlich und ist in Städten der entwickelten Welt weiter verbreitet als in Entwicklungsländern (WHO 2014). Gefährliche luftverschmutzende Gase sind Ozon (O_3), Stickstoff (NO_2) und Schwefeldioxid (SO_2). Dazu kommen die besonders klimaschädigenden Luftschadstoffe Kohlendioxid (CO_2), Methan (CH_4), Lachgas (N_2O) und fluorierte Gase (F-Gase) (UBA 2013). Die wesentlichen Gründe für die – global gesehen – immer stärker werdende Luftverschmutzung sind das Verbrennen von fossilen Brennstoffen, die deutliche Zunahme von Kohlekraftwerken (insbesondere in China), das Verwenden von Biomasse zum Kochen und Heizen sowie der ineffiziente und oft unnötige Energieeinsatz in Gebäuden (dazu gehören unnötig hohe Steigerungsraten beim Einbau von Klimaanlagen in Städten in gemäßigten Breiten). Luftverschmutzung ist typisch für urbane Agglomerationen; hauptverantwortlich hierfür ist die Konzentration von Emissionen aus Industrie, Verkehr und Gebäuden. Verstärkt werden die Auswirkungen oft durch eine schlechte Durchlüftung der Stadt aufgrund der naturräumlichen Gegebenheiten oder einer – aus stadtklimatischer Sicht – problematischen Landnutzung und Bebauung (ohne Berücksichtigung lokalklimatischer Effekte wie Durchlüftung, Grünräume und Luftgüte), wie etwa Beispiele von Los Angeles oder Mexiko-Stadt zeigen (Zimmermann 2011).

Aus der Praxis

In Städten löst sich die Luft auf

In immer mehr Städten ist die Luftqualität dermaßen schlecht, dass ihre Skyline nahezu unsichtbar wird, weil die Stadt von einem Schleier aus schmutziger Luft verhüllt wird. Wenn sich die Mischung aus Ruß, Staub, Schwefeldioxid und Wasserteilchen in Kombination mit ungünstigen meteorologischen Bedingungen wie einer Dunstglocke über einer Stadt festsetzt, spricht man von Smog, eine Wortschöpfung, die sich aus den Wörtern *smoke* und *fog* ergibt. Vor den Olympischen Sommerspielen 2008 etwa erlangte der Smog in Peking große mediale Aufmerksamkeit, weil kurzfristig Maßnahmen wie Fahrverbote getroffen werden mussten, um die Belastungen für die Athletinnen und Athleten auf ein halbwegs erträgliches Maß zu reduzieren. Trotz dieser Bemühungen berichteten viele Teilnehmende der Olympischen Spiele von feinem Sand im Mund, brennenden Augen und Schmerzen beim Atmen. Ein politisches Bekenntnis zum langfristigen Klimaschutz wie das Unterzeichnen des Kyoto-Protokolls hat China bislang noch nicht gegeben. Smog ist aber kein neues Phänomen. Bereits in den 1950er Jahren erlangte London wegen seiner extremen Smogereignisse unrühmliche Bekanntheit (Zimmermann 2011).

Es gibt aber auch positive Beispiele: Städte wie Kopenhagen oder Bogotá haben durch lokale Maßnahmen wie die Reduktion von fossilen Brennstoffen, den Einsatz erneuerbarer Energieträger oder die Steigerung der Energieeffizienz deutliche Verbesserungen ihrer Luftqualität erzielen können. Zahlreiche Initiativen, die vom Ausbau des öffentlichen Verkehrs, der Förderung der sanften Mobilität, der Bewusstseinsbildung zum Thema Energieverbrauch bis hin zum

Abfallmanagement reichen, erzielen neben positiven Effekten für die Luftqualität auch weitere wichtige Verbesserungen der Lebensqualität in der Stadt (Zimmermann 2011).

5.1.2   Wasser ist Lebenselixier

Trotz erfreulicher Fortschritte, die in den letzten Jahren erzielt wurden, haben noch immer 1,1 Mrd. Menschen keinen Zugang zu sicherem und sauberem Trinkwasser. 2,6 Mrd. Menschen bleibt der Zugang zu sanitären Einrichtungen und damit die Möglichkeit zu entsprechender Hygiene verwehrt (UN HABITAT 2014). Verursacht wird die Wasserverschmutzung in urbanen Regionen durch ungeklärte Abwässer aus Haushalten und Industrie, durch Eintrag von Schadstoffen nach Überschwemmungen und Stürmen aber auch durch verunreinigten Oberflächenabfluss und durch Herbizide und Pestizide aus der stadtnahen Landwirtschaft.

Städte haben aufgrund ihrer Bevölkerungszahlen einen besonders großen Wasserbedarf. In vielen Städten kann die Infrastruktur mit der dynamischen Bevölkerungsentwicklung nicht Schritt halten, in vielen Marginalsiedlungen sind Menschen von der Ver- und Entsorgung ausgeschlossen. Die Kosten zur Schaffung neuer Infrastrukturen bzw. für notwendige Reparaturen sind hoch, zudem sind Infrastrukturprojekte kaum rentabel (Chattopadhyay und Guha 2011). Daher zahlen häufig gerade die Armen extrem hohe Preise für Trinkwasser, weil sie dieses teuer in Plastikflaschen kaufen müssen – zudem belasten die großen Mengen an Plastikflaschen die (oft nicht vorhandenen) Abfalldeponien sowie die Ökosysteme (UNEP 2011). Umweltorganisationen kritisieren die Qualität von Wasser in Plastikflaschen und weisen auf Profitgier und neue Abhängigkeiten hin – immer häufiger kaufen große Konzerne Ländereien, die reich an Wasser sind, und verkaufen das Wasser zu einem hohen Preis (1 l Wasser kostet z. B. in Nigeria mehr als 1 l Benzin). Das Umweltbundesamt Deutschland (UBA 2013) argumentiert sogar, dass es in Ländern wie Deutschland, Österreich und der Schweiz gesünder, billiger, schmackhafter und ressourcenschonender ist, Leitungswasser zu trinken.

Bis 2030 wird der Wasserverbrauch global um 40 % zunehmen. Expertinnen und Experten nehmen an, dass der Kampf um das Öl im Laufe des 21. Jahrhunderts vom Kampf um das Wasser abgelöst wird. Gerade in den Megastädten des Südens (▶ Abschn. 2.2.2) wird sich die Wassersituation besonders zuspitzen. Viele Städte wie Mexiko-Stadt, Buenos Aires, Nairobi, Peking oder Shanghai stehen schon heute vor enormen Herausforderungen hinsichtlich der Wasserqualität und der (mengenmäßigen und infrastrukturellen) Sicherstellung der Wasserversorgung (Bullinger und Röthlein 2012; UN HABITAT 2009).

Der enorme Wasserverbrauch von Städten bietet auch neue Chancen. Der WWF-Report „Big Cities – Big Water – Big Challenges" (WWF Deutschland 2011) empfiehlt als wichtige Maßnahmen Bewusstseinsbildung zum richtigen Umgang mit Wasser, Regenwasserernten, Wiederaufbereitungsmaßnahmen, Entsalzungsanlagen und ökonomische Anreizsysteme (z. B. Preisgestaltung, lenkende Steuern). In US-amerikanischen und europäischen Städten werden das Auffangen von Regenwasser und die Wiederverwendung und Aufbereitung von Brauchwasser zum Thema (Staddon 2011).

5.1.3   Von der Attraktivität der Städte zu Chancen für Nachhaltigkeit in unseren Städten

Städte sind stickig, schmutzig, laut und gefährlich – trotzdem ein begehrter Lebensraum

Trotz der zahlreichen Herausforderungen ist die Stadt begehrter **Lebensraum der Gegenwart und der Zukunft.** Global betrachtet sind die dynamischen Prozesse der Verstädterung unaufhaltsam und gleichzeitig erschreckend (▶ Abschn. 2.2) – sowohl bezogen auf die Bevölkerungs-zahlen als auch auf die flächenhafte Ausdehnung (Paesler und Haas 2008):

- Im Jahr 2007 lebten weltweit zum ersten Mal in der Geschichte der Menschheit mehr Menschen in Städten als in ländlichen Gebieten.
- Im Jahr 2050 werden rund zwei Drittel der Menschen in der Stadt und nur etwa ein Drittel in ländlichen Gebieten leben.
- Die Verteilung der Weltbevölkerung auf Stadt und Land wird sich somit innerhalb von 100 Jahren umkehren (im Jahr 1950 gab es 30 % städtische und 70 % ländliche Bevölkerung).
- Gegenwärtig leben im globalen Vergleich die meisten Menschen in Städten in Nordamerika (82 %), in Lateinamerika und in der Karibik (je 80 %) sowie in Europa (73 %).
- Der Verstädterungsgrad in Afrika (40 %) und Asien (48 %) ist noch gering (obwohl Tokio mit 38 Mio. Menschen die größte Agglomeration der Welt ist ◘ Abb. 5.1). Dies wird sich jedoch in den kommenden Jahren enorm wandeln – 2050 wird der Anteil der urbanen Bevölkerung in Afrika 56 % und in Asien 64 % betragen. Der Zuwachs an Menschen, die in der Stadt leben, beschränkt sich bis 2050 fast ausschließlich auf Städte in Afrika und Asien (rund 90 %).
- Der ökonomische Übergang zur technologischen, industriellen, Konsum- und dienstleistungsorientierten Gesellschaft verstärkt den Prozess der Verstädterung und macht ihn irreversibel (Gebhardt et al. 2008).

Was all die Aussagen und Zahlenspiele über Verstädterungstendenzen nicht abbilden, sind die **Veränderungen der menschlichen Verhaltensweisen** von „ländlich" zu „städtisch". Im Gegensatz zur Quantität der Verstädterung meint man mit Qualität der Verstädterung – also mit Urbanität – die „Ausbreitung städtischer (urbaner) Lebensformen und Verhaltensweisen der Bevölkerung und der dadurch geprägten räumlichen Strukturen und Prozesse von städtischen in die umgebenden ländlichen Räume" (Paesler und Haas 2008, S. 22). Die globalen Entwicklungen, insbesondere von Mobilität und Informationstechnologien, bringen hybride Formen zustande und in zunehmendem Maße Urbanität in den ländlichen Raum – oder anders ausgedrückt: Facebook, Amazon und Zalando bringen die Stadt auch ins kleinste Dorf.

◘ **Abb. 5.1** Das Häusermeer von Tokio. (© Thomas Drage 2014.)

Gedankensplitter

Statt auf dem Land: Stadt unter Wasser

Was bedeuten die Verstädterungstendenzen nun für uns? Wo gehen die **Städtetrends** hin? Werden wir in Zukunft Städte sogar unter Wasser bauen, um genügend Platz zu finden? Wenn es nach japanischen Ingenieursteams geht, ja, denn sie sehen die Lösung für Japans Platzmangel im Meer. Ein Baukonzern entwickelte in Zusammenarbeit mit Forschenden der Universität Tokio „Ocean Spiral" (◘ Abb. 5.2), ein Konzept für Städte unter Wasser, bei dem Tausende Menschen in riesigen Kugeln im Wasser leben sollen. Die Kugeln sind mit einer spiralförmigen Verbindung im Boden verankert, von wo die Bewohnerinnen und Bewohner mit Energie versorgt werden. In der von 5000 Menschen bewohnten gläsernen Kugelstadt von 500 m Durchmesser gibt es neben Wohnungen Platz für Hotels, Büros, Freizeitanlagen und Grünflächen. Nach den Planungen würden wir dort – durch Erneuerung globaler Kreisläufe – in einer vollkommen nachhaltigen Stadt leben:

- Temperaturunterschiede zwischen den Oberflächen- und den Tiefengewässern werden zur Energiegewinnung genutzt.
- CO_2 Emissionen werden behandelt und wiederverwertet.
- Um die Kugeln werden Fischfarmen bzw. Aquakulturen angelegt.
- Entsalzungsanlagen werden zur Trinkwassergewinnung installiert.
- Die vielfältigen Tiefseeressourcen werden umweltschonend in Wert gesetzt.

Der gewünschte Baubeginn für die erste Unterwasserstadt ist 2030, bis dahin soll die Finanzierung der Unterwasserstadt stehen. Die Baukosten werden auf etwa US$ 26 Mrd. geschätzt (Shimizu Corporation 2015). Interessant ist: Um die heutige Bevölkerung Tokios unter Wasser anzusiedeln, müssten rund 7600 Kugeln gebaut werden. (https://www.shimz.co.jp/english/theme/dream/pdf/oceanspiral.pdf)

The project is not a proposal of mere cities and buildings. Using the potential of the deep sea, it proposes „the reproduction of the global environment" and „the sustainability of the human race" (Takeuchi Masaki, Shimizu Corporation).

◘ **Abb. 5.2** Ocean Spiral – eine utopische Vision? (Adaptiert nach Fotos von Shimizu Corporation 2015; mit freundlicher Genehmigung von © Shimizu Corporation 2015. All rights reserved)

Die nachhaltige Stadt – eine Illusion?

In Anbetracht der großen Herausforderungen stellt sich die Frage, wie lange die dynamischen Verstädterungsprozesse mit all ihren Konsequenzen noch als zukunftsfähig erachtet werden können und ob die nachhaltige Stadt – außer durch nachhaltige Projekte in kleinen Stadtvierteln – nicht eine futuristische Illusion bleiben muss. Allerdings muss Nachhaltigkeit bei den Städten von heute beginnen, bieten sie doch „**nachhaltige Chancen**" in vielerlei Hinsicht:

- Der Flächenbedarf für Wohnen und Arbeiten ist im Vergleich zum ländlichen Raum wesentlich geringer.
- Die Flächen in der Stadt sind knapp, teuer und begehrt; Mehrfachnutzung und Funktionsüberlagerungen sind notwendig.
- Höhere und dichtere Siedlungsformen, mit kurzen Distanzen zwischen den Funktionen, fördern nachhaltige Lebensstile.
- Diese relativ kurzen Distanzen sind ideale Bedingungen für umweltfreundliche Mobilität (Ermer et al. 1994).
- Der Energieverbrauch für Wohnen und Mobilität kann in Städten durch Synergieeffekte geringer gehalten werden.

Zwar brauchen Städte offensichtlich mehr als die eigene Fläche, um ihren Ressourcenbedarf zu decken, was jedoch nicht gleichbedeutend mit nicht nachhaltig zu sehen ist. Nach White und Whithney (1991) ist eine Stadt nachhaltig, wenn sie die besten Technologien einsetzt, um den Ressourcenverbrauch gering zu halten sowie den vorhandenen Überschuss (z. B. Nahrungsmittel, Energie) des Hinterlandes konsumiert und dadurch einen Ausgleich der ökologischen Ressourcen anstrebt. Damit trägt die Stadt Verantwortung für ihr Umland und unterstützt einen ökonomischen Ausgleichsprozess (► Abschn. 6.1.2). Diese Voraussetzungen in einer Stadt sind aber noch keine Garantie für einen nachhaltigen Lebensstil des Individuums (White und Whitney 1991; ► Abschn. 5.4).

Städte sind auch **Motoren für Veränderungen** – weil Städte Entwicklungen in Gang bringen. Da die wichtigen politischen und wirtschaftlichen Entscheidungen immer in Städten getroffen werden, sind sie die Orte, an denen Umbrüche und Innovationen ihren Anfang nehmen. Durch die hohe Konkurrenz, durch Fühlungsvorteile und Heterogenität sind urbane Lebensformen prädestiniert dafür, Neues entstehen zu lassen. Begünstigt durch die Anonymität und bestärkt, Altes loslassen zu können, sind Stadtmenschen vielfach Pioniere im Ausprobieren neuer Lebensweisen (Gebhardt et al. 2008). Städte bieten durch ihre Charakteristik viele Möglichkeiten, auch für kleine Initiativen für einen Wandel – für kleine grüne Pflänzchen im städtischen Asphalt, z. B. Carsharing, Lebensmittel retten, Crowdfunding oder Urban Gardening.

5.2 Nicht ohne Menschen – Leben und Wohnen in der Stadt von morgen

Womit wir bei den Menschen wären: Staat und Gesellschaft sind eigentlich dafür verantwortlich, dass alle Menschen gleiche Chancen haben und zumindest die Grundbedürfnisse angemessen befriedigt werden können. Die diesem Anspruch zugrunde liegenden Kategorien der sozialen Nachhaltigkeit – und damit die Menschen – geraten aber immer wieder in den Hintergrund, weil es bequemer ist, über Konsum und Wirtschaftswachstum zu sprechen oder aber sich hinter abstrakten Diskussionen um Klimawandel, Energiewende oder Hungersnöte in weit entfernten Ländern zu verstecken. In einer nachhaltigen Stadt sollte das Individuum aber eigentlich im Mittelpunkt stehen. Oft können sich Menschen jedoch nur noch kurzfristig orientieren und immer seltener Wurzeln bilden, weshalb auch langfristige Wertesysteme, wie das der Nachhaltigkeit, in diesen Lebenssituationen nur bedingt brauchbar erscheinen. Schuster (2013, S. 18) meint, „wer wie ein Sandkorn im Treibsand des Globalisierungsprozesses von Arbeitsort zu Arbeitsort getrieben wird, dem fällt es schwer, sich an einem Ort zu verwurzeln". In dieser Situation rücken Gedanken an das Wohl der anderen, an das Gemeinwesen und die eigenen wahren Bedürfnisse in den Hintergrund. Wie würde ein Leben mit weniger „Treibsand" und mehr „wahren" Bedürfnissen aussehen?

5.2.1   Der Mensch im Zentrum – wo Lebensqualität zu Hause ist

Das Konzept der Lebensqualität bietet einen hilfreichen Ansatzpunkt, den Menschen und seine Bedürfnisse in den Mittelpunkt zu stellen (▶ Abschn. 3.1.2). Besonders in westlichen Gesellschaften, die mit einem hohen Wohlstandsniveau bereits an den Grenzen ihres (Konsum-)Wachstums angelangt sind, ist Lebensqualität – konkret gemeint ein gutes und erfülltes Leben – ein wesentlicher Faktor für einen anderen, zukunftsfähigeren Lebensstil (Bellebaum und Barheier 1994). Was ist eigentlich Lebensqualität für uns? In der Forschung stehen sich zwei große Denkschulen gegenüber:

- Die **objektive Lebensqualität** aus der skandinavischen Schule (*level of living*), die nach der bloßen Verfügbarkeit von Ressourcen fragt.
- Die **subjektive Lebensqualität** des US-amerikanischen Zugangs (*quality of life*), die die Rolle des Individuums in seiner Bewertung der persönlichen Lebensqualität durch die Wahrnehmung von Möglichkeiten beschreibt.

Neuere Ansätze zu Lebensqualität versuchen, den objektiven Ansatz mit individuellen, subjektiven Zugängen zu vereinen und über die materiellen Werte, die man als Lebensstandard bezeichnet, hinauszugehen. Lebensqualität fragt – ähnlich dem Gedanken der Suffizienz – nach dem „Besser" anstatt nach dem „Mehr" im Umgang mit Ressourcen (Allardt 1993; Noll 2000). Nach Spangenberg und Lorek (2003) bedeutet Lebensqualität nicht nur die (Grund-)Sicherung der materiellen Existenz, sondern umfasst auch eine Reihe von weiteren Aspekten: soziale Absicherung, ansprechende Arbeitsbedingungen, Geschlechtergerechtigkeit, Freiheit, Solidarität, intakte Umwelt, Bildungsmöglichkeiten, soziale Gerechtigkeit, funktionierende öffentliche Versorgung, Möglichkeit zur Partizipation, Demokratie und gerechte Vermögensverteilung.

Sowohl für einen nachhaltigen Lebensstil als auch für die Lebensqualität ist Wohnen entscheidend. Nach Kaminske (1981) spielt die Funktion **Wohnen** die zentrale Rolle innerhalb der Daseinsgrundfunktionen (Wohnen, Arbeit, Bildung, Erholung, Versorgung und Soziales), da sämtliche Aktivitäten vom Wohnort ausgehen bzw. diesen mit einbeziehen. Wohnen ist entscheidend für ein zukunftsfähiges Handeln in allen Lebensbereichen. Nachhaltiges Wohnen in der Stadt fokussiert auf Wohnraumverdichtung, Einsatz von erneuerbaren Energien, Maßnahmen zur Verkehrsberuhigung, Mitbestimmung der Betroffenen, soziale Mischung und Integration sowie Gemeinschaftseinrichtungen. Faktoren, die Lebensqualität am Wohnort ausmachen, sind nach einer repräsentativen Befragung in Deutschland Einkaufsmöglichkeiten, Ruhe, gutes Wohnumfeld, Naturnähe, intakte Nachbarschaft, öffentlicher Verkehr und Infrastruktur (Kuckartz und Rheingans-Heintze 2006).

Wenn Lebensqualität als multidimensionales Konzept verstanden wird und sowohl materielle wie auch immaterielle, objektive und subjektive Faktoren beinhaltet, macht die bloße Verfügbarkeit einer Parkanlage in der Nähe des Wohnortes demnach das Individuum noch nicht zufrieden – auf die subjektive Bewertung kommt es an (Noll 2000). Die Idee eines nachhaltigeren Lebens ist somit der hier umrissenen Idee eines Lebens mit hoher Lebensqualität sehr ähnlich. Daher ist Lebensqualität ein häufiger und für alle verständlicher Begriff, wenn es um (politische oder mediale) Diskussionen zur Nachhaltigkeit in der Stadt und integrative Stadtentwicklung geht. Gemeint ist damit zumeist die Art, wie Wohnen, Mobilität und öffentlicher Raum aussehen sollen. Auf die Rolle der Partizipation bei Planung und Umsetzung wird in ▶ Abschn. 5.3 gesondert eingegangen.

Aus der Praxis

Vorreiter Freiburg – Vauban

Die 2010 als „European City of the Year" ausgezeichnete Stadt **Freiburg** im Breisgau gilt weltweit als Vorzeigebeispiel für nachhaltiges Leben und Wohnen sowie für die gelungene Vereinbarkeit von ambitionierten Umweltzielen gepaart mit wirtschaftlichem Erfolg. Freiburg wird als Stadt mit hoher Lebensqualität wahrgenommen; die zukunftsfähige Entwicklung wird durch eine Stabsstelle für Nachhaltigkeitsmanagement gesteuert (Stadt Freiburg 2015a).

Die meiste Beachtung erhielt das Stadtplanungsprojekt **Vauban**, ein innenstadtnahes Quartier auf einem ehemaligen Kasernengelände. Vauban bietet heute Lebensraum für mehr als 5000 Menschen, für die Gemeinschaft, Engagement und umweltbewusster Lebensstil wichtig sind (◻ Abb. 5.3). Das Viertel und seine Vision basieren auf einem partizipativ erarbeiteten Masterplan. Die Stadtverwaltung verschrieb sich der „lernenden Planung", wonach Stadtentwicklung als Prozess verstanden wird, an dem viele Akteurinnen und Akteure beteiligt sind, die sich laufend an Veränderungen und Interessenskonflikte anpassen (müssen), ohne die übergeordneten Ziele aus den Augen zu verlieren. Die wesentlichen Eckpunkte des Masterplanes sind soziales, gut durchmischtes Miteinander der Generationen, Verkehrsberuhigung, energiesparende

Gebäude und die Sicherung von Grünflächen. So ist in Vauban der Autoverkehr nur sehr eingeschränkt möglich (wenige Abstellflächen, eine Sammelgarage am Rand des Quartiers), wodurch der Autobesitz deutlich reduziert, aber die Anbindung an den öffentlichen Verkehr sehr attraktiv ist. Da in dem Stadtteil ein guter Mix aus Wohnen, Arbeiten, Erholung und Bildung erreicht wurde, sind viele Wege zu Fuß oder mit dem Fahrrad zu bewältigen – es ist die **Stadt der kurzen Wege** (Frey 2011; Vauban e.V. 2014; http://www.vauban.de/themen/buergerbeteiligung).

Gebäude in Vauban müssen zumindest nach Niedrigenergiestandards errichtet werden, viele entsprechen Passivenergiehaus- oder Plusenergiehausstandards. Durch Einsatz von erneuerbarer Energie werden im Vergleich zu anderen Stadtteilen 60 % an Energie eingespart. Nachhaltiges Bauen bezieht sich auch auf bestehende Gebäude; sie wurden nicht abgerissen, sondern neuen Nutzungen zugeführt, um die „graue Energie" (die Energie, die zur Erzeugung der Materialien, den Transport und den Bau der Gebäude eingesetzt wurde) nicht zu verschwenden. Erwähnenswert ist das Projekt „Selbstverwaltete unabhängige Siedlungsinitiative" (S.U.S.I.), bei dem ehemalige Kasernengebäude zu kostengünstigen Wohnungen umgestaltet wurden.

Innovative Wohnkonzepte sind wesentlicher Bestandteil des Viertels, wobei integratives Wohnen im Vordergrund steht, wie das Zusammenleben von Jung und Alt oder barrierefreies Wohnen, das durch hohe Flexibilität der Grundrisse (z. B. „Schaltzimmer", die je nach Bedarf unterschiedlichen Wohnungen zugeordnet werden können) erleichtert wird. Die sozialen Beziehungen sind in Vauban sehr intensiv und werden architektonisch (z. B. durch Gemeinschaftsräume oder zu mietende Zimmer für Gäste) gefördert. Ein häufiges Modell zur Schaffung von neuem Wohnraum sind sogenannte Baugruppen, wo sich private Personen zwecks Errichtung eines Wohnhauses zusammenschließen, um Kosten zu minimieren. Wohnen in Vauban soll für alle Altersschichten gleichermaßen attraktiv sein – im Vergleich zu anderen Stadtteilen Freiburgs leben in Vauban deutlich mehr Kinder. Herausfordernd sind für Vauban externe Einflüsse wie der Wechsel des Arbeitsplatzes oder die Auflösung von Familien; die mittelfristige Wirkung des Zu- und Wegzugs auf das Gemeinschafts- und Sozialsystem ist noch nicht abschätzbar. Auch die ursprünglich geplante soziale Durchmischung konnte bisher nicht im angestrebten Umfang erreicht werden, weil Förderungen für soziale Wohnbaumaßnahmen unter den Erwartungen blieben.

5

Mit dem aufgrund des großen Wohnbedarfs entwickelten Stadtteil Rieselfeld, der als „europäischer Modellstadtteil für nachhaltiges Wohnen" gesehen wird, gibt es in Freiburg bereits einen zweiten nachhaltigen Stadtteil mit hoher Lebensqualität (Daseking und Medearis 2012; Stadt Freiburg 2015b).

☐ **Abb. 5.3** Straßen in Vauban sind Aufenthaltsorte für Menschen. (Stadt Freiburg, Stadtplanungsamt; mit freundlicher Genehmigung von © Stadt Freiburg 2015. All rights reserved)

5.2.2   Urban Gardening – Ausdruck neuer Urbanität?

Was es bedeuten kann, wenn Menschen ihren wahren Bedürfnissen auch in der Stadt (wieder) nachgehen, sieht man am Beispiel **Urban Gardening**. Müller (2011) wagt die These, dass in der westlichen Welt eine neue Art von Urbanität, eine Kultur des „Selbermachens" und des „Reparierens" begonnen hat, die sich unter anderem in der Urban-Gardening-Bewegung widerspiegelt. Im Gegensatz zu früheren Gartenbewegungen (z. B. Schrebergärten, Gartenstadt) ist Urban Gardening nicht Gegenstück, sondern Teil der Stadt. Urbanes Gärtnern ist partizipativ, betont das Gemeinsame und das Miteinander. „Gartln" ist in – die Motivationen sind vielfältig und reichen von gesunder lokaler Selbstproduktion von Nahrungsmitteln bis hin zu sozialen und altruistischen Motiven wie das Kreieren von sozialen Treffpunkten oder die Bewusstseinsbildung. Urban-Gardening-Projekte gibt es von ganz klein (*window farming* – ein Mikrogarten auf dem Fensterbrett oder dem Balkon) bis ganz groß (z. B. Nachbarschaftsgarten als sozialer Treffpunkt).

In Anbetracht der Herausforderungen, vor denen Städte stehen, und vor dem Hintergrund der globalen Nahrungsmittel- und Ressourcenkrise ist Urban Gardening ein Indiz für eine sich ändernde Gesellschaft, in der (wieder) Wert gelegt wird auf Werte, auf Miteinander, Kooperation, Achtsamkeit, Respekt, Geduld, Gelassenheit und handwerkliche Fähigkeiten.

> **Aus der Praxis**
>
> ### Der Prinzessinnengarten in Berlin
>
> Der Prinzessinnengarten in Berlin ist eines der unzähligen Urban-Gardening-Projekte. Seit 2009 wird auf einer ehemaligen Brachfläche von der gemeinnützigen Organisation Nomadisch Grün im Berliner Stadtteil Kreuzberg ein urbaner Garten betrieben (◘ Abb. 5.4). Auf rund 6000 m² inmitten des dicht verbauten Stadtteiles stehen Hunderte mobile Beete aus recycelten Materialen. Die Verantwortlichen sehen den Garten als sozialen Lernort, der für alle diejenigen offen steht, die Lust haben mitzumachen (http://prinzessinnengarten.net/).

◘ Abb. 5.4 Grüne Oasen in der Stadt – der Prinzessinnengarten in Berlin. (Marco Clausen; mit freundlicher Genehmigung von © Marco Clausen 2015. All rights reserved)

5.3 (Politische) Partizipation – Mythos oder Chance?

> **Gedankensplitter**
>
> ### Konfuzius zeigt uns den Weg
>
> „Erkläre mir und ich werde vergessen. Zeige mir und ich werde mich erinnern. Beteilige mich und ich werde verstehen" (Konfuzius).
>
> „Wir leben in Zeiten sinkender Wahlbeteiligung. Daraus zu schließen, die Bürgerinnen und Bürger von heute seien weniger politisiert als früher, könnte irrig sein. „Politikverdrossenheit" und „Politikmüdigkeit" sind beliebte Vokabeln für wohlfeile Diagnosen, doch ihre Wahrheit hängt ab von der Perspektive des Betrachters. Blickt man nicht auf die Wahlbeteiligung, sondern auf andere Formen des Engagements, so zeigt sich: Wir leben in Zeiten von Protest und Empörung. Bürgerinnen und Bürger machen sich Luft, und sie glauben, auf die Politik Einfluss nehmen zu können […] Mehr Partizipation wagen – darum geht es. Indem sich Bürgerinnen und Bürger einmischen, sollen sie die Macht der Regierungen kontrollieren und für Transparenz bei Entscheidungen und Vorhaben sorgen. Als Norm gilt: Nichts, was den Bürger in seiner Lebensgestaltung betrifft, darf seiner Kenntnis vorenthalten werden. Dieser Anspruch lässt sich nicht nur philosophisch legitimieren, er scheint auch einem realen Bedürfnis zu entsprechen […]" (Güntner 2013).

5.3.1   Politische Partizipation – was ist das eigentlich?

Seit der Aufklärung, dem vernunftbetonten, kritischen Denken und dem damit verbundenen Aufstieg des Bürgertums, hat die Mehrheit der Menschen ein Recht auf Mitgestaltung. Als demokratisches Grundrecht ist es in Verfassungen verankert und als Form gesellschaftlicher Selbstorganisation auch die Basis von Beteiligungsmöglichkeiten an kollektiven Meinungsbildungs- und Entscheidungsprozessen. Die Demokratie beginnt zwar schon im antiken Griechenland, aber bis zur Mitwirkung, Mitentscheidung oder gar Selbstverwaltung als Stufen der Partizipation ist es ein langer Weg.

Als jüngere Meilensteine der Partizipation, zu mehr **Teilhabe- und Mitgestaltungsmöglichkeiten**, sind unter anderem die Protestbewegungen der späten 1960er Jahre (die „68er Bewegung") zu nennen. Diesem Aufbruch folgte der damalige deutsche Bundeskanzler Willy Brandt in der Regierungserklärung 1969 mit den Worten: „Wir wollen mehr Demokratie wagen" (vgl. auch Fetscher und Münkler 1985; Heinrichs 2005; Lüttringhaus 2000; Bischoff et al. 2007). Die Demokratiebewegung im Osten Deutschlands vor 1989 („Wir sind das Volk"), die Proteste in Österreich gegen den Kraftwerksbau in der Hainburger Au nahe Wien (1984), auf internationaler Ebene der Brundtland-Bericht (WCED 1987), die Rio-Konferenz mit der Lokalen Agenda 21 (UN 1992) und auch die Charta von Aalborg (1994), die Aarhus-Konvention (ÖGUT 1998/2001) und die Leipzig Charta (Nationale Stadtentwicklungspolitik 2007) sind weitere Meilensteine (WCED 1987; BMU 1992; Selle 2013). „Stuttgart 21" steht in Deutschland synonym für den Bürgerprotest und den Willen zur Partizipation (Geißler 2012; Brunold o. J.).

Partizipation ist heute konstitutiver Bestandteil und strategisches Prinzip der nachhaltigen Entwicklung (Baranek et al. 2005). Nach Renn et al. (1995) gibt es zwei zentrale Argumentationslinien bei der Erweiterung der repräsentativen Demokratie um partizipative Elemente in Form der direktdemokratischen Mitgestaltung:

- **Ethisch-normative Sichtweise.** Danach ist es prinzipiell gut, dass viele Menschen an sie selbst betreffenden Entscheidungen teilhaben.
- **Funktional-analytische Perspektive.** Sie geht davon aus, dass das repräsentative politische System nur unzureichende Problemlösungen anbieten kann.

Es kommen neue Begriffe wie Aktivierender und Kooperativer Staat (Behrens et al. 2005), Partizipative Demokratie, Verhandlungsdemokratie, Deliberative Demokratie und Liquide Demokratie ins Spiel (Meyer 2009; Holtkamp 2008). Partizipation beginnt beim Wahlrecht, geht über zu politischen Entscheidungsfindungen, reicht weiter zu Formen der bürgerlichen Selbstverwaltung und führt damit zu Machtverschiebungen in demokratischen Systemen. Meist sprechen wir von politischer Partizipation (Entscheidungsbeeinflussung auf politischer Ebene); die Abgrenzung zur sozialen Partizipation (Schwerpunkt soziale Integration und Unterstützung) ist fließend (Steinbrecher 2009).

Im *Handbuch zur Partizipation* (Senatsverwaltung für Stadtentwicklung und Umwelt 2012, S. 16) versteht man unter Partizipation „alle Tätigkeiten, die Bürgerinnen und Bürger freiwillig mit dem Ziel unternehmen, Entscheidungen auf den verschiedenen Ebenen des politischen Systems zu beeinflussen". Nach Storl (2009), Geißel (2008), Vetter (2008) sowie Gohl und Wüst (2008) gibt es folgende **Funktionen der Beteiligung** von Bürgerinnen und Bürgern:

- Übertragung bürgerschaftlicher Interessen in politische Entscheidungen,
- Integrationsleistung innerhalb der sich beteiligenden Gemeindebürgerinnen und -bürger,
- politische Sozialisation der Menschen,
- Auswahl eines zukünftigen politischen Personals,
- Legitimation der Politik und der Institutionen in der Gesellschaft,

- Bildung von Sozialkapital,
- Schaffung und Anwendung von Wissen,
- Stärkung der Zivilgesellschaft.

Partizipation ist eng mit Governance (▶ Abschn. 2.3.2) verknüpft – ein Instrument, das sowohl „von oben" angewendet als auch „von unten" eingefordert wird und im Kontext vielfacher gesellschaftlicher Entwicklungen passiert. Nach Benz (2004) umschreibt Governance „neue Formen gesellschaftlicher, ökonomischer und politischer Regulierung, Koordinierung und Steuerung in komplexen institutionellen Strukturen, in denen meistens staatliche und private Akteurinnen und Akteure zusammenwirken". Im Rahmen der Lokalen Agenda 21, die diese neue Steuerung durch „Local Governance" einfordert, kommt der Partizipation im Dreieck von Zivilgesellschaft, Politik und Verwaltung eine entscheidende Rolle zu und bringt mehr Transparenz und Bürgernähe (Schwalb und Walk 2007). Der langen Rede kurzer Sinn (adaptiert nach Senatsverwaltung für Stadtentwicklung und Umwelt 2012):

- Partizipation ist eine zentrale Grundlage der Demokratie.
- Partizipation will politische Entscheidungen beeinflussen.
- Partizipation ist eine Neugewichtung der Machtverhältnisse (New Governance).
- Partizipation geht von den Bürgerinnen und Bürgern aus und sollte von Politik und Verwaltung befördert werden (trialogischer Prozess).
- Partizipation beruht auf Freiwilligkeit; oft müssen die Beteiligten dazu befähigt werden (Empowerment).
- Partizipation braucht Kommunikation als Voraussetzung (Information und soziale Interaktion).
- Partizipation ist ein integraler Bestandteil nachhaltiger Entwicklung.

Die Vielfalt von Partizipation zeigt sich auch in Unterscheidungen wie formeller (z. B. Wahlen, Planfeststellungen) und informeller Partizipation (offener Ausgang) bzw. direkter (Beteiligte nehmen persönlich ihre Angelegenheiten wahr) und indirekter Beteiligung (Öffentlichkeitsbeteiligung, z. B. Vertretung durch Beiräte). Von manchen Seiten wird Partizipation durchaus auch als Verhinderungsstrategie, als Instrumentalisierung der Bevölkerung und als Freispielen der Politik von finanzieller und politischer Verantwortung gesehen. Auch wird als Kritik angeführt, dass jene, die partizipieren, eine kleine, oft elitäre Minderheit darstellen, die unter dem Deckmantel der Partizipation über viele andere bestimmen (Klages 2007; Wentzel 2010).

5.3.2 Partizipation ist nicht gleich Partizipation – Partizipationsmodelle

1969 wurde von Sherry Arnstein erstmals und wegweisend ein Partizipationsmodell in Form einer *Ladder of Citizen Participation* vorgestellt, wo kritisch angemerkt wird, dass Partizipationsprozesse, ohne Umverteilung von Macht, leer und frustrierend für die „Machtlosen" (gemeint sind Bürgerinnen und Bürger) sind. Die achtstufige Leiter (◻ Abb. 5.5) listet in den unteren Stufen Formen der Nicht- und Scheinbeteiligungen (*Non Participation, Tokenism*) auf und spricht erst von Partizipation (*Citizen Power*), wenn Prozesse partnerschaftlich ausgehandelt und kontrolliert werden können. **Information** bedeutet, dass Interessierte und Betroffene Aufklärung über Vorhaben und deren Auswirkungen erhalten. Bei der **Mitwirkung (Konsultation)**

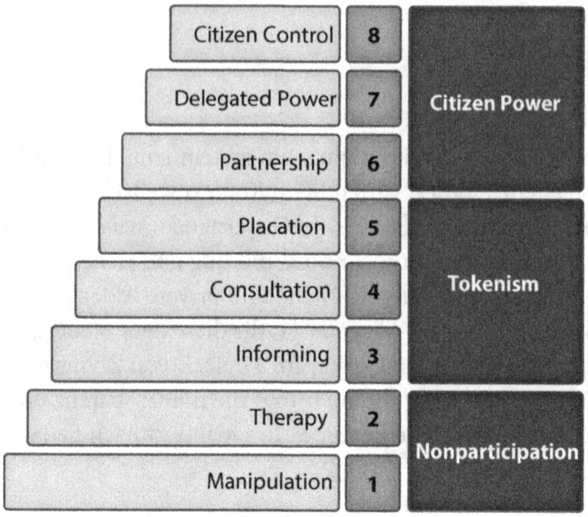

Abb. 5.5 Partizipationsleiter. (Arnstein 1969)

können sie ihre Meinungen dazu einbringen, die **Mitentscheidung (Kooperation)** bedeutet, bei der Entwicklung von Vorhaben mitzubestimmen und **Entscheidung (Selbstverwaltung)** meint, dass Beteiligte gemeinsam mit der Verwaltung durch Abstimmung eine verbindliche und daher von vielen legitimierte Entscheidung treffen.

Weitere Partizipationsmodelle, bei denen sich meist unterschiedliche Partizipationsstufen je nach Einbindungstiefe der Bevölkerung herauskristallisieren, werden in Tab. 5.1 zusammengefasst.

Tab. 5.1 Stufen der Partizipation in unterschiedlichen Partizipationsmodellen im Vergleich. (Eigene Bearbeitung)

Arnstein (1969)	Bischoff et al. (2007)	Fischer et al. (2003)	Lüttring-haus (2000)	ÖGUT (2005)	Schröder (1995)	Stadt Zürich (2006)
Mani-pulation	Information	Information	Information	Information	Fremd-bestimmung	Information
Therapy	Partizipation	Konsultation	Mitwirkung	Konsultation	Dekoration	Anhörung
Informing	Kooperation	Verhandlung	Mitent-scheidung	Mitbestim-mung	Alibiteil-nahme	Mitsprache
Consul-tation		Selbst-bestimmung	Ent-scheidung		Teilhabe	Mitent-scheidung
Placation					Zugewiesen/informiert sein	Mitverant-wortung bei Umsetzung
Partner-ship					Mitwirkung	Selbst-organisation
Delegated Power					Mitbestim-mung	
Citizen Control					Selbstbe-stimmung/Selbstver-waltung	

5.3.3 Wie funktioniert Partizipation?

Partizipation braucht aktive Menschen, die sich beteiligen wollen und können, sowie eine Verwaltung und Politik, die dies fördert – im Sinne eines kooperativen oder partizipativen Staates, durch einen trialogischen Prozess und durch neue Steuerungsformen von Governance (vgl. Schwalb und Walk 2007).

Dabei gibt es unterschiedliche **Typen von partizipierenden Menschen**, je nachdem, wie sie sich an den Prozessen beteiligen. Beginnen wir bei den *Orbits of Participation*, in denen die Involviertheit, Betroffenheit und Macht in einem Partizipationsprozess bewertet werden und folgende Typen entstehen (Creighton 2005):

- *Unsurprised Apathetics,*
- *Observers,*
- *Commenters,*
- *Active Participants,*
- *Co-Decision Makers.*

Diese Typen unterscheiden sich durch ihre Dialogbereitschaft, die sich im Laufe von Partizipationsprozessen allerdings deutlich verändern kann. Unterstützung für solche Veränderungen und damit unabdingbare Voraussetzung für alle Beteiligungsprozesse ist eine neutrale, möglichst externe Moderation durch Einzelpersonen oder Moderationsteams. Nur durch Gesprächskultur und Ermutigung (Empowerment), Wertschätzung, Vertrauen und Zurückhaltung (ausreden lassen und zuhören) ist gewährleistet, dass sich die Teilnehmenden in dem Prozess optimal einbringen – und damit möglicherweise vom apathischen Beobachter zum aktiven Entscheidungsträger wandeln.

Beteiligungsprozesse können vereinfacht in vier **Partizipationsphasen** gegliedert werden (vgl. auch Senatsverwaltung für Stadtentwicklung und Umwelt 2012; ÖGUT 2005):

- **Initiierungsphase:** Die Idee des Beteiligungsprozesses entsteht in der Frühphase eines Vorhabens (mit Vorhaben ist meist ein Projekt oder eine Maßnahme zur Problemlösung gemeint), entweder bedingt durch gesetzliche Vorgaben, von der Verwaltung bzw. Politik initiiert oder von den Betroffenen gefordert und organisiert. Neben der Festlegung von Verantwortlichkeiten und der Abklärung von formellen und informellen Rahmenbedingungen sind die Informationsbeschaffung und das Informieren der Öffentlichkeit besonders wichtig. Darauf gründen sich die Konzepte (Beteiligungsstufen und Methoden), Ziele und Erfolgschancen des Beteiligungsprozesses.
- **Vorbereitungsphase:** Die Erstellung eines Beteiligungskonzepts dient nicht nur der Klärung inhaltlicher und organisatorischer Fragen (Infrastruktur etc.), sondern strukturiert auch die Zusammenarbeit der Betroffenen, der Verwaltung und der Politik. Professionelle Moderation, geeignete Beteiligungsmethoden, Fachexpertise und legistisches Know-how sind ebenso wichtig wie Informationsarbeit und mediale Unterstützung. Aufgabenstellung und Ziele (Nichtziele) müssen klar definiert sein, nur dadurch sind Entscheidungskompetenz und Verbindlichkeit gewährleistet.
- **Durchführungsphase:** Das Projekt determiniert die Intensität und Größenordnung des Beteiligungsprozesses. Die exakte Einhaltung des Beteiligungskonzepts ist Grundvoraussetzung. Entscheidend ist, eine „gemeinsame Sprache" zu finden, damit alle Bevölkerungs- und Interessensgruppen ihre Aufgaben – bestenfalls basierend auf einem gemeinsamen Wertesystem – erfüllen können. Intensive Information über alle Kanäle ist essenziell.

▬ **Evaluierungsphase:** Ist der Beteiligungsprozess beendet, ist dieser zu evaluieren, um
für weitere Prozesse Lernerfahrungen – im Sinne des sozialen Lernens – zu sammeln.
Basis dafür sind die Dokumentation und Veröffentlichung der Ergebnisse (über Internet,
Medien, als Bericht etc.).

Es gibt eine Vielzahl an **Beteiligungsmethoden.** Grundsätzlich ist zu sagen, dass die Methoden-
auswahl nach Zielsetzung, Zielgruppe und Fragestellung unterschiedlich ist; in einem Verfahren
können auch verschiedene Methoden zur Anwendung kommen. Je nach Stufe bzw. Intensität
der Beteiligung gibt es unterschiedlich geeignete Methoden für Information, Konsultation und
Mitbestimmung. In ◘ Tab. 5.2 sind bekannte und gebräuchliche Methoden stichwortartig nach
Partizipationsintensität(-stufe) und Zielsetzung aufgelistet.

Abschließend sei festgehalten, dass Beteiligungsprozesse, ohne Rücksicht auf Konzeption
und Methodik, durch einen großen organisatorischen Aufwand für die Verantwortlichen
und einen hohen Zeitaufwand für die Beteiligten gekennzeichnet sind. Dazu gehören intensive Arbeiten zur Informationsbeschaffung, Kontakte mit Expertinnen und Experten,
Individualgespräche mit Betroffenen und somit umfangreiche Zeit-, aber auch Raum- und
Finanzierungsressourcen. In den Handbüchern der Senatsverwaltung für Stadtentwicklung
und Umwelt (2012) und ÖGUT (2005) findet man dazu zahlreiche Hinweise und Checklisten.

◘ **Tab. 5.2** Partizipationsmethoden nach der Stufe bzw. Intensität der Beteiligung und nach Zielsetzung
(Auswahl). (Eigene Bearbeitung und Ergänzungen nach Senatsverwaltung für Stadtentwicklung und Umwelt 2012; ÖGUT 2005; Dienel 2009; Amt der Vorarlberger Landesregierung 2010)

Methode	Stufe/Intensität	Zielsetzung
Bürger-versammlung	Information Konsultation	Information zu lokalen/regionalen Themen, Angebot der Diskussion
Ortsbegehung	Information Konsultation	Veranschaulichung von lokalen Situationen, Vorhaben und Planungen
Brainstorming, Kartenabfrage	Information Konsultation	Ideen sammeln und ordnen, Kreativität entwickeln (vorgegebenes Thema)
Fokusgruppe	Information Konsultation	Meinung zu vorgegebenem Thema einholen (von bestimmter Gruppe)
Stellungnahme, Begutachtung	Information Konsultation	Stellungnahme zu gegebenem Thema, Begutachtung von Vorhaben, Plänen
World Café, Bürger-Café	Information Konsultation	Ideen sammeln zu gegebenem Thema
Aktivierende Befragung	Information Konsultation Mitbestimmung	Informieren, Probleme nennen, Ideen einholen, zur Aktivität ermuntern
Onlinedialog, Onlinebefragung	Information Konsultation Mitbestimmung	Informieren, Ideen und Meinungen sammeln (anonym und jederzeit)
Arbeitsgruppe	Information Konsultation Mitbestimmung	Meinung einholen, Fachleute hinzuziehen; Projekte erarbeiten
Charette	Information Konsultation Mitbestimmung	Ideen sammeln und gemeinsame Lösungen daraus entwickeln

◻ Tab. 5.2 *(Fortsetzung)*

Methode	Stufe/Intensität	Zielsetzung
Dynamic Facilitation, Bürgerrat	Information Konsultation Mitbestimmung	Gemeinsame kreative Lösungsfindung (4 Tafeln) für Problemfelder
Ideen-Workshop, Ideenwerkstatt	Information Konsultation Mitbestimmung	Entwicklung neuer, umsetzbarer Ideen, Vorschläge zur Umsetzung
Konsenskonferenz	Information Konsultation Mitbestimmung	Vorbereitete, gefilterte Fragestellungen mittels Konsens erarbeiten
Open Space	Information Konsultation, Mitbestimmung	Mobilisierung und gemeinsames Problemlösen (am Modell, Projekt)
Planning for Real	Information Konsultation Mitbestimmung	Ideen, Meinungen sammeln, Ergebnisse (am Modell) fließen in Planung ein
Planungszelle, Bürgergutachten	Information Konsultation Mitbestimmung	Umsetzungen von konkreten Projekten, an bestimmten Orten Gutachten entwickeln
Runder Tisch	Information Konsultation Mitbestimmung	Konsensfindung in Konflikten, Schlichtung, Verbindlichkeit erzielen
Zukunftskonferenz, Zukunftswerkstatt	Information Konsultation Mitbestimmung	Über Visionen zu Planung und Umsetzung kommen (3–5 Phasen)

Wie involviere ich Bürgerinnen und Bürger?

Am Beispiel der Aktivierenden Befragung soll erläutert werden, wie Menschen – auch über die relativ beteiligungsaktiven Milieus hinaus – an Partizipationsprozesse herangeführt werden können. Schlagwörter wie „Gemeinwohl", „Chancengleichheit", „Lebensqualität" und „Zufriedenheit" sind bestimmten Milieus eigen und führen zu Beteiligung. Zu den Milieus, die eher an Beteiligungsprozessen teilnehmen und auch in Gremien und Beiräten aktiv sind, zählen z. B. Angehörige konservativer Schichten, die sogenannten Postmateriellen und die bürgerliche Mitte (höhere Bildung, soziale Absicherung). In Deutschland sind auch die sogenannten DDR-Nostalgiker beteiligungsaffin. Dass das postmaterielle Milieu bereit für Beteiligungsprozesse ist, darf nicht verwundern, hier ist auch das Pionier-Milieu der nachhaltigen Entwicklung beheimatet. Auch ältere Menschen tendieren verstärkt zu aktiver Beteiligung; dabei spielt die Frage der Zeitressourcen eine entscheidende Rolle (Kleinhückelkotten und Wegner 2010).

Wie können wir aber noch mehr Menschen aus unterschiedlichen Milieus an die Beteiligung heranführen? Für viele braucht es Ermunterung und Bestärkung und die Förderung der Selbstkompetenz für eine Beteiligung, einfach Empowerment (Herriger 2006). Vorrangig ist es Aufgabe von Politik und Verwaltung, sich ehrlich um diese Bevölkerungsschichten zu bemühen, denn nur so gelingt es der nachhaltigen Stadtentwicklung, bessere Problem- und Konfliktlösungen zu generieren.

Um ein möglichst breites Bevölkerungsspektrum anzusprechen, ist die **Aktivierende Befragung** besonders geeignet. Die Aktivierende Befragung verwendet einen aktiv verändernden Ansatz, der sowohl die Befragten als auch die Interviewenden zu Handelnden macht, mit dem Ziel, die eigene Situation zu verbessern. Unterstützt werden solche Aktivitäten durch Forschungsansätze im Rahmen von handlungsorientierter Forschung bzw. „action research" (Hinte und Karas 2007; ▶ Abschn. 9.2.3). Eine Aktivierung ist dann gelungen, wenn die Betreffenden (Aktivierten) spüren, dass sie durch gemeinsames Handeln (ihre) Ziele erreichen können. Richers (2007, S. 57, 61) betont dabei „[…] die Bedeutung des offenen, forschenden und nicht bewertenden Fragens: Was meinen Sie? Was würden Sie tun, wenn Sie etwas zu sagen hätten? In der Erforschung der ganz persönlichen Sichtweise, der Eigeninteressen und der jeweiligen persönlichen Ressourcen […] liegt der Kern der Aktivierung." Aktivierende Befragungen dienen dazu „[…] gemeinsam mit den Bürgern […] nach besseren Wegen zur Lösung von Problemen oder Behebung von Benachteiligung […]" zu suchen. Die Ergebnisse der Befragung werden im Rahmen von Bürgerversammlungen den Betroffenen nähergebracht und in der Folge, idealerweise mit den Aktivierten gemeinsam, einer Lösung – im Sinne einer Verbesserung des Gemeinwesens – zugeführt. Die Aktivierende Befragung zielt im Wesentlichen auf Gruppen und Milieus ab, die sich normalerweise kaum beteiligen (Theorie und Praxis in Lüttringhaus und Richers 2007).

Aus der Praxis

Leitlinien für mitgestaltende BürgerInnenbeteiligung in der Stadt Heidelberg

Auch Leitlinien sind ein Versuch, große Teile der Bevölkerung in Vorhaben einer Stadt einzubinden. Dies passiert nicht mehr dadurch, dass Bürgerinnen und Bürger als „Bittsteller" um Information und Mitbestimmung vorstellig werden, sondern in einem systematisch für alle Vorhaben einer Stadt verpflichtend vorgesehen Beteiligungsprozess. Es kommt zu einer Institutionalisierung der Beteiligung mit einer verbindlichen Verfahrensordnung (Klages 2010). Entscheidendes Merkmal dabei ist der Trialog von Politik, Verwaltung, Bürgerinnen und Bürgern in der Entwicklung der Leitlinien als auch im weiteren Beteiligungsprocedere. Dadurch gelingt es, das Misstrauen zwischen diesen drei Gruppen, häufig ausgedrückt in Politikverdrossenheit und abschätzigen Bewertungen, zu überwinden. Die Stadt Heidelberg, die schon früh Beteiligung und Nachhaltigkeit in der städtischen Entwicklung praktizierte (Stadt Heidelberg 2007), war die erste deutsche Stadt, die sich

die Erfüllung der „Leitlinien für Bürgerbeteiligung" als Selbstverpflichtung im Jahr 2012 auferlegt hat (Stadt Heidelberg 2012; ▣ Abb. 5.6).

Das Ziel der mitgestaltenden Beteiligung der Zivilgesellschaft an kommunalen Planungs- und Entscheidungsprozessen in Heidelberg ist es, Transparenz und mehr Vertrauen zwischen den Bewohnerinnen und Bewohnern der Stadt, ihren Verwaltungsorganen und der lokalen Politik zu schaffen. Es soll eine **neue Beteiligungskultur** mit folgenden zentralen Elementen aufgebaut werden (▣ Abb. 5.7):

- **Frühzeitige Information** über städtische Projekte und mögliche Beteiligung und Mitgestaltung durch eine Vorhabenliste (Darstellung aller relevanten Vorhaben der Stadt).
- **Anregung für Beteiligung** ist von verschiedenen Seiten möglich: durch Bürgerschaft, Gemeinderat, Oberbürgermeister,

Jugend- und Ausländerbeirat.
- **Planung und Ausgestaltung des Beteiligungskonzeptes** als integraler Bestandteil des Vorhabens in einem kooperativen Prozess zwischen den Betroffenen.
- **Beteiligung** gegebenenfalls über verschiedene Projektphasen hinweg mit dem jeweils passenden Beteiligungsverfahren.
- **Rückkopplung von Beteiligungsergebnissen** in die breite Öffentlichkeit, damit nicht nur die unmittelbar Betroffenen und Beteiligten involviert und informiert sind.
- **Verbindlichkeit** von Beteiligungsprozessen, um gegenseitiges Vertrauen zu stärken.
- **Weiterentwicklung und Evaluierung** der Leitlinien für die Beteiligung, um Lerneffekte in die Verbesserung der Prozesse zu integrieren.

Ein Kernelement der Leitlinien stellt die Vorhabenliste dar, die die breite Öffentlichkeit über die Vorhaben und Planungen der Stadt rechtzeitig informiert und somit die Beteiligung anstößt und auslöst. Unterstützend ist dabei die „Koordinierungsstelle für Bürgerbeteiligung" der Stadt Heidelberg.

Die bisherigen Ergebnisse in Heidelberg sind für weite Teile der Bevölkerung, aber auch für die Politik und Verwaltung durchaus vielversprechend. Das Bemühen sowohl der Stadt als auch der Bürgerinnen und Bürger trägt erste Früchte und fördert die Lebensqualität und Zufriedenheit durch eine neue Art von Governance für eine nachhaltige Entwicklung. In Österreich folgt die Stadt Graz seit 2014 mit den „Leitlinien für BürgerInnenbeteiligung" (Stadt Graz 2014a) diesem Vorbild bei der Umsetzung ihrer Vorhaben und Planungen.

5

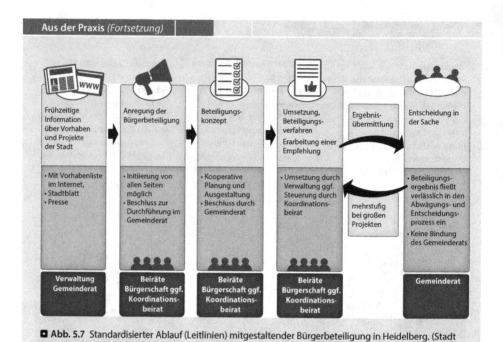

Aus der Praxis (Fortsetzung)

Neben diesen Beispielen aus der Praxis wird ein neuer Pfad von nachhaltiger Stadtentwicklung in „Stadtlaboratorien" gelegt. **Urban Labs** werden als Ansatz von transdisziplinärer Kooperation (zwischen Wissenschaft und Praxis) (► Aus der Praxis: Urban Experiments als Beispiel transdisziplinärer Forschung in ► Abschn. 9.2.3) gesehen, um den sozialen, ökologischen und ökonomischen Herausforderungen, mit denen sich europäische Städte zunehmend konfrontiert sehen, auf eine innovative Art zu entsprechen. Diese „Ermöglichungsräume" erlauben es Akteurinnen und Akteuren aus Politik, Verwaltung, Unternehmen und Zivilgesellschaft, gemeinsam an Zukunftsexperimenten zu arbeiten und zu lernen. Die Resultate eines urbanen Stadtlabors basieren auf einem ergebnisoffenen, partizipativen und möglichst niederschwelligen Prozess, um urbanes Zusammenleben gemeinsam zu gestalten (Følstad et al. 2009; EU 2011). Die Experimente werden zur Lösung kleinräumiger Problemstellungen initiiert (z. B. Integration von jugendlichen Flüchtlingen) und können – aufbauend auf die positiven Ergebnisse – in einem sogenannten Scaling-up-Prozess auch in anderen oder größeren Bereichen der Stadt umgesetzt werden.

5.4 Integrative Konzepte der nachhaltigen Stadt(entwicklung)

Der Fortschritt

„Der Fortschritt geschieht heute so schnell, dass, während jemand eine Sache für gänzlich undurchführbar erklärt, er von einem anderen unterbrochen wird, der sie schon realisiert hat" (Albert Einstein).

„Irgendwann sieht ein ganz normaler Tag in Berlin so aus: Morgens organisiert man sich per App einen Wagen vom *Carsharing* und rollt zur Arbeit im IT-Park. Zum Mittagessen gibt's Salat und Fisch aus der Zuchtcontainer-Gewächshaus-Kombi, die Reste wandern in die Biogasanlage. Mit dem an der Straßenlaterne frisch geladenen Auto bringt man die Kinder ins Schwimmbad, wo das Becken mit Wärme aus Abwasser beheizt wird, und Omas selbst gemessene Blutzuckerwerte mailt man noch rasch an die Vivantes-Klinik" (Prösser 2014).

5.4.1 Von integrativer Stadtentwicklung zu Good Urban Governance und zur Stadtentwicklung als Gemeinschaftsaufgabe

So alt wie die Evolution der Städte, die vor etwa 10.000 Jahren im Vorderen Orient (Jericho, Catal Hüyuk) begonnen hat, so alt ist auch die Kritik an Städten und deren Entwicklungen (Bähr und Jürgens 2009). Mitscherlich (2013, S. 9, 26) sprach schon 1965 von der „Unwirtlichkeit unserer (deutschen) Städte" und kritisierte die funktionale Entmischung der hochgradig integrierten alten Stadt und meinte, dass die Städte andere wären, „[…] wenn die Struktur unserer Siedlungsräume nicht von bornierter Profitgier verzerrt wäre". Lefebvre (2014, S. 24) stößt im Jahr 1972 mit seiner „[…] Revolution der Städte" ins gleiche Horn: „[…] hinter Fragen des Verkehrs hat alles zurückzustehen; soziales und städtisches Leben werden von all dem zerstört." Jacobs (1992, S. 6) kritisierte vor allem die Stadtplanung und den Umbau New Yorks: „Cities are an immense laboratory of trial and error, failure and success, in city building and design." Harvey (2009) forderte schon 1973 einen multidisziplinären Zugang zur Stadt und kritisierte erst jüngst die „bürokratisch-kapitalistische Gouvernementalität". Ihre Kritik und ihre **Visionen der Stadt** sowie jene anderer prominenter stadtkritischer Autoren werden von Schubert (2014), Hall (2014) und Harvey (2014) eingehend diskutiert.

Die Städte unterliegen in unserer postmodernen Welt einem ständigen Wandel; die Globalisierung von Wirtschaft, Finanzen und Menschen, neue Technologien, vor allem zur Information und Kommunikation, neue Infrastrukturen etc. ergeben zwangsläufig neue Herausforderungen für die Städte und damit für Politik, Verwaltung, Wirtschaft und die Stadtmenschen. Dies erfordert Handeln, primär in den Bereichen Standortwettbewerb, Haushalts- und Finanzknappheit, Migration, Segregation, Nutzungskonflikte, soziale Fragmentierung, übermäßiges Wachstum, aber auch Schrumpfung, Ressourcenknappheit, Auswirkungen des Klimawandels etc. Diese und auch die unterschiedlichen Milieus und Lebensstile verlangen einen Paradigmenwechsel in der Stadtplanung und -entwicklung.

Wir müssen uns von der obrigkeitlichen Planung hin zu partizipativen, integrativen Ansätzen entwickeln, zu „Good Governance", dem Konzept, das nachhaltige Entwicklung als zentrales Ziel verfolgt (Hall und Pfeiffer 2000; Sinning 2007). Bärenbrinker (2012) argumentiert weiter, dass die Zielsetzungen von Nachhaltigkeit nicht mit tradierten Instrumenten zu erreichen sind, sondern die Problemlösungsmöglichkeiten nur in der Verbindung von nachhaltiger Entwicklung mit Governance bestehen. Die Ansätze von Albers aus dem Jahr 1996 sind heute überholt; er definierte die moderne Stadtplanung als bedürfnisgerechte, räumliche Ordnung des menschlichen Zusammenlebens mit dem Primat der Planungshoheit bei Verwaltung und Politik. Planung habe daher Vorbereitung für eine spätere Umsetzung zu sein – das Handeln wird gleichsam vorstrukturiert. Nach Albers und Wekel (2011, S. 176) ist heute für eine **nachhaltige Stadtentwicklung** „[…] stärker als bisher (auf) den gemeinsam erarbeiteten Konsens der Akteure (zu setzen) […] (und sie soll) über alle hoheitlich-formellen Aufgaben hinaus zunehmend als Betreuung und koordinierende Moderation der Stadtveränderung verstanden werden". So wechselte man methodisch in den 1970er Jahren von der reinen Stadtplanung zur Stadtentwicklungsplanung und noch vor der Jahrtausendwende zum Stadtentwicklungsmanagement (Sinning 2007).

In der Perspektive des Entwicklungsmanagements, konkret, in den Visionen und Leitbildern, in den Aufgaben und Handlungsfeldern (vom Stadtquartier bis zur Gesamtstadt), in den Konstellationen der handelnden Menschen, aber auch in den Institutionen und den Organisationsmodellen (Urban Governance) hat sich ein Wandel vollzogen. Nachhaltige Stadtentwicklungspolitik bedeutet, Verantwortung subsidiär abzugeben, ein neues Selbstverständnis in Politik und Verwaltung zu etablieren sowie neue Finanzierungsformen und neues Engagement von Wirtschaft und Zivilgesellschaft (Stadtmanagement) zu erschließen (Sinning 2007). Bauleitplanung alleine ist zu wenig (Keppel 2004). Der Wandel von der Ordnungskommune über die Dienstleistungskommune zur Bürgerkommune ist vollzogen. Selle (2013, S. 41) spricht von der Stadtentwicklung als **Gemeinschaftsaufgabe** und meint: „Stadtentwicklung wird von einer Vielzahl von Akteurinnen und Akteuren geprägt. Sie wirken – in unterschiedlicher Weise – an der baulich-räumlichen, sozialen, ökologischen, ökonomischen und/oder kulturellen Entwicklung der Städte mit." Stadtmenschen sind marktaktiv (z. B. im Konsum und im Wohnungssektor), sind Beteiligte, Aktive und auch politische Souveräne – oder nach Rauterberg (2013): „Wir sind die Stadt."

Fassmann (2009) sieht „Stadtentwicklungen" als zeitlich gebundene Prozesse, die die physischen und gesellschaftlichen Strukturen einer Stadt verändern. Als Determinanten sind zu nennen:

- Bevölkerungsentwicklungen,
- Gesellschaftsentwicklung mit individuellen Handlungsoptionen,
- wirtschaftliche Entwicklung,
- Verkehrs- und Bautechnologie,
- Informations- und Kommunikationstechnologie,
- Politik und Planung.

Häußermann und Siebel (2004) sprechen bei Stadtentwicklung vom Versuch der Lösung eines fortwährenden Kampfes um die Kontrolle über städtische Räume. Öffentlichkeitswirksam hat der *Spiegel* in einem „Spiegel Special" (12/1998) schon vor der Jahrtausendwende auf die Vielfältigkeit, die Vorteile, aber auch die oben genannten Probleme der Städte und des Stadtlebens unter dem Titel „Leben in der Stadt. Lust oder Frust" hingewiesen.

5.4.2 Integrative Konzepte nachhaltiger Stadtentwicklung

Mit der Leipzig Charta zur nachhaltigen europäischen Stadt (Nationale Stadtentwicklungspolitik 2007, S. 2) hat die EU eine nachhaltige und **integrative Stadtentwicklungspolitik** festgeschrieben. Im Detail heißt es dort: „Unter integrierter Stadtentwicklung verstehen wir eine gleichzeitige und gerechte Berücksichtigung der für die Entwicklung von Städten relevanten

Belange und Interessen. Integrierte Stadtentwicklung ist ein Prozess. In diesem Prozess findet die Koordinierung zentraler städtischer Politikfelder in räumlicher, sachlicher und zeitlicher Hinsicht statt. Die Einbeziehung der wirtschaftlichen Akteurinnen und Akteure, Interessengruppen und der Öffentlichkeit sind hierbei unabdingbar. **Integrierte Stadtentwicklung** ist eine zentrale Voraussetzung für die Umsetzung der europäischen Nachhaltigkeitsstrategie […]. Der mit integrierter Stadtentwicklungspolitik erreichte Interessensausgleich bildet eine tragfähige Konsensbasis zwischen Staat, Regionen, Städten, Bürgern sowie wirtschaftlichen Akteuren. Durch die Bündelung von Wissen und finanziellen Ressourcen wird die Wirksamkeit der knappen öffentlichen Mittel vergrößert. Öffentliche und private Investitionen werden besser aufeinander und untereinander abgestimmt. Integrierte Stadtentwicklungspolitik bindet verwaltungsexterne Personen ein und beteiligt die Bürgerinnen und Bürger aktiv an der Gestaltung ihres unmittelbaren Lebensumfeldes. Zugleich kann damit eine größere Planungs- und Investitionssicherheit erreicht werden."

Hall und Pfeiffer (2000, S. 371 ff.) legen im Expertenbericht zur Zukunft der Städte Gewicht auf die integrierte und nachhaltige Stadtentwicklung und favorisieren

- die Integration von Flächennutzung und Verkehrsplanung,
- ein „Management des urbanen Raumes […]" und
- „[…] die Rückkehr zur kompakten Stadt […]".

Der Deutsche Städtetag (2013, S. 6) sieht in seinem Positionspapier „Beteiligungskultur in der integrierten Stadtentwicklung" ebenfalls die „Partizipation als zentrales Element kommunaler Demokratie und integrierter Stadtentwicklung". Dadurch kommt zum Ausdruck, dass integrierte Stadtentwicklung und nachhaltige Stadtentwicklung über weite Strecken deckungsgleich sind, zumindest ist integrierte Stadtentwicklung ein gewichtiger Bestandteil der nachhaltigen Stadtentwicklung.

Genese der integrativen Stadtentwicklung

Integrative Konzepte der Stadtentwicklung reichen weit zurück. Eine kompakte Stadt, auch als **Fußgängerstadt** bezeichnet, entspricht etwa dem Ideal der europäischen Stadt in der Phase der Urbanisierung, vom Mittelalter bis zum Beginn der Industrialisierung (im 19. Jahrhundert). Sie trägt integrative Merkmale, kann aber nicht mit nachhaltiger Entwicklung in unserem Sinne gleichgesetzt werden. Ebenso wurde im späten 19. Jahrhundert von Theodor Fritsch (1896) das „Modell der **Stadt der Zukunft**" entwickelt, das mit einer sektoralen konzentrischen Entwicklung und einer repräsentativen öffentlichen Mitte durchaus integrative Aspekte aufwies – eine Idee, die kurze Zeit später in das Modell der **Gartenstadt** von Ebenezer Howard (1898) eingeflossen ist (zit. nach Heineberg 2014).

Im Wien der Zwischenkriegszeit (1923–1934) wurden im Rahmen des **sozialen Wohnbaus** Wohnungen in Form von Großwohnblocks für sozial schwächere Schichten errichtet, z. B. der Karl-Marx-Hof (in Wien-Döbling); zudem wurde versucht, in sogenannten Oberschichtwohnbezirken eine Integration der neuen Bewohnerinnen und Bewohner mit den dort ansässigen Bevölkerungsschichten zu erreichen (Vorauer 2002). In den 1960er und 1970er Jahren besann man sich der urbanen Qualität vieler innerstädtischer Bereiche und begann mit Sanierungen und behutsamen Erneuerungen. Ziel war, die Dichte und Durchmischung in der Stadt zu erhalten. In Deutschland wurde dies durch das Städtebaugesetz 1971, in Österreich durch das Altstadt-Sanierungsgesetz 1972 und europaweit durch das Europäische Denkmalschutzjahr 1975 gefördert (Heineberg 2014; Semerad 2002).

Nachhaltige und integrierte Stadtentwicklung stehen in engem Zusammenhang mit dem **ökologischen Städtebau**, der ab den 1990er Jahren in Deutschland, vor allem in Freiburg im Breisgau (▶ Abschn. 5.2.1) realisiert wurde (LEG 2012). Seit 1997 spricht man wieder von **Städte(n) der Zukunft**; seitens des Bundesministeriums für Verkehr, Bau- und Wohnungswesen (BMVBW) wurden im Rahmen des Experimentellen Wohnungs- und Städtebaus (ExWoSt) Modellstädte in Deutschland ausgewählt, um eine zukunftsfähige Strategie einer nachhaltigen Stadtentwicklung zu erproben. Die wesentlichen nachhaltigkeitsbezogenen Indikatoren beziehen sich auf das haushälterische Bodenmanagement, die stadtverträgliche Mobilitätssteuerung, den vorsorgenden Umweltschutz, die sozialverantwortliche Wohnungsversorgung und die standortsichernde Wirtschaftsförderung (BBR 2004). Eine dieser Beispielstädte ist Münster, das gleichsam zu einem „städtebaulichen Labor" wurde (Stadt Münster o. J.).

Die Kompakte Stadt

Der Begriff **Kompakte Stadt** prägt seit vielen Jahren Stadtpolitik, Städtebau und Stadtentwicklung. Er kennzeichnet die Leitvorstellung von Stadt, insbesondere im Gegensatz zu Suburbanisierung und Flächenverbrauch und unterstützt damit auch die Ansätze von nachhaltiger Entwicklung (Albers 2000; Wentz 2000). Unterstützt werden diese Wertvorstellungen durch die 1994 beschlossene „Charta von Aalborg" und die „Aalborg Commitments", die höhere Bebauungsdichten und Mischnutzungen in der Kampagne für zukunftsbeständige europäische Städte als Richtlinie ansehen. Was meint nun Kompaktheit mit der Umschreibung „Dichte durch Urbanität"? „Kompaktheit sollte im eigentlichen Sinne des Wortes ein hohes Maß an Nutzungsmöglichkeiten bei hinreichend hoher sozialer und kultureller Dichte bieten […]. (Es bedeutet) […] Überlagerung und Verflechtung der Nutzungen und Flexibilität" (Wentz 2000, S. 19). Eine baulich verdichtete, sozial- und nutzungsgemischte, kulturell vielfältige und integrationsfähige Stadt ist gleichsam das Modell für eine nachhaltige, integrierte Stadtentwicklung geworden. Ergänzt man noch die ökologischen Aspekte im Sinne der Reduzierung des Freiflächenverbrauchs und der Mobilität im Individualverkehr sowie einer stärkeren Ressourcenschonung (Wasser, Luft, Boden), ist man einer nachhaltigen Stadtentwicklung endgültig nahe (Tharun und Bördlein 2000). Rodgers (1995, S. 32) ergreift Partei für eine Kompakte Stadt und formuliert „[…] (der) Schlüssel zur größeren Nachhaltigkeit von Städten (liegt) in einer Neuinterpretation – Neuerfindung – des dichten und abwechslungsreichen urbanen Gefüges".

Zu bemerken ist allerdings, dass die Konzepte zur Kompakten Stadt wenige Lösungsansätze für die Integration und vermehrte Partizipation von benachteiligten sozialen Schichten bieten und das Primat der vorrangig marktwirtschaftlich orientierten Flächenverdichtungen weiter besteht. Große Projekte, wie „Frankfurt 21", die dem Geiste der Kompakten Stadt verpflichtet waren, sind etwa gescheitert (Köhler 2014).

Die Soziale Stadt

Die Zugänge, die im Konzept der **Sozialen Stadt** Verwendung finden, wenden sich vor allem gegen Segregation und Exklusion und verstehen sich als Programm zur integrativen Entwicklung von Stadtteilen mit Problemlagen (▶ Abschn. 8.2.1). Dieses wurde im Rahmen eines Bund-Länder-Programms 1999 in Deutschland gestartet und ist im Baugesetzbuch (BauGB) verankert. Die Ansätze werden generell positiv bewertet. So formuliert Bärenbrinker (2012, S. 320): „Die Regelung der sozialen Stadt zeigt sich in zweierlei Hinsicht als moderne Vorschrift. Erstens ist sie Ausprägung der aus stadtentwicklungsperspektivischer Hinsicht notwendigen Weiterentwicklung des städtebaulichen Sanierungskonzeptes (vgl. § 136 ff. BauGB). Zweitens greift § 171e BauGB mit seinem integrativen, kooperativen und partizipativen Ansatz auf vielfältige Praxiserfahrung zurück, die im Rahmen des Programms Stadtteile mit besonderem Entwicklungsbedarf – die Soziale Stadt in den Bundesländern und Gemeinden sowie in ähnlichen Programmen im europäischen Ausland gewonnen werden konnten." Die Bekämpfung sozialer Segregation erfolgt durch neue Governance-Strukturen und durch intensive Beteiligung der Betroffenen als Bottom-up-Ansatz – dadurch wird vor allem die Eigenverantwortung der im Quartier lebenden Menschen gefördert. Schulen und die lokale Wirtschaft werden bewusst integriert, ein Quartiersmangement unterstützt die Prozesse professionell.

Eine Erfolgsbilanz der Sozialen Stadt zieht die Broschüre des Bundesamtes für Bauwesen und Raumordnung (BBR 2008) *Integrierte Stadtentwicklung – Praxis vor Ort*, in der über 40 Umsetzungsbeispiele aus deutschen Städten präsentiert werden. Beispiele sind etwa die Jugendarbeit mit dem Bau einer Abenteuerhalle in Köln-Kalk oder die Schaffung neuer Arbeitsplätze im ehemaligen Zechenstandort in Essen-Katernberg. Die Stadt Graz ist mit der Umsetzung von EU-Gemeinschaftsinitiativen URBAN I, URBAN II sowie URBAN PLUS europaweit ein Good-Practice-Beispiel. Über 100 Teilprojekte wurden im Sinne integrativer Stadtentwicklung umgesetzt, ihre Inhalte reichen von Sozialprojekten und nachbarschaftsorientierten Kleinprojekten über die Schaffung von innerstädtischem Grünraum bis hin zu Verkehrs- und Mobilitätsmaßnahmen, insbesondere an der Schnittstelle Stadt-Umland (Stadt Graz 2014b).

5.4.3 Smart City – ist eine Anwendung auf die Gesamtstadt möglich?

Das Konzept **Smart City** soll unsere Städte für die Zukunft fit machen, so kann man es zumindest der Netzdebatte der Bundeszentrale für politische Bildung (BpB 2014) entnehmen. „Smart" steht in der Zwischenzeit für alles Neue und Intelligente, man denke nur an die Smartphones. Ob es auch für eine „neue" Form der integrativen, nachhaltigen städtischen Entwicklung steht, wird sich zeigen. In der oben genannten Debatte werden neben den Chancen sehr wohl auch die Gefahren diskutiert und es gibt dazu durchaus auch kritische Stimmen. Laimer (2014, S. 8) sieht in Smart Cities ein zentralistisches Top-down-Projekt. Der Begriff „Smart Cities" entstand in den frühen 1990er Jahren am California Institute for Smarter Communities (Gibson et al. 1992). Primär war damit die Umsetzung benutzerfreundlicher Informations- und Kommunikationstechnologien großer Industriekonzerne gemeint. Ein bekanntes Beispiel ist die T-City Friedrichshafen, wo die Deutsche Telekom eine Public Private Partnership (PPP) mit der Stadt Friedrichshafen eingegangen ist. Begriffe wie „Digital City", „Intelligent City", „Ubiquitous City", „Sustainable City" oder „Green City" werden in ähnlicher Bedeutung verwendet (Hatzelhoffer et al. 2012). Eine häufig zitierte Definition von Smart City stammt von Ceragliu et al. (2009, S. 6): „We believe a city to be smart when investment in human and social capital and traditional (transport) and modern (ICT) communication infrastructure fuel sustainable economic growth and high quality of life, with a wise management of natural resources, through participatory governance."

Was sind nun die wesentlichen Elemente, die eine Smart City ausmachen? Cohen (2011) hat ein „Smart City Wheel" mit den Kernkomponenten Umwelt, Mobilität, Regierungsform, Wirtschaft, Gesellschaft und Lebensqualität entwickelt, um einen Smart-City-Index zu errechnen. In seiner Wertung liegt Wien seit Jahren an vorderer Stelle. Schon 2007 wurde ein europäisches Smart-City-Ranking ausgewählter mittelgroßer Städte durchgeführt – Luxemburg liegt nach diesem Ranking an erster Stelle, die österreichische Stadt Linz an neunter und Regensburg an 24. Stelle Dabei wurden folgende Handlungsfelder berücksichtigt (TU Wien 2007):

- **Smart Economy** (Konkurrenzfähigkeit),
- **Smart People** (Sozial- und Humankapital),
- **Smart Governance** (Partizipation),

- **Smart Mobility** (Transport, Informations- und Kommunikationstechnologie),
- **Smart Environment** (natürliche Ressourcen),
- **Smart Living** (Lebensqualität).

Mandl und Zimmermann-Janschitz (2014) gehen einen Schritt weiter und beschäftigen sich einerseits mit der Modellierung und andererseits mit Modellen zur Beschreibung von Smart Cities. Sie besprechen in ihrem Smarter-City-Modell die technischen, regulatorischen und gesellschaftlichen Voraussetzungen einer Implementierung desselben und kommen zu dem Schluss, dass es wohl auch dringend „smarte" *citizens* braucht und dass neben all den technischen Errungenschaften besonders – wenn nicht in erster Linie – Engagement, Innovationsfähigkeit und Partizipation der Menschen die entscheidende Rolle spielen werden.

Neben der Wissenschaft hat sich auch die EU mit der European Initiative on Smart Cities (European Commission 2015) primär aus Klimaschutzgründen mit dem Ziel der CO_2-Reduktion der Thematik zugewandt und will mit der Initiative „Intelligente Städte in Europa" (Klima- und Energiefonds 2013) neueste effizienzsteigernde Technologien implementieren und über Mittel aus den Strukturfonds fördern. Weltweit bekennen sich viele Städte, aber auch große Technologieunternehmen wie etwa Siemens (2015) zu Smart-City-Leitbildern, vielfach auch unter dem Titel „City of the Future, smart and connected" oder sogar als „Investor Ready Cities". Beispiele dafür sind Songdo (Südkorea), Santander und Barcelona (Spanien), Kopenhagen (Dänemark), Vancouver (Kanada), Berlin und Hamburg (Deutschland), Wien und Graz (Österreich).

Aus der Praxis

Smart City Wien

Wenn man nun eine Stadt sucht, die ein Smart-City-Projekt in Form eines neu errichteten Stadtteils verwirklicht und sich zusätzlich als Ganzes der smarten Stadtentwicklung verschrieben hat, dann ist es Wien (Wien.at 2015a). In Aspern, im Bezirk Donaustadt, am Rande Wiens gelegen, soll mit der Seestadt bis 2028 auf insgesamt 240 ha eine neue

smarte Stadt für 20.000 Menschen und ebenso viele Arbeitsplätzen entstehen. Die Planungen begannen 2003, im Jahr 2007 wurde der Masterplan einstimmig beschlossen (Wien.at 2015c). Die Bauarbeiten laufen seit 2011, und die ersten Bewohnerinnen und Bewohner sind Ende 2014 in der Seestadt eingezogen. Zentrum ist der namensgebende See

mit 5 ha Fläche, umgeben von Grün- und Erholungsflächen. Nahversorgung, Gastronomie und Sozialeinrichtungen sind inzwischen eröffnet, die ersten Arbeitsplätze stehen zur Verfügung. Vorrang hat der öffentliche Nahverkehr; die zwei neu errichteten U-Bahn-Stationen der Linie U2 sorgen für einen schnellen Anschluss zur Innenstadt (◘ Abb. 5.8).

◘ **Abb. 5.8** U2-Station Seestadt in Wien Aspern. (© Franz Brunner 2015. All rights reserved)

Aspern wird als Stadt der kurzen Wege – als kompakte Stadt – konzipiert. Das eigene Kraftfahrzeug spielt in der Smart City Aspern eine untergeordnete Bedeutung, 80 % der Wege sollen ohne Auto zurückgelegt werden (Wien.at 2015b). Mit Aspern Smart City Research wurde eine eigene Forschungsgesellschaft zur wissenschaftlichen Begleitung gegründet. Weitere Unterstützung erfolgt durch das Stadtteilmanagement Seestadt Aspern, ein Erdgeschoss- und Einkaufsstraßenmanagement sowie – als Zwischenlösung – durch „Kultur auf der Baustelle". Die verschiedensten Bautypen und -formen werden unter Mitplanung der Nutzerinnen und Nutzer errichtet, darunter ein 80 m hohes Holzwohnhaus (◘ Abb. 5.9). Der Bildungscampus mit Kindertagesstätte, Schulen, Forschungseinrichtungen und Studierendenheim ist im Entstehen. Das Aspern Seestadt City Lab, eine interdisziplinäre Dialogplattform, dient der Kommunikation von Expertinnen und Experten mit der Öffentlichkeit. Somit scheinen in der Seestadt Aspern viele der Merkmale und Vorteile einer Smart City verwirklicht zu werden.

◘ **Abb. 5.9** Wohnbauten aus Holz in der Seestadt Wien Aspern.

Aus der Praxis *(Fortsetzung)*

Zusätzlich hat sich Wien zur Gänze einer Smart-City-Rahmenstrategie verschrieben (Wien.at 2015). Bis 2050 sollen die CO_2-Emmissionen um 80 % gesenkt werden, und die Energie soll zur Hälfte aus erneuerbaren Quellen kommen. Was Smart City für Wien konkret bedeutet, kann anhand der Grundprinzipien zusammengefasst werden (Stadt Wien 2014):

- **Weniger Ressourcen verbrauchen** und Klima schützen (Energie, Mobilität, Infrastruktur und Gebäude)
- **Lebensqualität** durch Innovationen **erhöhen** (Bildung,

Forschung, Technologie und Wirtschaft)
- **Soziale Inklusion** und Sicherheit für alle Menschen in der Stadt gewährleisten (Lebensqualität, Gesundheit, Umwelt, Partizipation)
- **Die Stadt gehört allen** Frauen und Männern (Lebensqualität für alle Menschen in Wien)

Gerade mit den beiden letztgenannten Punkten zeigt Wien, dass die Menschen in diesem Konzept eine große Rolle spielen und „smart" sich nicht allein mit smarten Technologien erschöpft. Ein Kernstück der Smart City Wien ist auch ein langfristiger

Stakeholder-Prozess. „*Smart City* ist für mich ein Aufbruch aus bestehenden Strukturen in eine neue, noch etwas ungewisse Stadt der Zukunft. Lebenswert, effizient, ruhig und sonnig stelle ich mir die Stadt vor […]" (Stadt Wien Magistratsabteilung 18 2013, S. 4). Auch in den laufenden Arbeiten zum Stadtentwicklungsplan 2025 orientiert sich Wien an den Leitideen, Prinzipien und Zielvorgaben der Smart City (◘ Abb. 5.10). Das lässt hoffen, dass Smart City durchaus ein integratives und nachhaltiges Stadtentwicklungskonzept wird und viele Städte zu Smarter Cities werden.

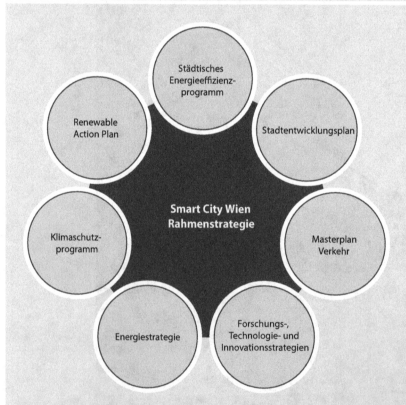

◘ **Abb. 5.10** Rahmenstrategie Smart City der Stadt Wien in Kombination mit anderen Konzepten

Aus der Praxis *(Fortsetzung)*

Kindermund tut Wahrheit kund: Der Medienbericht „Ideen für die Smart City von morgen – wie Kinder die Stadt der Zukunft sehen" soll dieses Praxisbeispiel abrunden: „Geht es nach den Vorstellungen von Kindern, dann wird das Leben in der Stadt der Zukunft durchaus interessant. UFOs bringen Einkäufe nach Hause, Roboter übernehmen das Putzen und Kochen, leben werden wir in baumartigen Wohnungen, die in der Luft schweben" (Dax 2014, S. 4).

❶ Herausforderungen für die Zukunft
- Die größten ökologischen Herausforderungen für Städte sind die Folgen des Klimawandels, der Luftverschmutzung und die unzureichende Trinkwasserversorgung.
- Städte sind trotz aller Herausforderungen attraktiv; sie werden mit sozialem Aufstieg, Neustart, Freiheit und vielen Ressourcen verbunden.
- Das exzessive Städtewachstum, vor allem in Asien und Afrika, und die Dominanz der Städte machen aber gerade die Städte zu notwendigen Vorreitern für eine nachhaltige Entwicklung: Bottom-up-Initiativen wie Crowdfunding, Carsharing, Urban Gardening oder gemeinschaftliche Stadtquartiersplanung sind bereits erste Ausdrucksformen einer neuen (nachhaltigen) urbanen Gesellschaft.
- Zukunftsfähige Städte leben von Partizipation, einem demokratischen Grundrecht – nur ehrliche Partizipation führt zu einer (Neu-)Verteilung von Macht zwischen Politik, Verwaltung und Zivilgesellschaft; Leitlinien für Bevölkerungsbeteiligung verankern Partizipation im Alltag.
- Der Zukunftsschwerpunkt ist Wohnen, gekennzeichnet durch Integration und Miteinander, durch individuelle und flexible Wohnformen, sanfte Mobilität, Ressourcenschonung und Attraktivität des öffentlichen Raumes.
- Die Stadt von heute muss kompakt, vielfältig und partizipativ sein – eben eine nachhaltige Stadt. Smart-City-Konzepte sind eine Formel für die Stadt der Zukunft, allerdings nur dann, wenn die Technologie nicht zum Selbstzweck wird und der Mensch mit seinen Bedürfnissen nach individueller Lebensqualität im Mittelpunkt steht.

Pointiert formuliert

Städte stehen im 21. Jahrhundert vor zahlreichen Herausforderungen. Der Klimawandel, das Bevölkerungswachstum, die Ressourcenknappheit, wirtschaftliche Disparitäten und Armut sowie die Exklusion großer Teile der städtischen Bevölkerung sind die Hauptprobleme. Nichtsdestotrotz gibt es zahlreiche gute Beispiele integrativer, nachhaltiger Stadtentwicklung wie neue Formen des Wohnens und des nachbarschaftlichen Zusammenlebens. Stadtentwicklung wird zur Gemeinschaftsaufgabe von Politik, Verwaltung, Wirtschaft und Zivilgesellschaft. Smart-City-Ansätze fokussieren noch stark auf Technologie und Ressourceneffizienz, aber neue Ansätze garantieren, dass die Menschen (wieder) in den Mittelpunkt rücken.

Literatur

Albers G (1996) Stadtplanung. Eine praxisorientierte Einführung. Wissenschaftliche Buchgesellschaft, Darmstadt

Albers G (2000) Die Kompakte Stadt im Wandel der Leitbilder. In: Wentz M (Hrsg) Die Kompakte Stadt. Die Zukunft des Städtischen. Frankfurter Beiträge, Bd 11. Campus, Frankfurt am Main u. New York, S 22–29

Albers G, Wekel J (2011) Stadtplanung. Eine illustrierte Einführung. Wissenschaftliche Buchgesellschaft, Darmstadt

Allardt E (1993) Having, Loving, Being: An Alternative to the Swedish Model of Welfare Research. In: Nussbaum M-C, Sen A (Hrsg) The Quality of Life. Clarendon Press, Oxford, S 88–95

Amt Vorarlberger Landesregierung, Büro für Zukunftsfragen (Hrsg) (2010) Handbuch Bürgerbeteiligung für Land und Gemeinden. Bregenz, Wien

Arnstein Sh (1969) A Ladder of Citizen Participation. JAPA/Journal of the American Instiute of Planners 35(4):216–224. http://lithgow-schmidt.dk/sherry-arnstein/ladder-of-citizen-participation.html. Zugegriffen: März 2015

Bähr J, Jürgens U (2009) Stadtgeographie II. Regionale Stadtgeographie. Das Geographische Seminar. Westermann, Braunschweig

Baranek E, Fischer C, Walk H (2005) Partizipation und Nachhaltigkeit. Reflektionen über Zusammenhänge und Vereinbarkeiten. Diskussion paper, Bd 15/05. Zentrum Technik und Gesellschaft, Berlin

Bärenbrinker V (2012) Nachhaltige Stadtentwicklung durch Urban Governance. Schriften zum Öffentlichen Recht, Bd 1200. Duncker & Humblot, Berlin

BBR (Bundesamt für Bauwesen und Raumordnung) (Hrsg) (2008) Integrierte Stadtentwicklung – Praxis vor Ort. Gute Beispiele zu Vernetzung und Bündelung im Programm Soziale Stadt. Eigenverlag, Bonn

BBR (Bundesamt für Bauwesen und Raumordnung) (2004) Städte der Zukunft. Kompass für den Weg zur Stadt der Zukunft. Eigenverlag BBR, Bonn

Behrens F et al (Hrsg) (2005) Ausblicke auf den aktivierenden Staat. Von der Idee zur Strategie. Modernisierung des öffentlichen Sektors, Bd Sonderband 23. Edition sigma, Berlin

Bellebaum A, Barheier K (Hrsg) (1994) Lebensqualität, Ein Konzept für Praxis und Forschung. Westdeutscher Verlag, Opladen

Benz A (2004) Governance – Regieren in komplexen Regelsysteme. VS Verlag für Sozialwissenschaften, Wiesbaden

Bischoff A, Selle K, Sinning H (2007) Informieren Beteiligen Kooperieren. KiP Kommunikation im Planungsprozess, Bd 1. Dorothea Rohn, Dortmund

BMU (Bundesministerium für Umwelt, Naturschutz und Reaktorsicherheit) (Hrsg) (1992) Konferenz der Vereinten Nationen für Umwelt und Entwicklung im Juli 1992 in Rio de Janeiro – Dokumente – Agenda 21. Bundesministerium für Umwelt, Naturschutz und Reaktorsicherheit, Bonn

BpB (Bundeszentrale für politische Bildung) (2014) Special: Smart City. http://www.bpb.de/dialog/netzdebatte/197222/spezial-smart-city. Zugegriffen: August 2015

Brunold A (o.J.) Stuttgart 21 als „Lehrstück" für politische Partizipation. http://www.bundeskongress-partizipation.de/wiki/images/6/67/Stuttgart_21_als_Lehrst%C3%BCck..._Brunold.pdf. Zugegriffen: März 2015

Bullinger HJ, Röthlein B (2012) Morgenstadt. Wie wir morgen leben: Lösungen für das urbane Leben der Zukunft. Hanser, München

Ceragliu A, Del Bo C, Nijkamp P (2009) Smart Cities in Europe. http://dare.ubvu.vu.nl/bitstream/handle/1871/15296/20090048.pdf;jsessionid=225309909466D66B0FBA32CD81991B15?sequence=2. Zugegriffen: Juni 2015

Charta von Aalborg (1994) Charta der Europäischen Städte und Gemeinden auf dem Weg zur Zukunftsbeständigkeit. http://www.globaleslernen.de/sites/default/files/files/link-elements/charta_20der_20europ_c3_a4ischen_20st_c3_a4dte_20und_20gemeinden_20auf_20dem_20weg_20zur_20zukunftsbest_c3_a4ndigkeit.pdf. Zugegriffen: August 2015

Chattopadhyay A, Guha M (2011) Water Pollution. In: Cohen N (Hrsg) Green Cities. SAGE, Thousand Oaks, S 460–462

Cohen B (2011) Smart Cities. http://www.boydcohen.com/smartcities.html

Creighton JL (2005) The Public Participation Handbook. Making better decisions trough citizens Involvement. Jossey-Bass, San Francisco

Daseking W, Medearis D (2012) Freiburg, Germany: Germany's EcoCapital. In: Beatley T (Hrsg) Green Cities of Europe. Global Lessons on Green Urbanism. Island Press, Washington, S 65–83

Dax P (2014) Ideen für die Smart City von morgen. Young Visions Award. Schwebende Häuser und Magnetautos. Wie Kinder die Stadt der Zukunft sehen. Kurier 14.11.2014

Deutscher Städtetag (Hrsg) (2013) Beteiligungskultur in der integrierten Stadtentwicklung. Eigenverlag, Berlin und Köln

Dienel PC (2009) Demokratisch, Praktisch, Gut. Merkmale, Wirkungen und Perspektiven von Planungszellen und Bürgergutachten. Dietz, Bonn

Ermer K, Mohrmann R, Surkopp H (1994) Stadt und Umwelt. Economica, Bonn

European Commission (2015) SETIS – European Initiative on Smart Cities. https://setis.ec.europa.eu/set-plan-imple-mentation/technology-roadmaps/european-initiative-smart-cities. Zugegriffen: Juni 2015

EU (European Union) (2011) Cities of tomorrow: challenges, visions, ways forward. European Commission Directorate General for Regional Policy, Brüssel

Fassmann H (2009) Stadtgeographie I. Allgemeine Stadtgeographie. Das Geographische Seminar. Westermann, Braunschweig

Fetscher I, Münkler H (Hrsg) (1985) Politikwissenschaft. Begriffe-Analysen-Theorien. Rowohlts Enzyklopädie, Reinbek bei Hamburg

Fischer C et al (2003) Die Kunst sich nicht über den Runden Tisch ziehen zu lassen. Ein Leitfaden für BürgerInnenin-itiativen in Beteiligungsverfahren. Stiftung Mitarbeit, Bonn

Frey W (2011) Freiburg – Green City. Wege zu einer nachhaltigen Stadtentwicklung. Herder, Freiburg

Forum Vauban e.V. (2014) Forum Vauban. http://www.vauban.de/themen/buergerbeteiligung. Zugegriffen: Februar 2016

Følstad A, Brandtzaeg P, Gulliksen J, Näkki P, Børjeson M (2009) Towards a manifesto of Living Lab co-creation, Pro-ceedings of the INTERACT 2009 Workshop, Report A12349. SINTEF, Oslo

Gebhardt H, Meusburger P, Wastl-Walter D (Hrsg) (2008) Humangeographie. Springer, Heidelberg

Geißel B (2008) Wozu Demokratisierung der Demokratie? – Kriterien zur Bewertung partizipativer Arrangements. In: Vetter A (Hrsg) Erfolgsbedingungen lokaler Bürgerbeteiligung. VS Verlag für Sozialwissenschaften, Wiesbaden, S 29–48

Geißler H (2012) Sapere aude! Warum wir eine neue Aufklärung brauchen. Ullstein, Berlin

Gibson DV, Kozmetsky G, Smilor RW (1992) The Technopolis Phenomenon: Smart Cities, Fast Systems, Global Net-works. Rowman & Littlefield, Lanham

Gohl Ch, Wüst J (2008) Beteiligung braucht Wissen – Beteiligung schafft Wissen. In: Vetter A (Hrsg) Erfolgsbedingun-gen lokaler Bürgerbeteiligung. VS Verlag für Sozialwissenschaften, Wiesbaden, S 259–280

Güntner J (2013) Demokratie verbessern: Der neue Drang nach Partizipation. Neue Zürcher Zeitung 16.4.2013. http://www.nzz.ch/aktuell/feuilleton/uebersicht/der-neue-drang-nach-partizipation-1.18064612. Zugegriffen: April 2015

Hall P (2014) Cities of Tomorrow. Wiley Blackwell, Malden, Oxford und Chichester

Hall P, Pfeiffer U (2000) Urban 21. Der Expertenbericht zur Zukunft der Städte. Deutsche Verlags-Anstalt, Stuttgart, München

Harvey D (2009) Social Justice and the City. Geographies of Justice and Social Transformation, Bd 1. The University of Georgia Press, Athens, London (Revisted Edition)

Harvey D (2014) Rebellische Städte. Edition suhrkamp, Berlin

Hatzelhoffer L et al (2012) Smart City konkret. Eine Zukunftswerkstatt in Deutschland zwischen Idee und Praxis. Evaluation der T-City Friedrichshafen. Jovis, Berlin

Häußermann H, Siebel W (2004) Stadtsoziologie. Eine Einführung. Campus, Frankfurt am Main

Heineberg H (2014) Stadtgeographie. Schöningh, Paderborn (UTB 2166)

Heinrichs H (2005) Kultur-Evolution: Partizipation und Nachhaltigkeit. In: Michelsen G, Godemann J (Hrsg) Handbuch Nachhaltigkeitskommunikation. Grundlagen und Praxis. Oekom, München, S 709–720

Herriger N (2006) Empowerment in der Sozialen Arbeit. Eine Einführung. Kohlhammer, Stuttgart

Hinte W, Karas F (2007) Die Aktionsforschung in der Gemeinwesenarbeit. In: Lüttringhaus M, Richers H (Hrsg) Hand-buch Aktivierende Befragung. Konzepte, Erfahrungen, Tipps für die Praxis. Arbeitshilfen. Stiftung Mitarbeit, Bonn, S 36–54

Holtkamp L (2008) Direktdemokratie und Konkurrenzdemokratie – eine „explosive" Mischung? In: Vetter A (Hrsg) Erfolgsbedingungen lokaler Bürgerbeteiligung. VS Verlag für Sozialwissenschaften, Wiesbaden, S 103–122

Jacobs J (1992) The Death and Life of Great American Cities. Random House, New York (Vintage Books Edition)

Kaminske V (1981) Zur systematischen Stellung einer Geographie des Freizeitverhaltens. http://www.jstor.org/sta-ble/27818219. Zugegriffen: April 2015

Keppel H (2004) Stadtentwicklungsplanung in der Praxis. Stadtentwicklung im Diskurs. Oliver Kersting, Rottenburg am Neckar

Klages H (2007) Beteiligungsverfahren und Beteiligungserfahrungen. Friedrich-Ebert-Stiftung, Bonn

Klages H (2010) Von der Zuschauerdemokratie zur Bürgergesellschaft? – Bilanz und Perspektiven der Bürgerbetei-ligung. In: Hill H (Hrsg) Bürgerbeteiligung. Analysen und Praxisbeispiele. Verwaltungsressourcen und Verwal-tungsstrukturen, Bd 16. Nomos, Baden-Baden, S 11–21

Kleinhückelkotten S, Wegner E (2010) Nachhaltigkeit kommunizieren (Zielgruppen, Zugänge, Methoden), 2. Aufl. ECOLOLG-Institut, Hannover

Klima- und Energiefonds (2013) Smart Cities – intelligente Städte in Europa / EU-Initiativen. http://www.smartcities.at/europa/eu-initiativen/. Zugegriffen: Mai 2015

Köhler M (2014) Schade um Frankfurt 21. Frankfurter Allgemeine. Rhein-Main vom 10.11.2014. http://www.faz.net/aktuell/rhein-main/kommentar-eisenbahnnetz-schade-um-frankfurt-21-13257333.html. Zugegriffen: Mai 2015

Kuckartz U, Rheingans-Heintze A (2006) Trends im Umweltbewusstsein. Umweltgerechtigkeit, Lebensqualität und persönliches Engagement. Umweltbundesamt, Wiesbaden

Laimer Ch (2014) Smart Cities. Zurück in die Zukunft. derive. Zeitschrift für Stadtforschung 56:4–9

Lefebvre H (2014) Die Revolution der Städte. CEP Europäische Verlagsanstalt, Hamburg

LEG (Landes- und Stadtentwicklungsgesellschaften) (2012) Neue Stadtteile in Freiburg – Vauban und Rieselfeld. http://www.bvleg.de/mitglieder-projekte/neue-stadtteile-freiburg-vauban-und-rieselfeld.   Zugegriffen: März 2015

Lüttringhaus M (2000) Stadtentwicklung und Partizipation. Fallstudien aus Essen Katernberg und der Dresdener Äußeren Neustadt. Stiftung Mitarbeit, Bonn

Lüttringhaus M, Richers H (2007) Handbuch Aktivierende Befragung. Konzepte, Erfahrungen, Tipps für die Praxis. Arbeitshilfen, Bd 29. Stiftung Mitarbeit, Bonn

Mandl B, Zimmermann-Janschitz S (2014) Smarter Cities – ein Modell lebenswerter Städte Proceedings REAL CORP 2014 Tagungsband, S 611–620

Meyer Th (2009) Was ist Demokratie. Eine diskursive Einführung. VS Verlag für Sozialwissenschaften, Wiesbaden

Mitscherlich A (2013) Die Unwirtlichkeit unserer Städte. Anstiftung zum Unfrieden. Edition suhrkamp, Frankfurt am Main

Müller C (2011) Urban Gardening. Über die Rückkehr der Gärten in die Stadt. Oekom, München

Nationale Stadtentwicklungspolitik (2007) Leipzig Charta zur nachhaltigen europäischen Stadt. http://www.nationale-stadtentwicklungspolitik.de/NSP/SharedDocs/Publikationen/DE_NSP/leipzig_charta_zur_nachhaltigen_europaeischen_stadt.pdf. Zugegriffen: März 2015

Noll H (2000) Konzepte der Wohlfahrtsentwicklung: Lebensqualität und „neue" Wohlfahrtskonzepte. http://econpapers.repec.org/paper/zbwwzbeco/p00505.htm. Zugegriffen: April 2015

ÖGUT (Österreichische Gesellschaft für Umwelt und Technik) (1998/2001) Aarhus-Konvention. http://www.partizipation.at/aarhus-konvention.html Zugegriffen: März 2015

ÖGUT (Österreichische Gesellschaft für Umwelt und Technik) (2005) Die Zukunft gemeinsam gestalten. Das Handbuch Öffentlichkeitbeteiligung. http://www.partizipation.at/handbuch-oeff.html. Zugegriffen: März 2015

Paesler R, Haas HD (2008) Stadtgeographie. Wissenschaftliche Buchgesellschaft, Darmstadt

Prösser C (2014) Pläne für Berlins technologische Entwicklung. Die Stadt soll schlauer werden. In: taz.de vom 14.2.2014. http://www.taz.de/1/archiv/digitaz/artikel/?ressort=ba&dig=2014%2F02%Fa0213%cHash=34b20 30374237c204a84f46825ffb1fd. Zugegriffen: März 2015

Rauterberg H (2013) Wir sind die Stadt! Urbanes Leben in der Digitalmoderne. Edition suhrkamp, Berlin

Renn O, Webler Th, Wiedemann P (Hrsg) (1995) Fairness and Competence in Citizen Participation. Evaluating Models of Environmental Discourse. Kluwer Academic Press, Dordrecht

Richers H (2007) Aktivierende Befragungen – Ziele, kritische Punkte und ihre Mindeststandards. In: Lüttringhaus M, Richers H (Hrsg) Handbuch Aktivierende Befragung. Konzepte, Erfahrungen, Tipps für die Praxis. Arbeitshilfen, Bd 29. Stiftung Mitarbeit, Bonn, S 57–65

Rodgers R (1995) Städte für einen kleinen Planeten – die Reith Lectures. Arch+, Bd 127, S 32 (Juni)

Schröder R (1995) Kinder reden mit! Beteiligung an Politik, Stadtplanung und Stadtgestaltung. Beltz, Weinheim, Basel

Schubert D (2014) Jane Jacobs und die Zukunft der Stadt. Diskurse – Perspektiven – Paradigmenwechsel. Beiträge zur Stadtgeschichte und Urbanisierungsforschung, Bd 17. Steiner, Stuttgart

Schuster W (2013) Nachhaltige Städte – Lebensräume der Zukunft. Ökom, Müchen

Schwalb L, Walk H (Hrsg) (2007) Local Governance – mehr Transparenz und Bürgernähe. VS Verlag für Sozialwissenschaften, Wiesbaden

Selle K (2013) Über Bürgerbeteiligung hinaus: Stadtentwicklung als Gemeinschaftsaufgabe? Dorothea Rohn, Detmold

Semerad S (2002) Stadtverfall und Stadterneuerung. In: Fassmann H, Hatz G (Hrsg) Wien. Stadtgeographische Exkursionen. Ed. Hölzel, Wien, S 93–112

Senatsverwaltung für Stadtentwicklung und Umwelt (2012) Handbuch zur Partizipation. Kulturbuch-Verlag, Berlin

Shimizu Corporation (2015) Ocean Spiral. A New Interface between Humankind and the Deep Sea. A Deep Sea Future City Concept. http://www.shimz.co.jp/english/theme/dream/oceanspiral.html. Zugegriffen: Mai 2015

Siemens (2015) Nachhaltige Stadtentwicklung. Das Leben in Städten mit nachhaltigen Technologien verbessern. http://www.siemens.de/topics/de/de/nachhaltige-stadtentwicklung/Pages/home.aspx?stc=wwcg102070&s_kwcid=AL!462!3!63346821855!b!!g!!%2Bsmart%20%2Bcities&ef_id=VJKwJwAABFHqFesr:20150420070724:s. Zugegriffen: Mai 2015

Sinning H (2007) Stadtplanung – Stadtentwicklung – Stadtmanagement: Herausforderungen für eine nationale Stadtentwicklungspolitik. vhw FW 6 Dezember 2007, S 3003–308

Spangenberg JH, Lorek S (2003) Lebensqualität, Konsum und Umwelt: intelligente Lösungen statt unnötiger Gegensätze. Friedrich-Ebert-Stiftung, Bonn

Spiegel Special (1998) Leben in der Stadt. Lust oder Frust (12/1998). Hamburg

Staddon C (2011) Water Conservation. In: Cohen N (Hrsg) Green Cities: An A-to-Z Guide. SAGE, Thousand Oaks, S 465–460

Stadt Freiburg (2015a) Der Freiburger Nachhaltigkeitsprozess. http://www.freiburg.de/pb/Lde/644009.html. Zugegriffen: April 2015

Stadt Freiburg (2015b) Vauban. http://www.freiburg.de/pb/Lde/208108.html. Zugegriffen: März 2015

Stadt Graz (2014a) Leitlinien für BürgerInnenbeteiligung bei Vorhaben und Planungen der Stadt Graz. http://www.graz.at/cms/dokumente/10209679_4894233/257a73e3/Leitlinien%20f%C3%BCr%20B%C3%BCrgerInnenbeteiligung.pdf. Zugegriffen: März 2015

Stadt Graz (2014b) Aktionsfeld 10 URBAN PLUS 2007–2013. http://www.urban-plus.at/. Zugegriffen: März 2015

Stadt Heidelberg (2007) Stadtentwicklungsplan 2015. http://www.heidelberg.de/site/Heidelberg_ROOT/get/documents_E2141021302/heidelberg/PB5Documents/pdf/12_pdf_Step%202015%20mit%20Lesezeichen%20mit%20Vorwort%20E%20W%C3%BCrzner_s.pdf. Zugegriffen: März 2015

Stadt Heidelberg (2012) Leitlinien für mitgestaltende Bürgerbeteiligung der Stadt Heidelberg. http://www.heidelberg.de/site/Heidelberg_ROOT/get/documents/heidelberg/Objektdatenbank/12/PDF/12_pdf_Buergerbeteiligung_Leitlinien_Komplettfassung.pdf. Zugegriffen: März 2015

Stadt Münster (o.J.) Städte der Zukunft. http://www.muenster.de/stadt/exwost/. Zugegriffen: März 2015

Stadt Wien Magistratsabteilung 18 (Hrsg) (2013) 6. Smart City Wien Stakeholder Forum. Dokumentation. Magistrat Wien

Stadt Wien (2014) Smart City Wien. Rahmenstrategie Überblick. https://www.wien.gv.at/stadtentwicklung/studien/pdf/b008391.pdf. Zugegriffen: März 2015

Stadt Zürich (2006) Stadtentwicklung – Mitwirkungs- und Beteiligungsprozesse. 22 Fallbeispiele. Stadt Zürich, Zürich

Steinbrecher M (2009) Politische Partizipation in Deutschland. Studien zur Wahl- und Einstellungsforschung, Bd 11. Nomos, Baden-Baden

Storl K (2009) Bürgerbeteiligung in kommunalen Zusammenhängen. Ausgewählte Instrumente und deren Wirkung im Land Brandenburg. KWI-Arbeitshefte, Bd 15. Universitätsverlag, Potsdam

Tharun E, Bördlein R (2000) Die Kompakte Stadt. Ein Fitnessprogramm für den internationalen Wettbewerb. In: Wentz M (Hrsg) Die Kompakte Stadt. Die Zukunft des Städtischen. Frankfurter Beiträge, Bd 11. Campus, Frankfurt am Main, New York, S 56–66

TU Wien (2007) Smart Cities. Ranking of European medium-sized cities. http://www.smart-cities.eu/download/city_ranking_final.pdf. Zugegriffen: Februar 2016

UBA (Umweltbundeamt) (2013) Rund ums Trinkwasser. http://www.umweltbundesamt.de/publikationen/rund-um-trinkwasser. Zugegriffen: April 2015

UN (United Nations) (1992) AGENDA 21. Konferenz der Vereinten Nationen für Umwelt und Entwicklung, Rio de Janeiro, Juni 1992. http://www.un.org/depts/german/conf/agenda21/agenda_21.pdf. Zugegriffen: April 2015

UN (United Nations) (2014) World Urbanization Prospects. The 2014 Revision. http://esa.un.org/unpd/wup/Highlights/WUP2014-Highlights.pdf. Zugegriffen: April 2015

UN HABITAT (United Nations Human Settlement Programme) (2009) Planning Sustainable Cities. Global reports on Human Settlement. Earthscan, London

UNEP (United Nations Environment Programme) (2011) Water and Cities Facts and Figures. http://www.unep.org/resourceefficiency/Policy/ResourceEfficientCities/FocusAreas/WaterandSanitation/tabid/101669/Default.aspx. Zugegriffen: April 2015

Vetter A (Hrsg) (2008) Erfolgsbedingungen lokaler Bürgerbeteiligung. VS Verlag für Sozialwissenschaften, Wiesbaden

Vorauer K (2002) Sozialer Wohnbau in Wien. In: Fassmann H, Hatz G (Hrsg) Wien. Stadtgeographische Exkursionen. Hölzel, Wien, S 159–182

WCED (World Commission on Environment and Development) (1987) Our Common Future (Unsere gemeinsame Zukunft) = Brundtland-Bericht. http://www.un-documents.net/wced-ocf.htm

Wentz M (Hrsg) (2000) Die Kompakte Stadt. Die Zukunft des Städtischen. Frankfurter Beiträge, Bd 11. Campus, Frankfurt am Main, New York

Wentzel J (2010) Bürgerbeteiligung als Institution im Demokratischen Gemeinwesen. In: Hill H (Hrsg) Bürgerbeteiligung. Analysen und Praxisbeispiele. Verwaltungsressourcen und Verwaltungsstrukturen, Bd} 16. Nomos, Baden-Baden, S 37–60

White R, Whitney J (1991) Cities and the Environment: An Overview. In: Stren R (Hrsg) Sustainable Cities: Urbanization and the Environment in International Perspective. Westview Press, Boulder, S 5–52

WHO (World Health Organization) (2014) Progress on drinking water and sanitation. Update 2014. http://www.who.int/water_sanitation_health/publications/2014/jmp-report/en/. Zugegriffen: April 2015

Wien.at (2015) Rahmenstrategie 2050 – Smart City Wie. https://www.wien.gv.at/stadtentwicklung/projekte/smart-city/rahmenstrategie.html. Zugegriffen: Mai 2015

Wien.at (2015a) Smart City Wien. https://www.wien.gv.at/stadtentwicklung/projekte/smartcity/. Zugegriffen: Mai 2015

Wien.at (2015b) aspern Die Seestadt Wiens. https://www.wien.gv.at/stadtentwicklung/projekte/aspern-seestadt/. Zugegriffen: Mai 2015

Wien.at (2015c) Masterplan – aspern Seestadt. https://www.wien.gv.at/stadtentwicklung/projekte/aspern-seestadt/planungsprozess/masterplan.html. Zugegriffen: Mai 2015

WWF Deutschland (2011) Big Cities. Big Water. Big Challenges, Water in Urbanizing World. www.wwf.se/source.php?id=1390895. Zugegriffen: April 2015

Zimmermann P-A (2011) Air Quality. In: Cohen N (Hrsg) Green Cities: An A-to-Z Guide. SAGE, Thousand Oaks, S 10–13

Nachhaltigkeit und Regionen – die Renaissance ländlicher Räume?

Thomas Höflehner und Jonas Meyer

F. M. Zimmermann (Hrsg.), *Nachhaltigkeit wofür?*,
DOI 10.1007/978-3-662-48191-2_6, © Springer-Verlag Berlin Heidelberg 2016

Kernfragen

- Wie haben sich die Begrifflichkeiten und die Funktionen ländlicher Räume im Laufe der Zeit verändert?
- Können ländliche Räume trotz aktueller Herausforderungen wie Abwanderung und wirtschaftliche Schwäche (über)leben?
- Wie können ländliche Potenziale trotz dynamischer Urbanisierungstendenzen nachhaltig in Wert gesetzt werden?
- Welche Rolle spielen ländliche Räume in Zukunft unter dem Paradigma einer nachhaltigen Entwicklung?

Demographischer Wandel, Peripherisierung und Landflucht sind nur einige Begriffe, die vor allem eines aufzeigen: Ländliche Räume sind gegenüber städtischen Regionen schon seit jeher im Nachteil gewesen; daher wurde ihnen häufig die Zukunftsfähigkeit abgesprochen. Gerade hier und gerade deshalb bedarf es Antworten und Lösungen mit einer neuen regional- und raumpolitischen Ausrichtung. Oft sind solche Übertreibungen nicht gerechtfertigt, das bedeutet aber nicht, dass es tatsächlich keine Herausforderungen gibt. Insbesondere die Abwanderung junger Menschen durch fehlende Infrastruktur und Erwerbschancen sind drängende Fragen. Sie erfordern eher wissenschaftliche Analysen als übertriebene Panikmache und haltlose Schreckensszenarien (Barlösius und Zimmermann 2013). Vor allem in heutigen Zeiten stehen ländliche Räume nicht unbedingt für Trost- und Hoffnungslosigkeit, sondern erhalten immer mehr positive Assoziationen, die vor allem mit Lebensqualität und immateriellen Werten verbunden sind.

6.1   Die Region im Spannungsfeld zwischen globalen Realitäten und lokalem Handeln

6.1.1   Von traditionellen Dorfgemeinschaften zum Stadt-Land-Kontinuum – der Begriff der ländlichen Räume

Ländliche Regionen waren bis vor etwa 50 Jahren relativ einheitliche Räume, die vorwiegend durch agrarische Landnutzungsformen und eine geringe Bevölkerungsdichte charakterisiert wurden. Differenzierungsprozesse, die nach dem Zweiten Weltkrieg eingesetzt haben, erschweren heute die Abgrenzung von ländlichen und städtischen Räumen (Weingarten 2009). Aufgrund von Verstädterungs- und Urbanisierungsprozessen, Veränderungen traditioneller Dorfgemeinschaften durch Migration, Modernisierungs- und Individualisierungstendenzen, dem Bedeutungsverlust bäuerlicher Lebensweisen sowie den vereinheitlichenden Einflüssen von Globalisierung, Internet und Massenmedien vollzog sich auch in peripheren Regionen ein Strukturwandel. Dieser trug zur Homogenisierung städtischer und ländlicher Lebensstile bei. Die **Lebensweisen** – und vor allem auch die Hoffnungen und Erwartungen der Jugend – haben sich in dörflichen Siedlungen und städtischen Ballungsgebieten weitestgehend angenähert. In der aktuellen wissenschaftlichen Diskussion wird deshalb die Kategorie des ländlichen Raumes immer öfter kritisch hinterfragt. So wurde unter anderem der Begriff „Stadtland USA" von Holzner (1996) bereits 1985 erstmals geprägt und als die „Kulturlandschaft des American Way of Life" definiert. Weber (2009) spricht fast 25 Jahre später vom „Stadt-Land-Kontinuum" in Europa. Trotz der globalen Uniformierung besitzen ländliche Räume nach wie vor politische Aktualität, da sich etwa Förderprogramme der EU (z. B. LEADER), aber auch landesplanerische Vorgaben (Sicherung der Infrastrukturen, Schutz vor Naturgefahren, Bewahrung der Kultur-

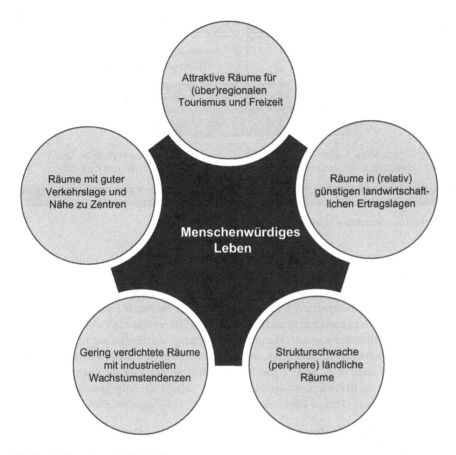

☐ Abb. 6.1 Haupttypen ländlicher Räume

landschaft etc.) auf diese Raumkategorie beziehen (vgl. auch Zimmermann und Janschitz 2000; Franzen et al. 2008).

Die Übergänge zwischen Städten und ländlichen Räumen verlaufen in vielerlei Hinsicht fließend, und es gibt eine große Bandbreite an unterschiedlichen ländlichen Raumtypen (Weingarten 2009). Zieht man die Wirtschaftsdynamik, die vorhandenen landwirtschaftlichen, touristischen und naturräumlichen Potenziale sowie die Nähe zu Verdichtungsräumen als Indikatoren in die Betrachtung mit ein, ergeben sich laut Dehne (2010) fünf unterschiedliche **Typen ländlicher Räume**, die sich im Wesentlichen entweder nach ihrer Zentrumsnähe oder nach unterschiedlichen ökonomischen Stärken bzw. Schwächen differenzieren lassen (☐ Abb. 6.1).

Ländliche Räume im Spannungsfeld unterschiedlicher Funktionen

Trotz dieser unterschiedlichen Typen peripherer Räume erfolgt die Wahrnehmung ländlicher Siedlungsgebiete und ländlicher Lebensweisen zumeist nach stereotypischen Mustern. Sie werden häufig als ruhige, naturnahe, malerische Kulturlandschaften mit intakten Dorfgemeinschaften romantisiert, etwa „Das Land ist das Herz, die Stadt ist das Hirn". Auf der anderen Seite werden sie oft mit einer starken Abhängigkeit vom motorisierten Individualverkehr, einem verringerten Dienstleistungs- und Kulturangebot sowie einer hohen sozialen Kontrolle verbunden. Diese stark vereinfachte Wahrnehmung führt in der Regel zum Bewahren alteingesessener Landschaftskategorisierungen, wodurch wiederum aktuelle Gesellschafts- und Raumentwicklungen negativ

Abb. 6.2 Funktionen ländlicher Räume

bewertet und notwendige Anpassungen an die Herausforderungen der Globalisierung und der In-
formations- und Kommunikationsgesellschaft verhindert werden. Kulturlandschaften unterliegen
den zahlreichen Einflüssen von sozioökonomischen und naturräumlichen Wandlungsprozessen,
die zu verstärktem Anpassungsdruck für Regionen führen. In der Praxis findet die umfassende
Bewahrung traditioneller Landschaftsstrukturen nicht statt. Daher sollte die Vielfalt unterschiedlicher Landschaftswahrnehmungen anerkannt und die Landschaftsentwicklung im Rahmen in-
dividualisierter Regionalentwicklungsprozesse unter Einbeziehung der lokalen Bevölkerung neu
gestaltet werden (Franzen et al. 2008). Dabei muss beachtet werden, dass die unterschiedlichen
Typen ländlicher Räume in modernen Gesellschaften eine Vielzahl von Aufgaben und Funktionen
(◘ Abb. 6.2) übernehmen (Henkel 2004; Plieninger et al. 2005; Weingarten 2009).

Demographie, Wirtschaftsraum und Agrarstruktur – Dynamiken in ländlichen Räumen

In Zeiten stetig wachsender Verflechtungen der regionalen Wirtschaft, intensiver Globalisie-
rungs- und Internationalisierungstendenzen werden ländliche Räume von tiefgreifenden Dynamiken erfasst. Diese Entwicklungen führen zu einer Veränderung von Funktionen und Strukturen ländlicher Räume und erfordern neue regionale Steuerungsmechanismen. ◘ Abbildung 6.3
zeigt die aktuellen Problemkreise der **Entwicklung ländlicher Räume**, die im Folgenden kurz
erläutert werden (Gebhardt et al. 2007).

Der **Agrarstrukturwandel** ist durch einen Wandel der Landwirtschaft als ehemalig treibende
Kraft hin zu einem integrativen Bestandteil in der Wirtschaft des ländlichen Raumes gekennzeichnet. Daher wird die Landwirtschaft immer stärker zum gestaltenden Element in der Regionalentwicklung (Weber 2009). Vor allem die Intensivierung, Spezialisierung und Vergrößerung der
landwirtschaftlichen Betriebe haben eine daraus resultierende Polarisierung der Agrarlandschaften
zur Folge. Einerseits entstehen Hochproduktiv- und Intensivgebiete wie etwa in den Niederlanden,
Dänemark oder im Norden Deutschlands. Andererseits ist die Landwirtschaft gerade in Grenzer-
tragslagen, z. B. in den (zentraleuropäischen) Mittelgebirgen, zurückgegangen. Ein hoher Anteil
der brachliegenden Flächen wurde extensiviert oder aufgeforstet. Insgesamt ist ein deutlicher
Rückgang der landwirtschaftlichen Betriebe und Arbeitsplätze die Folge (s. auch ◘ Abb. 6.4).

Wirtschaftsräumliche Dynamiken resultieren in ländlichen Räumen vor allem aus dem
Verlust von agrarischen Arbeitsplätzen seit den 1970er Jahren. Diese wurden durch Arbeits-
plätze im Bereich Produktion und Dienstleistungen ersetzt. Besonders unterstützt wurden diese
Prozesse durch die Verfügbarkeit an Flächen, den Ausbau der Infrastruktur und die kostengüns-

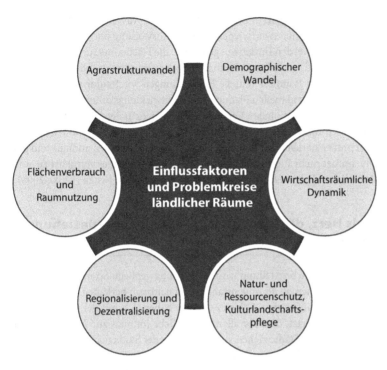

Abb. 6.3 Einflussfaktoren und Problemkreise ländlicher Entwicklung

tigeren Arbeitskräfte. Weiterhin erhielten ländliche Räume eine sehr hohe strukturpolitische Unterstützung in Form von finanziellen Anreizen und Förderungen. Aber auch hier vollzieht sich durch die Effekte der Globalisierung ein tiefgreifender struktureller Wandel. Dieser betrifft vor allem den (in ländlichen Räumen nicht mehr konkurrenzfähigen) produzierenden Sektor mit negativen Auswirkungen auf den Arbeitsmarkt. Dennoch gelten ländliche Räume durchaus auch als Gewinner der wirtschaftlichen Veränderungen, denn hier wird die vorhandene spezialisierte Wirtschaftsstruktur, bestehend aus kleinen und mittleren Unternehmen, die stark innerregional vernetzt sind, zum Vorteil.

Auf der **demographischen Ebene** haben sich durch den Geburtenrückgang, die Überalterung und die (Ab-)Wanderungsbewegungen drei Wirkungskreise ergeben:

- **Zunehmender Flächenverbrauch** in Wachstumsregionen führt zu Siedlungsdispersion, bei gleichzeitiger Entleerung in strukturschwachen Regionen.
- Auch die **Infrastrukturausstattung** unterscheidet sich je nach Regionstyp: Einerseits verlangen Wachstumsregionen nach einem Ausbau der Infrastruktur, während in strukturschwachen Regionen die Aufrechterhaltung und Finanzierung der kaum ausgelasteten Einrichtungen diskutiert werden und nach alternativen Lösungen gesucht wird.
- Weiterhin werden **Unterschiede in den Lebensstilen** und Wahrnehmungsmustern unter den Bevölkerungsgruppen offensichtlich. Jugendliche und Frauen gelten immer mehr als treibende (Arbeits-)Kräfte. Daher sind es auch meist diese Gruppen, die Migrationsprozesse starten und damit das Innovationspotenzial in die Wachstumsregionen transferieren – dies führt oftmals zu fehlender Innovationskraft im ländlichen Raum.

Die Multifunktionalität ländlicher Räume verdeutlicht sich auch in den Bereichen Natur- und Ressourcenschutz sowie Kulturlandschaftspflege. Diese Aspekte sind zentraler Bestandteil der aktuellen Regionalentwicklungsstrategien in Europa (z. B. Biotop-, Wasser-, Boden- oder Geo-topschutz). Die Maßnahmen fokussieren vorwiegend auf der Ausweisung und Ausweitung von Schutzgebieten. Darüber hinaus werden Initiativen gefördert, die Flächennutzungen innerhalb, aber auch außerhalb (angrenzend) geschützter Landschaftsteile umweltverträglicher gestalten.

Zudem können in ländlichen Räumen aktuelle Entwicklungen wie **Regionalisierung** und **Dezentralisierung** als Ausdruck der aktuellen Planungs- und Entwicklungskultur angesehen wer-den. Aufgrund der verstärkten internationalen Verflechtungen kam es in den letzten Jahrzehnten zu einem Wandel der politisch-ökonomischen Bedeutung von Raumeinheiten. Nationalstaatliche Einrichtungen verlieren immer stärker an Bedeutung, während regionale, transnationale und glo-bale Integrationsräume immer mehr Einfluss bekommen. Dadurch kommt es vermehrt zu einer Übertragung zentralstaatlicher Aufgaben an subnationale bzw. regionale Ebenen (Kulke 2008).

6.1.2 Das Land als Herz, die Stadt als Hirn – Stadt-Land-Beziehungen gestern und heute

Dieses beispielhafte Klischee der Arbeitsteilung wird noch häufig gepflegt. So müssen ländliche Räume in den Köpfen der Menschen oft als bodenständig und naturnah herhalten. Die Stadt hin-gegen ist das Gebiet der Hochqualifizierten. Solche Aussagen haben sich mit der Zeit so weit in den Köpfen der Menschen festgesetzt, dass vor allem Jugendliche (oftmals zur Ausbildung) aus strukturschwachen Regionen in die Städte ziehen – nach Schul- oder Studienabschluss aber nicht mehr zurückkehren (Weber 2009). Dies ist nur ein Aspekt aus der schon zu Beginn diskutierten leidvollen Beziehung zwischen ländlichen und städtischen Räumen. Obwohl immer schon ein reger Austausch von Menschen, Gütern und Ideen bestand, hat sich ein trennendes Fremdverständnis entwickelt. Dieses entwickelte sich schon in der Antike und ist bis heute aktuell geblieben. Es basiert auf unterschiedlichen sozialen, funktionalen oder physiognomischen Ausprägungen von Stadt und Land. Doch inwieweit bestehen diese Trennlinien tatsächlich heute noch? Mittlerweile sind ökono-mische, soziale und kulturelle Austauschprozesse überaus komplex und differenziert geworden. Dies gilt nicht nur für die Bewegungen zwischen beiden Räumen, sondern auch innerhalb von diesen.

In der heutigen modernen Gesellschaft ergänzen sich Stadt und Land durch ihre gesamt-staatlichen Leistungen. Dennoch haben sich auch die klassischen Funktionen der ländlichen Räume weiterentwickelt. Bisher waren sie Versorgungsgebiete für die städtische Bevölkerung durch die Bereitstellung von landwirtschaftlichen Produkten und natürlichen Rohstoffen (etwa die Sicherung der Wasserversorgung), aber auch durch die Nutzung als Freizeit-, Erholungs- und Zweitwohnsitzraum. Immer stärker aber entstehen – insbesondere in attraktiven Ent-fernungen zu Städten – Wohn-, Wirtschafts- und Erholungsräume für die eigene ländliche Bevölkerung. Dabei steigt auch der Anspruch, das „Eigenleben" und die eigenen Wünsche der Bevölkerung des ländlichen Raumes in den Vordergrund zu stellen, anstatt den Bedürfnissen der städtischen Gesellschaft Rechnung zu tragen (Henkel 2004).

Doch wie sähe beispielsweise eine Region von „Talenten, Technologie und Toleranz" (Florida 1995) aus, in der kreative Menschen wirken, aus ihren Ideen Produkte entwickeln und durch ihre Offenheit weitere Talente anlocken? Dies bedarf einer kritischen Masse, die imstande ist, neue Technologien zu entwickeln und ein Regionsimage zu prägen, das vor allem junge Menschen anspricht. Auf diese Weise könnten ländliche Regionen neue Wege gehen. Nachhaltige Ansätze der Zukunftsgestaltung spielen dabei in unterschiedlichen Facetten eine große Rolle:

- **Dezentrale Technologien** und kleinräumige Kreisläufe im Sinne einer marktorientierten Wertschöpfungsverteilung müssen zur materiellen Bedürfnisbefriedigung wesentlich besser genutzt werden.

- In sozialer Hinsicht sind **Kooperations- und Kontakträume** wichtig, um Netzwerke und wirtschaftliche Subsistenz zu ermöglichen. Diese führen zwangsweise zu einer Erhöhung der Selbstverwirklichungsmöglichkeiten.
- Die Politik hat dabei die Aufgabe, **Rahmenbedingungen** für Entscheidungsspielräume bzw. gelingende Kooperationen zwischen Staat, Zivilgesellschaft und Wirtschaft zu bilden und zu unterstützen. Besonders wichtig sind dabei breit angelegte Beteiligungsprozesse, Diskurse, aber auch institutionelle Regelungen, mit dem Ziel, innovative Formen von Good Governance zu schaffen (Hahne 2010).

6.2 Raumentwicklungskonzepte zur Sicherung der Bereitstellung von Daseinsgrundfunktionen

Ländliche Regionen sind, wie oben ausgeführt, durch ihre Multifunktionalität gekennzeichnet, woraus sich vielfältige Möglichkeiten der Raumnutzung ergeben. Die damit einhergehenden Interessen und Interessensgruppen bringen jedoch auch ein erhöhtes Potenzial für Nutzungskonflikte mit sich. Daher erfordert die Zuweisung neuer Funktionen eine integrative Betrachtung regionaler Wirkzusammenhänge im Rahmen einer **planmäßigen Raumentwicklung** (Thierstein und Walser 1997). Eine nachhaltige und integrierte ländliche Regionalentwicklung zielt darauf ab, die sozialen und ökonomischen Raumansprüche mit den ökologischen Funktionen der Regionen abzustimmen (Bergmann 2000). Dabei wird mit einer gezielten Koordinierung von Raumplanung und Regionalpolitik versucht, sektorenübergreifende Entwicklungsstrategien auszuarbeiten, die es Regionen erlauben, entsprechend ihren spezifischen Voraussetzungen individuelle Entwicklungspfade zu verfolgen (Bauer 2009). Die Raumplanung übernimmt dabei die Aufgabe, durch Flächenwidmungen in der kommunalen Planung festzulegen, auf welchen Arealen spezifische Daseinsgrundfunktionen (Arbeit, Versorgung, Bildung, Erholung, Verkehr und Kommunikation) angesiedelt werden, damit die jeweiligen Raumnutzungsansprüche ausgeglichen werden können (Mäding 2009).

6.2.1 Die planmäßige Raumentwicklung als Instrument für eine ausgeglichene Verteilung von Daseinsgrundfunktionen

Im Rahmen der Raumplanung werden überörtliche und sektorenübergreifende Zielvorstellungen formuliert, die durch Pläne und Programme umgesetzt werden, damit auch in ländlichen Räumen die **Bereitstellung der regionalen Grundversorgung** mit notwendigen Gütern und Leistungen (z. B. Wasser,- Gas- und Elektrizitätsversorgung, öffentlicher Personennahverkehr, Kindergärten, Bildungs- und Kultureinrichtungen, Krankenhäuser, Sozial- und Gesundheitsdienste) sichergestellt werden können (Mitschang 2010; Waiz 2009). Nach Kulke (2008) kommen dabei folgende raumplanerische Leitbilder zur Umsetzung dieses Entwicklungszieles zur Anwendung:
- Die **funktionsräumliche Arbeitsteilung** zielt sowohl innerhalb von Siedlungen als auch großräumig zwischen ökonomischen Schwerpunkträumen und gering verbauten landwirtschaftlichen bzw. ökologischen Ausgleichsräumen auf die Trennung von unterschiedlichen Funktionen ab (z. B. gewerbliche Aktivitäten, Dienstleistungen, Wohnfunktion, Grünland).
- Die **dezentrale Konzentration** strebt die Verdichtung ökonomischer Tätigkeiten in ausgewählten Zentren an, die von einem weniger intensiv genutzten Gebiet umgeben sind.
- Das **Leitbild der ausgeglichen Funktionsräume** versucht, eine durchmischte Funktional- und Wirtschaftsstruktur in allen Raumeinheiten zu fördern.

Diese Prinzipien wurden auf der europäischen Ebene unter dem Begriff der **polyzentrischen Entwicklung** zusammengefasst und in das 1999 verabschiedete Europäische Raumentwicklungskonzept (EUREK) aufgenommen, um den territorialen Zusammenhalt zu fördern sowie regionale Disparitäten abzubauen. Das Ziel dieses Leitbildes ist es, die spezifischen Potenziale von Regionen zu erkennen und im Rahmen der Raumentwicklungspolitik zu fördern, damit regionsspezifische Schwächen abgebaut werden können. Dadurch sollen entwicklungspolitische Strategien mit ihren territorialen Auswirkungen besser koordiniert werden, um zu einer besseren Integration der europäischen Regionen und zur Stärkung ihrer Zusammenarbeit beizutragen. Dieses Leitbild gründet sich jedoch auf einer politischen Debatte und ist somit als Kompromisslösung zwischen den bislang gegensätzlich diskutierten Zielsetzungen einer wachstums- und einer ausgleichspolitischen Konzeption zu verstehen. Es ist ein dynamischer Ansatz, bei dem Städte und regionale Zentren nicht nur als Versorgungszentren beschrieben werden. Stattdessen wird deren Rolle als Entwicklungsmotoren auf die sie umgebenden ländlichen Regionen hervorgehoben. Das Leitbild der polyzentrischen Entwicklung unterstreicht damit die Wichtigkeit von funktionalen Vernetzungen bzw. Aufgabenteilungen und Spezialisierungen. Neben dem Schaffen gleichwertiger Lebensgrundlagen soll es dadurch vor allem zu einer Aktivierung regionaler Eigenpotenziale kommen (Schindegger und Tatzberger 2002). Das Europäische Raumentwicklungskonzept hat zwar keine rechtliche Bedeutung, es wurde aber basierend auf der Expertise der Mitgliedsländer erarbeitet und verfügt damit über einen breiten Konsens. Deshalb wurde das Leitbild der polyzentrischen Entwicklung auch zu einem anerkannten Paradigma der Raumentwicklung und führte in einzelnen Ländern der EU zur Schaffung neuer Regionalentwicklungsinitiativen. Auch die wissenschaftliche Diskussion über die Ziele, Inhalte und Umsetzung europäischer und nationaler Raumentwicklungsstrategien wurde dadurch neu angeregt (Kunzmann 2010).

Die raumwirtschaftspolitischen Maßnahmen, mit denen diese raumplanerischen Leitbilder umgesetzt werden, können laut Kulke (2008) in „harte" und „weiche" Verhaltenssteuerungen, oder in „direkte" und „indirekte" Einflussnahmen unterteilt werden. Mit der Verwendung harter Instrumente kann unmittelbar Einfluss auf den Entscheidungsspielraum regionaler Akteurinnen und Akteure ausgeübt werden (z. B. gesetzliche Richtlinien, kostenwirksame Auflagen), während weiche Instrumente durch räumlich differenzierte Anreize zur Profilbildung der Regionen beitragen. Wie in ◘ Tab. 6.1 ersichtlich ist, zielen direkte Instrumente vornehmlich auf regionale Unternehmen und deren spezifische Bedürfnisse ab, während indirekte **Instrumente der Raumwirtschaftspolitik** an den allgemeinen ökonomischen Rahmenbedingungen ansetzen.

6.2.2 Vernetzung und Kooperation von regionalen Interessensgruppen – das Erfolgsrezept der endogenen Regionalentwicklung

In jüngerer Zeit wird neben der Anwendung von raumplanerischen und raumwirtschaftspolitischen Maßnahmen zusätzlich versucht, durch die Inwertsetzung der regionseigenen Potenziale zur nachhaltigen Entwicklung ländlicher Räume beizutragen. Vor allem in Regionen mit strukturellen Herausforderungen (z. B. hohe Arbeitslosigkeit, schlechte Erreichbarkeit zentraler Orte, Folgen der Verlagerung der Haupteinkommensquellen von der Landwirtschaft zum Dienstleistungssektor, hohe Abwanderungsraten vor allem bei jüngeren Bevölkerungsschichten aufgrund fehlender beruflicher Möglichkeiten, geringes Angebot an technischen oder sozialen Infrastruktureinrichtungen, Auswirkungen des demographischen Wandels) besteht besonderer Handlungsbedarf an **endogener Regionalentwicklung** (Böchner 2009). Dabei wird angestrebt,

◻ **Tab. 6.1** Instrumente der Raumwirtschaftspolitik. (Kulke 2008)

Direkte Instrumente	Informations-mittel	Standortmarketing und Öffentlichkeitsarbeit, Werbung in Broschüren auf Messen oder in Anzeigen Beratung, Coaching, Ausbildung für Betriebe
	Anreiz- und Abschreckungs-mittel	Bereitstellung von Gewerbeflächen, Mietgebäuden Errichtung von Gewerbehöfen, Gründerzentren, Technologie-zentren mit ergänzenden Dienstleistungen Senkung laufender Kosten durch Verringerung von Steuern und Abgaben (z. B. Gewerbesteuer, Umsatzsteuer) Senkung laufender Kosten durch Zuschüsse/Subventionen (z. B. Tarifvergünstigungen für Gas/Wasser/Strom, direkte betriebliche Zuschüsse) Senkung der Investitionskosten durch Investitionszulagen Erhöhung der Einnahmen durch staatliche Auftragsvergabe
	Zwangsmittel	Vergabe von standortgebundenen Produktionslizenzen Verbot bestimmter Arten wirtschaftlicher Aktivitäten (z. B. Umweltschutzauflagen) an definierten Standorten
Indirekte Instrumente	Infrastruktur-politik	Ausbau der materiellen (z. B. Verkehrswege, Ver- und Entsorgung) und institutionellen (z. B. Verwaltung, Bildung) Infrastruktur
	Flächennut-zungs-/Raum-ordnungspolitik	Darstellung von Siedlungsflächen
	Arbeitsmarkt-politik	Ausbildungsmaßnahmen oder Arbeitsförderungsmaßnahmen (z. B. Lohnkostenzuschüsse)
	Wirtschaftspoli-tische Rahmen-gesetzgebung	Instrumente zur Verfolgung wachstums-, stabilitäts- und gerech-tigkeitsorientierter Ziele

mit unterschiedlichen Maßnahmen die Abwanderung zu stoppen, da diese durch den mitein-hergehenden schrittweisen Abbau der Daseinsversorgung zu einer verminderten Lebensqualität der verbleibenden Bevölkerung führt, wodurch sich die negativen Prozesse zusätzlich verstärken (Schroedter 2009).

Schlüsselaspekte dieser Strategie sind die übersektorale Vernetzung und Kooperation wich-tiger Interessensgruppen (z. B. Land- und Forstwirtschaft, Handwerk, Tourismus, Gastronomie, Naturschutz, usw.) sowie die Beteiligung der regionalen Bevölkerung bei der Ausarbeitung von Entwicklungsstrategien (Regionale Entwicklungskonzepte). Deren Umsetzung wird mit spezifischen Förderprogrammen durch höhere politische Ebenen unterstützt. Diese Strategien der sich im Wandel befindlichen ländlichen Räume versuchen im Allgemeinen, die regions-eigenen Stärken auszubauen und nutzbar zu machen sowie die natürlichen Ressourcen (z. B. intakte Umwelt, Attraktivität der Kulturlandschaft, Artenvielfalt) als wichtige Faktoren länd-licher Entwicklung in Wert zu setzen. Durch die Förderung von vielfältigen und sich selbst organisierenden Strukturen, die anpassungs- und veränderungsfähig sind, können Regionen ihre **Resilienz** gegenüber schleichenden und abrupten Störungen verbessern.

Der Begriff „Resilienz" beschreibt im Allgemeinen die Fähigkeit von Systemen, mit Bedro-hungen oder Gefährdungen umzugehen. Im regionalen Kontext erfordert dies die Unterstüt-zung der wichtigsten Akteurinnen und Akteure, einen gemeinsamen Entwicklungsprozess zu gestalten, in dem das Gemeinwohl der regionalen Bevölkerung im Mittelpunkt der Bestrebun-gen steht. Dabei sollen gemeinsames Experimentieren und Lernen durch Reflexion der Erfahrungen zur Entstehung von neuen Lernzielen führen, die in weiteren Entwicklungsschritten evaluiert und verbessert werden (Höflehner 2015).

Die Bildung von **regionalen Kooperationsnetzwerken** zur Verwirklichung von integrierten Nachhaltigkeitszielen ist ein politischer Prozess, bei dem alle Beteiligten gleichberechtigt in ergebnisoffene Verhandlungen eingebunden werden, damit potenzielle Synergieeffekte bestmöglich genutzt werden können. Da die regionalen Akteurinnen und Akteure unterschiedliche Sichtweisen haben, besteht die Herausforderung darin, die spezifischen Bedürfnisse aufeinander abzustimmen und Konsens über Detailfragen zu erzielen. Böchner (2009) definiert folgende Erfolgsfaktoren für nachhaltige und integrierte Entwicklungsprozesse ländlicher Räume:

- **Problemlage und Lösungswille:** In der betreffenden Region sollten subjektiv gefühlte Probleme und Herausforderungen minimiert werden (z. B. Arbeitslosigkeit, Folgen des demographischen Wandels, ökologische Herausforderungen), um die beteiligten Akteurinnen und Akteuren zum gemeinsamen Handeln zu bewegen.
- **Win-win-Kooperationen:** Die übersektorale Zusammenarbeit regionaler Interessensgruppen erfordert die Ausarbeitung von Strategien, die allen Beteiligten Vorteil verschaffen. Es sollten Projektstrukturen etabliert werden, die Win-win-Kooperationen fördern und regionale Potenziale bestmöglich in Wert setzen.
- **Regionalbewusstsein, Leitbilder und Regionale Entwicklungskonzepte:** Die Entstehung von regionalen Kooperationsnetzwerken erfordert, dass die betroffenen Menschen den sie umgebenen Raum als Einheit betrachten. Diese Identifikation mit der eigenen Region ermöglicht es den Beteiligten, gemeinschaftliche Interessen zu verfolgen und individuelle Bedürfnisse zugunsten regionaler Vorteile zu überwinden. Dazu ist es notwendig, Leitbilder über die Entwicklung der Region auszuarbeiten. Diese Visionen werden häufig in Regionalen Entwicklungskonzepten festgehalten, die als Orientierung für zukünftige Projekte dienen.
- **Nutzung früherer Erfolge:** Die Einbindung von erfolgreich abgeschlossenen Projekten in die regionalen Entwicklungsstrategien ist ein wichtiges Instrument zur Legitimations- und Akzeptanzsteigerung ausgearbeiteter regionaler Leitbilder. Auf diese Weise können Projekte in ihrer Frühphase zum Weiterarbeiten motiviert, skeptische Beteiligte zur Mitarbeit angeregt, Kritiker überzeugt und Vertrauen in das regionale Management gestärkt werden.
- **Regionale Promotorinnen und Promotoren:** Erfolgreiche regionale Nachhaltigkeitsinitiativen sind auch von der Motivation und dem Einsatz einzelner Personen abhängig (Leadership). Regional angesehene Persönlichkeiten, die mit hohen persönlichen Anstrengungen an der Umsetzung von Projekten arbeiten, können weitere Menschen zur Mitarbeit motivieren oder skeptische Personen überzeugen.
- **Starke Partnerinnen und Partner:** Regionalentwicklungsinitiativen sollen einflussreiche und durchsetzungsfähige Interessensgruppen zur Projektunterstützung gewinnen. Die Einbindung von Gruppen mit hohen finanziellen, personellen, informationellen oder politischen Ressourcen erhöht den Impact von kooperativen Regionalentwicklungsprozessen.
- **Überschaubarkeit und Anschlussfähigkeit:** Klare und überschaubare Umsetzungsstrukturen mit wenigen Handlungsfeldern und erreichbaren Zielen sind wichtige Erfolgsfaktoren von regionalen Nachhaltigkeitsinitiativen. Konkrete Einzelprojekte mit kurzfristigen Erfolgen sollten mit längerfristigen Maßnahmen kombiniert werden. Umfassendere und innovative Entwicklungsprozesse sollten an vorhandenen Strukturen und Erfahrungen ansetzen.

- **Partizipation:** Die dauerhafte Institutionalisierung von Kooperationen in einem regionalen Beteiligungsnetzwerk ist die Grundvoraussetzung für eine erfolgreiche Regionalentwicklung. Dazu sollte auf bereits vorhandene Netzwerkstrukturen zurückgegriffen werden, um neue Netzwerke zu aktivieren.
- **Organisatorischer Rahmen:** Ein wichtiger Erfolgsfaktor von Regionalentwicklungsinitiativen ist die Einrichtung von Regionalmanagements, welche die Funktion einer organisatorischen Drehscheibe übernehmen. Ein professionelles Managementteam organisiert, strukturiert, kommuniziert und moderiert regionale Entwicklungsprozesse. Es dient als zentrale Anlaufstelle für alle Beteiligten und berät potenzielle Initiatoren von Projekten bei der Konzeption und Umsetzung.

Aus der Praxis

Die Erfolgsgeschichte der LEADER-Region Steirisches Vulkanland

Der österreichische Bezirk Südoststeiermark liegt zwar im geographischen Zentrum Europas, jedoch wurde diese Region aufgrund politischer Rahmenbedingungen im Laufe der Geschichte immer wieder in eine sozialräumliche Randlage gedrängt. Das von der Landwirtschaft geprägte Gebiet wurde in seiner Entwicklung bis in die 1970er Jahre politisch vernachlässigt. Die periphere Lage an der österreichischen Außengrenze zum Ostblock verhinderte die Ansiedlung von größeren Betrieben. Die Region diente in ökonomischer Hinsicht vorrangig als Nahrungsmittel- und Arbeitskräftelieferant für die naheliegenden Zentralräume, wodurch sich in den Köpfen der Bevölkerung über die Jahre hinweg das Wahrnehmungsmuster einer chancenlosen Grenzregion etablierte. Die erschwerten Lebensbedingungen, mit denen die regionale Bevölkerung zurechtkommen musste, führten zu einem allgemeinen Gefühl der Wertlosigkeit; die Folge war Abwanderung. Interessanterweise stärkte diese Stimmung bei einigen regionalen Akteurinnen und Akteuren aber die Motivation, selbst tätig zu werden und eigenständig nachhaltige Entwicklungsprozesse in Gang zu setzen. Ab den 1990er Jahren gelang es, durch gezielte Gespräche und Informationen den Kreis interessierter Personen zu vergrößern. Begonnen wurde mit kleinen, kooperationsfördernden Maßnahmen in der Landwirtschaft. Doch das Ziel war, die gesamte regionale Bevölkerung langfristig in einen integrativen Entwicklungsprozess einzubinden, um die Wahrnehmung einer armen Grenzregion durch ein positives Raumbild zu ersetzen. Diese **Politik der Inwertsetzung** basiert auf dem Gedanken, dass das Gewöhnliche und Alltägliche von der regionalen Bevölkerung kaum mehr zur Kenntnis genommen bzw. geschätzt wird. Durch intensive Öffentlichkeitsarbeit hat das Regionalmanagement ein Bewusstsein für die vorhandenen menschlichen, naturräumlichen und regionalwirtschaftlichen Potenziale gefördert und damit nachhaltige Entwicklungsprozesse in Bewegung gesetzt. Dadurch gelang es, in einer Kleinregion der Südoststeiermark die positiv besetzte regionale Identität des Steirischen Vulkanlandes zu gestalten, eigene Potenziale zu erkennen und in Wert zu setzen. Im Rahmen eines EU-LEADER-Programms wurden die notwendigen Startinvestitionen finanziert, und es kam zu ersten professionalisierten Regionalentwicklungsinitiativen, die Gemeinde- bzw. grenzüberschreitende Projekte unterstützten. Zu Beginn der 2000er Jahre wurde das Leitbild der Kleinregion auf die gesamte Südoststeiermark ausgedehnt, und es wurden Zukunftswerkstätten in den Gemeinden organisiert. Durch die Festlegung von drei Schwerpunkten der Regionalentwicklung (Kulinarik, Handwerk, Lebenskraft/Tourismus) sowie dem Start einer regionalen Wirtschaftsoffensive wurde die sozioökonomische Aufwertung der gesamten Region erreicht. Die neue regionale Identität wurde durch konsequentes Regionsmarketing gefestigt, und das Selbstbewusstsein der Menschen in der Region wurde gestärkt. Dies führte zu Kooperationen zwischen regionalen Akteurinnen und Akteuren, zu weiteren Eigeninitiativen sowie zusätzlichen betrieblichen Investitionen in der Region und somit zu einer Stabilisierung der Bevölkerungsentwicklung.

Aus der Praxis *(Fortsetzung)*

Die **gezielte Förderung von Aktionsgruppen und Gemeinschaftsmarken** durch sogenannte Innovationsbudgets der Gemeinden verbesserte das Ansehen der regionalen Unternehmen und die Anziehungskraft der Region als Wirtschaftsstandort. Seit dem Start der Wirtschaftsoffensive des Vulkanlandes wurden vermehrt Unternehmen gegründet, in den Bereichen des produzierenden Gewerbes und der Produktveredelung; in Tourismus und Dienstleistung wurden zusätzliche Arbeitsplätze geschaffen. Neben der Kulinarik (z. B. Buschenschenken, Urlaub und Erholung beim Winzer, regionale Qualitätsprodukte) konnte sich vor allem die Handwerkskultur erfolgreich etablieren (Europäische Handwerksregion Steirisches Vulkanland), wodurch die nahe gelegenen Städte und Zen-

tralräume als neue Absatzmärkte erschlossen wurden. Durch den zusätzlichen Schwerpunkt auf das Kompetenzfeld „erneuerbare Energie" ergaben sich für die Land- und Forstwirtschaft sowie das Handwerk weitere nachhaltige Potenziale. Mit dem Schwerpunkt auf die Themenbereiche „Region der Lebenskraft" bzw. „menschliche Zukunftsfähigkeit" wirkt die Vision der LEADER-Initiative auch stark in den sozialen Bereich hinein. Die regionalen Beziehungen der Familien, Nachbarschaften und Dorfgemeinschaften werden stärker, Wissen, Fähigkeiten und Talente der regionalen Bevölkerung werden zunehmend in Wert gesetzt. Entscheidende Schritte dafür sind die Förderung der Eigenverantwortung, der Ausbau der Nachbarschaftshilfe sowie die Wertschätzung von unbezahlter und gemeinnütziger Arbeit.

Unter dem Leitprinzip der ökologischen Zukunftsfähigkeit setzt das Regionalmanagement der Südoststeiermark auch wichtige Impulse für die nachhaltige Entwicklung der regionalen Ökosysteme. Der wichtigste Teilerfolg in diesem Bereich ist die Unterzeichnung der „Bodencharta" sowie der „Waldcharta" durch die wichtigsten regionalen Institutionen sowie Akteurinnen und Akteure. Dadurch wurde ein langfristiger Entwicklungsprozess der Bewusstseinsbildung für die zentrale und nachhaltige Bedeutung von gesunden Böden und Wäldern verankert. Die Eigenverantwortung der regionalen Interessensgruppen und Stakeholder für ihre Lebensgrundlagen wurde durch gemeinsam erarbeitete Grundsätze, strategische Prinzipien und die eigenständige Umsetzung konkreter Maßnahmen gestärkt (Höflehner 2015; www.vulkanland.at).

6.3   Nachhaltiges regionales (lokales) Wirtschaften

6.3.1   Von der Agrar- zur Dienstleistungsgesellschaft – Wirtschaften in ländlichen Räumen

Flächenmäßig nehmen ländliche Räume mit 90 % der **Forst- und Landwirtschaftsfläche** den weitaus größten Teil Deutschlands und Österreichs ein. 54 % der deutschen Gesamtbevölkerung und sogar 78 % der österreichischen Bevölkerung leben in ländlichen Räumen. Doch was sagt dies über die Anzahl der Arbeitsplätze aus? Seit Anfang des 19. Jahrhunderts ist ein dramatischer Bedeutungswandel feststellbar: Während ländliche Räume früher Anteile von mehr als drei Viertel aller Arbeitsplätze stellten, sind es heute weniger als ein Fünftel. Damit hat sich das Kräfteverhältnis zwischen Stadt und Land umgekehrt (Henkel 2004). Auch bei der Entwicklung der Erwerbstätigkeit wird der Wandel erkennbar. Verfügte die Land- und Forstwirtschaft Ende des 19. Jahrhunderts noch über etwa 50 % aller Erwerbspersonen, sind es heute nicht einmal mehr 3 %. Hingegen hat sich der Anteil des tertiären Sektors (einschließlich Kommunikations- und Informationstechnologien) im ländlichen Raum von 10 % auf fast 70 % erhöht (◘ Abb. 6.4).

Dennoch werden ländliche Räume in der Perzeption der Bevölkerung, in politischen Strategiepapieren oder Regionalentwicklungsprogrammen immer noch mit „landwirtschaftlich" gleichgesetzt. Demgegenüber werden die Lebensperspektiven der landwirtschaftlichen Bevölkerung eher durch außeragrarische Beschäftigung bestimmt, die den Großteil der Arbeitsplätze

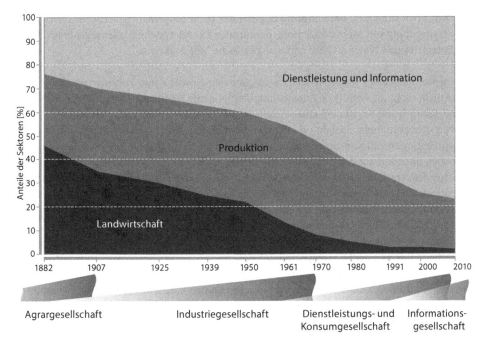

■ **Abb. 6.4** Strukturwandel der Erwerbstätigkeit in Deutschland. (Ergänzt nach Dostal 1995)

und auch der Wertschöpfung stellt (Weber 2009). Eine ziel- und bedarfsgerechte Entwicklung erfordert daher eine differenzierte Sichtweise, in der die Landwirtschaft integrativ in eine neue Ökonomie ländlicher Regionen einzuordnen ist.

Die Zukunft ländlicher Räume aus ökonomischer Sicht

Periphere Regionen können als Labore gelebter Nachhaltigkeit angesehen werden, da hier viele Möglichkeiten zur eigenständigen Kombination von unterschiedlichen Standortfaktoren bestehen. Aufgrund der Multifunktionalität ländlicher Räume kann das vorhandene Natur-, Wirtschafts-, Infrastruktur- und Sozialkapital mit vorhandenen regionsspezifischen Faktoren kombiniert werden. Dies können etwa regional verwurzelte Unternehmen oder Arbeitskräfte, kulturelles Kapital, implizites Wissen, soziale Praktiken der Regionalkultur oder lokalspezifische Innovationen sein. Daraus ergeben sich laut Hahne (2010) folgende strategische **Möglichkeiten zur nachhaltigen Regionalentwicklung**:

- **Die Veränderungen auf der regionalen Angebotsseite** betreffen die Verbesserung der Ressourceneffizienz und innerregionaler Wirtschaftsverflechtungen zur Optimierung der Stoffströme. Beispiele dafür ergeben sich in der Erhöhung der regionalen Energieeffizienz und in der Re-Kommunalisierung der Energieversorgung („Nahwärme statt Fernwärme"). Auch die Schaffung regionaler Wertschöpfungsketten und Importsubstitutionsstrategien tragen zu regionalen Vernetzungs- und Produktivitätsvorteilen bei.
- **Die Veränderungen der regionalen Nachfrageseite** werden beispielsweise durch eine Steigerung des Bedarfs an nachhaltigen Gütern und Dienstleistungen sowie die Entwicklung neuer Konsum- und Wohlstandskonzepte erreicht. Dies könnte durch regionale Kaufkraftbindung bzw. durch Produktion und Verkauf von Regionalprodukten geschehen. Auch soziale Konstrukte wie regional bezogene Lebensstile, Kontaktspielräume und gemeinnützige Aktivitäten sind entscheidend.

━ Die Entwicklung und **Verwendung dezentraler Technologien**, beispielsweise durch die Bereitstellung von Mehrstoffzentren, dezentralen Energiesystemen oder regenerativen Energieträgern bilden weitere regionalspezifische Möglichkeiten.

In den wohlhabenden Industrieländern des globalen Nordens sind Landwirtschaftsbetriebe heute nicht mehr die wichtigste Entwicklungskomponente ländlicher Räume. Vielmehr ist der Primärsektor heute Bestandteil einer vielgliedrigen Kette aus Produzentinnen und Produzenten von Betriebsmitteln, Saatgut und Dünger, Verarbeitungsbetrieben, Handel, Vertrieb sowie Konsumentinnen und Konsumenten. Daher konzentrieren sich aktuelle Regionalentwicklungsstrategien nicht nur auf den Landwirtschaftsbereich, sondern sind multisektoral ausgerichtet.

Trotzdem spielt die Land- und Forstwirtschaft als größter Flächennutzer nach wie vor eine bedeutende Rolle für die nachhaltige Entwicklung ländlicher Räume. Durch die aktive Gestaltung der Kulturlandschaft ermöglicht sie eine im Vergleich zur natürlichen Vegetationsbedeckung größere Arten- und Biotopvielfalt, was wesentlich zur Entwicklung einer großen Rassen- und Sortenvielfalt mit entsprechendem ökologischen Reichtum beiträgt. Die extensive Landwirtschaft ermöglicht im Rahmen der Nahrungs- und Rohstofferzeugung eine „kostenlose Landschaftspflege", welche die Schutz-, Filter- und Reinigungsfunktionen für Wasser, Luft und Böden aufrechterhält. Zusätzlich wird durch den Einsatz von organischen Düngern, Klärschlamm und Biokomposten ein wichtiger Beitrag zur Schließung von regionalen Stoffkreisläufen geleistet. Auch für den Erhalt der sozialen Funktionen der ländlichen Lebensräume spielt die Landwirtschaft für die regionale Bevölkerung eine wichtige Rolle. Sie fördert den Freizeit- und Erholungswert der ländlichen Räume für die ansässigen Bewohnerinnen und Bewohner und insbesondere für Menschen aus urbanen Ballungszentren. Vor allem durch die Gestaltung der Kulturlandschaft und die prägenden Einflüsse auf ländliche Dorfbilder sowie auf die Regionalwirtschaft leistet die Land- und Forstwirtschaft einen wichtigen Beitrag zur Erhaltung oder Schaffung einer regionalen Identität und einer individuellen **Regionalkultur** (Knox und Marston 2001, S. 432).

6.3.2 Wissen und Lernen als zentrale Begriffe – Konzepte zur Inwertsetzung ländlicher Regionen

Immer mehr Forschungsansätze zur regionalwirtschaftlichen Entwicklung fokussieren auf die Bedeutung des Wissens als Erfolgsfaktor für periphere Regionen. Besonders wachsende Wissensökonomien profitieren stark von den (quantitativen und qualitativen) Veränderungsprozessen und deren Bedeutung für die regionale Wirtschaft. Wissen kann dabei mehrere Bedeutungen haben: zum einen als Ressource und Produktionsfaktor, aber auch prozesshaft als Produktion, Verbreitung und Anwendung von (regionalem) Wissen. Es ist erwiesen, dass der wirtschaftliche Erfolg in Regionen von den Mobilisierungsfähigkeiten ihrer Wissensressourcen abhängt. Regionen haben eine wichtige Rolle in diesem Kontext, da sie als „collectors and repositories of knowledge with a knowledge facilitating infrastructure" (Florida 1995) wirken und so ihre wirtschaftliche und technologische Organisation und Wettbewerbsfähigkeit verbessern können. Integrative Konzepte heben die Wissensressourcen der (regionalen) Gesellschaften und deren Innovationspotenzial als entscheidende Handlungsressource für ein weites Spektrum an gesellschaftlichen Prozessen hervor (Zimmermann 2001).

Kreative Milieus

Der Begriff „innovatives Milieu" oder „kreatives Milieu" wurde durch die GREMI-Forschungsgruppe (GREMI = Groupe de Recherche Européen sur les Milieux Innovateurs) im Kontext der Erforschung von Ursachen innovativer Regionalentwicklung geprägt. Camagni (1991) definierte das kreative Milieu als „the set, or the complex network of mainly informal social relationships on a limited geographical area, often determining a specific external ‚image‘ and a specific internal ‚representation‘ and sense of belonging, which enhance the local innovative capability through synergetic and collective learning processes". Daraus ergeben sich laut Fromhold-Eisebith (2009) drei Hauptcharakteristiken, durch die ein kreatives Milieu gekennzeichnet ist:

- **Regionale Netzwerke** von Akteurinnen und Akteuren, die Lernprozesse stimulieren
- **Soziale und persönliche Beziehungen**
- **Image und Selbstwahrnehmung** als Ausdruck für mentalen Zusammenhalt und gemeinsame Visionen

Das Konzept hebt besonders die Bedeutung von lokalen, kollektiven Lernprozessen hervor, um Innovationen und Wachstum zu fördern. Das lokale Milieu wirkt als Verbindung zwischen Märkten und Organisationen und vermindert ökonomische Unsicherheit durch gezielte Unterstützung der Unabhängigkeit von lokalen Unternehmen (Maier und Obermaier 2002).

Learning Regions

Richard Florida (1995) identifizierte Regionen als „Quelle und Sammelbecken von Wissen und Ideen", die, in Zeiten der globalen ökonomischen Integration, wichtige Innovationspotenziale aufweisen. Er prägte darauf aufbauend den Begriff der *Learning Regions*, die mit ihren Rahmenbedingungen und Infrastrukturen den Strom an Wissen, Ideen und Lernen kanalisieren (vgl. auch Zimmermann und Janschitz 2001; 2002). Wie auch die innovativen Milieus beziehen sich die Lernenden Regionen auf zukunftsfähige lokale Vorteile und auf soziale Beziehungen zwischen Stakeholdern, Betrieben und Institutionen sowie auf die Bedeutung von kollektiven Lernprozessen. Dabei ist Vertrauen zwischen den Akteurinnen und Akteuren als ein Schlüsselbegriff konzeptualisiert; Vertrauen verbindet das Netzwerk und ist eine Kernvoraussetzung für kollektives Lernen und innovative Prozesse (Maskell et al. 1998; Capello 1999). Das Konzept des kollektiven Lernens ist entscheidend für Regionen, da durch die (gemeinsame) Generierung von Wissen ein öffentliches Gut entsteht, das für alle Interessensgruppen innerhalb dieses regionalen Netzwerks zur Verfügung steht und zu partizipativen getragenen Innovationen führt.

Cluster

Das Konzept des **Clusters** wurde vor allem durch die Arbeiten von Porter (1998) geprägt. Hierunter versteht man die räumliche Konzentration bestimmter miteinander verbundener Unternehmen in einem Umfeld, das die vertikale Desintegration der Produktion entlang von (vorzugsweise regionalen) Wertschöpfungsketten berücksichtigt. Da die miteinander im Wettbewerb stehenden Unternehmen innerhalb dieses definierten Raumes auf die gleichen Arbeitsmärkte und Infrastrukturen zurückgreifen und von anderen staatlichen und privaten Organisationen wie Hochschulen und Forschungseinrichtungen profitieren, können sich durch Clusterkonzepte effiziente und vertrauensvolle Kooperationen und eine Koordination wirtschaftlicher Aktivitäten ergeben, wodurch positive externe Effekte sowie kosten- und ertragsseitige Vorteile entstehen – ebenso wird die Produktivität erhöht. Cluster haben also zwei Effekte: einerseits eine Verbesserung der Wettbewerbsfähigkeit und andererseits positive Wirkungen auf die lokale Wirtschaftsdynamik durch regionale Wertschöpfungsketten, wodurch Produktionsverlagerungen an entfernte Standorte vermieden werden können.

Wissensregionen

Der Begriff **Wissensregion**, der in den letzten Jahren vor allem im deutschsprachigen Raum Bedeutung erlangt hat, wird häufig von Akteurinnen und Akteuren der Regionalentwicklung benutzt – allerdings mehr oder weniger frei von theoretischen Definitionen und wissenschaftlichen Debatten (Fromhold-Eisebith 2009). So werden Wissensregionen vage definiert als Regionen, in denen die Erarbeitung und Anwendung von Wissensperspektiven die Zukunftsfähigkeit unterstützen und stärken sollen. Die Realisierung von neuen Ideen, aber auch das Denken in Wirtschafts- und Finanzdimensionen ist dabei entscheidend. Wissensregionen nutzen Wissen effektiv für die Regionalentwicklung und sind durch die Forschungs- und Innovationsaktivitäten ihrer produzierenden Betriebe sowie durch die Zusammenarbeit mit Universitäten oder Forschungs- und Entwicklungsunternehmen charakterisiert.

Gedankensplitter

Die regionale Verantwortung von Unternehmen

„Ich bin Eva, ich bin in einer wunderschönen ländlichen Region geboren, bin am Land in die Schule gegangen und dort bis zu meinem 18. Lebensjahr aufgewachsen. Nach meinem Schulabschluss bin ich aber, wie die meisten aus meinem Heimatort, in die Stadt gegangen, um zu studieren. Nunmehr habe ich bereits vier Jahre in der Stadt zugebracht, habe mein Studium beendet und bin auf der Suche nach einem Job. Natürlich würde ich gerne wieder in meine Heimatregion zurückkehren, aber ich habe hier meine Freundinnen und Freunde und mein städtisches Umfeld, nicht nur ein soziales Netzwerk, sondern auch größere kulturelle Angebote, bessere und höher bezahlte Jobangebote, auch die Anonymität der Großstadt ist ja durchaus attraktiv. Ich weiß ja, dass mir meine Eltern mein Studium finanziert haben und ich eigentlich meine Ausbildung und meine Gestaltungskraft meiner Heimatregion zur Verfügung stellen sollte. Außerdem ist es in meinem Heimatort wirklich schön, sauber, gesund, es gibt noch die intakte Natur. Aber die Region hat keine zu meiner Ausbildung passenden attraktiven und zukunftsorientierten Arbeitsplätze anzubieten."

Es ist dies eine typische Geschichte, die nach neuen Lösungsansätzen sucht. Bevor der ländliche Raum völlig ausdünnt, müssen sich die lokalen und regionalen Unternehmen ihrer Rolle als Schlüsselakteurinnen und -akteure bewusst werden, was bedeutet, vernetzt und zukunftsorientiert zu agieren – nur so werden ländliche Räume attraktive und zukunftsfähige Arbeitsplätze zur Verfügung stellen können, denn diese sind die wesentliche Voraussetzung für Evas Rückkehr in ihren Heimatort.

Entscheidend für den Erfolg von regionalen Unternehmungen ist die intensive Zusammenarbeit mit unterschiedlichen Interessensgruppen wie etwa Zivilgesellschaft sowie anderen regionalen Unternehmungen, öffentlichen Institutionen und Bildungseinrichtungen. Aus einer strukturellen Perspektive sind es vor allem strategische und vernetzte Engagements, die für einen langfristigen Erfolg maßgeblich sind (Bertelsmann-Stiftung 2010). In diesen Engagements werden zusätzliche Ressourcen angezapft und genutzt, etwa Know-how, Kontakte, Personal und Netzwerke:

- Sie sind mittel- bis langfristig ausgerichtet und wirken strukturell.
- Sie gehen über die Ebene von Basisengagements hinaus und arbeiten in großen Netzwerken mit einem breiten Kreis an regionalen Akteurinnen und Akteuren zusammen.
- Sie übernehmen damit als Leitbetriebe regionale Verantwortung in verschiedenen Dimensionen.
- Sie erhöhen die Attraktivität und Intaktheit des Lebensumfeldes.
- Sie stärken durch vernetztes Wirken regionale Gemeinschaft.
- Sie kreieren neue regionale Identitäten und stärken die regionale Identifikation.
- Sie erweitern durch offene Netzwerke der Zivilgesellschaft die Partizipation.
- Sie schaffen vor allem neue Arbeitsplätze.

Die Region, in der Eva aufgewachsen ist, ist dadurch attraktiv geworden. Eva unterstützt mit ihrer hohen Qualifikation und ihrem Wissen ihre Heimatregion und trägt mit Stolz zur Wertschöpfung und zur (natürlichen) Attraktivität bei. (Und übrigens: Eva trägt soziale Verantwortung und ist in ihrer Freizeit freiwillige Mitarbeiterin im Alpenverein, wo sie sich der Erhaltung der einmaligen Naturlandschaft widmet.)

6.4 Die Bedeutung immaterieller Werte als Zukunftspotenziale von ländlichen Räumen

Die Welt, in der wir leben, ist hochgradig vernetzt, und zwischen den einzelnen Regionen besteht ein komplexes Beziehungsgefüge. Die Globalisierungsprozesse der letzten Jahrzehnte, insbesondere durch den internationalen Kapital- und Warenverkehr, die Mobilität von Personen, das globale Logistik- und Transportwesen, grenzenlose Information und Kommunikation sowie globale politische Vernetzung und politische Abhängigkeiten, haben dazu beigetragen, dass sich die Alltagskulturen unterschiedlicher Länder immer mehr einander angeglichen haben, wodurch vor allem bei Bewohnerinnen und Bewohnern in ländlichen Regionen oftmals ein Gefühl der räumlichen Entwurzelung entstand. Das Verwischen kultureller Unterschiede in der Lebensführung – hauptsächlich durch die dynamische Entwicklung der Informations- und Kommunikationstechnologien – brachte einen **Verlust der regionalen Identität** und einen Bedeutungsrückgang von Orten und Kommunen mit sich. Die Bevölkerung ländlicher Regionen verspürt jedoch – trotz der umfassenden Einflüsse, die sich aus den Globalisierungsprozessen ergeben – das Bedürfnis, in einer vertrauten Umgebung zu leben, politisch und wirtschaftlich als Teil eines zukunftsfähigen Systems anerkannt zu werden und eine regionale Identität auszubilden (klarer Ausdruck dieser Bestrebungen sind die zahlreichen Separationsbewegungen, z. B. in Schottland oder im Baskenland). Deshalb haben ländliche Räume trotz zunehmender kultureller Vereinheitlichung nie aufgehört zu existieren, sondern veränderten sich, passten sich an oder wurden neu gestaltet. Somit besteht auch innerhalb der globalisierten Wirtschafts- und Gesellschaftsstrukturen weiterhin eine zumindest räumlich-flächenmäßige Dominanz ländlicher Räume, aber auch eine große räumliche und kulturelle Vielfalt. Dabei ist zu beachten, dass spezifische Entwicklungen auf der regionalen Ebene immer auch auf den globalen Kontext zurückwirken (Knox und Marston 2001, S. 115). Ein typisches Beispiel sind die Auswirkungen der Krise in Griechenland auf die EU oder aber die historischen Geschehnisse in Nordirland auf das Vereinigte Königreich.

6.4.1 Die Potenziale ländlicher Räume – dezentrale Lösungsansätze bei zentral gesteuerten Koordinierungsversuchen

Nachhaltigkeitsstrategien in ländlichen Räumen haben daher auch für die sozioökonomischen Interessen moderner Gesellschaften große Potenziale. Regionalentwicklungsstrategien für periphere Gebiete können etwa Beiträge zur Anpassung an den Klimawandel oder aber zur Verminderung des CO_2-Ausstoßes beitragen. So haben ländliche Räume große Potenziale für dezentrale Veränderungsansätze (Weber 2009), z. B. bei Fragen zur Gestaltung der Energiewende, zum Ersatz fossiler Energieträger durch nachwachsende Rohstoffe, zum Umbau von neoliberalen, finanzdominierten Wirtschaftsformen zu nachhaltigen regionalbasierten Wirtschaftsansätzen und -modellen sowie zur Gestaltung gesünderer Lebensstile. Aufgrund der vielfältigen globalen-lokalen Abhängigkeiten und der überregionalen Dynamiken kann eine nachhaltige Regionalentwicklung aber nicht ohne globale Abkommen (z. B. internationale Steuerungs- und Regulierungsmechanismen) verwirklicht werden. Allerdings sind gemeinsame Lösungen, die zu notwendigen Handlungsschritten in diesen Interaktionsbereich zwischen Globalisierung und Lokalisierung führen noch in weiter Ferne, vor allem deshalb, weil Lösungsansätze der Staatengemeinschaft für die unterschiedlichen globalen Herausforderungen – wie es auch der Umgang mit dem Klimawandel bzw. der Bewältigung der Weltwirtschaftskrise gezeigt hat – an den höchst unterschiedlichen Rahmenbedingungen, Bedürfnissen, Sichtweisen und Vorstellungen (zwischen dem entwickelten globalen Norden und dem unterentwickelten globalen Süden sowie den [neuen] Schwellenländern) scheitern. Dies dokumentiert sich etwa in der jahrelangen Diskussion um ein Nachfolgedokument für das Kyoto-Protokoll. Gerade deshalb spielen dezentrale Lösungsansätze in ländlichen Regionen neben den zentral gesteuerten Koordinierungsversuchen supranationaler Institutionen eine wichtige Rolle bei der Bewältigung der vielfältigen Krisendynamiken, denen unsere Gesellschaft heute gegenübersteht (Hahne 2010).

Die regionale Identität als Schlüssel für eine nachhaltige Regionalentwicklung

Eine regionale Atmosphäre ist ein zentraler Aspekt in der nachhaltigen Regionalentwicklung, denn sie ermöglicht es den Bewohnerinnen und Bewohnern, in ländlichen Räumen ihre spezifischen und charakteristischen Lebensweisen und Lebensbedingungen zu erhalten und durch ihre Selbstbestimmung eine Beständigkeit in ihrer Entwicklung zu erreichen. Dabei spielen eine hohe Wertschätzung für lokale und regionale Eigenheiten und Besonderheiten, der Konsum regionaler und saisonaler Produkte sowie die Entfaltung von Werten gemeinschaftlichen Lebens eine wichtige Rolle. Diese Aspekte können Regionen helfen, eine individuelle Lebensqualität zu erreichen, die von der Bevölkerung gestaltet, getragen und gelebt wird. Die Befriedigung materieller Bedürfnisse steht dabei nicht immer im Vordergrund; vielmehr entstehen regionale Umgebungen, die Originalität und Selbstentfaltung fördern, kulturelle und soziale Innovationen ermöglichen sowie gemeinschaftsorientiertes und gemeinnütziges Handeln begünstigen. Damit in ländlichen Räumen ein solcher Wertewandel vom weit verbreiteten Verhaltensmuster der rücksichtslosen Profitmaximierung hin zum Leitbild einer gesamtgesellschaftlichen Verantwortung in Gang gesetzt werden kann, muss ein enges **regionales Kontakt- und Kommunikationsnetzwerk** etabliert werden. Diese Kontaktspielräume haben z. B. das Potenzial, den Beschaffungsaufwand für Güter und Dienstleistungen durch lokale Versorgung zu reduzieren. Zudem helfen sie, Lösungen für individuelle und gemeinschaftliche Herausforderungen zu finden, die auf Werten wie Nachbarschaftshilfe, Freiwilligkeit oder Gegenleistung beruhen. Dies ermöglicht es der Bevölkerung, in regionale Prozesse eingebunden zu werden und soziale Zuwendung und Aufmerksamkeit zu bekommen, wodurch weitere Kooperationsmöglichkeiten geschaffen werden, die über die materielle Versorgung einer markt- und wachstumsgeleiteten Ökonomie hinausgehen. Solche **nicht marktorientierten Aktivitäten**, z. B. Eigenarbeit, Subsistenzwirtschaft oder gemeinnützige und soziale Arbeit und Freizeit, spielen für die gesellschaftlichen Funktionen von Regionen eine bedeutende Rolle (Hahne 2010).

Ländliche Räume haben durch die Stärkung lokaler und regionsbezogener Wirtschaftskreisläufe große Potenziale zur Gestaltung eines tiefgreifenden Wandels der vorherrschenden Lebens- und Konsumstile. Müller und Paech (2012) betonen, dass auf diese Weise eine **moderne Subsistenzwirtschaft** entstehen kann, die ihre Wirkung unmittelbar im sozialen Umfeld auf kommunaler oder regionaler Ebene hat. Diese Perspektive gründet sich auf der (Re-)Aktivierung von manuellen und handwerklichen Tätigkeiten zur Bedürfnisbefriedigung jenseits der kommerziellen Märkte des Industriesystems. Wie ◻ Abb. 6.5 zeigt, können durch Gemeinschaftsnutzung, Verlängerung der Nutzungsdauer von Gütern (z. B. durch Reparieren statt Wegwerfen), durch Eigenproduktion unter Einsatz der individuellen und marktfreien Ressource „Zeit", handwerkliche Kompetenzen oder soziale Beziehungen die industriellen Wirtschaftsketten ersetzt sowie neue ökonomische und gesellschaftliche Qualitäten in Regionen geschaffen werden (Regionsimage und regionale Identität!). Auf diese Weise wird durch Eigen-, Tausch- und Gemeinschaftsarbeit die informelle Wertschöpfung von Regionen gestärkt

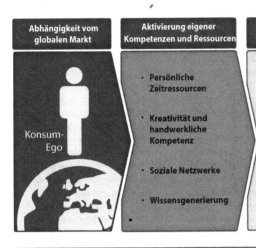

Abhängigkeit vom globalen Markt	Aktivierung eigener Kompetenzen und Ressourcen	Moderne Selbstversorgung
Konsum-Ego	• Persönliche Zeitressourcen • Kreativität und handwerkliche Kompetenz • Soziale Netzwerke • Wissensgenerierung	• **Eigene Produktion** Nahrungsmittelproduktion in Haus- oder Gemeinschaftsgärten, Urban Gardening, selbst hergestellte neue Produkte, kreative Produktionsprozesse, Produktionen nach alten Vorbildern • **Gemeinschaftsnutzung** Fahrgemeinschaften, Carsharing, kooperative Wohn- und Lebensformen, Gemeinschaftsräume, Gemeinschaftsnetzwerke • **Verlängerung der Nutzungsdauer** Wartung, Pflege, Reparatur, Aufwertung, Verwertung von selbst produzierten Konsumgütern, Tauschbörsen

Von Konsumgütern zu nachhaltigen Produkten

■ **Abb. 6.5** Der Weg zur modernen Selbstversorgung. (Adaptiert und ergänzt nach Müller und Paech 2012)

und eine neue Balance zwischen Eigen- und Fremdversorgung gefunden, was wiederum die Re-Regionalisierung von Wirtschaftskreisläufen fördert.

Aus der Praxis

Ökodörfer als Modelle gelebter Nachhaltigkeit

Angesichts der zahlreichen Herausforderungen für Regionen von heute wird Akteurinnen und Akteuren zunehmend bewusst, dass Lösungsansätze nur dann erfolgreich sein können, wenn sie in gemeinschaftlichen Prozessen selbstständig und partizipativ erarbeitet werden. Weltweit vernetzen sich daher immer mehr Menschen in Städten und Dörfern, um für die regionalen Ressourcen und ihr soziales Umfeld Verantwortung zu übernehmen. Viele Regionen und Gemeinden orientieren sich dabei an dem Modell von Ökodörfern, die in den letzten Jahren und Jahrzehnten in allen Teilen der Welt in urbanen sowie in ländlichen Räumen gegründet wurden. Diese partizipativen Siedlungsprojekte versuchen auf einer nachbarschaftli-chen Ebene, ihre Umgebung gemeinschaftlich zu gestalten, um die Prinzipien einer nachhaltigen Entwicklung in den Lebensalltag ihrer Bewohnerinnen und Bewohner zu integrieren.

Ökodörfer können als **soziale Experimente** angesehen werden, welche die Bereiche Konsum, Wirtschaften, Infrastrukturplanung, Verwaltung und soziales Miteinander auf der lokalen Ebene verbinden, wodurch eine drastische Reduzierung des Ressourcenverbrauchs und eine erhöhte Lebensqualität der Bewohnerinnen und Bewohner erreicht werden. In Zukunftswerkstätten werden im kleinen Maßstab technische, ökonomische, soziale und ökologische Innovationen erprobt, die dazu beitragen, ein friedliches Zusammenleben ohne Raubbau an natürlichen Ressourcen zu ermöglichen. Mit diesem holistischen (ganzheitlichen) Ansatz soll ein gesamtgesellschaftlicher Wandel hin zu einer Kultur der gelebten Nachhaltigkeit in Gang gesetzt werden. Ökodörfer erforschen und zeigen auf, wie Wasser, Nahrung, Energie und Baustoffe in gesunden regionalen Stoffkreisläufen gewonnen und wiederverwertet werden können, ohne dass die Bewohnerinnen und Bewohner dabei auf (die von ihnen selbst definierte) Lebensqualität verzichten müssen. Zusätzlich experimentieren viele dieser Initiativen mit neuen Wirtschaftsformen, die sich auf Werte wie Fairness, Gerechtigkeit, Solidarität, Transparenz und Zinsfreiheit gründen (▶ Abschn. 4.3.3).

In Ökodörfern wird die Vielfalt von Menschen und Meinungen nicht als gesellschaftliche Belastung, sondern als kulturelle Bereicherung angesehen. Um diese Diversität handhaben zu können, wurden zahlreiche Methoden zur Entscheidungsfindung und Konfliktlösung entwickelt. Dadurch wird eine gemeinsame Identität geschaffen, die ein Miteinander der Generationen, Respekt vor dem Leben, kreativen individuellen Selbstausdruck sowie aktiven Einsatz für die Umwelt ermöglicht. In vielen Fällen werden Ökodörfer zu regionalen Wissens- und Expertisezentren, die ihre Umgebung inspirieren und gesammelte Erfahrungen in Seminaren und Lehrgängen an Interessierte weitergeben. Sie bereichern ihre Region durch die Gründung von Unternehmen, die Schaffung von Arbeitsplätzen und neuen, durchaus auch alternativen kulturellen Angeboten. Dadurch tragen Ökodörfer zur Revitalisierung ländlicher Räume bei und sind auch ein geeignetes Umfeld und Anreiz für junge Familien, sodass einer möglichen Überalterung in den Regionen entgegengewirkt wird.

Die Ökodörfer vernetzen sich national und international unter dem organisatorischen Schirm des Global Ecovillage Network (GEN). Das Ziel dieser 1995 gegründeten NGO, die seit 2001 Beraterstatus im UN-Wirtschafts- und -Sozialausschuss hat, ist es, die vielfältigen Erfahrungen, die bisher in Ökodörfern gesammelt wurden, an eine größere Öffentlichkeit weiterzugeben, um einen gesamtwirtschaftlichen Wandel in Richtung einer nachhaltigen Entwicklung zu unterstützen. Dazu erarbeitete das Netzwerk gemeinsam mit der Organisation Gaia Education ein umfassendes Ausbildungsprogramm (Ecovillage Design Education), das mittlerweile in mehr als 35 Ländern angeboten wird. Dabei bekommen die Teilnehmerinnen und Teilnehmer gelebtes Wissen für zukunftsorientierte Lebensweisen vermittelt. Ursprünglich formierte sich das globale Ökodorfnetzwerk aus intentionalen Gemeinschaften, die vor allem in wohlhabenden Ländern des globalen Nordens beheimatet waren. Das praktische Wissen, das in diesen Ökodörfern erprobt wurde, kann aber auch in Gemeinschaften in ärmeren Regionen des globalen Südens eingesetzt werden, um die Potenziale des traditionellen Wissens und der Lebensweisen zukunftsfähig und damit nachhaltig zu erhalten. Konkrete Erfolge in dieser Hinsicht gibt es vor allem in den Ländern Senegal und Thailand, wo das GEN die nationalen Regierungen bei der Umsetzung von Ökodorfinitiativen unterstützt. Auch mit der Gründung des Baltic Ecovillage Network, das von der EU gefördert wurde, gibt es in Europa große Fortschritte beim Ausbau von (makro) regionalen Ökodorfinitiativen. Es gibt immer mehr Menschen, die von Ökodörfern lernen, die sich sinnvoll engagieren oder regionale Nachhaltigkeitsinitiativen unterstützen wollen – das globale Ökodorfnetzwerk stellt sich dieser Aufgabe und schafft Möglichkeiten dazu (http://gen-europe.org).

Erhaltung und Vermittlung des immateriellen Kulturerbes

Im Zusammenhang mit der bewussten Gestaltung einer gemeinsamen regionalen Identität spielt auch das immaterielle Kulturerbe ländlicher Regionen eine große Rolle. Dies zeichnet sich beispielsweise durch überlieferte Traditionen, Bräuche oder oben angesprochene Handwerkstechniken aus. Die UNESCO (2003) berücksichtigt jedoch nur solches immaterielle Kulturerbe, das im Einklang mit bestehenden internationalen Menschrechtsübereinkünften und der nachhaltigen Entwicklung steht (▶ Abschn. 9.1).

Obwohl in der Definition vor allem Gemeinschaften und Gruppen Trägerinnen und Träger von Kulturerbe sind, haben diese häufig auch einen Bezug zu räumlichen Einheiten. Als Beispiele seien aus Österreich das Murauer Faschingsrennen, die Ötztaler Mundart oder der Mühlviertler Handblaudruck genannt (Österreichische UNESCO-Kommission 2015). Damit wird auch die Bedeutung ländlicher Regionen mit ihren Bewohnerinnen und Bewohnern als Wissensträgerinnen und -trägern deutlich. Oft sind es einzigartige Traditionen, Bräuche oder Handwerkstechniken, die schon seit Generationen bestehen und weitergegeben werden. Diese Weitergabe stößt jedoch an Grenzen, da z. B. Bräuche und Mundarten oft nicht niedergeschrieben (formalisiert) oder nur schwer kommunizierbar und übertragbar sind. Diese implizite Dimension des Wissens ist sehr an Erfahrungen sowie an Interpretation, Vorstellungen und Überzeugungen gebunden (Strambach 2004). Zur Erhaltung und Vermittlung dieses immateriellen Kulturerbes sind Lernprozesse notwendig, die auch in ländlichen Regionen immer häufiger und sowohl auf intra- als auch auf interregionaler Ebene stattfinden. Ziel solcher Lernprozesse ist es, sich in einem interaktiven und dynamischen Prozess Wissen auszutauschen. Die verschiedenen Akteurinnen und Akteure lernen durch Interaktion miteinander und erweitern damit ihr Wissen bzw. erwerben neues (Sol et al. 2013).

> **Aus der Praxis**
>
> ### Murauer Faschingsrennen
>
> Dieser aufwendig gestaltete Umzug- und Heischebrauch wird in regelmäßigen Abständen von zwei bis fünf Jahren an einem bestimmten Tag im Jahr (meist am Faschingsmontag) in mehreren Orten im österreichischen Bezirk Murau abgehalten. Die kulturgeschichtliche Bedeutung dieser alten Gepflogenheit geht auf vorchristliche Vegetations- und Fruchtbarkeitsriten zurück. Der Brauch soll durch Lärmen und Tanzen den Einzug des Frühlings sowie das Erwachen der Natur unterstützen. Im Jahr 2011 wurde dieses – von den unverheirateten Burschen der Region aufrechterhaltene – Brauchtum von der österrei-chischen UNESCO-Kommission ins nationale Verzeichnis des immateriellen Kulturerbes aufgenommen. Die Ausstattung der Teilnehmer erinnert an die traditionelle Kleidung, die früher von den ortsansässigen Landwirten beim Dreschen von Getreide getragen wurde. Die mitwirkenden Personen bewegen sich auf Fahrzeugen oder zu Fuß von Hof zu Hof und müssen sich dabei unterschiedlichen Aufgaben stellen (z. B. Überwinden von Hindernissen, Herausforderung zum Zweikampf). Die von den „Faschingsrennern" besuchten Bewohnerinnen und Bewohner sowie die am Geschehen Interessierten werden in den Ablauf eingebunden. Bei diesem traditionellen Brauchtum sind alle Altersgruppen und sozialen Schichten beteiligt. Vor allem für die männliche Jugend ist es eine Ehre, diesen Brauch aufrechtzuerhalten und teilzunehmen und sich an den tradierten Aufgaben zu messen. Jedoch gibt es auch hier durch die Abwanderung der Jugend sowie durch die Vereinnahmung und touristische Verfälschung des Brauchtums – trotz Kulturgüterschutz – Gefährdungspotenzial für diese Tradition (http://www.steirische-spezialitaeten.at/brauchtum/kalender/murauer-faschingsrennen.html).

❶ **Herausforderungen für die Zukunft**

— Ländliche Räume haben sich im Laufe der Zeit weiterentwickelt. Früher als Versorgungs- und Freizeitraum für die Städte wahrgenommen, sind sie heute zunehmend selbstbewusstere und auf eigene Stärken aufbauende Sozialsysteme und Wirtschaftsgebilde. Immer mehr verschwimmen die Grenzen zwischen Stadt und Land durch immer komplexere Interaktionen und Interdependenzen.

— Nutzungskonflikte zwischen Interessensgruppen bedrohen eine nachhaltige Raumentwicklung: Der Landwirtschaftsraum wird immer stärker von Siedlungsentwicklung und Freizeitnutzung überformt, die regionale Grundversorgung ist gefährdet und nur durch eine planmäßige Raumentwicklung zu gewährleisten.

— Globalisierungsprozesse verändern nicht nur die Ökonomie in ländlichen Räumen, sondern verursachen auch einen Identitätsverlust. Bisher eigenständige Alltagskulturen werden durch neue Netzwerke und Kommunikationsstrukturen verwischt.

— Als Gegenströmung entstehen neue Konzepte zur Inwertsetzung ländlicher Räume, vornehmlich in Form von endogenen Entwicklungsprozessen, die auf den steigenden Bedürfnissen nach immateriellen Werten und regionalen Identitäten beruhen und insbesondere auf das „eigene" Wissen der Akteurinnen und Akteure aufbauen.

┌─ **Pointiert formuliert** ─────────────────────────────────────

Globale Veränderungen führen zu einer Homogenisierung von Lebensweisen in dörflichen
Siedlungen und städtischen Ballungsgebieten, aber auch zu einer (neuen) Multifunktionalität ländlicher Räume. Gemeinsames Lernen, Wissensaufbau und die Vernetzung von regionalen Interessensgruppen unterstützen Veränderungsprozesse durch die Inwertsetzung
von endogenen Potenzialen, die Entwicklung von innovativen regionalen Produktionen,
dezentrale Technologien sowie eine planend-unterstützende Raumentwicklung. Offene
und innovative ländliche Räume zeichnen sich durch das Erkennen und Nutzen immateri-
eller Werte, aber auch der regionalen Identitäten aus; diese ermöglichen es erst, Chancen
nachhaltig zu nutzen und Veränderungsprozesse zu unterstützen

Literatur

Barlösius E, Zimmermann C (2013) Demographischer Wandel in ländlichen Gesellschaften – Geschichte, Gegenwart
und Zukunft. Zeitschrift für Agrargeschichte und Agrarsoziologie 1:8–12
Bauer S (2009) Ansteigende Diversitäten ländlicher Räume? Schlussfolgerungen für die Regionalentwicklung. In:
Friedel R, Spindler EA (Hrsg) Nachhaltige Entwicklung ländlicher Räume. Chancenverbesserung durch Innova-
tion und Traditionspflege. VS Verlag für Sozialwissenschaften, Wiesbaden, S 97–112
Bergmann E (2000) Nachhaltige Entwicklung im föderalen Kontext: Die Region als politische Handlungsebene. In:
Kilian B, Linscheidt B, Truger A (Hrsg) Staatshandeln im Umweltschutz – Perspektiven einer institutionellen
Umweltökonomik. Duncker & Humblot, Berlin, S 215–239
Bertelsmann Stiftung (2010) Verantwortungspartner. Unternehmen. Gestalten. Region. Ein Leitfaden zur Förderung
und Vernetzung des gesellschaftlichen Engagements von Unternehmen in der Region. https://www.bertels-
mann-stiftung.de/fileadmin/files/user_upload/Leitfaden_Unternehmen__Gestalten__Region.pdf. Zugegriffen:
Mai 2015
Böchner M (2009) Faktoren für den Erfolg einer nachhaltigen und integrierten ländlichen Regionalentwicklung. In:
Friedel R, Spindler EA (Hrsg) Nachhaltige Entwicklung ländlicher Räume. Chancenverbesserung durch Innova-
tion und Traditionspflege. VS Verlag für Sozialwissenschaften, Wiesbaden, S 127–138
Camagni R (1991) Introduction: from the local 'milieu' to innovation through cooperation networks. In: Camagni R
(Hrsg) Innovation Networks: Spatial Perspectives. Belhaven Press, London, S 1–12
Capello R (1999) Spatial transfer of knowledge in high technology milieu: learning versus collective learning pro-
cesses. Regional Studies 33:353–365
Dehne P (2010) Ländliche Räume. In: Henckel D, von Kuczkowski K, Laut P, Pahl-Weber E, Stellmacher F (Hrsg) Planen
– Bauen – Umwelt. Ein Handbuch. VS Verlag für Sozialwissenschaften, Wiesbaden, S 284–288
Dostal W (1995) Die Informatisierung der Arbeitswelt – Multimedia, offene Arbeitsformen und Telearbeit. Mitteilun-
gen aus der Arbeitsmarkt- und Berufsforschung 28(4):527–543
Florida R (1995) Toward the Learning Region. Futures 1B 27(5):527–536
Franzen N, Hahne U, Hartz A, Kühne O, Schafranski F, Spellerberg A, Zeck H (2008) Herausforderung Vielfalt – Länd-
liche Räume im Struktur- und Politikwandel. E-Paper der ARL, Bd. 4. Akademie für Raumforschung und Landes-
planung, Hannover
Fromhold-Eisebith (2009) Die „Wissensregion" als Chance der Neukonzeption eines zukunftsfähigen Leitbilds der
Regionalentwicklung. In Raumforschung und Raumordnung 6(3):215–227
Gebhardt H, Glaser R, Radtke U, Reuber P (Hrsg) (2007) Geographie. Physische Geographie und Humangeographie.
Spektrum, Heidelberg
Hahne U (2010) Globale Krise – Chance für regionale Nachhaltigkeit? In: Hahne U (Hrsg) Globale Krise – Regionale
Nachhaltigkeit. Handlungsoptionen zukunftsorientierter Stadt- und Regionalentwicklung. Rohn, Detmold, S
63–88
Henkel G (2004) Der ländliche Raum. 4. Aufl. Gebrüder Borntraeger, Berlin, Stuttgart
Höflehner T (2015) Integrative Mehrebenenanalyse der regionalen Resilienz. Eine transdisziplinäre Fallstudie in der
Südoststeiermark. Dissertation Universität Graz
Holzner L (1985) Stadtland USA: Die Kulturlandschaft des American Way of Life. Justus Perthes, Gotha
Knox PL, Marston SA (2001) Humangeographie. Spektrum, Heidelberg, Berlin
Kulke E (2008) Wirtschaftsgeographie. Schöningh, Paderborn

Kunzmann K (2010) Europäische Raumentwicklungspolitik. In: Henckel D, von Kuczkowski K, Laut P, Pahl-Weber E, Stellmacher F (Hrsg) Planen – Bauen – Umwelt. Ein Handbuch. VS Verlag für Sozialwissenschaften, Wiesbaden, S 147–153

Mäding H (2009) Raumplanung in der Sozialen Marktwirtschaft. Freiburger Diskussionspapiere zur Ordnungsökonomik. Institut für Allgemeine Wirtschaftsforschung Abteilung für Wirtschaftspolitik. Albert-Ludwigs Universität Freiburg i. Br.

Maier J, Obermaier F (2002) Creative Milieus and Regional Networks: Local Strategies and Implementation in Case Studies in Bavaria. In: Schätzl L, Revilla Diez J (Hrsg) Technological Change and Regional Development in Europe. Springer, Berlin, Heidelberg, S 211–232

Maskell P, Eskelinen H, Hannibalsson I (1998) Competitiveness, localised learning and regional development: specialisation and prosperity in small open economics. Routledge, London, New York

Mitschang S (2010) Raumordnung und Landesplanung. In: Henckel D, von Kuczkowski K, Laut P, Pahl-Weber E, Stellmacher F (Hrsg) Planen – Bauen – Umwelt. Ein Handbuch. VS Verlag für Sozialwissenschaften, Wiesbaden, S 388–395

Müller C, Paech N (2012) Suffizienz & Subsistenz: Wege in eine Postwachstumsökonomie am Beispiel von „Urban Gardening". In: Schneider M, Sodieck F, Fink-Kessler A (Hrsg) Der kritische Agrarbericht. ABL Verlag, München, S 148–152

Österreichische UNESCO-Kommission (2015) Verzeichnis des Immateriellen Kulturerbes in Österreich. http://immaterielleskulturerbe.unesco.at/cgi-bin/unesco/element.pl. Zugegriffen: April 2015

Plieninger T, Bens O, Hüttl RF (2005) Naturräumlicher und sozioökonomischer Wandel, Innovationspotenziale und politische Steuerung am Beispiel des Landes Brandenburg. Materialien der Interdisziplinären Arbeitsgruppe Zukunftsorientierte Nutzung ländlicher Räume. Berlin-Brandenburgische Akademie der Wissenschaften, Berlin

Porter M (1998) The Competitive Advantage of Nations. Free Press, New York

Schindegger F, Tatzberger G (2002) Polyzentrismus: Ein europäisches Leitbild für die räumliche Entwicklung – Österreichisches Institut für Raumplanung. Österreichisches Institut für Raumplanung (ÖIR), Wien

Schroedter E (2009) Mit der LEADER-Methode zur nachhaltigen Regionalentwicklung. In: Friedel R, Spindler EA (Hrsg) Nachhaltige Entwicklung ländlicher Räume. Chancenverbesserung durch Innovation und Traditionspflege. VS Verlag für Sozialwissenschaften, Wiesbaden, S 75–92

Sol J, Beers P, Wals A (2013) Social learning in regional innovation networks: trust, commitment and reframing as emergent properties of interaction. Journal of Cleaner Production 49:35–43

Strambach S (2004) Wissensökonomie, organisatorischer Wandel und wissensbasierte Regionalentwicklung. Zeitschrift für Wirtschaftsgeographie Jg 48(1):1–18

Thierstein A, Walser M (1997) Hoffnung am Horizont? Nachhaltige Entwicklung im ländlichen Raum. Zeitschrift für Kulturtechnik und Landentwicklung 38:98–202

UNESCO (United Nations Educational, Scientific and Cultural Organization) (2003) Convention for the Safeguarding of the Intangible Cultural Heritage 2003. http://portal.unesco.org/en/ev.php-URL_ID=17716&URL_DO=DO_TOPIC&URL_SECTION=201.html. Zugegriffen: April 2015

Waiz E (2009) Daseinsvorsorge in der Europäischen Union – Etappen einer Debatte. In: Krautscheid A (Hrsg) Die Daseinsvorsorge im Spannungsfeld von europäischen Wettbewerb und Gemeinwohl. Eine sektorspezifische Betrachtung. VS Verlag für Sozialwissenschaften, Wiesbaden, S 41–77

Weber G (2009) Der ländliche Raum – Mythen und Fakten. Agrarische Rundschau 6:33–37

Weingarten P (2009) Ländliche Räume und Politik zu deren Entwicklung. In: Friedel R, Spindler EA (Hrsg) Nachhaltige Entwicklung ländlicher Räume. Chancenverbesserung durch Innovation und Traditionspflege. VS Verlag für Sozialwissenschaften, Wiesbaden, S 93–95

Zimmermann F (2001) Key Opportunities for Regions in the 21st century. In: Zimmermann F, Janschitz S (Hrsg) Regional Policies in Europe – Key Opportunities of Regions in 21st Century. Leykam, Graz

Zimmermann F, Janschitz S (Hrsg) (2000) Regional Policies in Europe – New Challenges, New Opportunities. Leykam, Graz

Zimmermann F, Janschitz S (Hrsg) (2001) Regional Policies in Europe – Key Opportunities of Regions in 21st Century. Leykam, Graz

Zimmermann F, Janschitz S (Hrsg) (2002) Regional Policies in Europe – The Knowledge Age: Managing Global, Regional and Local Inderdependencies. Leykam, Graz

Nachhaltiger Tourismus – Realität oder Chimäre?

Friedrich M. Zimmermann und Judith Pizzera

F.M. Zimmermann (Hrsg.), *Nachhaltigkeit wofür?*,
DOI 10.1007/978-3-662-48191-2_7, © Springer-Verlag Berlin Heidelberg 2016

┌─ **Kernfragen** ───

■ Wie sehen die aktuellen Trends und Entwicklungen in der globalen Tourismuswirtschaft
   aus?
■ Welche Rolle spielt Nachhaltigkeit in der Tourismus- und Freizeitwirtschaft?
■ Welche nachhaltigen Tourismusformen gibt es?
■ Wie kann der Tourismus eine nachhaltige Entwicklung fördern? Wie können touristische
   und nachhaltige Entwicklung einander ergänzen – oder sind sie ein unüberbrückbarer
   Widerspruch?

7.1   Die globale Tourismusindustrie – aktuelle Entwicklungen und Trends

7.1.1   Globaler Tourismus – die Wachstumsbranche?

Der Tourismussektor ist einer der am schnellsten wachsenden Wirtschaftszweige der Welt und verzeichnet, abgesehen von wenigen kurzfristigen Einbrüchen, einen anhaltend positiven Wachstumstrend (■ Abb. 7.1). Wurden im Jahr 1950 noch 25 Mio. Ankünfte weltweit gezählt, so haben sich die Zahlen im Jahr 1980 auf über 250 Mio. verzehnfacht. Bezogen auf das Jahr 1999 (434 Mio. Ankünfte) haben die Zahlen 2013 die Billionengrenze schon deutlich überschritten (UNWTO 2015).

Bezogen auf die **regionale Differenzierung** ist festzuhalten, dass die Zuwachsraten seit 1990 im internationalen Tourismus jährlich 10,9 % betragen, in den traditionellen Destinationen Europa (5,0 % pro Jahr) und Amerika (3,5 % pro Jahr) moderat ausgefallen sind, während Afrika (12,2 % pro Jahr), aber auch der asiatisch-pazifische Raum (15,0 % pro Jahr) und insbesondere der Mittlere Osten mit 19,1 % pro Jahr die höchsten prozentuellen Zuwachsraten aufweisen. Von den insgesamt US$ 1,16 Billionen an Tourismuseinnahmen entfallen auf Europa 41,2 %, auf den asiatisch-pazifischen Raum 31 %, auf Nord- und Südamerika 19,8 %, auf Afrika 3,0 % und auf den Mittleren Osten 4,1 %. Die führenden Länder nach Tourismuseinnahmen sind die USA mit US$ 136,6 Mrd., gefolgt von Spanien (US$ 60,4 Mrd.), Frankreich (US$ 56,1 Mrd.) sowie China mit US$ 51,7 Mrd. Auch in Zukunft werden Wachstumsraten von durchschnittlich 3,3 % erwartet, wobei neue Märkte in Schwellen- und Entwicklungsländern – aufgrund ihres Innovationsgehalts und der Neugierde der Touristinnen und Touristen – weiter deutlich höhere Wachstumsraten verzeichnen werden. Bereits jetzt beläuft sich ihr Marktanteil auf 47 %; Prognosen gehen von einem Anteil von 57 % im Jahr 2030 aus.

Noch ein paar Details sind zu nennen: Der Tourismus erwirtschaftet durch seine direkten und indirekten Leistungen 9 % des weltweiten Bruttonationalprodukts (BNP) und umfasst auch 9 % der Jobs. 6 % der globalen Exporte und 29 % der Exporte des tertiären Sektors entfallen auf Tourismusleistungen. Der Tourismus ist zu einem Kernbereich der ökonomischen Globalisierung geworden. Die Entwicklungen werden mit ca. 3 % jährlichen Zuwächsen sehr positiv eingeschätzt, und die Prognosen der UNWTO (2015) erwarten bis 2030 immerhin 1,8 Mrd. internationale Touristinnen und Touristen. Diese Wachstumszahlen verdeutlichen, dass im Tourismus nach wie vor enormes ökonomisches Entwicklungspotenzial steckt, das gerade von vielen Entwicklungs- und Schwellenländern gerne als Sprungbrett in eine „bessere Zukunft" angesehen wird. Dies nicht zu Unrecht (■ Abb. 7.1).

Die Gründe für diesen lang anhaltenden Boom sind in den **veränderten Lebens-, Arbeits- und Freizeitbedingungen** finden (vgl. auch Vorlaufer 1996; Petermann 2007; Fuchs et al. 2008; Freyer 2011; Bieger und Beritelli 2013; Gruber 2013):

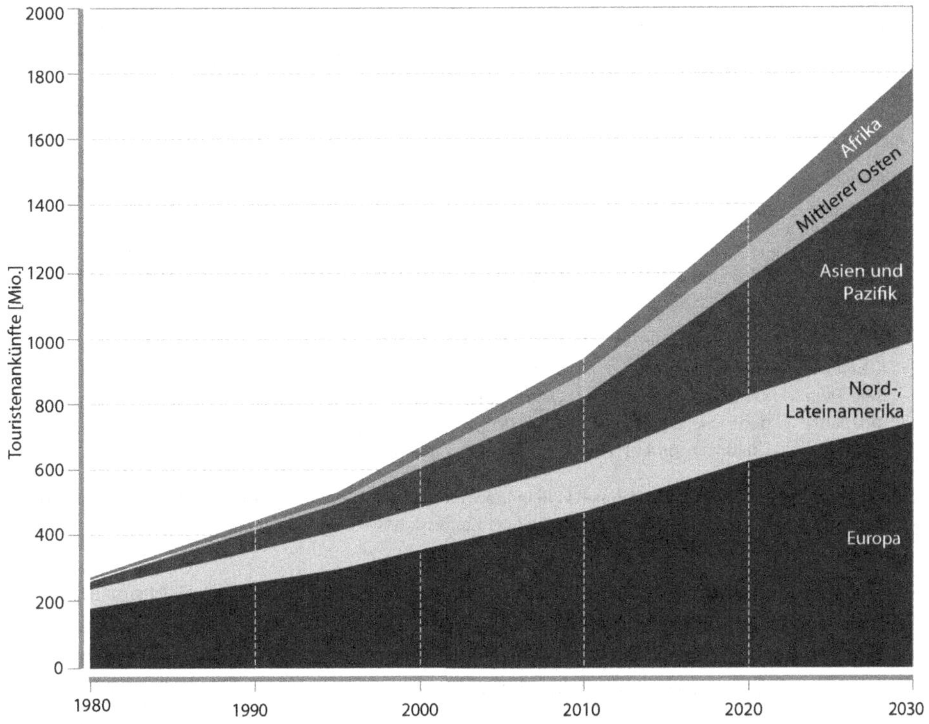

Abb. 7.1 Entwicklung der internationalen Tourismusankünfte nach Regionen 1980–2030. (UNWTO 2015)

- **Steigendes Einkommen und Wohlstand:** Die wohl bedeutendsten Gründe für die Entwicklung des Massentourismus sind die Einkommenszuwächse und der Anstieg des Wohlstands vor allem in den westlichen Industriestaaten seit dem Zweiten Weltkrieg sowie in den Schwellenländern seit den 1980er Jahren (das reale BIP/Kopf [kaufkraftbereinigt]) hat sich in Österreich seit 1950 mehr als verfünffacht – in Deutschland stieg es um das 5,8-fache, in den USA um das 3,2-fache an). Immer mehr Menschen konnten ihre Ausgaben nicht nur zur Befriedigung der Grundbedürfnisse, sondern verstärkt auch für Freizeit und Reiseaktivitäten nutzen. Wurden 1956 noch fast 45 % für Lebensmittel ausgegeben, waren es 2013 nur noch 10 % (Freynschlag 2012; Eurostat 2014).
- **Verkürzung der Arbeitszeit:** Die Verkürzung der täglichen, jährlichen Arbeitszeit, aber auch der Lebensarbeitszeit in den westlichen Industrieländern, halten die touristischen Aktivitäten in Schwung (Tab. 7.1). So hatte das Jahr in Deutschland um 1900 noch rund 300 Arbeitstage mit rund 10,5 Arbeitsstunden im Schnitt – heute sind es rund 230 Arbeitstage mit durchschnittlich 7,5 Arbeitsstunden. Nichtsdestotrotz muss festgestellt werden, dass die breite Masse der Bevölkerung (und oftmals sogar auch Kinder) in den weniger entwickelten Ländern nicht selten mehr als zwölf Stunden am Tag, und dies sechs oder sieben Tage die Woche, arbeiten müssen.
- **Wertewandel:** Als Folge der beiden erstgenannten Faktoren kann ein deutlicher Wertewandel aus einer Arbeits- in eine Freizeitgesellschaft festgestellt werden – war früher die Arbeit der Lebensmittelpunkt, ist heute die Freizeit das zentrale sinnstiftende Element, das auch vermehrt Werthaltungen transportiert. Bedeutend sind dabei zunehmend freizeitbezogene Lebensstile und die Suche nach neuen und „exotischen" Aktivitäten, mit modernen Worten ausgedrückt: Eskapismus, Konsumismus, Abenteuer und *Excitement* etc.

◻ Tab. 7.1 Veränderte Freizeit- und Arbeitsgewohnheiten. (Nach Daten von Freyer 2011; Österreichische Nationalbibliothek 2011; Huber 2013)

	19. Jahrhundert	1938	1950	1970	1990	2020
Arbeits- tage (pro Woche)	6 Tage	6 Tage	6 Tage	6 Tage	5 Tage	4 Tage
Arbeits- zeit (pro Woche)	80–85 h (bzw. 14–16 h/Tag)	60 h	48 h	42 h	38,5–40 h (branchen- abhängig)	30 h
Arbeits- freie Tage (pro Jahr)	Sonntage sowie konfessionsgebun- dene Feiertage* (kein Urlaubsanspruch)	12 (in Österreich ab 1919)	86	127	165	200

* In der Donaumonarchie konnten sich in Regionen mit mehreren anerkannten Konfessionen bis zu 200 arbeitsfreie Tage ergeben, da die Feiertagsruhe aller Konfessionen eingehalten wurde (Klieber 2010, S. 70).

- **Innovationen und Verbesserungen im Transportwesen:** Dies betrifft nicht nur die Individualisierung, sondern vor allem die gesteigerte Mobilität, bei der größere Distanzen in Zeit und Kosten sparend zurückgelegt werden können. Insbesondere die Entwicklungen in der Luftfahrt sind ausschlaggebend und bestimmend für die Entwicklung des Massentourismus, sowohl in Bezug auf die globalen Erreichbarkeiten als auch auf die Leistbarkeit für eine breite Masse. (Der Anteil der Flugreisen pro Einwohner hat sich in Österreich von 1 % im Jahr 1969 über 9 % im Jahr 1987 auf 30 % im Jahr 2007 erhöht.) Parallel dazu sind auch die Innovationen im Straßenverkehr, im Eisenbahnwesen und jüngst die Entwicklungen in der Kreuzschifffahrt für den Tourismus bedeutend. (Im Jahr 2013 wurden laut UNWTO [2014] Reisen zu 53 % mit dem Flugzeug, 40 % mit dem Auto, 5 % mit dem Schiff und nur 2 % mit der Bahn angetreten; die nachhaltige Mobilität ist demnach in der heutigen Tourismusindustrie eine Randerscheinung.)
- **Entwicklung des Informations- und Kommunikationswesens:** Gerade der Kommunikationssektor war und ist von technischen Innovationen geprägt und hat unser Leben deutlich verändert und beschleunigt. Zu den größten Meilensteinen der letzten Jahrhunderte zählen Telefon, Radio und Fernsehen sowie das Internet und jüngst Web 2.0. Motive für Reisen werden online geweckt, und das Wissen über nahezu alle Plätze dieser Welt wird über globale Informationskanäle verfügbar gemacht. Von der Werbung über die Organisation, Reservierung und Buchung der Reise kann alles über Internet und Smartphones erfolgen, Informationen können orts- und zeitunabhängig abgerufen werden. Dadurch verringert sich scheinbar das Raum-Zeit-Kontinuum gleichermaßen. Darüber hinaus bieten moderne Kommunikationstechnologien auch der Tourismusindustrie neue Möglichkeiten im Marketing und Verkauf, aber auch Kostensenkungen, unter anderem durch die Vorteile der globalen Vernetzung, sind bedeutend.
- **Die Entwicklung einer weltweit agierenden Tourismusindustrie:** Der wichtigste Treiber für die Entwicklung des globalen Massentourismus ist zweifellos die globale Tourismusindustrie. Bestehend aus einer kleinen Anzahl an global agierenden multinationalen Konzernen – Luftfahrtindustrie, Hotelindustrie, *Tour Operator* – werden Marktvorteile durch vertikale und horizontale Integration sowie durch Economies of Scale – im Wesentlichen Kostenersparnis durch Nutzung von Kooperationsvorteilen – erwirtschaftet. Diese ma-

nifestieren sich zum einen für Konsumentinnen und Konsumenten in Preisvorteilen und attraktiven Angeboten, zum anderen führen Sie häufig durch Preisdruck und Nutzung von Konkurrenzvorteilen zur Benachteiligung von Sozialstrukturen, Kleinunternehmen und Arbeitskräften in weniger entwickelten Ländern.

Aus der Praxis

Die Luftfahrtindustrie

Wir können generell die Luftfahrtindustrie mit ihren Innovationen und Entwicklungen der zweiten Hälfte des 20. Jahrhunderts als Pionier des globalen Massentourismus ansehen. Die Logistik- und Kostenvorteile durch Netzwerke und Kooperationen, aber auch die ständig wachsenden Kapazitäten – sowohl in Bezug auf die Größe der Flugzeuge als auch die Zahl der Starts und Landungen und damit auf das Passagieraufkommen – sind ein nachdrücklicher Beweis. Der weltweite Umsatz mit Passagieren im Flugverkehr verdoppelte sich von US$ 294 Mrd. im Jahr 2004 auf knapp US$ 600 Mrd. im Jahr 2014. 2014 wurden insgesamt 3,3 Mrd. Menschen transportiert, bis 2030 wird nach einer Prognose der International Air Transport Association (IATA) und der International Civil Aviation Organization (ICAO) mit einer Verdoppelung auf 6,4 Mrd. Passagiere gerechnet (IATA 2015) – Nachhaltigkeit wird dabei zur Kernfrage (UNWTO 2007). Die Differenzierung der Passagierleistungen nach Inlandsflügen und internationalen Flügen ergibt zusätzliche interessante Details (◘ Tab. 7.2).

◘ Tab. 7.2 Ranking der Fluglinien nach beförderten Passagieren. (IATA 2013)

Rang	Beförderte Passagiere 2012 [Mio.]					
	Flüge insgesamt		Internationale Flüge		Inlandsflüge	
1	Delta Air Line	116,7	Ryanair	79,6	Southwest Airlines	112,2
2	Southwest Airlines	112,2	Lufthansa	50,9	Delta Air Lines	94,7
3	United Airlines	92,6	easyJet	44,6	China South Airlines	79,5
4	American Airlines	86,3	Emirates	37,7	United Airlines	67,8
5	China South Airlines	86,3	Air France	33,7	China East Airlines	67,6
6	Ryanair	79,6	British Airways	31,3	American Airlines	65,1
7	China East Airlines	79,6	KLM	25,8	US Airways	47,9
8	Lufthansa	64,4	United Airlines	24,8	Air China	42,6
9	US Airways	54,2	Air Berlin	23,2	All Nippon Airways	38,3
10	Air France	50,6	Turkish Airlines	22,4	Qantas Airways	35,1

7.1.2   Historie und Produktzyklen im Tourismus

Reisen war über Jahrhunderte ein beschwerliches sowie kosten- und zeitaufwendiges Unterfangen. Im Vordergrund stand weniger der Selbstzweck als vielmehr die Notwendigkeit (Freyer 2011). Handels- oder Handwerkstreibende, Pilger, Kranke und Künstler wie auch Adelige reisten aus wirtschaftlichen, religiösen, gesundheitlichen oder politischen Gründen. Selten waren Entdeckungsdrang und Abenteuerlust ausschlaggebende **Reisemotive**.

Tourismus als verbreiteteres Phänomen entstand erst am Ende des 19. Jahrhunderts mit dem Ausbau der Straßen und des Schienennetzes sowie der Dampfschifffahrt. Die häufigsten Reiseformen zu dieser Zeit waren der Kur- und Bädertourismus, der ausgehend von England auch bald auf Kontinentaleuropa übergriff. Im deutschsprachigen Raum galt die **Sommerfrische** als die häufigste Urlaubsform. Dabei übersiedelten vor allem der Adel und das aufstrebende Bürgertum über die Sommermonate auf das Land, um der Hitze der Stadt zu entgehen. In Europa galt der alpine Raum als bevorzugte Zieldestination, nicht nur für den aufstrebenden Alpinismus. Die Sommerfrische, wenngleich in bodenständigerer Form, dehnte sich zwischen den beiden Weltkriegen auch auf die sozialen Schichten der Arbeiter und Angestellten aus, als erste Urlaubsregelungen eingeführt wurden.

Die eigentliche Hochphase des Tourismus setzte nach dem Zweiten Weltkrieg ein. Wie bereits erwähnt führten verbesserte Arbeits- und Sozialgesetze zu einer Verringerung der Arbeitszeit und zu bezahlten Urlaubsansprüchen. Im Mittelmeerraum etablierte sich der moderne Massentourismus in der Sommersaison, eine zusätzliche Entwicklung erfolgte im Winter durch Skitourismus im Alpenraum. Bis in die höchsten Lagen wurde die touristische Infrastruktur (Skipisten, Liftanlagen und Hotellerie) ohne Rücksicht auf die **Zerstö-**

◘ **Abb. 7.2** Bausünden im Alpenraum durch Tourismus. (© Friedrich M. Zimmermann.)

rung der Umwelt ausgebaut. Noch heute zeugen Bausünden von diesem extremen Bauboom (❏ Abb. 7.2).

Betrachtet man unterschiedliche touristische Produkte anhand von Produktlebenszyklen (Butler 1980), so fällt auf, dass die traditionellen touristischen Produkte, die alpine Sommerfrische bereits nach dem Zweiten Weltkrieg, von Massenprodukten wie dem **Badeurlaub**, hauptsächlich in Mittelmeerdestinationen, abgelöst wurde. Aber auch dieses Produkt hat seit den 1980er Jahren seine Reifephase überschritten und befindet sich in einer Neuorientierung – Eventtourismus scheint ein neues Zauberwort zu sein. Ähnliche Entwicklungen, wenn auch zeitverzögert, lassen sich beim traditionellen **Wintertourismus** feststellen. Zwar wird die Reifephase in den Wintersportzentren durch Ausweitung bzw. qualitative Kapazitätssteigerungen bei den Liftanlagen, Beschneiungsanlagen – die dem Klimawandel trotzen sollen – sowie durch Wellnessangebote verlängert, dennoch werden reine Skiurlaube seltener und kürzer. Dies ist einerseits auf steigende Liftpreise zurückzuführen – mit Preisanstiegen von über 50 % seit 2004 (Kleine Zeitung 2014) –, andererseits auf die vielfältigen Urlaubsansprüche, weg vom reinen Skiurlaub hin zu Unterhaltung, Abenteuer und Wellness. Klarerweise schaffen auch (Winter-)**Fernreisen**, etwa in attraktive subtropische Regionen, deutliche Konkurrenz. Zudem bieten die professionellen Netzwerke in der Tourismusindustrie mit ihren Economies of Scale und neuen Vermarktungsmöglichkeiten durch das Internet Reisepackages an, die die hochpreisigen Wintersportangebote in Frankreich, Italien, Österreich und der Schweiz stark konkurrenzieren.

❏ Abbildung 7.3 wirft die Frage auf, wie es mit den unterschiedlichen Produkten weitergehen kann. Gelingt es den ländlichen und peripheren Regionen, die meist Sommererholung und Bergwandern/Bergsteigen anbieten, durch **Kultur-** oder **Agrotourismus**, durch Ausflüge und Kurzurlaube oder durch Zweitwohnsitze eine neue Entwicklung zu nehmen? Können neue oder angepasste Tourismusprodukte unter Berücksichtigung der Prinzipien einer nachhaltigen Entwicklung einen neuen Aufschwung bringen? Werden Klimawandel und andere ökologische Probleme eine Neuausrichtung – insbesondere im Wintertourismus – erzwingen? Wie könnten veränderte Lebensbedingung und Konsumwünsche zu einem nachhaltigeren Angebot führen? Weitere Überlegungen dazu gibt es in ► Abschn. 7.2 und 7.3.

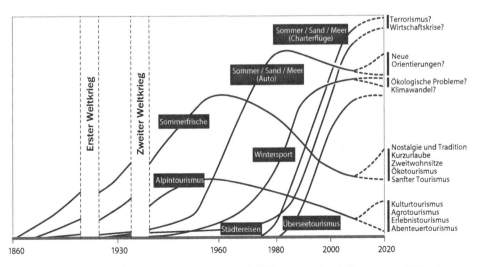

❏ **Abb. 7.3** Produktzyklen im europäischen Tourismus 1860–2020. (Adaptiert nach Zimmermann 1997; mit freundlicher Genehmigung von © Friedrich M. Zimmermann 1997. All rights reserved)

Klasse statt Masse – private Frühstückspensionen sind out

In Österreich sehen wir spätestens seit den 1980er Jahren einen **Verdrängungswettbewerb** – nicht zuletzt ausgelöst durch die internationale Konkurrenz –, der der weniger gut ausgestatteten, klein- und mittelständischen Individualhotellerie massiv geschadet hat. Die einfachen 2-Sterne- und 1-Stern-Hotelkategorien, in denen die Individualhotellerie vorwiegend angesiedelt war, zeigen eine Reduktion der Bettenzahlen auf ein Drittel, die Privatpensionen sogar auf ein Viertel des Wertes von 1975 (Statistik Austria 2015). Erfolgreich sind dagegen die größeren, qualitativ hochwertigen Betriebe mit mindestens drei Sternen, die auf ihre Stärken aufgebaut haben, in Wachstum begriffene Marktsegmente bzw. Marktnischen ausfüllen und das Konzept an die Wünsche ihrer Kundinnen und Kunden angepasst haben – die Betten in der 3- und 4-Sterne-Hotellerie haben sich verdreifacht (◘ Abb. 7.4). Dies weist auf das in einer globalisierten und konkurrierenden Tourismusindustrie unerlässliche Management-Know-how, auf marktkonforme Strukturanpassungen und das dafür notwendige (Eigen-)Kapital für Investitionen hin. Oftmals fehlen diese Voraussetzungen in Österreich, wodurch viele Angebote ohne konkrete Ausrichtung auf eine bestimmte Zielgruppe im Verdrängungswettbewerb eines gesättigten Marktes leicht substituierbar sind und der fortschreitenden Konzentration und Professionalisierung am Markt zum Opfer fallen (Zimmermann 1995; Zimmermann et al. 2005).

Verstärkt wird dieser Prozess durch eine starke Expansion der Markenhotellerie in die mittleren Beherbergungssegmente; dies führt konsequenterweise zu einem heftigen Preis- und Konditionenwettbewerb, dem viele kleinere Betriebe ohne Profilierung in einer Marktnische nicht mehr gewachsen sind. Weitere Nachteile der Individualhotellerie bei gleichzeitig zunehmenden Vorteilen der **Marken- und Systemhotellerie** sind einheitliche Qualitätsstandards, ein nachvollziehbares Preis-Leistungs-Verhältnis, unter anderem durch Größenvorteile, Kooperationsvorteile durch Netzwerke, Rationalisierungsvorteile, Synergien im Bereich Marketing sowie einen leichteren Zugang zum Kapitalmarkt.

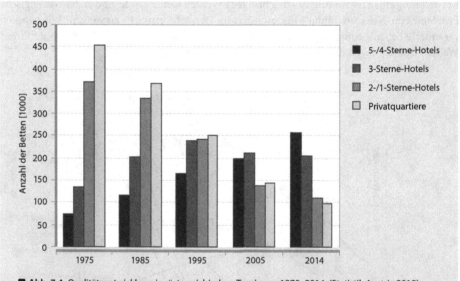

◘ **Abb. 7.4** Qualitätsentwicklung im österreichischen Tourismus 1975–2014. (Statistik Austria 2015)

7.2   Das Thema Nachhaltigkeit in der Reisebranche – Ansätze für eine „grüne" Reiseindustrie

7.2.1   Nachhaltigkeit hat in der Tourismusbranche Einzug gehalten

Wie in vielen Lebensbereichen hat das Thema Nachhaltigkeit auch im Tourismus Einzug gehalten (vgl. auch Staber 1997; Hall und Lew 1998; UNWTO 2002; 2004; UNEP 2005; McCool und Moisey 2008; Holden und Fennell 2013). Neben allgemeinen **Qualitätssteigerungen** im touristischen Angebot sind in den letzten Jahren Nachhaltigkeitsbestrebungen auf unterschiedlichen Ebenen feststellbar:

- Europäische, nationale und regionale Tourismusebene (Politik und Tourismusorganisationen),
- NGOs,
- Reiseveranstalter,
- lokale Anbieter, Tourismusbetriebe.

Mit dem Vertrag von Lissabon aus dem Jahr 2009, der auf Wachstum und die Schaffung von Arbeitsplätzen fokussiert, bekam die EU erstmals eine Verantwortung im Bereich Tourismus zugesprochen. In einer Mitteilung der Europäischen Kommission (EK 2010) wird – noch sehr ökonomisch – formuliert: „Als Wirtschaftszweig ist der Tourismus in der Lage, Wachstum und Arbeitsplätze in der EU zu schaffen und gleichzeitig zur Entwicklung und zur wirtschaftlichen und sozialen Integration, insbesondere der ländlichen Gebiete und Gebirgsregionen, der Küsten- und Meeresregionen, der Inseln, der am Rande der EU oder in äußerster Randlage befindlichen Gegenden und der sich in der Konvergenzphase befindlichen Gebiete beizutragen." Dieser Ansatz wurde weiterentwickelt, und im Jahr 2013 entstand die **Europäische Charta für nachhaltigen und verantwortungsbewussten Tourismus** als gemeinsamer Referenzrahmen für die öffentlichen und privaten Stakeholder im Tourismus (EK 2013). Die wesentlichen Elemente umfassen:

- Schutz der natürlichen und kulturellen Ressourcen,
- Begrenzung der negativen Auswirkungen in den Tourismusdestinationen,
- Förderung des Wohlergehens der lokalen Gemeinschaften,
- Reduzierung der ökologischen Auswirkungen des tourismusbezogenen Verkehrs,
- Zugänglichkeit des Tourismus für alle,
- Verbesserung der Arbeitsbedingungen im Tourismus.

Unterstützt werden die Effekte der Charta durch ein europäisches Tourismusindikatorensystem (ETIS), das das nachhaltige Management von Destinationen begleitend überprüfen und nach Ende der Pilotphasen (2014) implementiert werden soll. ETIS prüft entlang von vier Sektionen, Destinationsmanagement (4 Kriterien), ökonomischer Wert (5 Kriterien), soziale und kulturelle Auswirkungen (4 Kriterien) und ökologische Auswirkungen (9 Kriterien), die durch insgesamt 65 Indikatoren gemessen werden.

Konsequenterweise folgen die nationalen Strategien diesen Ansätzen; in vielen Ländern ist Tourismus allerdings eine Querschnittsmaterie, die mehrere Ministerien und Rechtsbereiche umfasst. In föderalistischen strukturierten Ländern sind die Zuständigkeiten noch differenzierter. Daher betrachten wir als Beispiele einerseits die Werbekampagnen der Österreich Werbung (▶ Aus der Praxis: Sommerglücksmomente), andererseits das Grundlagenpapier zum Thema Nachhaltigkeit im Tourismus (Österreich Werbung 2012). Darauf aufbauend wurde eine – allgemein verwendbare – dreistufige Nachhaltigkeitspyramide für Tourismusdestinationen entworfen (◘ Abb. 7.5). Diese enthält die drei Säulen der Nachhaltigkeit als Basis, darauf aufgebaute Nachhaltigkeitskriterien für die Angebotsentwicklung und als Leitlinien die Visionen für nachhaltige Tourismusentwicklung. Die unterste Ebene soll sicherstellen, dass das angebotene Produkt bzw. die touristische Leistung im Einklang mit dem Drei-Säulen-Modell steht und eine langfristige Perspektive garantiert ist. Auf der nächsten Ebene geht es darum, innerhalb der Angebotsentwicklung Nachhaltigkeit in die Tourismusprodukte umsetzbar zu integrieren und diese Angebote für die Gäste wahrnehmbar, fühlbar und erlebbar zu machen. Als visionärer Überbau steht der nachhaltige Tourismus einer Destination als Teil einer nachhaltigen gesamtgesellschaftlichen Entwicklung.

Aus der Praxis

Sommerglücksmomente – die Marketingkampagne der Österreich Werbung 2015

Die nur einminütige Imagewerbung ist aus Sicht eines Urlaubers in Österreich gedreht. Dabei wird bewusst die Gästeperspektive als Kameraperspektive gewählt, wobei der Urlauber selbst niemals gezeigt wird. Der Kurzfilm, der das persönliche Urlaubserlebnis in Österreich vermitteln soll, gliedert sich in folgende ineinander übergehende Abschnitte:

- **„Momente, die für immer bleiben"**: Aus der Fahrradperspektive wird ein Streifzug durch die österreichische Frühsommerlandschaft gezeigt. Entlang an Obstgärten, quer durch historische Ortschaften, begleitet von Vogelgezwitscher sieht man zwei Hände entspannt am Fahrradlenker tippen.

- **„Authentische Glücksmomente aus Gastperspektive"**: Bei einer kurzen Rast greift der Urlauber in einen Marillenbaum, prüft, ob die Früchte reif sind, und pflückt eine Marille.
- **„Echte Erlebnisse, die man in keinem Katalog findet"**: Er kühlt seine Hand in einem Fluss und spritzt spielerisch mit dem Wasser.
- **„Wir wecken Sehnsucht nach Urlaub in Österreich"**: Aus der Perspektive eines Wanderers gleitet seine Hand beim Vorbeigehen mit den Fingern über eine Steinmauer. Im nächsten Schnitt ist der Blick auf die eigenen Schuhe gerichtet, die über Steinstufen auf eine Anhöhe zusteuern.

- **„Und halten Momente fest, die für immer bleiben"**: Am Aussichtspunkt angekommen überblickt der Wanderer die Wachau und hält seine Eindrücke mit einem Handyfoto fest.

Warum entschied sich die Österreich Werbung für die Marketingkampagne der *Sommerglücksmomente*. Wie wird in dieser Imagewerbung Nachhaltigkeit vermittelt? Inwieweit entspricht diese Urlaubsgestaltung den Prinzipien des nachhaltigen Reisens? (Link zum Video: ► https://www.youtube.com/watch?feature=player_embedded&v=g-PziRgJxf4)

Verstärkt widmen sich auch NGOs aus dem Umweltschutzbereich dem Thema nachhaltiger Tourismus. Die Bestrebungen reichen von der Bewusstseinsbildung und Aufklärung über das Verfassen von Studien bis hin zur Entwicklung von Kriterien und Labels für nachhaltiges Reisen. Aber auch bei den Konsumentinnen und Konsumenten wird nachhaltiges Reisen immer mehr zum Thema bzw. auch schon zu einem (Mit-)Entscheidungsaspekt. Dabei ist es wichtig festzustellen, dass nachhaltige Tourismusprodukte und -leistungen nicht auf den ökologischen Blickwinkel reduziert werden dürfen, sondern dass vielmehr auch soziale Nachhaltigkeit, im Sinne von Ausbeutung versus Gerechtigkeit, wichtig ist und dass die ökonomische Nachhaltigkeit – etwa im Sinne einer gerechteren Verteilung der Einkünfte aus dem Tourismus, insbesondere in weniger entwickelten Ländern – inkludiert wird. Nur ein holistischer Ansatz kann langfristig erfolgreich sein.

Gilt es zunächst, in vielen neuen Tourismusdestinationen den Tourismus meist ohne Rücksicht auf ökologische Folgen zu entwickeln und die Qualität der Beherbergungs- und Infrastruktur sicherzustellen, so zeigen sich in den letzten Jahren deutliche Tendenzen einer Veränderung der Nachfrage in Richtung ökologisch verträgliche Urlaubsgestaltung. Dies bestätigen sowohl Umfragen der Österreich Werbung als auch Ergebnisse der Deutschen Reiseanalyse, die 2014 ei-

◼ Abb. 7.5 Nachhaltigkeitspyramide für Tourismusdestinationen (Adaptiert und ergänzt nach Österreich Werbung 2012; Zimmermann 1998; Zimmermann und Hammer 2013)

nen deutlich steigenden Nachfragetrend nach nachhaltigen Verhaltensweisen im Urlaub feststellen konnten (Forschungsgemeinschaft Urlaub und Reisen e. V. 2013, 2014): Demnach wünschten sich im Jahr 2012 31 % der Befragten einen umweltverträglichen Urlaub (2013 waren es bereits 40 %), und sogar 46 % sprechen sich für sozialverträgliche Kriterien im Urlaub aus – die Wünsche werden demnach nachhaltiger (▶ Abschn. 7.3). Auch in anderen Umfrageergebnissen wird die steigende Bedeutung des Themas Nachhaltigkeit bestätigt (Forschungsgemeinschaft Urlaub und Reisen e. V. 2014; Österreich Werbung 2014). 61 % der Deutschen würden ihre Urlaubsreise gerne nachhaltig gestalten, aber nur ein Drittel hat klare Vorstellungen von naturverträglichem Tourismus, jeder vierte von sozialverträglichem Tourismus.

Diese Entwicklung übt natürlich Druck auf Tourismusanbieter und Reiseveranstalter aus; immer stärker werden ökologische Kriterien oder aber die Erfüllung sozialer Standards in Marketing und Verkauf integriert.

Aus der Praxis

„Fair reisen" beim Verreisen – weltweit wandern

„Als Fernreiseveranstalter bieten wir viele Flugreisen an, daher ist klimabewusstes Reisen ein wichtiger und ein bisschen wunder Punkt, mit dem wir uns auseinandersetzen wollen. Grundsätzlich versuchen wir möglichst lange Aufenthaltszeiten anzubieten. Dies ist auch eng mit unserer Philosophie verknüpft, denn ein Land im Gehen zu erleben braucht seine Zeit. Wir vertreten die Ansicht, dass beim Reisen das Motto ‚Weniger, dafür länger' gelten soll. Anstatt vieler Kurztrips im Jahr sollte eine Flugreise eine längere Aufenthaltsdauer haben und etwas Besonderes sein.

10 % des Erlöses aus unseren Reisen fließen in Sozial- und Umwelt-Projekte. Weltweitwandern legt Wert darauf, dass die Art der Durchführung unserer Reisen einen möglichst positiven Effekt vor Ort hat. Unsere Projekte vor Ort umfassen die Unterstützung von Schulen, Aus- und Weiterbildung, Qualifizierungsmaßnahmen, ökologische Maßnahmen, medizinische Ausbildung und Hilfe. Wir bei Weltweitwandern streben an, bei unseren Reisen nicht nur möglichst wenig Schaden anzurichten, sondern versuchen außerdem durch unsere Angebote eine positive Entwicklung in den besuchten Regionen anzuregen und zu unterstützen. Für uns bedeutet nachhaltiges Reisen, ein Bewusstsein für die Probleme und Bedürfnisse sämtlicher Beteiligter zu haben und nie müde zu werden, darüber nachzudenken, was das für unser Angebot bedeutet. Aber uns ist auch klar, dass wir keine 100 % nachhaltigen Reisen anbieten können, wo es doch gar keine 100 %ige Nachhaltigkeit gibt." (Weltweitwandern 2015; ▶ http://www.weltweitwandern.at/).

7.2.2 Messung von Nachhaltigkeit im Tourismus

Touristische Tragfähigkeit

Die Vorläufer der Diskussion um Standards, Normen und Labels gehen auf die 1970er Jahre zurück, als wissenschaftliche Zugänge sich mit den Auswirkungen des Tourismus beschäftigten und den Begriff der touristischen Tragfähigkeit bzw. der Tragfähigkeit von Tourismusregionen prägten. Auch die United Nations World Tourism Organization (UNWTO 1981) nahm diese Diskussion auf und definierte wie folgt: „The maximum number of people that may visit a tourism destination at the same time without causing destruction of the physical, economic, and sociocultural environment and an unacceptable decrease in the quality of visitors' satisfaction." Die empirischen Studien sind sehr differenziert, je nachdem ob es sich um Bergregionen, Küstenregionen, Inseln oder aber Schutzgebiete, um ein traditionelles Massentourismusgebiet oder eine touristische Region in einem weniger entwickelten Land handelt bzw. auf welcher Ebene (ökologisch, sozial etc.) Kapazitätsprobleme auftreten, werden unterschiedliche Methoden und Messgrößen verwendet (vgl. auch Shelby und Heberlein 1984, 1986; Schreyer 1984; Jansen-Verbeke 1997; Linderberg et al. 1997; Saveriades 2000; EU 2001). Eine sehr gute Zusammenfassung bietet ☐ Tab. 7.3.

Belastbarkeitsgrenzen können auf drei Ebenen betrachtet werden:
- Die erste Ebene bezieht sich auf die **natürlichen und/oder sozialen Ressourcen** und untersucht, ab wann touristische Einflüsse negative Auswirkungen haben.
- Die zweite Ebene ist **aktivitätsorientiert** und postuliert, dass die Nutzung der Ressourcen auch an die Bedürfnisse der Gäste anzupassen ist – nur dadurch kann sich Tourismus entwickeln und auch wachsen bzw. können im Falle der Stagnation neue Produkte entwickelt werden (s. auch Produktzyklusansatz in ▶ Abschn. 7.1.2).
- Die dritte Ebene basiert auf dem Zugang der **lokalen Community**; demnach unterliegt das Festsetzen von Wachstumsgrenzen bzw. Grenzen der Belastbarkeit immer einem Aushandlungsprozess und ist abhängig von lokalen und individuellen Zugängen, die die Grenzen für angemessenen und tragbaren Wandel definieren. Dies bezieht sich sowohl auf die Akzeptanz von ökologischem Wandel als auch von Wandel und Veränderungen der Wertvorstellungen und Werthaltungen sowohl durch die lokale Bevölkerung als auch durch die Akteurinnen und Akteure im Tourismus und schlussendlich auch durch die Gäste.

◨ **Tab. 7.3** Dimensionen der touristischen Tragfähigkeit. (Kruk et al. 2007)

Dimensionen		Tragfähigkeit und Belastbarkeit
Umwelt	Physische Umwelt	Bezieht sich auf das für touristische Einrichtungen zur Verfügung stehende und dafür auch geeignete Land als Maßzahl für die Zahl der Menschen, die in einem bestimmten Raum versorgt werden können
	Biologische, ökologische Umwelt	Bezieht sich auf die Grenze der zulässigen Auswirkungen auf Flora, Fauna, Boden, Wasser und Luftqualität; Maßzahl für die Zahl der Menschen, die in einem Raum gerade noch ohne ökologische Schädigungen aufgenommen werden können
Wirtschaft		Bezieht sich auf die Fähigkeit, eine touristische Entwicklung zu integrieren, ohne die lokalen Entwicklungspotenziale auszubeuten; Maßzahl für die Zahl der Menschen, die eine Region verkraftet, bevor die lokale Wirtschaft gravierend benachteiligt wird
Gesellschaft		Bezieht sich auf das Niveau von Einflüssen, bevor das Besuchererlebnis beeinträchtigt wird, umfasst aber auch die lokale Bevölkerung und Kultur und dessen individuelle Perzeption von Überlastung

Nur der Einbezug aller drei Bereiche wird dazu führen, dass Kapazitätsgrenzen überhaupt thematisiert, in einem partizipativen Aushandlungsprozess festgelegt und durch entsprechendes Management umgesetzt werden.

Tourismuslabels für mehr Nachhaltigkeit im Tourismus

Wie auch in anderen Lebensbereichen haben im Tourismus Umwelt- und Nachhaltigkeitsgütesiegel Einzug gehalten (vgl. auch Font und Buckley 2001). Im Jahr 2014 gab es laut einer Studie der Naturfreunde International (2014) rund 140 **Gütesiegel** weltweit; andere Schätzungen gehen von rund 400 Gütesiegeln in der Reisebranche aus. Die Aufkleber mit grünen Blättern, strahlend gelben Sonnen und blauen Fahnen sind überall. Vergeben werden die Labels von staatlichen, gemeinnützigen oder privaten Organisation sowie von Interessenorganisationen. Die Anforderungen, um ein solches Zertifikat zu erhalten, können unterschiedlicher nicht sein. Auch die Kontrollmechanismen sind verschieden streng festgesetzt; Verstöße bleiben oft lange unerkannt oder werden gar nicht geahndet. Hier beginnt der Gütesiegeldschungel und endet bei den zertifizierten Leistungen oder Betrieben. Was die Vertrauenswürdigkeit betrifft, gilt der Grundsatz: Je klarer die Zertifizierungskriterien offengelegt werden und je strenger und unabhängiger die Vergabe- und Kontrollmechanismen sind, umso vertrauenswürdiger sind die Gütesiegel zu bewerten. Tourism Watch (2015) hat einen *Wegweiser durch den Labeldschungel im Tourismus* veröffentlicht.

Auf Initiative der Rainforest Alliance, dem United Nations Environment Programme (UNEP), der United Nations Foundation und der United Nations World Tourism Organization (UNWTO) wurde im Jahr 2010 das Global Sustainable Tourism Council (GSTC) ins Leben gerufen. Ziel war es unter anderem, den undurchdringlichen Dschungel, der sich bei unterschiedlichen Labels und Gütesiegeln ergeben hat, insofern zu vereinfachen, dass jene Gütesiegel, die den Standards entsprechen, unter das Dach des GSTC (▶ http://www.gstcouncil.org/en/) vereint werden sollen. Das heißt, die Gütesiegel an sich werden vom GSTC nach einheitlichen Kriterien geprüft und bei positiver Bewertung GSTC-zertifiziert. Die **Unternehmenskriterien** sind (▶ http://www.gstcouncil.org/en/resource-center/72-general/translations/506-globale-kriterien.html):

- **Wirkungsvolles Nachhaltigkeitsmanagement** unter Beachtung der Umwelt, Soziokultur, Qualitätssicherung sowie Gesundheit und Sicherheitsaspekt
- Maximierung des (sozialen und ökonomischen) **Nutzens für die lokale Bevölkerung** etwa durch Unterstützung der sozialen Entwicklung und der örtlichen Infrastruktur, durch Zusammenarbeit mit örtlichen Unternehmungen, durch Gleichbehandlung und Schutz von Angestellten
- Maximierung des **Nutzens für das kulturelle Erbe** durch Schutz der lokalen Kulturgüter, Beachtung der örtlichen architektonischen und kulturellen Vorgaben sowie Schutz des geistigen Eigentums örtlicher Gemeinschaften (▶ Abschn. 9.1)
- Maximierung des **Nutzens für die Umwelt**, insbesondere durch die Erhaltung der lokalen Ressourcen (Energie-, Wasserverbrauch), die Erhaltung von Artenvielfalt, Ökosystemen und Landschaften sowie durch Verringerung der Verschmutzung anhand von Abwasser- und Abfallmanagementplänen bzw. durch Reduzierung von Luft und Lärmbelastung

Dabei geht es nicht darum, die nationalen Gütesiegel zu schwächen oder gar aufzugeben, sondern ein zusätzlich weltweit anerkanntes Label für nachhaltigen Tourismus zu schaffen. 17 Labels für Tourismusbetriebe und Reiseveranstalter und zwei Labels auf Destinationsebene sind derzeit offiziell anerkannt, darunter auch das Österreichische Umweltzeichen, das seit 1990 umweltfreundliche Produkte, Dienstleistungen und Betriebe auszeichnet.

Stellvertretend für ein Gütesiegel auf europäischer Ebene ist TourCert, das für soziale, ökologische und wirtschaftliche Verantwortung im Tourismus steht. Es wird von einer gemeinnützigen Gesellschaft für Reiseveranstalter, Reisebüros und Betriebe vergeben. Derzeit wird an eine Ausweitung für ganze Destinationen gearbeitet. Gesellschafter dieses Labels sind gemeinnützige Institutionen wie die Naturfreunde International, der Evangelische Entwicklungsdienst, kate Umwelt & Entwicklung in Stuttgart sowie die Hochschule für nachhaltige Entwicklung Eberswalde. Das TourCert-Gütesiegel steht im Einklang mit internationalen Qualität- und Umweltstandards wie ISO und EMAS und ist vom GSTC anerkannt. Es wird von unabhängigen Gutachtern überprüft und schlussendlich von Zertifizierungsrat vergeben.

Zur Auszeichnung ganzer Tourismusdestinationen sind derzeit die Gütesiegel EarthCheck und Biosphere Responsible Tourism vom GSTC anerkannt. Die Organisation EarthCheck ist mit ihren Zertifizierungen vor allem im asiatisch-pazifischen Raum verbreitet, das Instituto de Turismo Responsable in Europa sowie in Nord- und Südamerika. Die Überprüfung erfolgt alle ein bis zwei Jahre.

7.3   Reisen hinterlässt (keine) Spuren

Nachhaltiges Reisen im weitesten Sinne beginnt bei der Urlaubsplanung. Ganz abgesehen von der Tourismusform und Tourismusart sollten wir uns vor Reiseantritt die Frage stellen, welche Rolle ökologische und soziale Standards bei der Wahl des Reisezieles spielen. In sehr vielen Fällen grenzt diese Eingangsfrage bereits die Reiseziele deutlich ein. Diese Entscheidung ist auch eng verknüpft mit der Wahl des Transportmittels sowie der Reisedauer; demgegenüber stehen aber immer auch Überlegungen zur Bequemlichkeit und zu den Kosten.

Nachhaltige Tourismusformen basieren auf den drei Säulen der Nachhaltigkeit, wobei die ökologische Säule die zentrale Grundbedingung für ein nachhaltiges Tourismuskonzept darstellt. Diese entspricht auch dem Ursprungsgedanken des naturnahen und umweltverträglichen Reisens, das möglichst kleine Spuren hinterlässt.

7.3.1 Naturnahe und damit nachhaltige Tourismusformen haben Tradition

Nach dem Aufschwung des Massentourismus entstanden ab den 1960er Jahre als Gegenströmung Tourismusformen unter der Bezeichnung des Natur- und Ökotourismus sowie des sanften und nachhaltigen Tourismus. Hinter diesen auf den ersten Blick sehr ähnlichen Begriffen stecken jedoch unterschiedlichste Tourismusformen, **Nachhaltigkeitsgrade** und Zielgebiete.

Die wohl älteste Form des naturnahen Reisens ist der **Naturtourismus**, dessen Ursprünge sich bereits zu Zeiten der großen Entdeckungen und Forschungsreisen – etwa durch Alexander von Humboldt – festmachen lassen. Erst im 19. Jahrhundert entstand durch die Gründung der Alpenvereine eine für breite Bevölkerungsschichten zugängliche Freizeit- und Urlaubsgestaltung. Im Mittelpunkt dieser Reiseform stand das **Naturerlebnis**. Hier schließt der Ökotourismus an, der als verantwortungsvolle Reiseform in naturnahe Gebiete ökologische wie auch soziokulturelle Aspekte des Reiseziels und seiner Bevölkerung berücksichtigt. Unterschiedliche Schutzkategorien des Zielgebiets können den Einfluss des Menschen und insbesondere der Besucherinnen und Besucher zugunsten des Naturschutzes einschränken. Strasdas (2001, S. 4) definiert Naturtourismus als „[…] eine Form des Reisens, bei dem das Erleben von Natur im Mittelpunkt steht". Folglich sind künstliche Attraktionen oder Infrastruktur, die die Umwelt negativ beeinträchtigen, nicht Teil des natur- und ökotouristischen Angebots.

Ökotourismus: Was ist das – und gibt es ihn noch?

Das Konzept des Ökotourismus entstand in den späten 1960er und beginnenden 1970er Jahren. Hetzer (1970) nannte die Minimierung ökologischer Effekte, den Respekt für lokale Kulturen, die Zufriedenheit der Touristinnen und Touristen sowie den ökonomischen Nutzen für die lokale Bevölkerung als die vier Prinzipien von verantwortungsvollem Tourismus. Der Begriff „ecoturismo" wurde von dem mexikanischen Ökologen Ceballos-Lascuráin im Jahr 1983 geprägt: „traveling to relatively undisturbed or uncontaminated natural areas with the specific objective of studying, admiring, and enjoying the scenery and its wild plants and animals, as well as any existing cultural manifestations (both past and present) found in these areas." Gössling (1999), Kerley et al. (2003), Kiss (2004) und Schellhorn (2010) weisen auf unterschiedliche Zusammenhänge, aber auch Störfaktoren von Naturschutz und kommunaler Entwicklung hin und sehen eine Win-win-Situation für den Schutz der Natur **und** für die lokalen Gesellschaften/Individuen; im besten Falle heißt das, dass Schutz von Ökologie und Biodiversität durch Ökotourismus erfolgen kann. Dies wird allerdings im modernen Tourismus dadurch relativiert, dass Biodiversität per se oftmals von geringem Interesse für Touristinnen und Touristen ist; so etwa wird eine Safari durch das Beobachten von Löwen und Elefanten spannend, „weniger spektakuläre" Tiere und Ökosysteme sind uninteressant. Hier kommt der **Bildungsaspekt**, der Ökotourismusprodukte auszeichnen soll, zum Tragen; nur wenn die Tourismusverantwortlichen das Wissen über Prozesse und Zusammenhänge in Ökosystemen weitergeben, sind positive Effekte zu erwarten.

Honey (2008) fasst die Charakteristik des „real ecotourism" pointiert zusammen:

- Reise in naturbelassene Destinationen,
- Minimierung der Auswirkungen auf Umwelt und lokale Kulturen,
- ökologische Bewusstseinsbildung für Touristen und die lokale Bevölkerung,
- direkter finanzieller Nutzen für den Schutz der Natur,
- finanzieller Nutzen und Empowerment für die lokale Bevölkerung,
- Ökotourismus als Instrument der lokalen Entwicklung,

- Respekt für die lokale Kultur, Lernen von lokalen Traditionen und Gewohnheiten, Akzeptanz von kulturellen Unterschieden,
- Unterstützung der Menschenrechte und Demokratieförderung.

Da sich viele der attraktivsten Naturräume und Ökosysteme in Ländern des globalen Südens befinden, die hauptsächlich bzw. nur mittels Flug-Pauschaltourismus erreicht werden können, läuft der Ökotourismus Gefahr, in diesen Regionen zum (missbrauchten) Produkt massentouristischer Aktivitäten zu werden (z. B. Abenteuerurlaube in Costa Rica oder Kreuzfahrt zu den Galapagos-Inseln). In solchen Fällen können negative Effekte, wie Gewinnabflüsse an ausländische Investoren, Störungen des lokalen Preisniveaus, Umweltzerstörung sowie Raubbau an den lokalen Ressourcen (z. B. beim ohnehin meist spärlichen Trinkwasserpotenzial) den Ökotourismus konterkarieren – daher ist gerade beim Ökotourismus sorgfältige Planung und gutes Management oberstes Gebot.

Vom Ökotourismus zum sanften und weiter zum nachhaltigen Tourismus? Ökotourismus ist sehr stark verknüpft mit den Prinzipien der nachhaltigen Entwicklung. Unterschiedliche Zugänge etwa nennen ökologische, kulturelle, politische, ökonomische, soziale, werteorientierte, bildungsbezogene, verständnisorientierte, organisatorische und administrative Dimensionen, die es zu beachten gäbe (Butler 1999; Mowforth und Munt 2003). Dabei entstehen durchaus einige Schwierigkeiten. Zum einen können wir in den Zielgebieten die in der Nachhaltigkeitsdiskussion immer wieder geforderten Bedürfnisse der zukünftigen Generationen nicht oder nur sehr schwer feststellen, sodass das Management auf lokaler Ebene erschwert wird. Zum anderen wird der ökologische Fußabdruck einer (Flug-)Reise in Ökotourismusdestinationen nicht berücksichtigt, und damit werden die langfristigen Kosten und der Beitrag zum Klimawandel verschleiert.

Der Versuch einer Weiterentwicklung des Ökotourismus ist der **sanfte Tourismus,** wohl die populärste und nicht minder konträr diskutierte alternative Tourismusform im deutschen Sprachraum ist. Der Begriff des sanften Tourismus wurde als Alternative zum „harten Tourismus" in den späten 1970er Jahren entworfen und in den 1980er Jahren vielfach weiterentwickelt. Dies führte dazu, dass dem sanften Tourismus kein einheitliches Theoriekonzept zugrunde liegt. Mit Ausnahme der oben erwähnten naturnahen Zielgebietseinschränkung decken sich die Merkmale des sanften Tourismus durchaus mit jenen des Ökotourismus. In ◘ Abb. 7.6 sind typische Attribute des sanften Tourismus dargestellt.

Das Konzept des sanften Tourismus fand speziell in Mitteleuropa in der Praxis vielfach Anwendung, sei es als Basis für die Entwicklung alternativer Fremdenverkehrsangebote oder als Leitbild in der Raumordnung- und Raumplanung (Baumgartner 2006).

In der Fachliteratur, aber auch in der politischen Diskussion wird zumindest seit der Jahrtausendwende der Begriff des **nachhaltigen Tourismus** verwendet. Es ist überraschend, dass dieser Begriff im Brundtland-Bericht (WCED 1987) keine Erwähnung findet, obwohl es sich um einen so wichtigen Lebens- und Wirtschaftsbereich handelt. Erst beim World Summit on Sustainable Development (CSD; Weltgipfel für nachhaltige Entwicklung) in Rio de Janeiro 1992 wurde Tourismus sowohl als Lösungsansatz für ökologische und soziale Probleme als auch als mögliche Gefahr erachtet (Weaver 2006). Butler (1999) macht klar, dass nachhaltiger Tourismus nicht auf alle touristischen Entwicklungen übertragen werden kann, sondern sehr **klare Rahmenbedingungen** für bestimmte touristische Produkte und Leistungen vonnöten sind. Die offizielle Definition stammt von der United Nations World Tourism Organization (UNWTO 1996): „[…] tourism which leads to management of all resources in such a way that economic, social and aesthetic needs can be fulfilled while maintaining cultural integrity, essential ecological processes, biological diversity

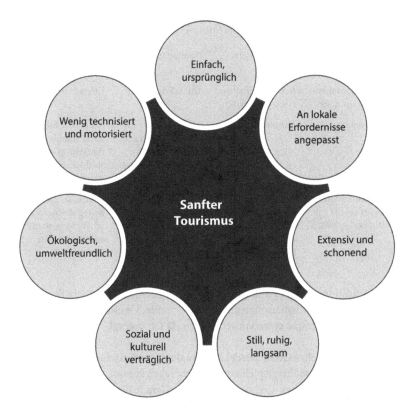

◘ Abb. 7.6 Merkmale des sanften Tourismus

and life support systems." Weiterhin wird argumentiert, dass nachhaltiger Tourismus starkes politisches Führungspotenzial und aktive **Partizipation** aller Akteurinnen und Akteure benötigt. Nachhaltige Tourismusentwicklung muss als Prozess betrachtet werden, mit einem begleitenden **Monitoring** – und bei Bedarf entsprechenden Eingriffen und Korrekturmaßnahmen.

Auf politischer Ebene hat der Perspektivenbericht der Vereinten Nationen zur nachhaltigen Entwicklung auch für den Tourismus nachhaltige Entwicklungskonzepte auf Basis internationaler Abkommen und Erklärungen entstehen lassen. So etwa hat das Forum für Umwelt und Entwicklung im Jahr 1998 folgende Eckpfeiler des nachhaltigen Tourismus festgelegt (Forum Umwelt & Entwicklung 1998):

- ethisch und sozial gerecht und kulturell angepasst,
- ökologisch tragfähig,
- wirtschaftlich sinnvoll und ergiebig,
- langfristig ausgerichtet (intergenerationell gerecht).

Sehr wichtig ist auch die Argumentation, dass der nachhaltige Tourismus einen wichtigen Beitrag zur „Völkerverständigung und Friedenssicherung, zur Erhaltung der natürlichen Lebensgrundlagen, zur Bewahrung der kulturellen Identität der Bereisten und zu wirtschaftlicher und sozialer Entwicklung und Gerechtigkeit leistet". Ebenso bedeutend ist die Tourism Bill of Rights (WTO 1985), in der das „Recht auf Erholung und Freizeit, eine vernünftige Begrenzung der Arbeitsstunden, periodischen bezahlten Urlaub sowie die Reisefreiheit innerhalb der Grenzen des Gesetzes" universell anerkannt wird.

▣ Tab. 7.4 Nachhaltige Tourismusformen im Vergleich. (Adaptiert nach Strasdas 2001; Baumgartner 2006)				
	Naturtourismus	**Ökotourismus**	**Sanfter Tourismus**	**Nachhaltiger Tourismus**
Zielgebiet	Nur in naturnahen Gebieten möglich	Nur in naturnahen Gebieten möglich	Überall umsetzbar	Überall umsetzbar
Aktivitäten	Naturerlebnis	Naturerlebnis	Möglichst geringe Auswirkungen auf die Natur; wenig Motorisierung und Technisierung	Keine Einschränkung, sofern mit den Prinzipien der Nachhaltigkeit vereinbar
Auswirkungen	Negative Auswirkungen auf die Natur gering halten	Reduktion von negativen ökologischen, sozialen und wirtschaftlichen Effekten	Reduktion von negativen ökologischen, sozialen und wirtschaftlichen Effekten	Reduktion von negativen ökologischen, sozialen und wirtschaftlichen Effekten

Wie wir aus den Definitionen und Erläuterungen gesehen haben, kann abschließend festgestellt werden, dass viele Wissenschaftlerinnen und Wissenschaftler Ökotourismus und nachhaltigen Tourismus mehr oder weniger synonym verwenden (▣ Tab. 7.4; vgl. auch Wearing und Neil 2009; Honey 2008).

Verglichen mit den ursprünglichen Gedanken der Beschränkung touristischer Nutzungen, lässt der nachhaltige Tourismus mehr Handlungsspielraum zu. Nicht selten kommt es zum Verschwimmen des Konzepts und des ökologischen Ursprungsgedankens. Gerade die Bedingung der wirtschaftlichen Ergiebigkeit und Sinnhaftigkeit bietet viel Platz für weniger nachhaltige Auslegungsformen in der Praxis. Zusammenfassend ist festzuhalten, dass nachhaltiger Tourismus stets als Entwicklungsprozess aufzufassen ist und nicht als Modell oder gar Endzustand verstanden werden sollte. Dennoch bietet die Praxis bereits jetzt zahlreiche Beispiele für nachhaltige Tourismusentwicklung. Diese, wie auch gegenteilige Beispiele, werden in diesem Kapitel gesondert dargestellt (▶ Aus der Praxis: Gseispur – sanfte Mobilität am Beispiel der Alpenregion National Park Gesäuse).

Gedankensplitter

Geotourismus

Die Vielfalt an Angeboten und Produkten im Bereich der alternativen Tourismusangebote ist überwältigend – die Frage ist: Ist auch drinnen, was draufsteht? *National Geographic* (2010) verwendet etwa das Konzept des Geotourismus, das Landschaften mit besonderen Eigenschaften und Charakteristiken ihrer Ökologie, Biodiversität, Ästhetik, Entstehung (z. B. Vulkane auf Hawaii) als touristisches Produkt sieht. Dabei wird argumentiert, dass beim Geotourismus die Prinzipien des nachhaltigen Tourismus und des Ökotourismus erfüllt werden: zum einen durch ihre geologischen Formationen und ihre Ästhetik, zum anderen durch die Erhaltung der regionalen Kultur und Tradition als besonders wichtiges Potenzial. Dowling (2008, S. 10) definiert „Geotourism is sustainable tourism with a primary focus on experiencing the earth's geological features in such a way that fosters environmental and cultural understanding, appreciation and conservation, and is locally beneficial". Es wird aber auch auf die Gefahren hingewiesen, etwa wenn Dowling und Newsome (2006, S. 254) formulieren: „However, where resources are deemed appropriate for geotourism development, then the resource needs to be fully understood – especially concerning its conservation. Thus it is paramount that geoconservation is fully resourced so that the interface between conservation and tourism can be understood, for without this understanding the promise of geotourism will not be reached".

Gseispur – sanfte Mobilität am Beispiel der Alpenregion Nationalpark Gesäuse

Der Nationalpark Gesäuse ist der sechste und jüngste Nationalpark in Österreich und wurde 2002 gegründet; seit 2003 steht er auf der IUCN-Liste der internationalen Schutzgebiete. Die von der IUCN vorgeschriebene Naturzone nimmt 86 % der Fläche ein. Diese muss vor menschlichen Einflüssen und Nutzung bewahrt werden. In der übrigen sogenannten Bewahrungszone ist menschlicher Einfluss unter Auflagen gestattet. Daraus ergeben sich erhebliche Einschränkungen für die touristische als auch für die landwirtschaftliche Nutzung (z. B. Alm- und Forstwirtschaft). Um die negativen Auswirkungen des Tourismus so gering wie möglich zu halten, sind Planung und Verteilung von Touristen als auch von Tourismusaktivitäten im „Managementplan Besucherlenkung" des Nationalparks Gesäuse festgelegt. Dies geschieht mithilfe von vorgegebenen Parkmöglichkeiten, ausgewiesenen Wanderwegen sowie Broschüren und Informationstafeln an strategisch entscheidenden Standorten (● Abb. 7.7). Einer weiteren Herausforderung, nämlich dem erhöhten Verkehrsaufkommen durch den Tourismus bei gleichzeitiger Ausdünnung des öffentlichen Verkehrs im ländlichen Raum, hat sich der Nationalpark mit einer neuen Mobilitätsplattform (inkl. Hotline und App) gestellt – der „Gseispur" (▶ www.gseispur.at). Durch diese Plattform soll sowohl die „sanfte Anreise" als auch die **sanfte Mobilität** während des gesamten Aufenthalts gefördert werden. Dafür gibt es ein Shuttleservice als Anbindung an den öffentlichen Verkehr („Gseishuttle"), eine „Gseistaxispur" (● Abb. 7.8) als flexibles und bequemes Transportmittel während des Aufenthalts und die beinahe geräuschlose „Gseismopedspur" mit dem Elektromoped als alternatives Erkundungsvehikel. Ziel ist es, den Gästen eine vollwertige Mobilität auch ohne eigenes Auto zu ermöglichen. Neben der Verringerung des Individualverkehrs wird auch **die regionale Wertschöpfungskette** (Einführung einer Premium-Gästekarte) erhöht. So wird durch Fahrtenbündelungen und eine möglichst hohe Personenauslastung pro Fahrt der CO_2-Ausstoß pro Kilometer und Fahrgast minimiert und gleichzeitig eine flexible Transportmöglichkeit geschaffen. Zusätzlich reduziert der Einsatz von Elektrofahrzeugen die Störeinwirkungen des Individualverkehrs auf das Ökosystem. Auch Personen mit Mobilitätshandicap wird mit dieser Initiative eine einfache Fortbewegung mithilfe von barrierefreien Fahrzeugen ermöglicht.

● **Abb. 7.7** Nationalpark Gesäuse: Erlebniszentrum. (© Heinz Hudelist, Nationalpark Gesäuse.)

Aus der Praxis *(Fortsetzung)*

◨ **Abb. 7.8** Gseisspur-Mobilitätsplattform. (© Dominik Stachl, Nationalpark Gesäuse.)

7.3.2 New Tourism – neue, nachhaltige Tourismusentwicklung im globalen Süden

Abwandlungen bzw. unterschiedliche Anwendungen in unterschiedlichen Kontexten werden in den vergangenen zehn Jahren unter dem Label „New Tourism" geführt. Diese praktischen Umsetzungen des nachhaltigen Tourismus beziehen sich auf spezifische Rahmenbedingungen und Bedürfnisse in unterschiedlichen Weltregionen, insbesondere auf weniger entwickelte Länder (Winkler und Zimmermann 2014).

Community-basierter Tourismus *(community-based tourism)*

Bevor wir uns auf den Tourismus konzentrieren, müssen wir vorweg klären, was eigentlich mit „Community" gemeint ist. Die einfache Übersetzung mit „Gemeinde", „Gemeinschaft" oder „Öffentlichkeit" ist wohl unzureichend. Daher verbleiben wir bei dem englischen Begriff „Community" und halten fest, dass er mehrere Bedeutungen haben kann und nach unserem Verständnis eine Gruppe von Menschen mit denselben Interessen (sozial, ökonomisch, ökologisch und politisch) und Charakteristiken (historisch, kulturell, politisch) umfasst, die in derselben Region zusammenleben (innerhalb einer größeren Gesellschaft) (▶ http://www.merriam-webster.com/dictionary/community).

Community-basierter Tourismus ist im Prinzip *community development*: Nach den *National Occupational Standards* (2009) wird darunter ein langfristiger Prozess verstanden, der die Menschen in einem langfristigen und selbst organisierenden Prozess befähigt, zusammenzuarbeiten. Es ist dies ein Prozess, der soziale Gerechtigkeit, Gleichberechtigung, Inklusion, Kooperation und Machtausgleich als Basis für Verbesserungen der ökonomischen und sozialen Rahmenbedingungen einer Gesellschaft sieht. Wichtig dabei sind ausreichende und adäquate monetäre und nicht monetäre Ressourcen (Empowerment) sowie adäquate und an den lokalen Bedingungen orientierte Unterstützung der lokalen Bevölkerung bei der Anpassung an neue Entwicklungen (▶ Abschn. 8.2.2) (Community Empowerment Division 2006).

Im gesamten Konzept spielt **Community Empowerment** die zentrale Rolle (s. auch wichtige Grundvoraussetzungen durch Partizipation in ▶ Abschn. 5.3.1). Nach Friedmann (1992) und Scheyvens (1999, 2011) lassen sich – insbesondere im Sinne einer Community-basierten touristischen Entwicklung – folgende wichtige Rahmenbedingungen diskutieren, die Erfolg oder Misserfolg von Tourismusprojekten – oder aber auch anderen Entwicklungsprojekten – bedingen:

- **Ökonomisches (Dis-)Empowerment:** Zum einen spielt hier die Armutsreduktion (vgl. auch *Pro-Poor Tourism*) eine Rolle, zum anderen sind langfristige Lösungen für Arbeit und Entwicklung durch nachhaltige Tourismusprojekte anzustreben. Zudem sind positive Effekte für die lokale Bevölkerung durch gerechte Einkommensverteilung und Zugang zu Infrastruktur entscheidend. Darin liegt aber auch die Crux, da Communities selten homogene Einheiten sind.
- **Soziales (Dis-)Empowerment:** Die Implementierung von Tourismusprojekten muss Hand in Hand mit sozialem Empowerment, vor allem durch Partizipation, Bildung und Ausbildung, Gemeinschaftssinn, Netzwerkbildung und Vertrauen, erfolgen. Dadurch wird das Sozialsystem gestärkt. Zudem kommt es zu wechselseitigen Lernprozessen zwischen Einheimischen und Touristinnen und Touristen, sowohl in Bezug auf kulturelles als auch ökologisches Wissen. Dies ist in massentouristischen Destinationen nicht möglich. Wird der Nutzen aus dem Tourismus allerdings ungerecht verteilt, erreicht man das Gegenteil, der Zerfall der Gemeinschaft ist die Folge.
- **Psychologisches (Dis-)Empowerment:** Selbstbewusstsein und Selbstwertgefühl sind gerade in touristischen Entwicklungsprozessen – insbesondere in benachteiligten Regionen – entscheidend. Die Anerkennung und Wertschätzung der lokalen Bevölkerung sowie ihrer Kultur und Lebensweise führen zu steigendem Selbstwert und mehr sozialem und ökonomischem Erfolg; dies gilt vor allem für benachteiligte Bevölkerungsgruppen. Andererseits können Touristinnen und Touristen durch respektlosen Umgang mit den Menschen und der Natur Frustration und Desinteresse auslösen und die positiven Aspekte für beide Gruppen zerstören.
- **Politisches (Dis-)Empowerment:** Besonders wichtig sind Partizipation und Mitwirkung der Menschen an Entscheidungsprozessen, die die Zukunft der Community betreffen; dies gilt auch für das Einbringen von individuellen Ideen und (Veränderungs-)Vorschlägen. Wenn etwa nicht ortsansässige Investorgruppen Partizipation verhindern, sind oftmals Widerstand und Abkehr von touristischen Projekten die Folge.
- **Ökologisches (Dis-)Empowerment:** Vor allem in Tourismusprojekten sind ökologische Faktoren vonnöten. (Natur-)Schutz der Biodiversität ist nicht nur für die Lebensqualität, sondern insbesondere für das langfristige Überleben der Menschen in einer Region wichtig. Die Funktion verschiedener Ökosysteme haben wir – trotz Forschung – noch nicht gänzlich durchschaut. Daher sind auch die Indikatoren, die zum Schutz der Biodiversität notwendig wären, noch immer nicht ausreichend. Gerade diese Messgrößen wären sowohl für die Wertschätzung der Natur durch die einheimische Bevölkerung als auch für touristische Entwicklungen überaus wichtig.
- **Empowerment der Gäste:** Da die Gäste die wichtigsten Akteurinnen und Akteure im Community-basierten Tourismus sind, ist es wichtig, die Erwartungen und Bedürfnisse, die kulturellen Hintergründe, die Sprachbarrieren, die Dauer des Aufenthalts etc. zu berücksichtigen. Nur dadurch kann erreicht werden, dass die Gäste Verständnis für lokale Kulturen, lokale Bräuche und lokale Religionen entwickeln und nicht in koloniale Verhaltensmuster fallen, in denen sie ihren Reichtum darstellen und die Einheimischen als minderwertig behandeln – Desillusion und Frustration wurden bereits angesprochen. Gerade hier zeigen sich aber auch schon die großen Problembereiche wie etwa subjektive Befindlichkeiten, Kommunikationsprobleme, Respektlosigkeit und Unverständnis.

Die Diskussion um die Faktoren für Empowerment betrifft die Kernbereiche von Entwicklungen und ist der gedankliche Rahmen, der versucht, die Komplexität von touristischen Entwicklungen darzustellen und Bedingungen für nachhaltige touristische Entwicklungen auf lokaler Ebene vorzugeben (vgl. auch die sieben Schritte von nachhaltiger Entwicklung in ▶ Abschn. 7.4.).

Pro-Poor Tourism

Die Pro-Poor Tourism Partnership definiert: „Pro-Poor Tourism (PPT) is tourism that generates net benefits for poor people." Die Ansätze des *Pro-Poor Tourism* gehen auf die Ziele der Millennium Development Goals zurück und wurden von der UNWTO (2002) beim Weltgipfel in Johannesburg **Tourism and Poverty Alleviation** zu einem zentralen Anliegen erhoben. 2004 folgte der nächste Schritt mit Empfehlungen für konkrete Maßnahmen. Parallel dazu wurde die Stiftung Sustainable Tourism – Eliminating Poverty (ST-EP) eingerichtet, die Pilotprojekte im *Pro-Poor Tourism* vor allem in weniger entwickelten Ländern implementiert, in denen Tourismus gerne als Sprungbrett in eine „bessere Zukunft" angesehen wird. Aus Studien in Nicaragua, Ruanda, Kenia, den Kap-Verde-Inseln und Malaysia geht hervor, dass die Einkünfte aus dem Tourismus den Anteil der in Armut Lebenden im Schnitt immerhin um 2 % senken (UNWTO 2012). Die UNWTO hat auch für das Jahr 2007 postuliert: „[…] should be a year to consolidate tourism as a key agent in the fight against poverty and a primary tool for sustainable development". Entscheidend ist dabei die Frage, unter welcher Organisations- und Managementform eine touristische Entwicklung den armen Bevölkerungsschichten zugutekommen kann. Wenn wir also grundsätzlich der Annahme sind, dass dies möglich ist, so heißt das auch, dass wir Armut und arme Menschen wesentlich tiefer in die Nachhaltigkeitsdebatte integrieren müssen.

Viele Aspekte, die wir bereits im Rahmen von Ökotourismus, nachhaltigem Tourismus und Community-basiertem Tourismus behandelt haben, weisen zahlreiche Elemente des Pro-Poor-Tourismus auf – der Unterschied besteht vornehmlich im Zurückdrängen ökologischer Aspekte zugunsten von Armutsreduktion. Gerade diese Fokussierung auf die Armutsdiskussion, unterstützt durch Geschlechtergerechtigkeit und die Partizipation von armen Bevölkerungsgruppen, ist der Schlüssel zum Erfolg. Eine holistische Sichtweise ist dennoch anzustreben, da gute Planung und gutes Management (unter Vermeidung von Umweltschäden und Beachtung von soziokulturellen Herausforderungen) eine erfolgreiche Implementierung von touristischen Initiativen garantieren. Besonders wichtig ist Partizipation bei der Verbesserung der Infrastruktur, der Zusammenarbeit unterschiedlicher Wirtschaftssegmente, der Frage der gerechten Verteilung von Einnahmen und insbesondere bei der Auswahl adäquater Tourismusprodukte, die auf die Potenziale der armen, bisher meist landwirtschaftlich orientierten Bevölkerung abgestimmt sind. Des Weiteren müssen auf unterschiedlichen Beteiligungsebenen im Tourismus (nicht nur auf lokaler Ebene) Möglichkeiten gefunden werden, die touristischen Initiativen auch in „Nicht-Trendregionen" (öffentlich) zu unterstützen. Drei Aspekte sind besonders zu beachten:

- Die sogenannten **Leakages**, das sind die Einnahmen aus dem Tourismus, die nicht den Menschen in Entwicklungsländern zugutekommen sondern in die Länder des Nordens (z. B. für Management, Marketing und Logistik) abfließen,
- die **Bevorzugung** bestimmter, gut ausgebildeter Arbeitskräfte, die soziale Disparitäten fördern und
- die negativen **kulturellen und sozialen Effekte.**

Überhaupt beschäftigen sich die Wissenschaft und die internationalen Organisationen eher mit strategischen Überlegungen als mit der Frage der Messung und Evaluierung von Auswirkungen der noch immer in einer Learning-by-Doing-Phase befindlichen Projekte und Initiativen (Roe und Urquhart 2001).

Der Effekt für die lokale Gesellschaft ist dort am größten, wo neue Geschäfts- und Arbeitsmöglichkeiten in eine lokal-regionale Wertschöpfungskette integriert sind, wo neue Kenntnisse und Kompetenzen zum Empowerment beitragen und die ökologischen und soziokulturellen Auswirkungen minimiert werden. Die Herausforderung dabei ist, institutionelle/politische Rahmenbedingungen bereitzustellen, um neue lokale Tourismusprodukte – fußend auf Langzeitstrategien – wirtschaftlich existenzfähig und marktorientiert anzubieten, und dies, ohne die Umwelt- und die Sozialstandards außer Acht zu lassen.

Aus der Praxis

Slum Tourismus (*Slum Tourism*): Eine Frage von Ethik und Werten?

„There is a growing trend for tourists to seek out poverty-blighted neighborhoods when they go on holiday, to get a sense of real life for the poorest communities there." J. Melik (BBC) bringt eine Entwicklung auf den Punkt, die in den vergangenen Jahren in Tourismusforschung und Tourismuspraxis viel diskutiert wurde. Die Frage, warum Slum Tourismus zunimmt, ist wohl auch dadurch zu begründen, dass es immer mehr Menschen gibt, die weltweit in städtischen Slums leben und die Wirtschaft dies offensichtlich als Potenzial entdeckt hat und unter dem Image verkauft, dass man von der Armut auch lernen kann. Reality Tours & Travel India wirbt für Slum Tours: „On our tour through ‚India's largest slum' visitors experience a wide range of these activities: recycling, pottery-making, embroidery, baking, soap-making, leather tanning [...]." Die kontroversiellen Diskussionen beginnen mit ethischen Fragen, führen weiter über Diskussionen um soziale Bewegungen, Protestbewegungen und soziale Auswirkungen (Sicherheit, Gesundheit, Arbeit und Bildung etc.) auf die Slumbevölkerung, die Ökonomisierung des Slum Tourismus durch Investmentgruppen (auf Kosten der Slumbevölkerung) bis hin zu positiven Aspekten wie etwa sozialem Aufstieg durch neue Jobs, Armutsverringerung, städtischer Aufwertung und Diversifizierung. Positiva versus Negativa des Slum Tourismus müssen wohl immer vor dem Hintergrund des individuellen Wertesystems gesehen werden.

Verantwortungsvoller Tourismus *(responsible tourism)*

Im Zuge der Nachhaltigkeitsdiskussion anlässlich des Weltgipfels 2002 in Johannesburg wurde insbesondere die Verantwortung der Menschen für ihr Handeln und für eine nachhaltige Zukunftsentwicklung hervorgehoben. In der „Cape Town Declaration" sind Handlungsanweisungen für *Responsible Tourism* (verantwortungsvollen Tourismus) unter dem Slogan „Shaping sustainable spaces into better places" wie folgt umschrieben (Fabricius und Goodwin 2002):

- **Minimierung** der negativen ökonomischen, ökologischen und sozialen Auswirkungen
- Größerer **ökonomischer Profit für die lokale Bevölkerung**, bessere Arbeitsbedingungen und folglich größeres Wohlergehen für die gesamte Destination
- **Partizipation der lokalen Bevölkerung** an Entscheidungen, die ihr Leben und ihre Zukunftschancen beeinflussen
- Positiver Beitrag zum **Schutz des Natur- und Kulturerbes** und damit zur Erhaltung der globalen Diversität
- Mehr angenehme Erfahrungen für Gäste durch **intensive Kontakte mit der lokalen Bevölkerung** und damit mehr Verständnis für die lokalen kulturellen, sozialen und ökologischen Besonderheiten
- Zugang zu Tourismusprodukten und -leistungen für **Menschen mit besonderen Bedürfnissen**

Konsequenz der Handlungsanweisungen: Verantwortungsvoller Tourismus ist kulturell sensibel, erzeugt Respekt zwischen Einheimischen und Gästen und stärkt das lokales Selbstwertgefühl und das Selbstvertrauen (vgl. auch The Responsible Tourism Partnership 2011).

Die „Cape Town Declaration" endet mit den Worten: „We all have a responsibility to make a difference by the way we act. We commit ourselves to work with others to take responsibility for achieving the economic, social and environmental components of responsible and sustainable tourism."

Gedankensplitter

Naturnaher Tourismus in einer globalisierten Massengesellschaft

Wie leben in einer **Beschleunigungsgesellschaft** – dies bestätigen uns die Psychologie, die Soziologie, die Medizin etc. Die Ursachen sind vielfältig, wir werden von den immer schnelleren Informations-, Kommunikations- und Transporttechnologien gezwungen, unsere Tätigkeiten immer schneller durchzuführen. Stress und Burnout sind die Folge. Sogar die Zeit, die uns durch Effizienzsteigerungen eine scheinbare Zeitersparnis bringt, muss wiederum so effizient wie möglich gestaltet werden. Effizienz in der Freizeit ist die Folge; wir müssen uns noch schneller von unserer schnellen Arbeit erholen. Die Freizeitbeschleunigung wird zusätzlich durch eine Vielzahl von Gestaltungsoptionen und Angeboten – nicht zuletzt über Internet und Smartphones – verstärkt. Wir wissen immer alles, überall, sofort – Freizeitstress ist angesagt.
Dies führt – aus unterschiedlichen Motiven, in allen sozialen Schichten und Altersklassen – zu einem starken Bedürfnis nach Ruhe und Erholung abseits überlaufener Pfade, was die Suche nach Exklusivität und elitären Erlebnissen, nach Abgeschiedenheit oder nach dem Alleinsein zur Folge hat. Immer mehr schätzen unverfälschte, naturnahe, bodenständige Tourismusangebote, weit ab vom Massentourismus, um in Einfachheit und Natur endlich (auch das Smartphone) abzuschalten und wirkliche Erholung zu finden. Ein Trend? Eine Inszenierung? Ein neuer Eskapismus? Oder Teil eines insgesamt **nachhaltigeren Lebensstils**?

7.4   Nachhaltigkeit und Reisen – ein Widerspruch?

Auf den ersten Blick sind Nachhaltigkeit und Reisen offensichtlich wirklich ein drastischer Widerspruch, eine Fiktion. Zu viel CO_2 verbrauchen wir, wenn wir in unsere Urlaubsländer fliegen, zu stark wird die Landschaft verbaut und verunstaltet, um uns Reisenden möglichst viele Annehmlichkeiten zu bereiten, zu wenig nachhaltig sind wir im Urlaub. Warum sollten wir auf Umweltschutz achtgeben und unsere Gastgeberinnen und Gastgeber schätzen, wir sind doch im Urlaub und wollen einfach abschalten und genießen. Dennoch ist dieser erste Blick zu einfach und muss aus mehreren Perspektiven betrachtet werden.

Zunächst muss festgestellt werden, dass die Konzepte zu unterschiedlich sind: **Massentourismus** unterliegt dem Globalisierungspostulat und ist auf Motive wie Profitmaximierung, Kosten-, Mengen- und Netzwerkvorteile – die Kurzzeitlogik des Kapitalismus – ausgerichtet. Die unterschiedlichen Formen des **nachhaltigen Tourismus** zielen auf holistische Ansätze mit Fokus auf einen sozioökonomischen Ausgleich sowie auf den Schutz der natürlichen Ressourcen und die Verbesserung der menschlichen Lebenswelten ab. Unter der Annahme, nachhaltige Tourismusentwicklung sei ein permanenter Prozess, der sich auch in kleinen Schritten dem Anspruch auf mehr Nachhaltigkeit nähert, kann argumentiert werden, dass – wenn die Betroffenen und die Stakeholder es wollen und dafür arbeiten – sogar im Reich des Massentourismus Platz für nachhaltige Entwicklung gefunden werden kann.

Bisher hat die Analyse der bekannten und institutionalisierten Methoden der Umsetzung von Nachhaltigkeit im Tourismus eine noch zu geringe Integration von Nachhaltigkeitsaspekten in die Programme und Methoden für Planung, Implementierung, Monitoring und Evaluierung touristischer Entwicklungen gezeigt. Nicht zuletzt ist dafür – trotz zahlreicher internationaler Konferenzen und politischer Deklarationen – der fehlende globale Konsens über die Prinzipien,

Ziele und Richtlinien für nachhaltigen Tourismus verantwortlich, insbesondere aber die zahlreichen Interpretationen bzw. Missinterpretationen von „Nachhaltigkeit". Oftmals wird der Begriff zum individuellen Vorteil und Nutzen missbraucht und z. B. Produkte „grün gewaschen". Positiv und bereits ein Fortschritt ist aber schon die Auseinandersetzung mit Nachhaltigkeitsaspekten im Tourismus – wir sind bescheiden geworden.

Dennoch sind auch in Massentourismusdestinationen verstärkte Initiativen in Richtung Nachhaltigkeit festzustellen. Die Diskussion der unterschiedlichen Zertifikate und Labels (▶ Abschn. 7.2.2) hat bereits mehr Verständnis seitens der Tourismusverantwortlichen dokumentiert. Der Druck der lokalen Bevölkerung lässt mehr partizipative Prozesse und damit mehr Nachhaltigkeitsinitiativen erwarten. Dies gilt vor allem dort, wo Überlastungserscheinungen von Natur- und Lebensraum zu Konflikten führen, wo Nutzungskonflikte und der überhitzte lokale Immobilienmarkt Widerstand erzeugen, und durchaus auch dort, wo massentouristischer Effekte das Wohlbefinden und die Erholungsqualität der Gäste beeinträchtigen. Hier gilt es, spezifische, an die lokale Situation angepasste, integrative Konzepte zu entwickeln, wie die Negativeffekte und die Disparitäten – nachhaltig – reduziert werden können, damit der eigentliche Anspruch des Massentourismus, nämlich die Profitmaximierung, nicht verloren geht und der Massentourismus den Massentourismus selbst zerstört.

Sollte sich die vorherrschende neoliberale Wirtschaftsordnung im Tourismus weiter manifestieren, so besteht natürlich auch für heute noch „nachhaltige Tourismusangebote" große Gefahr. Der überwiegende Teil der Gäste aus den Herkunftsländern des globalen Nordens muss die Dienste von (transnationalen) Reiseveranstaltern, Hotelketten und Fluglinien in Anspruch nehmen – viele, auch die „nachhaltigen" Destinationen sind nur mit Flugzeugen zu erreichen. Dies führt zur **Abhängigkeit**, gerade der unterentwickelten Länder, von der globalen Tourismusindustrie, die in einem (Über-)Angebotsmarkt den Wettbewerb über günstige Preise führt und meist das kurzfristige Wachstum ihres Unternehmens über eine langfristig ausgeglichene Tourismusentwicklung der Destinationen stellt. Sollte die Destination „verbraucht" sein oder aber die Reifephase des Produktzyklus überschritten haben, sind zahlreiche andere Tourismusangebote und -destinationen am Markt, wo Gewinn gemacht werden kann – die Verantwortung der globalisierten Tourismusbranche für die Regionen fehlt, und dies, obwohl sich alle Corporate Social Responsibility auf die Fahnen heften. Aber gerade die global agierenden Reiseveranstalter hätten es in der Hand, als Vermittler zwischen den Gästen (als Konsumentinnen und Konsumenten) und der lokalen Bevölkerung (als Produzentinnen und Produzenten) Bewusstseinsbildung und Veränderungen im Verhalten zugunsten nachhaltigerer Tourismusaktivitäten zu initiieren und zu verstärken. Die Erfolge sind bisher vorhanden, aber eher bescheiden, obwohl bereits im Jahr 2000 die weltweite TOI (Tour Operators' Initiative for Sustainable Tourism) begründet wurde, deren Mitglieder eine freiwillige Selbstverpflichtung zu ökologischer, ökonomischer und sozialer Nachhaltigkeit in der Tourismusentwicklung eingehen. 2014 wurde die Initiative TOI in die Organisation GSTC (Global Sustainable Tourism Council) eingegliedert um Synergieeffekte besser zu nutzen (GSTC 2015). Der Prozess ist eingeleitet, nun muss er fortgesetzt und intensiviert werden.

Die Entwicklung des nachhaltigen Tourismus ist wohl nur durch deutliche Unterstützung der politischen Entscheidungsebenen zugunsten von kleineren, alternativen Initiativen möglich, allerdings mit dem Nachteil, dass sie nicht die Breitenwirkung und damit die Einkommenseffekte erzeugen können wie massentouristische Entwicklungen. Diese politische Entscheidung erfordert demnach Mut zum Risiko und Mut zur Lücke. Auch die inhaltliche Umsetzung ist nicht ganz einfach; basierend auf Farrel und Twinning-Ward (2005) diskutieren wir die Bedingungen für die Entwicklung von nachhaltigen Tourismusregionen in einigen wichtigen Schritten:

- Grundlage ist ein **Verständnis für die Komplexität** von adaptiven Systemen. Die Interaktion zwischen touristischen Systemen, lokalen Gesellschafts- und natürlichen Ökosystemen ist dynamisch und oftmals unvorhersehbar. Daher müssen die Interaktionen zwischen den einzelnen Systemen und Subsystemen beachtet und mögliche Szenarien für die weitere Entwicklung in interaktiven, partizipativen, transdisziplinären Prozessen – auch im Sinne eines Interessensausgleichs – ausgearbeitet werden.
- Gerade **systemisches Denken** kann durch Lernen von natürlichen Ökosystemen profitieren; diese werden meist durch nicht lineare Kräfte gesteuert, sie sind dynamisch und nur durch ihre Dynamik anpassungsfähiger und resilienter. Daraus kann ein adaptives Management abgeleitet werden, bei dem Akteurinnen und Akteure gemeinsam auf der Basis von Vertrauen und wechselseitigem sozialem Lernen gestalten.
- Entscheidend ist die **gemeinsame Entwicklung** von natürlichen und anthropogenen Systemen durch integrative Betrachtung der natürlichen Potenziale und Ressourcen sowie der lokalen Sozialsysteme und der menschlichen Verhaltens- und Handlungsmuster. Dies ist die Basis für ein integratives Verständnis und damit für eine nachhaltige Entwicklung des lokalen Tourismussystems.
- Das Tourismussystem darf nicht nur als „der touristische Kernbereich" gesehen werden; vielmehr sind die **Interaktionen mit allen anderen Wirtschaftsbereichen** entlang der Wertschöpfungskette zu beachten. Weiterhin gilt es, das ökologische Umfeld, aber auch die sozialen und gesellschaftlichen Komponenten im Wechselspiel mit den ökonomischen Funktionen zu betrachten und zu entwickeln.
- Der Schlüsselbegriff heißt **Integration**: Die Beachtung der bisherigen Schritte führt zur Betrachtung der Tourismusdestination als Ganzes, auch Gäste sehen Destinationen als Ganzes (oftmals als Bühne) und differenzieren nicht nach Natur, Kultur, Tradition etc. Konsequenterweise muss auch die Entwicklung als Ganzes erfolgen.
- Die Entwicklung nachhaltiger Tourismusregionen erfordert **politische und wissenschaftliche Unterstützung**. Wie in ▶ Abschn. 9.2 gezeigt wird, ist transdisziplinäre Forschung unter Einbezug unterschiedlicher Wissenschaftsdisziplinen mit ihrer integrativen Ausrichtung geeignet, nachhaltige Entwicklung bestmöglich zu unterstützen und voranzutreiben.
- Nachhaltiger Tourismus kann nur durch **ständige Transitionsprozesse** erreicht werden, da nachhaltige Entwicklung per se ein ständiger Prozess sein muss – *a never ending story*. Deshalb hat Nachhaltigkeitstransition keinen definierten Endpunkt, sondern eine kontinuierliche Entwicklung und Anpassung der lokalen ökologischen, ökonomischen und sozialen Systeme zu besserem „biologischem und menschlichem Wohlbefinden" (wie auch immer dieses in unterschiedlichen Lebenswelten und Regionen zu definieren ist).

Gedankensplitter

Nachhaltiger Tourismus – ein Traum?

„The dream of sustainability and sustainable tourism will remain just that so long as, to all intents and purposes, it continues effectively to ignore the rather powerful pressures generated by short term materialistic desires of a large proportion of the world's ever increasing population. Some advocates of sustainable tourism recognize this as the root cause of the problem. Yet they choose to ignore it in their search for the Holy Grail. Holy? A truly holistic approach would be one that embraces realism. Sustainable tourism unfortunately fails, at the practical level, even to acknowledge it" (Wheeller 1997).

❶ **Herausforderungen für die Zukunft**

- Seit über einem Jahrhundert kommt es aufgrund der Verkürzung der Arbeitszeit, von steigendem Wohlstand, gesellschaftlichem Wertewandel und technologischen Innovationen zu einem Bedeutungsgewinn von Freizeit und Erholung – dieser Trend ist noch nicht zu Ende.

- Der Tourismus ist einer der wenigen Wirtschaftssektoren, dem – trotz Wirtschaftskrise, Klimawandel und politischer Instabilität – nach wie vor deutliche Wachstumsraten vorhergesagt werden. Insbesondere der asiatisch-pazifische Raum gilt als Hoffnungsmarkt.

- Tourismus, egal welcher Form, hinterlässt Spuren. Sowohl die Reisende als auch die Verantwortlichen im Tourismus sind gefordert, durch geeignete Maßnahmen und innovative Produkte die Auswirkungen auf Mensch und Natur möglichst gering zu halten.

- Nachhaltiger Tourismus hat weder einen Ist- noch einen Endzustand, sondern ist ein Prozess, der durch nachhaltige Tourismusvisionen und nachhaltige touristische Angebote sowie nachhaltiges Bewusstsein der Gäste auf den Weg gebracht wird.

- Tourismus ist ein wichtiges und erfolgreiches Instrument der Regionalentwicklung – sowohl in der entwickelten als auch in der weniger entwickelten Welt. Besonderes Augenmerk ist auf die Bedürfnisse der lokalen Bevölkerung und deren Kultur- und Lebensraum zu richten, Nur so kann (touristische) Entwicklung zukunftsfähig sein.

Pointiert formuliert

Der Tourismus ist von einer klaren Dualität geprägt: Moderner Massentourismus ist hauptsächlich auf Quantität, Gewinnmaximierung und Kostenvorteile ausgerichtet. Demgegenüber unterstützen nachhaltige Formen des Tourismus Entwicklungen, die hauptsächlich auf soziokulturellen, sozioökonomischen und ökologischen Ausgleich ausgerichtet sind und damit (ökonomische) Disparitäten reduzieren und die natürlichen Ressourcen sowie die menschliche Lebensumwelt für die Zukunft erhalten.

Literatur

Baumgartner C (2006) Nachhaltigkeit im Tourismus. Studien Verlag, Innsbruck

Bieger T, Beritelli P (2013) Management von Destinationen. Lehr- und Handbücher zu Tourismus, Verkehr und Freizeit. Oldenbourg, München

Butler R (1999) Sustainable tourism – looking backwards in order to progress. In: Hall CM, Lew AA (Hrsg) Sustainable Tourism. A geographical perspective. Addison Wesley Longman, New York, S 25–34

Butler RW (1980) The concept of the tourist area life-cycle of evolution: implications for management of resources. Canadian Geographer 24(1):5–12

Community Empowerment Division (2006) The Community Development Challenge. http://www.cdf.org.uk/wp-content/uploads/2011/12/The-Community-development-challenge.pdf. Zugegriffen: Dezember 2014

Dowling RK (2008) The emergence of geotourism and geoparks. Journal of Tourism 9(2):227–236

Dowling RK, Newsome D (Hrsg) (2006) Geotourism. Butterworth-Heinemann, Oxford

EK (Europäische Kommission)n (2013) Tourism – Sustainable Tourism. http://ec.europa.eu/enterprise/sectors/tourism/sustainable-tourism/. Zugegriffen: Februar 2015

EK (Europäische Kommission) (2010) Europa – wichtigstes Reiseziel der Welt: ein neuer politischer Rahmen für den europäischen Tourismus. KOM, Bd. 352., Brüssel

EU (Europäische Union) (2001) Definition, Messung und Auswertung von Carrying Capacity in europäischen Ferienzielen. Abschlussbericht. Athen. http://ec.europa.eu/environment/iczm/pdf/tcca_de.pdf. Zugegriffen: April 2015

Eurostat (2014) Konsumausgaben der privaten Haushalte nach Verwendungszwecken. http://epp.eurostat.ec.europa.eu/tgm/table.do?tab=table&init=1&plugin=1&language=de&pcode=tsdpc520. Zugegriffen: Dezember 2014

Fabricius M, Goodwin H (2002) Cape Town Declaration. ICRT – The International Center for Responsible Tourism. http://responsibletourismpartnership.org/cape-town-declaration-on-responsible-tourism/. Zugegriffen: Februar 2015

Farrel BH, Twinning-Ward L (2005) Seven Steps towards Sustainability. Journal of Sustainable Tourism 13(2):109–122

Font X, Buckley RC (Hrsg) (2001) Tourism Ecolabelling – Certification and Promotion of Sustainable Management. CABI, Wallingford, New York

Forschungsgemeinschaft Urlaub und Reisen e. V. (2013) RA Reiseanalyse 2013. Erste Ausgewählte Ergebnisse der 43. Reiseanalyse zur ITB

Forschungsgemeinschaft Urlaub und Reisen e. V. (2014) RA Reiseanalyse 2014. Erste Ausgewählte Ergebnisse der 44. Reiseanalyse zur ITB

Forum Umwelt & Entwicklung (1998) Positionspapier zur Vorlage bei der CSD 7 (Commission on sustainable development); Tourismus und nachhaltige Entwicklung. http://forumue.de/wp-content/uploads/2015/05/csd7-tourismus.pdf. Zugegriffen: November 2014

Freyer W (2011) Tourismus; Einführung in die Fremdenverkehrsökonomie. Oldenbourg, München

Freynschlag S (2012) Lebensmittel werden teurer, aber Ausgabenanteil sinkt. Wiener Zeitung. http://www.wienerzeitung.at/nachrichten/oesterreich/politik/443060_Lebensmittel-werden-teurer-aber-Ausgabenanteil-sinkt.html (Erstellt: 12.03.2012). Zugegriffen: Juli 2015

Friedmann J (1992) Empowerment – The Politics of Alternative Development. Blackwell, Oxford

Fuchs W et al (Hrsg) (2008) Lexikon Tourismus – Destinationen, Gastronomie, Hotellerie, Reisemittler, Reiseveranstalter, Verkehrsträger. Oldenbourg, München

Gössling S (1999) Ecotourism: a means to safeguard biodiversity and ecosystem functions? Ecological Economics 29:303–320

Gruber M (2013) Sustainable Tourism and the Global Tourism Demand – A Contradiction? Masterarbeit Universität Graz

GSTC (Global Sustainable Tourism Council) (2015) GSTC Destinations Program. http://www.gstcouncil.org/en/

Hall CM, Lew AA (Hrsg) (1998) Sustainable Tourism: A Geographical Perspective. Longman, Harlow, S 35–48

Hetzer ND (1970) Environment, Tourism and Culture. Ecosphere, the newsbulletin of international ecology university 1(2):1–3

Holden A, Fennell D (Hrsg) (2013) The Routledge Handbook of Tourism and the Environment. Routledge, London

Honey M (2008) Ecotourism and Sustainable Development – Who owns paradise? 2. Aufl. Island Press, Washington

Huber P (2013) Im Mittelalter wurde weniger gearbeitet als heute. Die Presse (27.02.2013)

IATA (International Air Transport Association) (2013) Scheduled Passengers Carried. http://www.iata.org/publications/pages/wats-passenger-carried.aspx. Zugegriffen: Juli 2015

IATA (International Air Transport Association) (2015) 20 Year Passenger Forecast. http://www.iata.org/publications/Pages/20-passenger-forecast.aspx. Zugegriffen: August 2015

Jansen-Verbeke M (1997) Urban tourism: Managing resources and visitors. In: Wahab S, Pigram JJ (Hrsg) Tourism, development and Growth. Routledge, London

Kerley GIH, Pressey RL, Cowling RM, Boshoff AF, Sims-Castley R (2003) Options for the conservation of large and medium-sized mammals in the Cape Floristic Region. Biological Conservation 112:169–190

Kiss A (2004) Is community-based ecotourism a good use of biodiversity conservation funds? Trends in Ecology and Evolution 19(5):232–237

Kleine Zeitung (2014) Preise für Ski-Saisonkarten seit 2004 um bis zu zwei Drittel verteuert. http://www.kleinezeitung.at/s/steiermark/chronik/4590295/ZehnjahresVergleich_Preise-fur-SkiSaisonkarten-um-bis-zu-zwei (Erstellt: 9.11.2014). Zugegriffen: Juli 2015

Klieber R (2010) Jüdische, christliche, muslimische Lebenswelten der Donaumonarchie 1848–1918. Böhlau, Wien

Kruk E, Hummel J, Banskota K (Hrsg) (2007) Facilitating Sustainable Tourism: A Resource Book. International Centre for Integrated Mountain Development (ICIMOD), Kathmandu

Linderberg K, McCool SF, Stankey G (1997) Rethinking Carrying Capacity. Annals of Tourism Research 24(2):461–464

McCool SF, Moisey NR (Hrsg) (2008) Tourism, Recreation and Sustainability – Linking Culture and the Environment. CABI, Wallingford, New York, S 343–352

Mowforth M, Munt I (2003) Tourism and Sustainability. Development and new tourism in the Third World, 2. Aufl. Routledge, New York

National Geographic (2010) About Geotourism. http://travel.nationalgeographic.com/travel/sustainable/about_geotourism.html

National Occupational Standards (2009) National Occupational Standards for Community Development. http://www.communitydevelopmentworkforcewales.org.uk/wp-content/uploads/2011/01/NOS_CD_EngINT.pdf. Zugegriffen: Dezember 2014

Naturfreunde International (2014) Nachhaltigkeit im Tourismus; Wegweiser durch den Labeldschungel. http://www.nfi.at/index.php?option=com_content&task=view&id=602&Itemid=34&lang=de. Zugegriffen: 19. März 2015

Österreich Werbung (2012) Nachhaltigkeit im Tourismus; Grundlagenpapier und Diskussionsgrundlage der Österreich Werbung, Wien. http://www.austriatourism.com/wp-content/uploads/2012/09/nachhaltigkeit_positionspapier.pdf. Zugegriffen: Dezember 2014

Österreich Werbung (2014) Tourismusforschung. http://www.austriatourism.com/tourismusforschung. Zugegriffen: Juli 2015

Österreichische Nationalbibliothek (2011) Arbeiterurlaubsgesetz. http://alex.onb.ac.at/alexdazumal.htm. Zugegriffen: April 2015

Petermann T (2007) Tourismus und Tourismuspolitik im Zeitalter der Globalisierung. In: Hell W (Hrsg) Erlebniswelten und Tourismus. Springer, Heidelberg

Roe D, Urquhart P (2001) Pro-poor Tourism: harnessing the world's largest industry for the world's poor. World Summit on Sustainable Development Opinion. International Institute for Environment and Development, London http://www.propoortourism.info/documents/Roe2002PPT.pdf. Zugegriffen: Oktober 2015

Saveriades A (2000) Establishing the social tourism carrying capacity for the tourist resorts of the east coast of the Republic of Cyprus. Tourism Management 21:147–156

Schellhorn M (2010) Development for whom? Social justice and the business of ecotourism. Journal for Sustainable Tourism 18(1):115–135

Scheyvens R (1999) Case study: Ecotourism and the empowerment of local communities. Tourism Management 20:245–249

Scheyvens R (2011) Tourism and poverty. Routledge, New York

Schreyer R (1984) Social Dimensions of Carrying Capacity: an overview. Leisure Science Vol 6(4):387–393

Shelby B, Heberlein TA (1984) A Conceptual Framework for Carrying Capacity Determination. Leisure Science 6/4:433–451

Shelby B, Heberlein TA (1986) Carrying Capacity in Recreation Settings. Oregon State University Press, Corvallis, OR

Staber MJ (Hrsg) (1997) Tourism & Sustainability – Principles to Practice. CABI, Wallingford

Statistik Austria (2015) Tourismus, Beherbergung, Betriebe, Betten. http://www.statistik.at/web_de/statistiken/wirtschaft/tourismus/beherbergung/betriebe_betten/index.html. Zugegriffen: Juli 2015

Strasdas W (2001) Ökotourismus in der Praxis; Zur Umsetzung der sozio-ökonomischen und naturschutzpolitischen Ziele eines anspruchsvollen Tourismuskonzeptes in Entwicklungsländern. Studienkreis für Tourismus und Entwicklung, Ammerland

The Responsible Tourism Partnership (2011) What is responsible tourism?. http://www.responsibletourismpartnership.org/whatRT.html. Zugegriffen: Dezember 2014

Tourism Watch (2015) Wegweiser durch den Labeldschungel im Tourismus. Evangelischer Entwicklungsdienst, Berlin. http://www.tourism-watch.de/files/nfi_tourismus_labelguide_web.pdf. Zugegriffen: August 2015

UNEP (United Nations Environment Programme)/UNWTO (World Tourism Organization) (2005) Making Tourism more sustainable – A Guide for Policy Makers. United Nations Environment Programme and World Tourism Organization, Paris & Madrid

UNWTO (United Nations World Tourism Organization) (1981) Technical handbook on the collection and representation of domestic and international tourism statistics. Madrid

UNWTO (United Nations World Tourism Organization) (1996) What Tourism Managers need to Know: A Practical Guide to the Development and Use of Indicators of Sustainable Tourism. International Working Group on Indicators of Sustainable Tourism and Consulting and Audit Canada, Madrid

UNWTO (United Nations World Tourism Organization) (2002) Contribution of the World Tourism Organization to the World Summit on Sustainable Development (Johannesburg, 2002). Madrid. http://www.unwto.org/sdt/fields/en/pdf/WTO-contributions-eng.pdf

UNWTO (United Nations World Tourism Organization) (2004) Indicators for Sustainable Development on Tourism Destinations – A Guidebook. World Tourism Organization. Madrid

UNWTO (United Nations World Tourism Organization) (2007) Tourism, Air Transport and Climate Change – A World Tourism Organization Discussion Paper. Madrid. http://sdt.unwto.org/sites/all/files/docpdf/docutourismair.pdf

UNWTO (World Tourism Organization) (2012) Tourism in the green economy. World Tourism Organization; United Nations Environmental Programme, Madrid, Nairobi

UNWTO (World Tourism Organization) (2014) Annual Report 2014. Madrid. http://dtxtq4w60xqpw.cloudfront.net/sites/all/files/pdf/unwto_annual_report_2013_0.pdf

UNWTO (World Tourism Organization) (2015) UNWTO Tourism Highlights 2015 Edition. Madrid. http://www.e-unwto.org/doi/pdf/10.18111/9789284416899. Zugegriffen: September 2015

Vorlaufer K (1996) Tourismus in Entwicklungsländern. Möglichkeiten und Grenzen einer nachhaltigen Entwicklung durch Fremdenverkehr. Wissenschaftliche Buchgesellschaft, Darmstadt

WCED (World Commission on Environment and Development) (1987) Our Common Future (Unsere gemeinsame Zukunft) = Brundtland-Bericht. http://www.un-documents.net/wced-ocf.htm

Wearing S, Neil J (2009) Ecotourism: impacts, potentials and possibilities? Elsevier, Oxford

Weaver DB (2006) Sustainable Tourism. Elsevier, Oxford

Weltweitwandern GmbH (2015) FAIRREISEN. http://www.fairreisen.at. Zugegriffen: Juli 2015

Wheeller B (1997) Here We Go, Here We Go, Here We Go Eco. In: Stabler MJ (Hrsg) Tourism and sustainability: principles to practice. CABI, Wallingford, S 39–50

Winkler T, Zimmermann FM (2014) Ecotourism as Community Development Tool – Development of an Evaluation Framework. Current Issues of Tourism Research 5(2):45–56

WTO (World Tourism Organization) (1985) Tourism Bill of Rights and Tourist Code. Sofia. http://www.univeur.org/cuebc/downloads/PDF%20carte/67.%20Sofia.PDF

Zimmermann FM (1995) Tourismus in Österreich – Instabilität der Nachfrage und Innovationszwang des Angebotes. Geographische Rundschau 47(1):30–37

Zimmermann FM (1997) Future Perspectives of Tourism – Traditional versus New Destinations. In: Oppermann M (Hrsg) Pacific Rim Tourism. CABI, Wallingford, New York, S 231–239

Zimmermann FM (1998) Austria: Contrasting tourist seasons and contrasting regions. In: Williams A, Shaw G (Hrsg) Tourism and Economic Development: European Experiences, 3. Aufl. Wiley, Chichester, London, S 175–197

Zimmermann FM, Hammer E (2013) Standortbewertungen in der Hotellerie – Ein Scoring-Modell-Ansatz zur Analyse des Marktpotenzials österreichischer Destinationen. In: Borsdorf A (Hrsg) Forschen im Gebirge. IGF-Forschungsberichte, Bd. 5. Verlag der Österreichischen Akademie der Wissenschaften, Innsbruck, S 133–156

Zimmermann FM, Kurka N, Eder P (2005) Tourismus in Österreich. In: Borsdorf A (Hrsg) Das neue Bild Österreichs. Verlag der Österreichischen Akademie der Wissenschaften, Wien, S 133–153

Nachhaltigkeit, Gerechtigkeit und Inklusion – Zukunftskonzept oder Wunschtraum?

Susanne Zimmermann-Janschitz und Petra Wlasak

F. M. Zimmermann (Hrsg.), *Nachhaltigkeit wofür?*,
DOI 10.1007/978-3-662-48191-2_8, © Springer-Verlag Berlin Heidelberg 2016

> **Kernfragen**
>
> ▬ Wie lassen sich Ungerechtigkeiten, Diskriminierungen und Barrieren in den Köpfen im Kontext sozialer Nachhaltigkeit definieren, und was sind ihre Ursachen?
> ▬ Welche Folgen haben Diskriminierungen, und welche Lösungsstrategien gibt es?
> ▬ Welche Herausforderungen begegnen uns auf dem Weg zu einer inklusiven Gesellschaft?
> ▬ Wie kann ein Modell einer „gerechteren" Gesellschaft aussehen – lässt sich eine inklusive Gesellschaft modellieren?

Lösungen, die „allen" Menschen gerecht werden, Projekte, die „alle" erreichen und „alle" miteinbeziehen: Ob in der Stadtplanung, der Mobilität, der Arbeitswelt – das **Leitprinzip „alle" und „für alle"** dominiert immer stärker Programme, Ideen und Maßnahmen quer durch alle Lebensbereiche der westlichen Gesellschaft. Wer verbirgt sich allerdings hinter dem Konstrukt „alle"? Werden mit der Devise und dem Slogan „für alle" auch wirklich „alle" Menschen angesprochen? Ist der Ausschluss bestimmter Personengruppen denn nicht immer gegeben oder zumindest vorprogrammiert, denn nur deshalb müssen wir einfordern, „alle" zu integrieren und an „alle" zu denken? Ist „alle" nicht selbstverständlich, wenn man von der westlichen, mitteleuropäischen und modernen Gesellschaft spricht?

Wie viel „alle" steckt in „alle"?

Um eine Antwort auf diese Fragen zu erhalten, muss man zunächst herausfinden, woraus der Wunsch resultiert bzw. worauf er beruht, „alle" Menschen mit einem Vorhaben anzusprechen, oder, umgekehrt formuliert, warum nicht ohnehin stets „alle" Menschen als Zielgruppe genannt und angesprochen werden.

Dazu ist es notwendig, ein paar Gedankenspiele zu betreiben. Über Jahrzehnte hinweg und nicht zuletzt ökonomisch forciert, ist es zu einer Diversifikation der westlichen Gesellschaft gekommen: etwa aus **wirtschaftlicher Sicht**, um erfolgreicher zu sein, Marktanteile zu ergattern und den Gewinn zu maximieren. Aus **kultureller Perspektive** hat die Vielfalt der Gesellschaft durch die Öffnung von Grenzen (Stichwort „EU-Erweiterung") und durch Migrationseffekte zugenommen. Gleichermaßen bewirkt die Veränderung von Werten, initiiert durch soziale Bewegungen ab den 1968er Jahren, einen Wandel der Gesellschaft; dies gilt auch für die Aufweichung traditioneller Familienstrukturen. Damit sind nur einige Facetten, die zu einer Intensivierung der Diversifikation führen, erwähnt, die Liste lässt sich beliebig erweitern.

Parallel mit dieser Entwicklung zu einer vielfältigeren, diversifizierteren Gesellschaft entstehen Ansätze, mit einem Produkt, einer Marke, einem Vorhaben, einem Projekt etc. ausgewählte Zielgruppen anzusprechen. Die logische Konsequenz dieses Zugangs ist, dass jene (Ziel-)Gruppen, die nicht unmittelbar im Fokus des Vorhabens stehen, aus dem Bewusstsein verschwinden, vernachlässigt oder sogar gänzlich ausgeschlossen bzw. ausgegrenzt werden. Dabei kann es sich z. B. um jene Konsumentinnen und Konsumenten handeln, die das gebundene Buch einem eBook-Reader vorziehen, oder um ein Projekt, das darauf abzielt, die Bildungssituation von Migrantinnen zu verbessern. Das Adressieren von ausgewählten Bevölkerungsteilen hat unweigerlich die Exklusion anderer Bevölkerungsgruppen zur Folge. Handelt es sich dabei bereits um eine Diskriminierung?

Mit der **Zielgruppenorientierung** bzw. -ansprache werden einerseits Adressatinnen und Adressaten unmittelbar erreicht, gleichzeitig führt diese aber in der Konsequenz zu einer Ungleichverteilung in der Gesellschaft im Hinblick auf wirtschaftliche, demographische, soziale

Aspekte etc. Die Gesellschaft „zerfällt" in (soziale) Gruppen (▶ Abschn. 8.1). Eine Veränderung der Verteilungsverhältnisse mündet letztendlich auch in einer Verschiebung der Wertehaltungen und Machtverhältnisse. Die daraus resultierende „Ungleichheit" äußert sich in Benachteiligung und schürt gesellschaftliche Konflikte, die in dieser Dynamik stetig wachsen und somit immer dringender einer Lösung bedürfen.

Auch Dynamiken, die durch die Globalisierung entstehen, führen zu einem Bild, das je nach Blickwinkel durch einen Zuwachs in der Gleichverteilung oder aber durch mehr Ungleichheit und Disparitäten geprägt ist. Die überregionale, supranationale und globale Bereitstellung von Produkten, Dienstleistungen, Technologien etc. sowie eine zunehmende weltweite Vernetzung erzeugen einerseits ein Angleichen der Nationen in Bezug auf ihre Gesellschaften, ihre Ökonomien, Politiken, Kulturen etc. (eine vertiefte, kritische Auseinandersetzung mit diesen Themenbereichen ist hier nicht angestrebt, sie führt in die Soziologie und zu Autoren wie Niklas Luhmann, Rudolf Stichweh, Anthony Giddens, Ulrich Beck etc.). Andererseits passen zahlreiche Individuen und Menschengruppen (bzw. Regionen) nicht in diesen Prozess der Nivellierung, sei es in Bezug auf ihre wirtschaftlichen Rahmenbedingungen, auf deren Ethnizität und Herkunft oder auf ihre *Citizenship* und die damit verbundenen Mobilitäts- und Migrationsbeschränkungen, aber auch in Bezug auf ihre Vorstellungen und das Ausleben von (nicht westlich geprägten) Religionen, Kulturen und Traditionen oder auf ihr soziales Geschlecht und die damit verbundenen Geschlechterrollen und -identitäten bzw. oft auch bezogen auf Generationenperspektiven, Gesundheitsaspekte etc.

Aus der Praxis

Geländepraktikum: Zwischen Selbstverantwortung und Diskriminierung

In zahlreichen Lehrveranstaltungen im Geographiestudium sind Praktika vorgesehen, die auch Geländearbeiten inkludieren. Selbstverständlich gehen wir davon aus, dass diese Lehrveranstaltungen „allen" Studierenden zugänglich sind, sofern die erforderlichen studientechnischen und -rechtlichen Voraussetzungen erfüllt werden. Die Praxis des Geländepraktikums beweist aber Gegenteiliges:

- Das Praktikum – wie der Name bereits verrät – führt die Studierenden zum Üben von Messtechniken und zur Feldarbeit einen gesamten Tag in freies Gelände. Die Fahrt dorthin beträgt ungefähr 3 h – an eine Pause ist dabei nicht gedacht. Insbesondere die Teilnehmerinnen fordern nach längerer Fahrtzeit einen Zwischenstopp, um die

Toilette aufzusuchen. Der Bus hält an einem Parkplatz – allerdings fehlen dort die benötigten Toilettenanlagen.

- Das Geländepraktikum führt die Gruppe unter anderem in steiles Gelände – hier kommen einige Studierende an ihre persönliche Grenze, sei es aus Gründen fehlender Kondition oder weil sie nicht schwindelfrei sind. Die anspruchsvolle Route ist darüber hinaus für eine Kollegin, die an einer Knieverletzung laboriert, nicht bzw. nur in Teilen zu bewältigen.

- Bei der abschließenden Besprechung in einem Gasthaus ergibt sich eine weitere Herausforderung: Für die gesamte Gruppe wurde eine Brettljause vorbestellt – dabei wurde nicht bedacht, dass auch

zwei indische Studierende am Praktikum teilnehmen.

- Letztendlich ist noch der ökonomische Aspekt zu bedenken: Eine alleinerziehende Studentin kann sich aus ihrer persönlichen finanziellen Situation heraus die Exkursion nicht leisten – obgleich Zuschüsse seitens der Universität gewährt werden.

- Von den insgesamt 20 Studierenden, die für das Praktikum angemeldet sind, können lediglich zehn an der gesamten Geländepraxis uneingeschränkt teilnehmen – entweder unterbinden gesundheitliche Gründe, kulturelle bzw. religiöse Barrieren oder finanzielle Einschränkungen die vorbehaltlose Teilnahme an der Lehrveranstaltung.

Aus der Praxis *(Fortsetzung)*

Natürlich sind Herausforderungen dieser Art im Rahmen einer Lehrveranstaltung zu bewältigen – die praktische Arbeit im Feld kann den körperlichen Fähigkeiten der Studierenden angepasst werden, das Essen kann variiert und nicht erlaubte Lebensmittel können ersetzt werden, und auch für die finanzielle Frage gibt es in Härtefällen die Möglichkeit der Inanspruchnahme von Förderungen aus Sondertöpfen. Trotzdem illustriert dieses simple Beispiel die Problematik der Gleichheitsfrage sehr deutlich und zeigt plakativ auf, dass eine Lehrveranstaltung nicht automatisch und per se „für alle" Studierenden zugänglich ist. Zusätzlich stellt sich die Frage, wie weit die Selbstverantwortung der Studierenden reicht und wo Diskriminierung beginnt.

8.1   Barrieren in den Köpfen als Barrieren für Nachhaltigkeit

Die einführenden Überlegungen skizzieren einige Ansätze und Gedanken, woraus der Wunsch hervorgegangen ist, zielgruppenorientierte Lösungen durch Lösungen „für alle" zu ersetzen, und folglich „alle" Menschen gleich anzusprechen und gleich zu behandeln. Das Beispiel des Geländepraktikums illustriert die unterschiedlichen Bedürfnisse der Teilnehmenden und mündet in der Erkenntnis, dass alle Menschen verschieden sind, geprägt durch die Einflüsse der individuellen ökonomischen, politischen, kulturellen, sozialen, persönlichen etc. Umwelten.

8.1.1   Diversifikation der Gesellschaft – Entfaltungspotenzial oder limitierender Faktor?

Die Verschiedenheit von Individuen spiegelt sich auch in der Vielfältigkeit der gesamten Gesellschaft wider. Diese Vielfalt in der Gesellschaft erfährt allerdings nicht zuletzt durch die Globalisierung wiederum eine Reduktion und Angleichung und mündet somit in zwei Szenarien:

- Das **erste Szenario** zielt darauf ab, Diversität der gesellschaftlichen Norm anzupassen und somit möglichst auszugleichen – entweder ausgehend von einer Person oder von einer Personengruppe. Der Fokus verschiebt sich von der Gesellschaft in Richtung des Individuums und verstärkt Individualismen; anders formuliert erwächst aus dieser Entwicklung der egozentrierte Mensch: Die eigenen Werte, Ansprüche und Forderungen sowie (sozialen) Vorteile werden verteidigt und gegenüber anderen Individuen durchgesetzt. Die Persönlichkeitspsychologie sieht in diesem hierarchischen Selbstinteresse einen Erklärungsansatz für Vorurteile und Diskriminierungsbereitschaft (Stößel et al. 2009). Ein weiterer Aspekt sind die bereits zuvor erwähnten sozialen Gruppen. Diese Gruppen sind in sich homogen in Bezug auf verschiedene Eigenschaften, Werte oder Verhalten, zueinander jedoch deutlich heterogen. Dies führt dazu, dass die Gruppenzugehörigkeit die persönlichen Werte übersteuert, also neue Werte schafft, die die Werte der einzelnen Personen überlagern, die Person als Individuum somit in den Hintergrund tritt. Der Fokus auf die interne Einheit der Gruppe kann beispielsweise negative Konsequenzen für bestimmte Personen innerhalb einer Gruppe haben. Ein Beispiel hierfür sind Frauen, denen aufgrund dieser gruppeninternen Werte eine untergeordnete Rolle mit benachteiligenden Konsequenzen zugewiesen wird (vgl. dazu Moller Okin et al. 1999). Generell wird diese Art der Klassifikation der Gesellschaft in der Psychologie als soziale Kategorisierung (Tajfel und Turner 1979) bezeichnet; sie basiert auf einer „wertehaltigen Differenzierung" der Gesellschaft (Mummendey et al. 2009).

- Das **zweite Szenario** versucht, die Diversität der Gesellschaft zu erhalten und in Wert zu setzen. Die Vielfältigkeit wird zum Standard erhoben; Unterschiede führen nicht zu Problemen, sondern werden als Grundlage gegenseitigen Lernens und als Gewinn verstanden. Basis dafür bilden die gegenseitige Akzeptanz und Wertschätzung. Gemeinwohl und Zusammenhalt wiegen die Individualität auf. Parallel oder in der Folge entsteht daher ein Ansatz, der sich in der Forderung nach Ausgeglichenheit und Gleichberechtigung in der Gesellschaft ausdrückt (Vertovec 2015).

Als Reaktionsmuster auf diese beiden Szenarien bzw. die gesellschaftliche Situation und ihre Diversität bieten sich verschiedene „Lösungswege" an: Zum einen wird auf die Unterschiede und die persönlichen Bedürfnisse Rücksicht genommen und damit der Verschiedenheit Achtung gezollt. Dies kann als Ziel der modernen westlichen Gesellschaft identifiziert und dem „Label" der sozialen Nachhaltigkeit zugeschrieben werden. Zum anderen ist es eine Strategie, persönliche Bedürfnisse zu übergehen und das Hauptaugenmerk auf die breite (vereinheitlichte) Masse und ihre Normen zu legen. In der Konsequenz manifestieren sich daraus Ungerechtigkeiten, Diskriminierung und Stigmatisierung jener, die als „anders" gelten. Der vertiefenden Diskussion von Ursachen, Motiven und Auslösern von Vorurteilen, Ungleichheiten und Diskriminierung sind in der Soziologie wie Psychologie umfangreiche Forschungen gewidmet (vgl. dazu Beelmann und Jonas 2009; Hormel und Scherr 2010).

Grundsätzlich lässt sich festhalten, dass Menschen mit ihren unterschiedlichen Lebensrealitäten und Bedürfnissen individuell und verschieden sind. Dies ist jedoch noch nicht der Auslöser für Diskriminierung und damit einhergehender Benachteiligung, Einschränkung und/oder Ausgrenzung. Erst die **Konstruktion des „Anderssein"** (❏ Abb. 8.1) gepaart mit einer (Ab-)Wertung und institutionellen, symbolisch-kulturellen und sozioökonomischen Hierarchisierung ist der Auslöser für Ungerechtigkeit und Diskriminierung. Diskriminierung entsteht demnach aus dem Wechselspiel der Konstruktion des „Anderen", „Fremden", „Normabweichenden" und der Inakzeptanz bzw. fehlenden Wertschätzung der vielfältigen Bedürf-

❏ **Abb. 8.1** Grundlage bzw. Entstehung von Diskriminierung

nisse durch Einzelpersonen oder Gruppen bzw. „die Gesellschaft". Den kritischen Punkt in diesem Wechselspiel stellt z. B. die Entscheidung der einen Partei dar, sich gegen die Wünsche nach Gleichbehandlung oder sogar nach Beendigung der Unterdrückung der anderen Partei zu stellen.

Die Begründung dafür, dass dieser Wunsch nicht erfüllt wird, liegt in einem drohenden **Vorteilsverlust**, der mit **Machtverlust** gleichgesetzt werden kann. Personen(-gruppen), die ihre Interessen erfolgreich durchsetzen, sind nicht bereit, ihre damit erzielten wirtschaftlichen, sozialen oder politischen Privilegien für eine Besserstellung von marginalisierten oder ausgegrenzten Personen und Personengruppen aufzugeben.

Ein paar Beispiele: Eine Firma nutzt ihre **wirtschaftliche Macht** und kündigt einen langjährigen Mitarbeiter, der kurz vor der Pensionierung steht, da er der Firma wegen hoher Lohnkosten zu teuer ist – er wird durch eine jüngere, kostengünstigere, wenn auch unerfahrene Arbeitskraft ersetzt. **Gesellschaftliche Macht** lässt sich auch durch ein Beispiel einer wohnungssuchenden Familie illustrieren: Da die Meinung vorherrscht, dass Kinder Lärm und Schmutz verursachen und vieles kaputt machen, findet eine junge Familie mit mehreren Kindern schwerer eine neue Mietwohnung als eine alleinstehende ältere Person. **Politische Macht** wird ausgeübt, wenn eine Bürgermeisterin alle Personen einer Gemeinde zu einer offiziellen Informationsveranstaltung einlädt, eine Gruppierung – die mehr Transparenz in der Gemeinde einfordert und die vermutlich Druck auf den Bürgermeisterin ausübt – allerdings von dieser Veranstaltung vorsätzlich ausklammert.

Ziel dieser Darstellungen ist es jedoch nicht, einen tieferen Diskurs über die Produktion von Macht und Entstehung von Diskriminierung zu führen – dazu sei auf die einschlägige Literatur verwiesen (z. B. Hormel und Scherr 2010). Die Machtdiskussion dient vielmehr dazu, die Gedanken auf die dadurch entstehenden „Barrieren" zu lenken. Die obigen Beispiele zeigen deutlich, dass Individuen wie auch Gruppen sich voneinander unterscheiden – die daraus gefolgerten Machtverhältnisse bzw. Ungerechtigkeiten sind allerdings konstruiert und entstehen quasi in unseren Köpfen. **Menschen sind verschieden, aber die Bewertung dieser Verschiedenheit ist konstruiert.** Die Barrieren für Gerechtigkeit werden also künstlich hergestellt oder einfach formuliert – in unseren Köpfen erzeugt. Es gilt demnach als logische Schlussfolgerung, unter anderem diese Barrieren zu beseitigen, um eine Weiterentwicklung der sozialen Nachhaltigkeit in der modernen westlichen Gesellschaft zu erreichen.

Aus der Praxis

Geländepraktikum: Zwischen Selbstverantwortung und Diskriminierung (Fortsetzung)

Kehren wir zurück zu unserem Geländepraktikum: Wie wir festgestellt haben, besitzen die Teilnehmenden unterschiedliche Bedürfnisse (mindestens) im Hinblick auf ihre Ernährung, ihre (körperliche und seelische) Gesundheit und ihre finanzielle Situation. Sind sie deshalb in der Lehrveranstaltung diskriminiert? Wer in der Lehrveranstaltung diskriminiert diese Menschen? Wo ist die Grenze zwischen Rücksichtnahme auf diese Bedürfnisse, individueller Verantwortung und Diskriminierung?

Diskriminierung liegt dann vor, wenn sich beispielsweise die Studierenden aus Indien benachteiligt fühlen – sie gehören dem hinduistischen Glauben an und essen daher kein Rindfleisch –, weil die Brettljause für sie keine ausreichende Verpflegung bietet und gleichzeitig die Lehrveranstaltungsleitung den Wunsch nach einer alternativen Verpflegung ablehnt und abschätzig kommentiert. Anders gefragt, ist es keine Diskriminierung, wenn die alternative Verpflegung aus organisatorischen und finanziellen Gründen nicht möglich ist und die Exkursionsleitung im Vorfeld alle Teilnehmenden darüber informiert hat? Oder zählen die Mahlzeiten auf der Exkursion überhaupt zur persönlichen Verantwortung der Teilnehmenden?

Wie sieht das im Falle der Toiletten für die Studierenden aus? Reicht es aus, eine Möglichkeit zu schaffen, in regelmäßigen Zeitabständen eine Toilette aufzusuchen? Muss immer eine Toilette in erreichbarer Nähe sein (Stichwort „Gelände")? Hier ist es wohl nicht möglich, dies in den persönlichen Verantwortungsbereich der Studierenden zu verlagern.

8.1.2 Diskriminierung – ein Begriff mit vielen Gesichtern

Das Beispiel illustriert, dass die Antworten auf die Fragen nach einer Diskriminierung nicht immer klar und eindeutig sind, sondern der Begriff „Diskriminierung" aus mehreren Komponenten entsteht und besteht (s. auch ◘ Abb. 8.1):

- Diskriminierung bedarf mindestens zweier Parteien (Individuen oder Gruppen): einer Partei, die sich benachteiligt fühlt, und einer Partei, die (aktiv oder passiv) benachteiligt.
- Diskriminierung entsteht im Wechselspiel von beteiligten Individuen oder Gruppen, die eine unterschiedliche Auffassung oder Wertehaltungen zu einem Thema haben.
- Diskriminierung ist im Kontext gesellschaftlicher Normen zu sehen.
- Die Grenze zwischen Diskriminierung und Nichtdiskriminierung ist fließend und bewegt sich im Rahmen von gesetzlichen Grundlagen bis hin zur individuellen persönlichen Bereitschaft zur Annäherung, zum Finden von Kompromissen sowie zur Konfliktlösung.
- Aus der Sicht der geographischen Forschung besitzt Diskriminierung häufig eine räumliche Dimension bzw. spiegeln sich deren Auswirkung im Raum wider. Die kritische Geographie nimmt sich daher der Themen Gender, Migration, Segregation, soziale Raumproduktion etc. an (vgl. Fleischmann und Meyer-Hanschen 2005; Pott 2002; Reinprecht 2014; Strüver 2005; Yildiz 2013).

Versucht man, den Begriff „Diskriminierung" zu formalisieren, und sucht nach einer Definition, findet man zahlreiche Zugänge, die die Denkweise von Wissenschaftsdisziplinen wiedergeben, aber auch den zahlreichen Facetten des Begriffs entsprechen. Unterschiedliche Disziplinen definieren Diskriminierung wie folgt:

- Die **Soziologie** sieht Diskriminierung als „nachteilige Folgen", die aus dem abwertenden Handeln individueller Akteurinnen und Akteure für andere Personen entstehen; sie bezieht auch Diskriminierung von Institutionen und Strukturen mit ein.
- Aus **juristischer Sicht** ist Diskriminierung „die ungleiche Behandlung ohne sachlichen Grund oder [...] Herabwürdigung wegen eines [...] Identitätsmerkmals der betreffenden Person" (Liebscher et al. 2010, S. 27).
- Besonders häufig wird in der **sozialpsychologischen Literatur** die Definition sozialer Diskriminierung von Gordon W. Allport zitiert: „Diskriminierung liegt vor, wenn Einzelnen oder Gruppen von Menschen die Gleichheit der Behandlung vorenthalten wird, die sie wünschen. Diskriminierung umfasst alles Verhalten, das auf Unterschieden sozialer oder natürlicher Art beruht, die keine Beziehung zu individuellen Fähigkeiten oder Verdiensten haben noch zu dem wirklichen Verhalten der individuellen Person." (Allport 1954, S. 51, zit. nach Bierhoff und Frey 2011, S. 246; Kessler und Mummendey 2007).
- Aus der Perspektive der **Politikwissenschaft** bedeutet Diskriminierung „Personen aufgrund ihrer Zugehörigkeit zu einer spezifischen Gruppe, aufgrund bestimmter Verhaltensweisen oder aufgrund bestimmter Merkmale abzuwerten und diesen Gruppen Chancen und Rechte vorzuenthalten" (Rosenberger und Sauer 2004, S. 254).

Aus der Praxis

„Sport verbindet"

Im Mai 2015 machte ein regionaler Fußballverband darauf aufmerksam, dass Kinder mit Migrationshintergrund immer häufiger rassistischen Übergriffen und Beleidigungen bei Turnieren durch erwachsene Angehörige der gegnerischen Teams ausgesetzt sind. Bei Auswärtsspielen wurden Volksschulkinder beschimpft und sogar mit Essensresten beworfen – die Spiele mussten abgebrochen und die Polizei eingeschaltet werden. Die Verbandsleitung verurteilte diese Tendenzen scharf und unterstrich, dass Sport eine Möglichkeit zum Miteinander darstellt und Menschen durch das gemeinsame Ziel des fairen Sport- und Wettkampftreibens verbindet. Der Verband plant bewusstseinsbildende Maßnahmen und Kampagnen, um eine Verbesserung der Situation herbeizuführen. Einige Vereine gaben aber auch an, aufgrund der Vorkommnisse „dunkelhäutige Spieler" nicht mehr zu Auswärtsspielen mitzunehmen, um weitere Eskalationen zu vermeiden. Eine weitere Diskriminierung? (Kleine Zeitung 2015)

Die Bandbreite der Definitionen ließe sich beliebig erweitern. Die Zielsetzung des vorliegenden Kapitels ist es jedoch, den Diskurs über Diskriminierung und Benachteiligung in Richtung sozialer Nachhaltigkeit zu lenken. Was hat also Diskriminierung mit sozialer Nachhaltigkeit zu tun, und wie lässt sich Diskriminierung in den Nachhaltigkeitsdiskurs einbinden?

8.1.3 Soziale Nachhaltigkeit und Diskriminierung – wenn Gerechtigkeit nicht stattfindet

Wie bereits in ▶ Abschn. 1.2.3 und ▶ Kap. 3 erläutert, geht der Gedanke der sozialen Nachhaltigkeit auf den Brundtland-Bericht zurück, in dem „social equity between generations" sowie „equity within generations" im Kontext einer nachhaltigen Entwicklung gefordert werden (WCED 1987, S. 37). Diese beiden Ansprüche, die intergenerationelle wie auch die intragenerationelle Gerechtigkeit, legen den Fokus auf den Ausgleich zwischen und innerhalb von Gruppen unterschiedlichen Alters (Stichwort „Generationengerechtigkeit"), mit ungleichem ökonomischen Status (Stichwort „Einkommensschere"), unterschiedlichem soziokulturellen Hintergrund (Stichwort „Migration") sowie zwischen den Geschlechtern. Aus dem Brundtland-Bericht kann man demzufolge zwei Kernelemente sozialer Nachhaltigkeit herauslesen: Zum einen handelt es ich dabei um den Aspekt der **Gerechtigkeit**, zum anderen um den **Gesichtspunkt der Dichotomie**, ausgedrückt durch zwei sich gegenüberstehende (möglicherweise kontrahierende) Gruppen. Sowohl fehlende Gerechtigkeit als auch die Konfrontation verschiedener Gruppen wurden bereits als Auslöser für Diskriminierung identifiziert – somit schließt sich zum ersten Mal der Kreis zwischen sozialer Nachhaltigkeit und Diskriminierung.

Seit dem Brundtland-Bericht hat sich die Nachhaltigkeitsdebatte ausgeweitet und vertieft, und es ist ihr in Wissenschaft und Öffentlichkeit viel Platz eingeräumt worden. Nichtsdestotrotz – und in der Literatur bemängelt – wird der theoretische Diskurs zur sozialen Nachhaltigkeit noch immer vernachlässigt, wenig konkret geführt bzw. häufig eindimensional betrachtet (vgl. Aachener Stiftung Kathey Beys 2014; Colantonio und Dixon 2011; Dujon et al. 2013; Pufé 2014; Omann und Spangenberg 2002; Spangenberg 2003).

In der jüngeren Nachhaltigkeitsliteratur wird der klassische und zentrale Aspekt für soziale Nachhaltigkeit, der Anspruch auf Gerechtigkeit, detaillierter betrachtet und durch weitere

Begriffe und Termini stetig ergänzt. So wird beispielsweise in Bezug auf die Verteilungsgerechtigkeit zwischen materiellen und immateriellen Ressourcen, zwischen Individuum und Gesellschaft oder Sach-, Human- und Sozialkapital etc. unterschieden. Andere Ansätze legen den Fokus auf bestimmte Ressourcen wie etwa den Schwerpunkt Arbeit oder beschränken soziale Nachhaltigkeit auf den innerbetrieblichen Bereich (s. Corporate Social Responsibility, ▶ Abschn. 4.2).

In Analogie zu den Definitionen wird eine breite Vielfalt an Kernaspekten bzw. Bausteinen sozialer Nachhaltigkeit identifiziert. Fischer-Kowalski et al. (1995) erweitern die Diskussion um den gesellschaftlich orientierten Baustein des sozialen Friedens. Empacher und Wehling (2002) fügen der Versorgung mit Grundgütern die Bausteine der sozialen Ressourcen, die Chancengleichheit in der Nutzung der Ressourcen sowie die Partizipation hinzu. Littig und Grießler (2004) wiederum sehen neben den Grundbedürfnissen auch die Lebensqualität, die Chancengleichheit und die soziale Integration als Hauptaspekte sozialer Nachhaltigkeit. Grunwald und Kopfmüller (2012) ergänzen den Gerechtigkeitsaspekt, der als gerechte Verteilung von sozialen Grundgütern verstanden wird, um den Empowerment-Gedanken (▶ Abschn. 8.2.2). Empowerment wird als Befähigung gesehen, ein „sicheres, würdiges und selbstbestimmtes Leben zu gestalten" (Grunwald und Kopfmüller 2012, S. 58). Zu den Grundgütern werden darüber hinaus die sozialen Ressourcen angefügt, die als „Klebstoff" zwischen gesellschaftlichen Gruppen bzw. innerhalb einer Gesellschaft fungieren. Zu den sozialen Ressourcen zählen etwa soziale Integration, das soziale Netz sowie die soziale Unterstützung, die sich wiederum in emotionale (Akzeptanz, Wertschätzung etc.), instrumentelle (materielle etc.) und kognitive (Bereitstellung von Information etc.) Unterstützung gliedert (Bachmann 1998).

Majer (2004, 2008) entwickelt auf der Basis unterschiedlicher Beiträge zum Thema der sozialen Nachhaltigkeit ein neues Nachhaltigkeitsdreieck, dem die Eckpunkte „Gerechtigkeit", „Ganzheitlichkeit" und „Langfristigkeit" zugeordnet sind. „Im Zentrum steht der Mensch mit seinen Aktionen und Interaktionen, die sich an Langfristigkeit, Gerechtigkeit, Ganzheitlichkeit ausrichten sollen" (Majer 2008, S. 17). Soziale Nachhaltigkeit darf demzufolge nicht losgelöst, sondern nur in Kombination mit den anderen Nachhaltigkeitssäulen verstanden werden.

Die ◼ Abb. 8.2 versucht, die unterschiedlichen Ansätze – natürlich ohne Anspruch auf Vollständigkeit – im Hinblick auf die weiteren Ausführungen in ein Gesamtgefüge zu bringen. In der Grafik lassen sich aus dem Gerechtigkeitsanspruch verschiedene Bereiche identifizieren, an denen es Anknüpfungspunkte zum Thema der Diskriminierung gibt. Zum einen sind dies die Bereiche, die der individuellen Bedürfnisbefriedigung zuzuschreiben sind, zum anderen sind es Aspekte, die das Intaktsein des sozialen Netzes verletzen. Damit ist der Boden für einen kritischen Diskurs zum Gerechtigkeitsgedanken aufbereitet, allerdings noch nicht „beackert" – dazu ist es erforderlich, sich auf eine Auseinandersetzung mit den Konsequenzen und Folgen der Diskriminierung sowie bestehenden Lösungsansätzen einzulassen.

8.2 Im Sinne der Gerechtigkeit – auf dem Weg zu einem Konzept „for all"

Nachhaltigkeit, insbesondere soziale Nachhaltigkeit, verspricht gegenwärtigen und zukünftigen Generationen eine höhere Lebensqualität, die durch eine optimierte Befriedigung der persönlichen und gesellschaftlichen Bedürfnisse erzielt wird. Zentrale Zielsetzungen sind dabei mehr Gerechtigkeit, Gleichbehandlung sowie Partizipation.

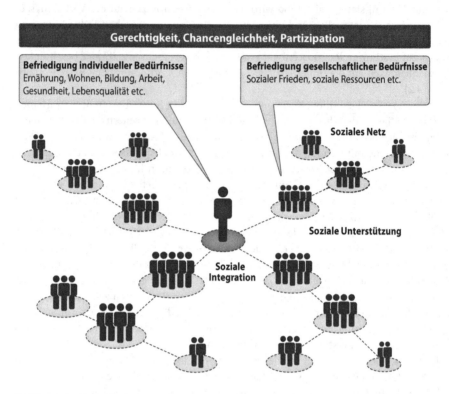

□ Abb. 8.2 Soziale Nachhaltigkeit und Gerechtigkeit

Leicht gesagt, schwer umgesetzt

Das größte Hindernis auf dem Weg zu einer nachhaltigeren Gesellschaft wurde zuvor als die „Barriere in den Köpfen" identifiziert. In welchen Bereichen gibt es diese Barrieren, welche Konsequenzen haben sie zur Folge, und wie kann man diesen Barrieren begegnen? Welche Strategien und Lösungsansätze gibt es bereits bzw. inwieweit sind diese Ansätze erfolgversprechend?

Die bisherige Diskussion hat sich eingangs um den Gedankenzugang „für alle" und das damit einhergehende Thema der Diskriminierung (aus dem gegenteiligen Blickwinkel „nicht für alle" oder sogar „gegen" bestimmte Personen bzw. Gruppen) gedreht. Auf dem Weg zu einer nachhaltigeren Gesellschaft muss demzufolge der Diskriminierung und ihren Auswirkungen begegnet werden. Spricht man das Thema Diskriminierung an, wird zumeist entweder eine Liste von **Diskriminierungsmerkmalen** angegeben oder das Augenmerk auf ein einzelnes spezifisches Diskriminierungsmerkmal gelegt. Als solche Merkmale werden Geschlecht, Rasse, Hautfarbe, ethnische oder soziale Herkunft, genetische Spezifika, Sprache, Religion oder Weltanschauung, politische oder sonstige Anschauung, Zugehörigkeit zu einer nationalen Minderheit, Vermögen, Geburt, Behinderung, Alter, sexuelle Ausrichtung etc. angeführt (EU 2012). Besonders wichtig ist es, an dieser Stelle hervorzuheben, dass es sich bei den genannten Merkmalen um eine Auswahl handelt, die Liste der Eigenschaften bewusst offengehalten ist und erweitert werden kann (Frenz 2009).

Mit der Angabe von Diskriminierungsmerkmalen entsteht allerdings ein neues Problem: Die Einschränkung auf spezifische Merkmale – auch wenn diese grundsätzlich erweiterbar sind – hat zur Folge, dass jeweils auf eines dieser Merkmale Bezug genommen wird. Mögliche Vernetzungen oder spezifische Formen von Diskriminierung, die auf dem Zusammenspiel verschiedener sozialer Kategorien beruhen, werden außer Acht gelassen (Stichwort „Intersektionalität"; ▶ Abschn. 8.3.1). Dies verursacht wieder lediglich eine Reaktion auf eine – meist bereits erfolgte – **Diskriminierung**.

8.2.1 Gesetze, Verbote, Erlässe – Diktat von oben oder Top-down-Ansätze

Eine Reaktion auf Ungleichheiten und Diskriminierung besteht darin, diese auf der Grundlage von **internationalen bzw. nationalen Gesetzgebungen** zu unterbinden. Am Anfang steht die UN-Menschenrechtskonvention, die „Universal Declaration of Human Rights", aus dem Jahr 1948 (UN 2015a, Art. 2): „Everyone is entitled to all the rights and freedoms set forth in this Declaration, without distinction of any kind, such as race, colour, sex, language, religion, political or other opinion, national or social origin, property, birth or other status. Furthermore, no distinction shall be made on the basis of the political, jurisdictional or international status of the country or territory to which a person belongs, whether it be independent, trust, non-self-governing or under any other limitation of sovereignty."

Auf den Grundprinzipien Universalität (*universality*), gegenseitige Abhängigkeit und Unteilbarkeit (*interdependence and indivisibility*), Gleichberechtigung (*equality*) und Nichtdiskriminierung (*non-discrimination*) bauen zahlreiche weitere Gesetze und Konventionen auf internationaler, nationaler und regionaler Ebene auf: Die „Europäische Konvention zum Schutz der Menschenrechte" und Grundfreiheiten, kurz „Europäische Menschenrechtskonvention", aus dem Jahr 1964 weist im Artikel 14 ein Verbot der Benachteiligung auf, ebenso enthält die „Charta der Grundrechte der Europäischen Union" in Artikel 21 ein Verbot der Diskriminierung (EU 2012). Natürlich setzen sich diese Grundprinzipien auch in der nationalen Gesetzgebung fort, etwa dem österreichischen Bundesverfassungsgesetz, Artikel 7 (Bundeskanzleramt 2015) oder dem Grundgesetz für die Bundesrepublik Deutschland, Artikel 3 (Deutscher Bundestag 2015).

Zusätzlich zur generellen Nichtdiskriminierung und Gleichbehandlung wurden rechtliche Rahmenbedingungen in detaillierter Form geschaffen, etwa Antirassismusgesetze bzw. -richtlinien, Behindertengleichstellungsgesetze, Richtlinien zur Gleichstellung der Geschlechter, Gleichstellung in der Arbeit und Inhalte der Bauordnung etc. Für eine detaillierte Darstellung sei an dieser Stelle auf die jeweiligen Gesetzgebungen verwiesen. Eine ausführliche Darstellung der Gesetzgebung im Kontext behinderter Menschen ist in Janschitz (2012) dokumentiert.

Der Umfang und die Detailschärfe der Gesetze, Verordnungen, Richtlinien und Verbote lassen zweifelsfrei erkennen, dass ein großer Bedarf besteht, die unterschiedlichen Arten und Formen der Diskriminierung aus staatlicher Sicht zu unterbinden, um einen konfliktfreien Umgang im Miteinander zu gewährleisten. Sie können als wichtiger Schritt in der rechtlichen Verankerung eines Diskriminierungsverbots und eines Gleichbehandlungsgebots im Sinne der Menschenrechte gesehen werden. Im Vergleich zu den in den nachfolgenden Ausführungen dargestellten Strategien, ein gleichberechtigtes Miteinander der Menschen sicherzustellen, haben Gesetze normativen Charakter und legen verbindliche Rechte, aber auch Pflichten sowohl für die Bürgerinnen und Bürger wie auch den Staat selbst fest. Diese Verantwortung ist in der Menschenrechtskonvention verankert: „[…] that human rights simultaneously entail both rights and obligations from duty bearers and rights owners" (UN 2015a).

8

Aus der Praxis

Denkmalschutz versus Barrierefreiheit

Aus unserem allgemeinen Verständnis wie auch aus der Praxis heraus, lassen sich diese beiden Begriffe kaum positiv miteinander verbinden. Als allgemeingültige Formel wird angesehen, dass Denkmalschutz Barrierefreiheit verhindert, in jedem Fall aber behindert. Sofort fallen uns dazu zahlreiche Beispiele ein: Das Kopfsteinpflaster, das nicht zugunsten von Asphalt ersetzt werden kann, der Lift, der aus Denkmalschutzgründen nicht errichtet werden darf, die „kleine" Stufe oder der fehlende Handlauf stellt für viele Menschen mit besonderen Bedürfnissen eine – oft unüberwindbare – Hürde dar.

Aber es gibt auch positive Zugänge und Lösungen. Im Jahr 2008 führte beispielsweise der Bund Heimat und Umwelt (BHU) in Deutschland einen Bundeswettbewerb mit dem Label „Denkmalschutz barrierefrei" durch. Aus diesem Wettbewerb resultierten 14 Siegerprojekte, aus denen wir an dieser Stelle eines stellvertretend kurz vorstellen: Das Klosterensemble St. Annen und Brigitten, ein Ensemble aus dem 15. Jahrhundert, wird seit 2008 als Verwaltungsgebäude der Hansestadt Stralsund genutzt – eine im Innenhof befindliche Kapelle ist darüber hinaus ein beliebter Veranstaltungsort. Damit einher geht aber eine

diskriminierungs- und damit barrierefreie Zugänglichkeit der Gebäude. Bei den denkmalgeschützten Gebäuden wurden wichtige Maßnahmen getroffen: Der Zugang zum Gebäude erfolgt über eine automatische Tür. Die eigenständige Mobilität in der Kapelle und innerhalb des Baukomplexes wird durch einen Treppenlift, eine Hebebühne sowie eine Rampe gewährleistet. Die Oberflächen im Innenhof sind rollstuhltauglich gestaltet. Zur individuellen Unterstützung steht ein Rufsystem zur Verfügung. Zwei barrierefreie Toiletten befinden sich im Erd- und Kellergeschoss und komplettieren die Barrierefreiheit (BHU 2008; nullbarriere.de 2008).

Gedankensplitter

Vom Denkmalschutz über die Barrierefreiheit zum Ansatz „für alle"

Aber ist damit wirklich Barrierefreiheit erzielt – immerhin ist das Behindertenreferat in diesem Gebäude untergebracht. Oder wurde lediglich eine Zielgruppe, jene der gehbehinderten und rollstuhlfahrenden Menschen, erreicht? Wie sieht es mit seh- oder hörbehinderten Menschen aus? Gibt es Beschriftungen in Braille, Kontraststreifen an Stufen etc.? Gibt es eine Ansprechperson im Gebäude, die über die Bedienung des Treppenliftes hinausgehend weiterhelfen kann? Sind die Mitarbeitenden im Amt im Umgang mit Menschen mit besonderen Bedürfnissen geschult? Gibt es eine Broschüre in leicht verständlicher Sprache? Wir haben ein Good-Practice-Beispiel gezeigt, das bei genauerem Hinsehen viele weitere Fragen aufwirft.

Die Suche nach Good-Practice-Beispielen gestaltet sich insgesamt schwierig. Der Grund dafür liegt in all den Fragen, die wir uns bereits gestellt haben. Und selbst wenn bauliche Kriterien erfüllt bzw. der „barrierefreien" Gestaltung nachgekommen wurde, sind es häufig die Menschen, die dem eigentlichen Ansinnen einen Strich durch die Rechnung machen: die Museumsbediensteten, die sich wenig sensibel gegenüber dem Publikum mit besonderen Bedürfnissen zeigen; die Buschauffeure, die weiterfahren, wenn eine Person im Rollstuhl an der Haltestelle wartet, oder Lehrende an der Universität, die den Tonverstärker für die Studentin mit Höreinschränkung verweigern und diese aus dem Hörsaal verweisen. Machen Sie sich einmal auf den Weg und nehmen Sie bewusst wahr, wie oft Barrieren – in unserer Umwelt und in den Köpfen von Menschen – der Auslöser von Ausgrenzung, Diskriminierung und Ungerechtigkeit sind. Sie werden wirklich überrascht sein!

Die Frage, die sich an dieser Stelle unmittelbar aufdrängt ist, warum diese Vielzahl an Gesetzen offenbar nicht ausreicht, um Diskriminierungen abzuwenden. Die Begründungen hierfür aufzuzählen, würde wohl den Rahmen dieser Ausführungen sprengen, denn sie reichen von Unwissen, Gedankenlosigkeit, Gleichgültigkeit bzw. Ignoranz über daraus erwachsende persönliche Nachteile bis hin zur fehlenden Kontrolle und zu fehlenden Konsequenzen im Falle der Missachtung. So hat beispielsweise die Mehrheit der Staaten der Erde die „Allgemeine Erklärung der Menschenrechte" unterzeichnet und ratifiziert, Menschenrechtsverletzungen werden aber dennoch auch in diesen Staaten nicht geahndet oder gar von staatlicher Seite selbst begangen (vgl. Human Rights Watch 2015). Würde man dafür Begründungen suchen, müsste man sich der Philosophie zuwenden, die sich mit Straftheorien auseinandersetzt und etwa die Ansätze der absoluten Straftheorie im Sinne von Vergeltung, die Prävention durch Strafe (relative Straftheorie) und die Vermischung dieser Ansätze eingehend erörtern (Krey 2008; Hoerster 2012).

Gesetze weisen einen **„vorbeugenden" Charakter** auf und formulieren Normen für jene Gesellschaft, in denen sie zur Geltung kommen – entsprechend unterschiedlich erfolgt auch die jeweilige Rechtsprechung. Die Normen werden der Allgemeinheit „übergestülpt", sie werden vom Staat verordnet und „erzwingen" in einem Top-down-Ansatz die Einhaltung des Regelwerkes. Sie werden vielfach auf der Grundlage einzelner Anlassfälle erweitert – und obwohl die Gesetzgebung einem komplexen Verfahren unterliegt und parlamentarisch begründet ist, spiegelt sie nicht immer die aktuelle gesellschaftliche Situation wider. Dennoch können bei der Initiierung und Implementierung von Gesetzen zivilgesellschaftliche Akteurinnen und Akteure, wie NGOs und soziale Bewegungen, maßgebliche Impulse setzen, um auf aktuelle Problemlagen und Missstände hinzuweisen. Ebenso können sie die Politik unter Druck setzen und rechtliche Veränderung in Gang bringen (siehe hierzu auch ▶ Abschn. 2.3.2 Governance). Man denke hier z. B. an die Frauenbewegung der 1970er Jahre in Österreich (unter dem Motto „Mein Bauch gehört mir"), welche eine umfassende Novellierung des Familienrechtes (1975: Fristenlösung) sowie die Abschaffung der Diskriminierung und damit die Gleichberechtigung von Mann und Frau in der Ehe erreichte (Holzleithner 2002). Die Vorteile der Gesetzgebung liegen gleichermaßen auf der Hand: Sie stellen Menschen und Gruppen ein Instrument zur Verfügung, um ihre Rechte nicht nur einzufordern, sondern gegebenenfalls auch durchzusetzen – womit der Machtdiskurs aus ▶ Abschn. 8.1.1 wieder entfacht ist.

Trotz dieses gesicherten Rechtsrahmens ist es de facto so, dass Menschen nach wie vor ungleich behandelt werden und Diskriminierungen ausgesetzt sind, ungleiche Lebensbedingungen vorfinden und unterschiedliche Rahmenbedingungen für ein selbstbestimmtes und aktives Leben haben. All dies widerspricht den Ansprüchen einer sozial nachhaltigen Entwicklung, die dazu beitragen soll, dass alle Menschen innerhalb der derselben, aber auch zwischen aufeinanderfolgenden Generationen die Möglichkeit auf gerechte Nutzung von Ressourcen haben (▶ Abschn. 2.1.2, 2.2.3 und 3.1.2).

8.2.2 Mainstreaming, Partizipation und Empowerment – „Die Macht gehört dem Volk" oder Bottom-up-Ansätze

Wünschenswert wäre also ein Ansatz, der **aktiv Diskriminierungen vorbeugt** und damit den Folgen von Diskriminierung, die sich in Beschimpfungen, Benachteiligungen, Herabwürdigungen, Ausgrenzungen bis hin zu körperlicher Gewalt äußern, zuvorkommt.

Mainstreaming: „Bottom-up meets top-down"

Der erste Schritt in Richtung einer ausgeglichen(er)en und gerecht(er)en Gesellschaft und damit der Vorbeugung von Diskriminierung steht in unmittelbarem Zusammenhang mit der Gesetzgebung und findet sich in unterschiedlichen **Mainstreaming-Konzepten** wieder. Gender Mainstreaming, Disability Mainstreaming, Cultural Mainstreaming, Disversity Mainstreaming etc. verfolgen das Ziel, Gleichbehandlung nicht nur durch legislative Rahmenbedingungen festzulegen und durchzusetzen, sondern durch Programme, Strategien und konkrete Maßnahmen

◘ **Abb. 8.3** Justitia: Augenbinde oder Waage?

in der Umsetzung zu forcieren (vgl. zu Gender Mainstreaming z. B. Doblhofer und Küng 2008). Burbach und Döge (2006, S. 15) illustrieren das Mainstreaming-Konzept mithilfe einer Metapher (◘ Abb. 8.3): „Der zunächst starken Akzentuierung des Schwertes und der Augenbinde der allegorischen Figur der Justitia könnte jetzt verstärkt das Interesse an der Waage in den Horizont der Aufmerksamkeit treten.“

Nicht nur die (reaktive) Beseitigung der Ungerechtigkeit ist das Ziel, bereits vorweg sind die Sensibilisierung für bzw. Sichtbarmachung von Ungleichheiten, die kritische Auseinandersetzung mit den Ursachen und Folgen dieser Ungleichheiten und schlussendlich die Begegnung sowie Beseitigung dieser Ungleichheiten in (politischen) Entscheidungsprozesse zu implementieren – damit wird der rein legislative Ansatz deutlich ausgeweitet. Der Top-down-Ansatz wird in einen breiteren Ansatz umgewandelt.

Noch sind wir allerdings nicht an der eigentlichen Basis angelangt.

Wechseln wir den Blickwinkel und nutzen wir die Möglichkeit, unmittelbar am Menschen bzw. in oder an der Gesellschaft anzusetzen. Dazu müssen wir uns die Frage stellen, wie es gelingen kann, Menschen für ein Thema, eine Sache, eine Problemstellung, ein Projekt etc. zu begeistern und sie dazu zu bewegen, dafür etwas zu tun, vor allem dann, wenn es sie nicht unmittelbar selbst betrifft. Wie können wir Menschen motivieren? Angefügt an die bereits diskutierten Gedanken würde das bedeuten: Welchen (persönlichen) Mehrwert, sprich Vorteil, erzielt man durch dieses Engagement?

Partizipation und Empowerment: Die Präposition „mit" gewinnt

Jetzt ist der Kern der Sache getroffen: Das Stichwort lautet **politische Partizipation** – die Einbindung von Bürgerinnen und Bürgern in Entwicklungs- und Entscheidungsprozesse. Betrachtet man den Prozess der politischen Partizipation etwas genauer (▶ Abschn. 5.3), steht an primärer Stelle des Prozesses die Information. Transferiert man die Stufe der Information auf die vorhandenen Ungleichheiten und unterschiedlichen Bedürfnisse von Individuen oder Gruppen in der Gesellschaft, wäre der Anfang – und damit ein wichtiger erster Schritt gemacht: Der Informationsaustausch und damit das Kennenlernen verschiedener Sichtweisen, Einstellungen und Erfahrungen kann dazu beitragen, die eigene Einstellung, Meinung etc. kritisch zu reflektieren. Dieses generierte Wissen „eröffnet demnach neue, zusätzliche, sich permanent ausweitende und verändernde Handlungsoptionen" (Hebestreit 2013, S. 45). In den weiteren Schritten der Partizipation, und losgelöst von einzelnen Modellen, findet sich der essenzielle Punkt in der Präposition „mit" wie beispielsweise Mitwirkung, Mitentscheidung und Mitbestimmung. Durch die Einbindung der Menschen und dem **Mit**einander erfahren Entscheidungen eine breitere Verankerung und somit eine Legitimierung. Partizipation erlaubt es, sich – und damit seine persönlichen Werte, seine Ideen und Vorstellungen – in Prozesse einzubringen und aktiv zu werden.

Es sind aber zumindest zwei Schwachstellen im Konzept der Partizipation als aktive Strategie gegen Diskriminierung zu identifizieren:

- Zum einen muss von politischer Instanz **Partizipation** nicht nur **gewollt**, sondern aktiv gefördert und nicht als Machtinstrument oder zur Legitimierung von Entscheidungen verwendet werden – um dadurch wieder zum Top-down-Instrument zu mutieren (Liebel 2009). Der politische Wille ist entscheidend für die Beteiligung aller Bevölkerungsgruppen! Dies entspricht leider nicht immer der Realität; häufig werden Bevölkerungsgruppen indirekt oder gezielt – etwa durch Informationsdefizite oder durch (fadenscheinige) rechtliche Vorgaben – aus dem Beteiligungsprozess ausgeschlossen.
- Zum anderen wird das **Recht der Mitbestimmung** zumeist nur von bestimmten Bevölkerungs„schichten" wahrgenommen – diese sind selten repräsentativ für die gesamte Gesellschaft. Empirische Studien zeigen, dass vor allem Randgruppen nicht in Partizipationsprozesse involviert sind bzw. kaum an diesen teilnehmen (van Deth 2009; vgl. auch Kaina und Römmele 2009).

Ergänzend dazu sei angemerkt, dass **soziale Partizipation**, etwa durch freiwillige Arbeit in Vereinen und Organisationen, die politische Partizipation durch Wissensgenerierung und Gewinnung sozialer Kompetenzen unterstützt und erweitert. Roßteutscher (2009, S. 167) zweifelt jedoch daran, „ob soziale Partizipation tatsächlich sozial ausgleichend wirken kann und durch eine Verbreiterung des Beteiligungspotenzials einen signifikanten Beitrag zum Abbau sozialer und politischer Ungleichheiten leistet".

Damit rückt der nächste Ansatzpunkt der aktiven Begegnung von Diskriminierung in den Mittelpunkt der Betrachtung: **Empowerment,** die Befähigung von Menschen mehr Macht im eigenen Leben zu gewinnen. Begriffe, die mit Definition und Erklärung von Empowerment einhergehen, sind unter anderem Selbstbestimmung, Lebensqualität, Selbsthilfe, Teilhabe, Macht, Autonomie, Vertrauen und Ressourcen. Aber auch beim Empowerment-Begriff setzt sich der Diskurs aus Sicht der verschiedensten Disziplinen fort und produziert ein Konvolut an Definitionen und Verständnissen. Ob aus betriebswirtschaftlicher Perspektive (*management*) (Bosch und Behnsen 2012), unter dem Aspekt des Genderdiskurses (*gender studies*) (Parpart et al. 2002), der Gesundheitsperspektive (*social health*) (Spencer 2014), der Behinderung (*disability*) (Schwalb und Theunissen 2009), aus dem Blickwinkel der Sozialarbeit (*social work*) (Herriger

2010) oder der Entwicklungspolitik (*poverty and local governance*) (Pouw und Baud 2012) – Empowerment wird zwar generell als Strategie zur „Machtsteigerung" angesehen, wie sie umgesetzt wird, variiert je nach Einsatzbereich stark.

Aber genau jene „Verleihung" von Macht ist Ansatzpunkt für Kritik. Einerseits wird Empowerment selbst als Machtausübung bewertet, andererseits muss dazu der „Machtempfänger" identifiziert werden (Bröckling 2003). Dieses Vorgehen bedeutet erneut die Ausübung von Macht. Versucht man, die Strategie des Empowerment auf das Wissen, das es zu erwerben gilt, umzulegen, steht der Wissenstransfer anstelle der Machtausübung: Derjenige, der Wissen transferiert, besitzt demzufolge mehr Macht in Form von Wissen. Dem Wissenstransfer wäre der Wissensaustausch gegenüberzustellen, der – auf einer (Macht-)Ebene – als gegenseitige Ergänzung von Wissen gesehen werden kann. Allerdings stellt sich an diesem Punkt die Frage, ob der reine Wissensaustausch in der Lage ist, einen sozialen Ausgleich zu unterstützen. Dazu gesellen sich Kritikpunkte des Nichtwollens oder Nichtkönnens der zu „Empowernden" ebenso wie der Gleichzeitigkeit von Empowerment einer Gruppe und Dis-Empowerment einer anderen Gruppe oder der Frage nach dem „Befähigen wozu bzw. wofür?"

Von Integration zu Inklusion

Nahezu im gleichen Atemzug wie Empowerment und in enger Wechselwirkung werden Schlagwörter wie Integration und Inklusion genannt. Im alltäglichen Sprachgebrauch (insbesondere im deutschen Sprachraum) gibt es eine klare Zuordnung der beiden Termini zu bestimmten Themen. Während Integration in erster Linie in Zusammenhang mit Migrationsbelangen verwendet wird, ist Inklusion klar der Thematik von Menschen mit Behinderungen zugeordnet. Der Fokus wird vor allem auf Inklusion im schulischen und Aus- bzw. Weiterbildungsbereich gelegt. Diese „Vereinnahmung" findet sich auch im wissenschaftlichen Bereich wieder, allerdings erfolgt im wissenschaftlichen Diskurs zunehmend eine Aufweichung (soziale Inklusion, Diversity Management). Nachdem die beiden Begriffe in unterschiedlichen Kontexten verwendet werden, stellt sich die Frage, ob es einen Zusammenhang zwischen ihnen gibt.

Sieht man sich die Genese des Inklusionsbegriffs für Belange von Menschen mit besonderen Bedürfnissen an, hat sich Inklusion aus dem Modell der Integration entwickelt. Während Integration die (Wieder-)Eingliederung von Menschen mit Behinderungen in die Gesellschaft darstellt, bedeutet Inklusion, in einer Gesellschaft die Vielfältigkeit anzunehmen und von dieser Vielfalt zu profitieren. **Integration**, vom sozialen Modell propagiert, wird erforderlich, weil die Gesellschaft Menschen mit Behinderungen einschränkt (Stichwort „Barrieren") – dies wird durch Reduktion von Barrieren, Gesetzgebung, Standards und Richtlinien überbrückt. Im Fall der **Inklusion**, die durch das kulturelle Modell vertreten wird, werden die Vielfalt und die Unterschiedlichkeit der Menschen zum Standard erhoben und nicht mehr hinterfragt. Die Gesellschaft entwickelt dafür ein neues Wertesystem sowie inter- und transdisziplinäre Lösungsstrategien.

Integration im Kontext von Migration bezeichnet vielfach einen Prozess der gegenseitigen Anpassung: Einerseits ist dazu der Integrationswille seitens der Migrantin bzw. des Migranten erforderlich, andererseits ist es die Verpflichtung des Staates bzw. der Gesellschaft, die dafür erforderlichen Grundlagen zu schaffen (Rosenberger 2012). Integration umfasst wiederum zahlreiche Perspektiven, die von der institutionellen bzw. strukturellen Ebene bis hin zur kulturellen Dimension reichen (Heckmann 2015). Ein Begriff, der den verschiedenen Auseinandersetzungen mit dem Integrationsbegriff gemein und in vielen Definitionen enthalten ist, soll für die nächsten Ausführungen aufgegriffen und kritisch beleuchtet werden: die **Aufnahmegesellschaft**.

Bereits aus dieser sehr kurzen Diskussion der Themen Integration und Inklusion wird deutlich, dass die Bezeichnungen vor allem im wissenschaftlichen Bereich unterschiedlich belegt sind und voneinander inhaltlich deutlich abweichen. Zwei Prozesse und deren Ergebniszustände stehen einander gegenüber: die Aufnahme in das Bestehende (die Gesellschaft) und das sich Anpassende und sich Erweiternde (als Gesellschaft). Obgleich in der sozialen Integration der Anpassungsprozess beiderseitig charakterisiert wird und der Integrationsbegriff zunehmend dem Inklusionsbegriff weicht, wird an dieser Stelle der Inklusion mehr Augenmerk geschenkt.

Doch auch der Inklusionsbegriff ist kritisch zu hinterfragen. Dannenbeck und Dorrance (2009) sehen die Integration als reflexiven Prozess, der nie einen Endzustand, die inklusive Gesellschaft, erreichen kann und darf. „Eine reflexive inklusive Perspektive heißt vor allem, sich der Dynamik der sozialen und gesellschaftlichen Konstruktionsprozesse von Differenz(en) zu stellen. Anerkennung von Vielfalt ist die eine Seite der Medaille, die Dekonstruktion von Differenzsetzungen ist deren Kehrseite." Integration kann jeweils nur Teilsysteme der Gesellschaft, nie jedoch die „gesamte Gesellschaft" umfassen. Ähnlich argumentieren Schwalb und Theunissen (2009) und sehen eine Gefahr der politischen Vereinnahmung von Integration, wodurch diese Gefahr läuft, zu einer leeren (Wort-)Hülse degradiert zu werden. Hinzu kommt im Behindertenbereich eine zunehmende Ökonomisierung. Integration ist dennoch ein guter Ansatzpunkt zur inklusive(re)n Gesellschaft, wenn dieser Weg auch einen stets zu analysierenden und reflektierenden Prozess darstellt.

Bevor Diskriminierung beginnt: Der Anti-Bias-Ansatz

Um die vorhergehenden Ansätze zu komplettieren, wird abschließend ein pädagogischer Ansatz vorgestellt, der sich erst um die Millenniumswende im deutschen Sprachraum verbreitet hat: der **Anti-Bias-Ansatz**. Anti-Bias zielt darauf ab, Vorurteile und Voreingenommenheit von Personen und Ungleichheiten in der Gesellschaft zu erkennen, diesen zu begegnen, um Diskriminierungen vorzubeugen bzw. diese zu vermeiden (Gramelt 2010; Anti-Bias-Werkstatt 2015). Bias (deutsch „einseitige Neigung", „Vorurteil", „Voreingenommenheit") entsteht häufig unbewusst und spiegelt Wertehaltungen und damit einhergehende Machtstrukturen wider. Ähnlich dem Inklusionsgedanken liegt der Zugang zu einer Verbesserung der Situation in der kritischen Reflexion, dem Bewusstmachen und der Entwicklung von alternativen Handlungsstrategien. Obgleich Anti-Bias vorwiegend im Umfeld der pädagogischen Tätigkeit mit Kindern in Vor-, Grundschule und Kindertagesstätten genannt wird, findet aktuell die Ausweitung des Konzepts auf die Arbeitswelt und auf Organisationen statt (Anti-Bias 2015).

8.3 Die inklusive Gesellschaft – ein „gerechte(re)s" Denkmodell oder ein Paradoxon der Nachhaltigkeit?

Es konnte gezeigt werden, dass die Bandbreite von Ansätzen, Gedankenmodellen und Zugängen, denen das Ziel, eine gerechtere und ausgeglichene Gesellschaft zu schaffen, gemein ist, umfangreich ist. Gleichermaßen zeigt sich auch, dass weder verordnete Ansätze (Top-down) noch Strategien, die die Menschen dazu ermächtigen bzw. ermutigen, ihre Verhaltensmuster und Wertegrundlagen zugunsten eines Ausgleichs zu ändern (Bottom-up), von hinreichendem Erfolg gekrönt sind.

Damit stellt sich die Frage, ob es eine inklusive Gesellschaft überhaupt geben kann und welche der aufgezeigten „Mittel" sich als geeignet erweisen, dieses Ziel zu erreichen. Oder steht der Gedanke der inklusiven Gesellschaft und damit der sozialen Nachhaltigkeit so stark im Kontrast zu einer von Egomanie und Ökonomie geprägten bzw. dominierten gesellschaftlichen Realität, dass Inklusion, Gleichberechtigung und Gerechtigkeit lediglich als ein modernes und dankbares Label für politischen Zweckoptimismus fungieren?

Es wäre vermessen, an dieser Stelle einen konkreten Lösungsvorschlag präsentieren zu wollen, zumal in der Diskussion des Ansatzes der Inklusion wie auch im Anti-Bias Ansatz festgehalten wird, dass es sich bei der vorurteilsfreien, diskriminierungsfreien, gleichberechtigten Gesellschaft – wie es Dannenbeck und Dorrance (2009) ausdrücken – um eine Utopie handelt. Daher geht es wohl eher um die Betonung des Prozesses bzw. um die Prozessentwicklung hin zu einer gerechteren, inklusiveren Gesellschaft sowie um die damit einhergehende Reflexion des Prozesses. Prägnanter formuliert: **Der Weg ist das Ziel.**

8.3.1   Pflastersteine auf dem Weg in die inklusive Gesellschaft

Bevor abschließend ein Blick auf die jüngsten Entwicklungen in diesem Kontext gewagt wird, sollen die nächsten Darstellungen jene Kerngedanken zusammenfassen, die für die Autorinnen sowohl als Voraussetzungen als auch als Hilfsmittel auf dem Weg zu einer inklusiven Gesellschaft notwendig und wichtig sind. Diese Auflistung macht deutlich, dass einerseits viele Pflastersteine für die Konstruktion des Weges erforderlich sind, andererseits diese Pflastersteine zusammengelegt werden müssen, um eine Gesamtkonstruktion – den Weg – zu gestalten. Der entscheidende Faktor und Mehrwert in diesem bzw. durch diesen Prozess lässt sich mit dem Stichwort „Emergenz" oder der Charakterisierung durch das Sprichwort „Das Ganze ist mehr als die Summe seiner Teile" nach Aristoteles beschreiben.

- **Es beginnt im Kleinen:** Nicht die Erwartungshaltung an die Politik, die Machthabenden oder an „die Gesellschaft" bzw. die „Anderen" forcieren den Inklusionsgedanken. Einer der wichtigsten Ansatzpunkte liegt in der Eigenverantwortlichkeit. Es reicht nicht aus – auch wenn es der leichtere Weg sein mag –, die Verantwortung, die vielfach als Schuld bezeichnet wird, abzuschieben: Jede und jeder Einzelne ist gefordert, einen persönlichen Beitrag zu leisten. Dabei kann es sich um die Auseinandersetzung mit aktuellen gesellschaftlichen Themen handeln, aber auch darum, sich im Rahmen der jeweiligen Möglichkeiten zu informieren und insbesondere gegenüber bestehenden Ungleichheiten kritisch zu sein, diese aufzuzeigen und Zivilcourage zu beweisen. Konkret geschieht dies, indem in privaten Gesprächen zu unbedachten oder abfälligen Bemerkungen gegenüber marginalisierten oder ausgrenzten Personen kritisch Stellung bezogen wird oder indem man sich für soziale Belange engagiert.
- **Es beginnt mit den „Kleinen":** Jener Bereich, in dem der Inklusionsgedanke bereits auf fruchtbaren Boden gefallen ist und die Diskussion über und um Inklusion und deren Umsetzung einen zentralen Stellenwert einnimmt, ist der Bildungsbereich. Im Zuge der Schul-, Aus- und Weiterbildung, beginnend bereits im Kindergarten und Vorschulalter, bietet es sich an, einen Wertewandel zu initiieren oder vorweg Werte zu definieren, da Kinder Vorurteile und genormte Werte und Verhalten erst (von uns Erwachsenen) erwerben bzw. in der Folge konstruieren.
- **Mit- statt Gegeneinander:** Eine weitere Aufgabe ist es, im persönlichen Umfeld Gemeinsamkeiten anstelle von Gegensätzlichkeit zu identifizieren und – im optimalen Fall – daraus gegenseitige Vorteile (Win-win) zu generieren. Der Prozess des Miteinanders wird häufig mit einem persönlichen Gespräch initiiert und bedarf bereits eines Umdenkprozesses und somit der eigenen Öffnung für Unbekanntes – idealerweise im Vorfeld, aber unbedingt im Laufe der Kommunikations- und Beteiligungsprozesse. Umgekehrt verlangt eine Unterstützung durch „die Gesellschaft" auch „ein Wollen", das sich durch die Bereitschaft des Individuums zu einem persönlichen Beitrag für die Gesellschaft ausdrückt. Die beiderseitige Willensbekundung entsteht häufig in einem Dialog.

- **Mit allen für alle:** Jeder Mensch ist individuell, wir sind alle verschieden und besitzen persönliche Stärken und Schwächen. Die Herausforderung ist es, diese Heterogenität der Gesellschaft nicht als Hemmnis, sondern als Chance zu sehen. Eine Möglichkeit besteht darin, persönliche Kompetenzen zu stärken, ausreichend Information weiterzugeben und bestehendes Wissen zu vermitteln bzw. auszutauschen. Die kritische Reflexion der eigenen Position und der damit einhergehenden Privilegien kann der erste Schritt zur Erkenntnis sein, dass eine Abgabe von Macht nicht als Entmachtung verstanden wird, sondern als Entlastung (Verantwortung abgeben). Die daraus resultierende Frage nach dem persönlichen Mehrwert oder „Gewinn" kann mit vielen Argumenten beantwortet werden und beginnt bei einem erweiterten Wissenshorizont, geht über gegenseitige (nachbarschaftliche) Unterstützung bis hin zu gemeinsam erarbeiteten (kommunalen) Entscheidungen.
- **Gesetze sind wichtig:** Bottom-up-Prozesse werden jedoch nicht alleine ausreichen, es sind auch Top-down-Instrumente erforderlich und hilfreich. Gesetze sichern zum einen bereits Erreichtes, zum anderen definieren sie (neue) Normen und sind das Werkzeug, um Normen einzuhalten bzw. diese auch einzufordern. Vielfalt bzw. die vielfältige Gesellschaft benötigt Regeln und Rahmenbedingungen, um „reibungsfrei" funktionieren zu können. Inklusion oder der Weg dorthin bedeutet, „mit"einander neue Regeln zu vereinbaren und damit Vertrauen und gegenseitiges Verständnis zu entwickeln bzw. zu erweitern.
- **Es braucht Strukturen:** Selbst die größte Bereitschaft der Menschen verpufft, wenn diese nicht auf politische, administrative und institutionelle Strukturen trifft, die diesem Engagement Platz bieten. Gegenseitige Unterstützung benötigt auch institutionelle Hilfe und muss sich somit in den Strukturen von Gemeinden, Hilfsorganisationen und Vereinen beispielsweise durch Anlauf- und Servicestellen widerspiegeln.
- **Die Rolle der Geographie – ein neuer Raum entsteht:** Gleichgültig, wie der Raum definiert wird – und an dieser Stelle soll keine Diskussion über Raumontologien geführt werden (z. B. Werlen 1999): Mit dem Inklusionsgedanken und dem damit initiierten Wertewandel entstehen neue gesellschaftliche Verflechtungen und ein neues Raumkonstrukt. Es liegt nahe, dass sich die Geographie dieses neu entstandenen Raumes annimmt, ihn charakterisiert und seine Effekte bzw. Effekte auf den Raum erfasst und studiert. Es besteht zunehmend die Gefahr, dass andere Wissenschaftsdisziplinen sich diesen Raum aneignen und der Geographie ihr ureigenes Objekt entzogen wird. Daher gilt es in der Geographie, sich der Bedeutung dieses Raumes (wieder) bewusst zu werden und verstärkt Augenmerk auf diesen zu legen.

Aus der Praxis

Flüchtlingskatastrophe im Mittelmeer

Versuchen wir die Pflastersteine auf dem Weg zur Inklusion anhand des Beispiels der Flüchtlingsbewegungen in die EU durchzudenken. Im ersten Halbjahr 2015 überquerten rund 137.000 Menschen auf der Flucht vor Verfolgung, Gewalt, Kriegswirren, vor fundamentalistisch-religiösen und radikal politischen Entwicklung sowie vor materieller Not das Mittelmeer in Richtung Europa. Bei den Versuchen der Überquerung starben nach offiziellen Bestätigungen mindestens 2000 Menschen (UNHCR Österreich 2015a).

Aus der Praxis *(Fortsetzung)*

Diesem starken Zustrom steht in den Mitgliedsstaaten der EU gleichzeitig ein Trend zur strikteren Reglementierung der Einreise von Personen aus Drittstaaten gegenüber. Eine legale Einreise aus akuten Krisengebieten wie beispielsweise Somalia, Sudan, Syrien, Afghanistan oder Pakistan in die EU ist die Ausnahme und nur für Personen mit nachweisbarem finanziellem Rückhalt, einem Krankenversicherungsschutz sowie einer Rückreisebestätigung möglich. Über diese Ressourcen verfügt jedoch lediglich eine privilegierte Minderheit. Das Flüchtlingswerk der Vereinten Nationen (UNHCR) unterstützt auf Wunsch Nationalstaaten bei der Aufnahme von ausgewählten Flüchtlingen, wobei Anzahl und Herkunftsregion der aufzunehmenden Menschen seitens der Staaten vorgegeben wird. Die Konsequenz dieser restriktiven Regelungen ist für die überwiegende Zahl der Flüchtlinge die irreguläre und damit illegale Einreise in die EU, zumeist mithilfe von Schlepperorganisationen. Jene, die die „Festung Europa" erreichen, sehen sich mit überfüllten Aufnahmezentren, Arbeitsverboten, langjährigen Asylverfahren und Fremdenfeindlichkeit konfrontiert. Die Pflastersteine im Einzelnen:

- **Pflasterstein – Es beginnt im Kleinen:** Im Kleinen kann die Inklusion bereits damit beginnen, geflohenen Menschen im eigenen Alltag auf Augenhöhe zu begegnen und sie willkommen zu heißen. Dies kann bedeuten, mit der tschetschenischen Nachbarin, den syrischen Eltern der Mitschülerin oder mit

der Gruppe der unbegleiteten, minderjährigen Flüchtlinge aus Afghanistan über sprachliche Grenzen hinweg „ins Gespräch zu kommen". Denn wie Ban Ki-moon, Generalsekretär der Vereinten Nationen, anlässlich des Weltflüchtlingstags am 20. Juni 2015 unterstrich: „Refugees are people like anyone else, like you and me. They led ordinary lives before becoming displaced, and their biggest dream is to be able to live normally again" (UN 2015b). Es geht darum, die Biographien der Geflohenen zu respektieren und ihre Bedürfnisse nach einem erfüllten, guten Leben als Menschenrecht anzuerkennen. Sowohl im direkten Kontakt mit den Betroffenen als auch im täglichen Gespräch im Lieblingscafé kann jede und jeder von uns Zivilcourage zeigen und sollte nicht weghören, wenn fremdenfeindliche Parolen geschwungen oder Beleidigungen als schale Witze getarnt werden. Mit Blick auf die Menschenrechte liegt es auch in unserer Einzelverantwortung, sich objektiv über Sachverhalte zu informieren, sich zu engagieren und deutlich Stellung gegenüber menschenverachtenden Diskursen und Praktiken zu beziehen.

- **Pflasterstein – Es beginnt mit den „Kleinen":** Eine Chance für den Prozess der Inklusion von Flüchtlingen sind die Kinder: Kinder begegnen anderen Kindern zuerst auf gleicher Augenhöhe, überwinden

Sprachbarrieren durch ihre eigene Sprache und Art der Verständigung und zeigen Interesse am Unbekannten. In Kindergarten und Schule fördern migrationssensible und rassismuskritische Ansätze eine interkulturelle Willkommenskultur (Sprung 2011). Die persönlichen Fluchterfahrungen der Kinder erweitern darüber hinaus das Weltbild unserer Kinder (vgl. dazu „Der Lange Tag der Flucht"; UNHCR 2015b).

- **Pflasterstein – Mit- statt Gegeneinander:** Auch das Mit- statt Gegeneinander als nächster Pflasterstein der Inklusion kann auf lokaler Ebene aktiv gelebt werden. Die Planung von Asylunterkünften in peripheren Bereichen ruft häufig lokalen Widerstand und Ablehnung hervor. Stehen allerdings frühzeitig und ausreichend Informationen zur Verfügung, gibt es in den meisten Fällen ein Bekenntnis zur Solidarität. Wird die lokale Bevölkerung in die Planung miteinbezogen, wird vermittelt, dass Asylwerbende ökonomisch, sozial und kulturell zur Weiterentwicklung einer Gemeinde beitragen, sofern man dies zulässt und fördert. Der Wille von beiden Seiten, ein friedvolles Miteinander zu gestalten, ist dafür eine unabdingbare Voraussetzung. Das Miteinander führt auch zu gegenseitig interkulturellem Lernen und hilft, Verwaltungsstrukturen zu verbessern, Bildungs- und Sporteinrichtungen zu beleben sowie die lokale Wirtschaft zu unterstützen.

- **Pflasterstein – Gesetze sind wichtig:** Auch die Gesetzgebung in Bezug auf den Umgang mit Flüchtlingen muss Änderungen bzw. Anpassungen erfahren, um den ständig wechselnden Anforderungen zu entsprechen. So sind das Völkerrecht und damit die Genfer Flüchtlingskonvention von 1952 nicht mehr zeitgemäß, da sie beispielsweise die Flucht aufgrund der sexuellen Orientierung oder geschlechtsspezifischen Verfolgung nicht inkludieren. Die Überarbeitung des EU-Rechtes ist dringend erforderlich, um eine solidarische Aufnahme von Flüchtlingen unter den Mitgliedsstaaten zu gewährleisten. Die Partizipation von Expertinnen und Experten sowie von Betroffenen bei der Erarbeitung von Gesetzesreformen garantiert, dass Gesetze sich an den konkreten Lebensrealitäten und Bedürfnissen der Betroffenen orientieren.
  Nach der Ankunft in einem Land steht an erster Stelle ein Verfahren, das prüft, ob der Flüchtlingsstatus einer Person, also des Asylwerbenden, anerkannt wird. Erst mit dieser Anerkennung werden Flüchtlingen grundlegende wirtschaftliche und soziale Rechte zuerkannt. Insbesondere das Recht auf Arbeit bzw. einen Arbeitsplatz stellt dabei eine wichtige Basis für einen Schritt in die Selbstständigkeit und die Teilhabe am gesellschaftlichen Leben dar. Ein Beispiel in diesem Kontext ist die Anpassung der Gesetzgebung, etwa im Bundesland Salzburg. Durch die Novellierung des Flüchtlingsunterkünfte-Gesetzes ist es möglich, in allen Baulandkategorien, beispielsweise auch in Gewerbegebieten, Unterkünfte zu nutzen bzw. zu schaffen. Damit soll dem Engpass an Unterkünften entgegengewirkt werden (Österreichischer Rundfunk 2015). Einschränkend angemerkt sei an dieser Stelle allerdings auch der „Nebeneffekt" dieses Gesetzes: Zeltstädte können damit als Unterkünfte für Flüchtlinge auch legitimiert werden.

- **Pflasterstein – Es braucht Strukturen:** Die Veränderung der Gesetze erzielt jedoch keinen nachhaltigen Effekt, wenn nicht parallel dazu Strukturen geschaffen werden, die eine Umsetzung fördern. Fehlt es beispielsweise an Unterkünften und der Bereitschaft, welche zu schaffen, greift auch die Verordnung nicht mehr, eine Mindestzahl an Flüchtlingen aufzunehmen. Im Mittelmeer hat die italienische Regierung im Jahr 2013 die Aktion „Mare Nostrum" ins Leben gerufen, um in Seenot geratene Flüchtlinge zu retten. Die italienische Regierung hatte es sich zur Aufgabe gemacht, durch umfangreiche Maßnahmen und den koordinierten Einsatz von Marine und Küstenwache, Flüchtlingsboote sicher an Land zu geleiten und darüber hinaus Schlepper auszuheben. Durch das Einstellen der Aktion aus Kostengründen im darauffolgenden Jahr verlieren aktuell immer mehr Flüchtlinge auf der gefährlichen Fahrt ihr Leben.

- **Pflasterstein – Die Rolle der Geographie – ein neuer Raum entsteht:** Kommen wir in unserem Beispiel zum letzten Pflasterstein, der Rolle der Geographie. Am Beispiel der Tragödien im Mittelmeer zeigt sich deutlich, wie das Wegfallen von Grenzen (jener im EU-Binnenraum) und die Konstruktion neuer Grenzen (EU-Außengrenzen) über das Leben von Menschen entscheiden. Über lange Jahre, fast Jahrzehnte, wurde seitens der EU die grenzüberschreitende Zusammenarbeit zum Ausgleich von Disparitäten forciert und finanziell unterstützt. Geht es nunmehr um die Frage, diese grenzüberschreitenden Kooperationen um neue räumliche Dimensionen (Kriegsgebiete im Nahen Osten, Subsahara, Afrika etc.) zu erweitern, gewinnen immer mehr nationalstaatliche Egoismen und protektionistische Ansätze – die wir eigentlich schon vergessen glaubten – die Oberhand. Es sollte zum Anliegen einer „neuen politischen Geographie" werden, diese „Grenzfragen", basierend auf zahlreichen geographischen Konzepten und Modellen der späten 1990er Jahre, aufzugreifen und gesellschaftspolitisch relevante Lösungsansätze für die „neuen Migrationsphänomene" bereitzustellen (vgl. auch Zimmermann und Janschitz 2004).

8.3.2   Vom „Anderssein" zum Andersdenken – Inklusion beginnt im Kopf

Diese Auflistung von erforderlichen Pflastersteinen auf dem Weg in eine inklusiv(er)e Gesellschaft erhebt weder den Anspruch auf Vollständigkeit – dies wird bereits durch die Gleichsetzung des Inklusionsgedankens mit einem Weg ad absurdum geführt –, noch ist die Liste einem Kochrezept gleichzusetzen. Damit liegt die Antwort auf die eingangs gestellte Frage, ob sich eine inklusive Gesellschaft modellieren lässt, auf der Hand und muss eigentlich negativ beantwortet werden.

Die **gerechtere Gesellschaft** entspricht einem Entwicklungsprozess, der situativ ist und den jeweiligen Rahmenbedingungen angepasst werden muss. Allerdings lässt sich festhalten, dass sich der Inklusionsprozess nicht ausschließlich – wie dies in der Literatur häufig der Fall ist – auf den Bereich von Menschen mit besonderen Bedürfnissen bezieht. Die Pflastersteine lassen sich auf alle Aspekte, die von Diskriminierung, Ausgrenzung und Ungleichheit betroffen sind, ausweiten: gleichgültig, ob es Genderfragen, die gerechte Verteilung von bezahlter und unbezahlter Arbeit zwischen Männern und Frauen, Migrationsthemen, den Umgang mit kultureller Vielfalt oder die Aufnahme von Flüchtlingen betrifft.

Zusätzlich zu den einzelnen Pflastersteinen ist es unumgänglich, die unterschiedlichen Belange der Diversität miteinander zu verknüpfen, dafür zu sensibilisieren und Diversität als gesellschaftliche Herausforderung anzuerkennen. Die einzelnen Aspekte für sich genommen stellen zwar individuelle Pflastersteine dar, bilden allerdings noch keinen Weg. In der Literatur findet sich dazu das Konzept der **Intersektionalität** (vgl. Jacob et al. 2010; Raab 2012; Voigt 2011). Die US-amerikanische Rechtshistorikerin Kimberly Crenshaw analysierte erstmals 1989 dieses Phänomen der sogenannten intersektionalen Diskriminierung anhand von Klagen schwarzer Arbeiterinnen in einer Produktionsfirma, deren Diskriminierungserfahrungen sich weder auf die Kategorie Geschlecht noch auf die Kategorie *race* reduzieren ließen, da in den Klagen weder weiße Frauen (Geschlecht) noch schwarze Männer (*race*) Diskriminierungen ausgesetzt wurden.

Intersektionalität weist darauf hin, dass die Betrachtung einzelner sozialer Kategorien wie des Geschlechts, der Behinderung etc. nicht ausreicht, diese Kategorien zu erfassen. Vielmehr sind diese miteinander verwoben und beeinflussen sich gegenseitig (Jacob et al. 2010). Intersektionalität untersucht nicht nur die individuellen Kategorien, sondern deren Verflechtungen und gegenseitigen Wechselwirkungen (Walgenbach 2012). Die Verhältnisse verschiedener „Achsen der Ungleichheit" werden hinsichtlich ihrer Zusammenhänge, Wechselwirkungen und Differenzen dargestellt, um dadurch verschiedene Arten der Unterdrückung freizulegen (vgl. Kerner 2009; Klinger 2003; Winkler und Degele 2009). Rommelspacher (2009, S. 81) skizziert diese Wechselwirkungen wie folgt: „In den Sozialwissenschaften sind mit diesen in erster Linie die verschiedenen Machtdimensionen gemeint, die die Gesellschaft strukturieren, wie patriarchale und ökonomische Machtverhältnisse, ethnische und religiöse Dominanz, Heterosexismus, die Diskriminierung von Behinderten, Alten und Kindern. Des Weiteren sind Machtverhältnisse zwischen verschiedenen Regionen relevant, wie die zwischen Stadt und Land, zwischen verschiedenen Nationen oder auch globalen Regionen u. a. m." Die Intersektionalität legt in ihren traditionellen Diskursen den Fokus auf die Bereiche Gender, Klasse und Ethnizität. Auf dem Weg zur Inklusion werden zunehmend weitere Kategorien wie beispielsweise das Thema der Behinderung unter dem Blickwinkel der Intersektionalität betrachtet (vgl. Wansing und Westphal 2014).

Kehren wir zur Inklusion zurück, so sieht Stuber (2004) Inklusion als eine Grundhaltung (einer Unternehmensführung), die Unterschiede anerkennt und berücksichtigt, Vielfalt fördert und „alle" einbezieht. Diese Grundhaltung gilt es, in der Gesellschaft zu entwickeln.

Flüchtlingskatastrophe im Mittelmeer (Fortsetzung)

Legen wir diesen Ansatz auf unser Beispiel um, hieße das, Flüchtlinge nicht als gleichförmige, homogene Menschenmasse zu betrachten, sondern deren Individualität und die sich daraus ergebenden spezifischen Bedürfnisse und die unterschiedlichen Potenziale zu erfassen und auch anzuerkennen.

Geht es um wertvolle Ausbildungs- und Berufserfahrung, um herausragende sportliche oder kulturelle Leistungen, die Ausländerinnen und Ausländer „bieten können", gibt es eine Unzahl von privilegierten und häufig prominenten Fällen, bei denen die Zuerkennung der Staatsbürgerschaft meist außer Diskussion steht und sehr rasch abgewickelt wird – auch ohne Deutschtest und Staatsbürgerkunde. Dieses Messen mit unterschiedlichen Maßstäben ist ungerecht. Ungleich schwieriger ist es für das Mädchen aus Indien, das vor sexueller Gewalt in ihrem Heimatland ohne ihre Eltern fliehen musste und deren Ausbildung in Österreich nicht anerkannt wird. Glücklicherweise hat sie in der Familie von nebenan Aufnahme gefunden. Sie bringt sich im Haushalt ein, kocht gemeinsam mit der Tochter des Hauses nach indischen Rezepten, sie lernen und spielen gemeinsam. Sprache ist inzwischen kein Hindernis mehr. Ihr Ziel: Sie möchte einmal Psychologin werden und Frauen in Not helfen.

8.3.3 Der Weg ist das Ziel ... bewegen wir uns auf diesem Weg aufeinander zu!

In den letzten Gedankengängen wurden zahlreiche Elemente und Hilfsmittel auf dem Weg zu einer gerechteren Gesellschaft angeführt, deren Vernetzung betont und die Bedeutung der Vielfalt in einer Gesellschaft hervorgehoben. Ein essenzielles Element wurde bislang allerdings bewusst nicht angeführt, obwohl es aus der Sicht der Autorinnen den wichtigsten Pflasterstein darstellt: die **Bewusstseinsbildung.**

Aus den bisherigen Ausführungen geht klar hervor, dass der Inklusionsgedanke oder das Motto bzw. der Gedankenzugang „für alle", der dem „Design-for-all-Ansatz" folgt, eine andere Herangehensweise benötigt. Anstelle von Reaktion (hier sei stellvertretend das Beseitigen von Barrieren genannt) tritt **Aktion**. Aktion beinhaltet Aktivität, Aktivität bedeutet Beweglichkeit, und Beweglichkeit betrifft insbesondere unsere Gedankenwelt – kurz gesagt: **Bewegung beginnt im Kopf.**

Die Bewusstseinsbildung ist an der Schnittstelle **zwischen Top-down- und Bottom-up-Ansätzen** anzusiedeln. Und in manchen Belangen, so auch in Bezug auf eine inklusive Gesellschaft, ist die öffentliche und die politische Diskussion der Wissenschaft weit voraus wie unterschiedliche Programme und Aktivitäten, beispielsweise die Inklusionslandkarte (Beauftragte der Bundesregierung für die Belange behinderter Menschen 2014), diverse Aktionspläne, Initiativen unter dem Motto „Für alle" etc. belegen. Die Diskussion hat jedenfalls die Öffentlichkeit erreicht. Allerdings erfährt diese „Öffentlichkeit" damit, so scheint es jedenfalls, eine Zweiteilung – nachdrücklicher formuliert: eine Spaltung. Ein Teil setzt sich mit dieser Thematik auseinander, wodurch der Prozess der Bewusstseinsbildung initiiert ist, der andere und vermutlich weitaus größere Teil ignoriert das Thema, „schaut weg" und zeigt Desinteresse. Damit muss die Bewusstseinsbildung – und somit kehren wir wieder in die wissenschaftliche Perspektive zurück – in diesem überwiegenden Teil der Bevölkerung erst angeregt werden. Wenn man den englischen Begriff *raising awareness* mit „Sensibilisierung" übersetzt, ist der Startpunkt identifiziert.

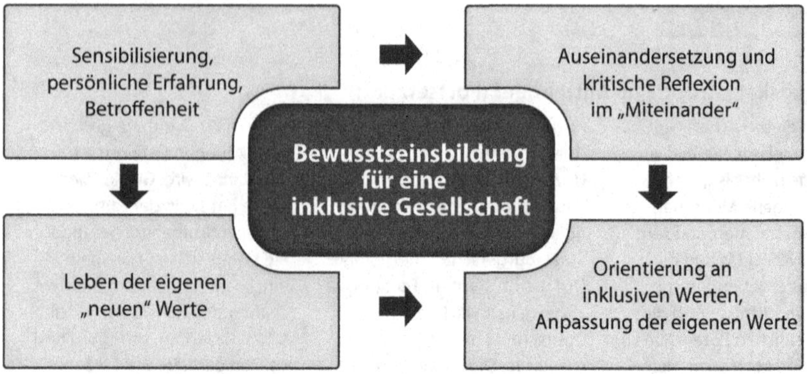

□ Abb. 8.4 Bewusstseinsbildung für eine inklusive Gesellschaft

Am Beginn des Bewusstseinsbildungsprozesses (□ Abb. 8.4) steht nach Berger und Luckmann (2007, S. 83) die „Übernahme der Rolle anderer Personen, die das Individuum typisiert". In diesem ersten Schritt erlernt man soziale und politische Verhaltensweisen und Werte, indem man diese von anderen Menschen übernimmt bzw. sich diese „abschaut". Diese Verhaltensweisen und Werte werden in einem weiteren Schritt anhand der Reaktion des Gegenübers gemessen und bewertet; man spricht von wechselseitiger Interpretation. Dieser Bewertungsprozess endet jedoch nicht beim tatsächlichen Gegenüber, sondern wird auf die „verallgemeinerten Anderen" ausgeweitet. Damit kommt es zur Übernahme allgemeiner Werte und Prinzipien von der Gemeinschaft. Letztendlich werden diese neu erworbenen bzw. umformulierten Wertehaltungen verteidigt und durch Handlungen in die Gesellschaft rücktransferiert (Lange und Himmelmann 2007).

Transferiert man den Bewusstseinsbildungsprozess auf die Inklusion, entspricht dieser Prozess verbildlicht einem Kreislauf oder besser einer Spirale, die immer weitere Kreise zieht:

- **Sensibilisierung:** Man wird auf das Thema Inklusion aufmerksam, sei es durch die Medien oder durch ein persönliches Erlebnis, durch eigene Betroffenheit.
- **Kritische Auseinandersetzung:** Durch die Befassung mit dem Thema Inklusion bildet man sich eine eigene Meinung zu dem Thema.
- **Anpassung der eigenen Werte:** Durch (kritische) Reflexion erfolgen eine „Nivellierung" der eigenen Werte und Ausrichtung an gesellschaftlichen oder an gruppenspezifischen Werten.
- **Leben dieser Werte:** Mit der Thematisierung der Inklusion im eigenen Leben und Umfeld wird der Inklusion eine höhere Stellung eingeräumt und mehr Priorität verliehen. Es ist ein Anliegen, den Inklusionsgedanken zu leben und zu verbreiten, mit vielen anderen Menschen zu diskutieren und damit die eigenen Werte zu weiterzutragen.

Wie so oft ist der erste Schritt der bedeutendste: der Start des Prozesses. Und somit schließt sich der Kreis dieses Kapitels: **Der erste Schritt beginnt im Kopf.**

❶ Herausforderungen für die Zukunft
- Der Umgang mit Vielfalt in der Gesellschaft stellt eine große Herausforderung dar. Die Entwicklung zu einer nachhaltige(re)n, inklusive(re)n Gesellschaft ist ein fortwährender Prozess, der aktiv vorangetrieben werden muss. In diesem Prozess treffen Menschen mit unterschiedlichen Interessen, Bedürfnissen und Werthaltungen aufeinander. Aus dieser Verschiedenheit werden ein Anderssein und die Fremdheit konstruiert, kontinuierlich bewertet, zueinander in Verhältnis gesetzt und hierarchisiert.

- Der gesellschaftliche Umgang mit Vielfalt ist demnach geprägt von einem Streben nach Anerkennung mit den damit verbundenen Rechten und vom Ringen nach sozialem Status und dem dadurch implizierten Zugang zu Ressourcen. Resultate dieser Bemühungen sind gesellschaftliche Hierarchien und Machtverhältnisse, die zu Ungleichverteilung von Ressourcen führen und vielfach in Diskriminierung enden.
- Eine nachhaltige(re) (soziale) Entwicklung ist mit dem Streben nach Gerechtigkeit, Gleichbehandlung, Gleichverteilung, Chancengleichheit, Lebensqualität sowie Partizipation und Empowerment gleichzusetzen. Das Ziel sozialer Nachhaltigkeit ist unter anderem ein selbstbestimmtes, aktives Leben aller Menschen in einer Gesellschaft. Eine nachhaltige Entwicklung schließt mit ein, dass Vielfalt als wertvoller Beitrag für facettenreiche (Lebens-)Räume gesellschaftlich anerkannt wird.
- Dieses Ziel wird zum einen durch Top-down-Prozesse erreicht, die in Gesetzen, Normen und Verordnungen bzw. in Strukturen abgebildet werden. Sie geben Rechtssicherheit und bieten formalen Schutz vor Diskriminierung. Dem gegenüber stehen Bottom-up-Ansätze wie Mainstreaming, Partizipation und Empowerment-Prozesse, Integrations- und Inklusionsstrategien sowie der Anti-Bias-Ansatz und das Konzept der Intersektionalität. Diese Zugänge beginnen beim Menschen selbst, unterstützen und fördern das persönliche Engagement, das Miteinander sowie eine systemische Sichtweise.
- Am Ende, und in Rückkoppelung gleichermaßen am Prozessbeginn, steht die Bewusstseinsbildung. Durch die Verknüpfung von Bottom-up- und Top-down-Werkzeugen, basierend auf der Sensibilisierung für Nachhaltigkeit, Gerechtigkeit und Inklusion, gepaart mit der kritischen Reflexion und (Ver-)Änderung der persönlichen Werte schafft die Bewusstseinsbildung die Grundlagen für eine nachhaltige(re) Gesellschaft und begleitet uns auf dem Weg dorthin.

Pointiert formuliert

Eine gerechtere Gesellschaft beginnt in den Köpfen der Menschen; sie beginnt bei jedem von uns selbst und bei unserem persönlichen Beitrag zur Inklusion aller Menschen in unsere Gesellschaft. Wir müssen sensibel sein gegenüber Diskriminierung und uns kritisch mit unseren Werten auseinandersetzen, diese Werte ständig anpassen und nach mehr Gerechtigkeit und damit mehr sozialer Nachhaltigkeit streben.

Literatur

Aachener Stiftung Kathy Beys (2014) Lexikon der Nachhaltigkeit. http://www.nachhaltigkeit.info/artikel/soziale_nachhaltigkeit_1935.htm. Zugegriffen: Februar 2015

Allport GW (1954) The nature of prejudice. Addison-Wesley, Reading, MA

Anti-Bias (2015) Plattform für den bewussten Umgang mit unbewussten Vorurteilen. Wien. http://www.anti-bias.at/ueber-uns/ueber-anti-bias/. Zugegriffen: Juli 2015

Anti-Bias-Werkstatt (2015) Anti-Bias-Werkstatt. Berlin. http://www.anti-bias-werkstatt.de/?q=de. Zugegriffen: Februar 2015

Bachmann N (1998) Die Entstehung von sozialen Ressourcen abhängig von Individuum und Kontext. Waxmann, Münster-New York-München-Berlin

Beauftragte der Bundesregierung für die Belange behinderter Menschen (2014) Inklusionslandkarte. https://www.inklusionslandkarte.de/. Zugegriffen: Mai 2015

Beelmann A, Jonas KJ (Hrsg) (2009) Diskriminierung und Toleranz: Psychologische Grundlagen und Anwendungsperspektiven. VS Verlag für Sozialwissenschaften/GWV Fachverlage, Wiesbaden

Berger PI, Luckmann T (2007) Die gesellschaftliche Konstruktion der Wirklichkeit: eine Theorie der Wissenssoziologie. Fischer Taschenbuch, Frankfurt am Main

Aachener Stiftung Kathy Beys (2014) Soziale Nachhaltigkeit. In: Lexikon der Nachhaltigkeit. http://www.nachhaltigkeit.info/artikel/soziale_nachhaltigkeit_1935.htm. Zugegriffen: Februar 2015

BHU (Bund Heimat und Umwelt in Deutschland), Bundesverband für Natur- und Denkmalschutz, Landschafts- und Brauchtumspflege e.V. (2008) Bundeswettbewerb Denkmalschutz barrierefrei. Lösungen zur Barrierefreiheit in historischen und/oder denkmalgeschützten Gebäuden. Eigenverlag, Bonn

Bierhoff HW, Frey D (2011) Sozialpsychologie – Individuum und soziale Welt. Hogrefe, Göttingen

Bosch B, Behnsen A (2012) Unternehmen menschenfähig gestalten: systemisches Empowerment. Projekte-Verlag Cornelius, Halle/Saale

Bröckling U (2003) You are not responsible for being down, but you are responsible for getting up. Über Empowerment. Leviathan 31:323–344

Bundeskanzleramt (2015) Bundesrecht konsolidiert: Gesamte Rechtsvorschrift für Bundes-Verfassungsgesetz, Fassung vom 16.02.2015. https://www.ris.bka.gv.at/GeltendeFassung.wxe?Abfrage=Bundesnormen&Gesetzesnummer=10000138. Zugegriffen: Februar 2015

Burbach C, Döge P (Hrsg) (2006) Gender Mainstreaming. Lernprozesse in wissenschaftlichen, kirchlichen und politischen Organisationen. Vandenhoeck & Ruprecht, Göttingen

Colantonio A, Dixon T (2011) Urban Regeneration and Social Sustainability: Best Practices from European Cities. Wiley, Chichester

Crenshaw K (1989) Demarginalizing the Intersection of Race and Sex. A Black Feminist Critique of Antidiscrimination Doctrine, Feminist Theory, and Antiracist Politics. The University of Chicago Legal Forum 140, S. 139–167. http://philpapers.org/archive/CREDTI.pdf. Zugegriffen: Juni 201

Dannenbeck C, Dorrance C (2009) Inklusion als Perspektive (sozial)pädagogischen Handelns – eine Kritik der Entpolitisierung des Inklusionsgedankens. Zeitschrift für Inklusion, Ausgabe 2, online. http://bidok.uibk.ac.at/library/inkl-02-09-dannenbeck-inklusion.html. Zugegriffen: Februar 2015

van Deth J (2009) Politische Partizipation. In: Kaina V, Römmele A (Hrsg) Politische Soziologie. VS Verlag für Sozialwissenschaften, Wiesbaden

Deutscher Bundestag (2015) Grundgesetz für die Bundesrepublik Deutschland vom 23. Mai 1949 (BGBl. S. 1), zuletzt geändert durch das Gesetz vom 11. Juli 2012 (BGBl. I S. 1478). http://www.bundestag.de/bundestag/aufgaben/rechtsgrundlagen/grundgesetz/grundgesetz/197094. Zugegriffen: Februar 2015

Doblhofer D, Küng Z (2008) Gender Mainstreaming. Gleichstellungsmanagement als Erfolgsfaktor – das Praxisbuch. Springer, Medizin, Heidelberg

Dujon V, Dillard J, Brennan EM (Hrsg) (2013) Social Sustainability: A Multilevel Approach to Social Inclusion. Routledge, New York

Empacher C, Wehling P (2002) Soziale Dimensionen der Nachhaltigkeit. Theoretische Grundlagen und Indikatoren. Studientexte des Instituts für sozial-ökologische Forschung, Bd 11. ISOE, Frankfurt am Main

EU (Europäische Union) (2012) Charta der Grundrechte der Europäischen Union. Amtsblatt der Europäischen Union 2012/C 326/02. 26.10.2012. http://eur-lex.europa.eu/LexUriServ/LexUriServ.do?uri=OJ:C:2012:326:0391:0407: DE:PDF. Zugegriffen: Februar 2015

Fischer-Kowalski M, Madlener R, Payer H, Pfeffer T, Schandl H (1995) Soziale Anforderungen an eine nachhaltige Entwicklung. Gutachten zum nationalen Umweltplan (NUP) im Auftrag des BMUJK. IFF Social Ecology Working Papers, Bd 42. Interuniversitäres Institut für Interdisziplinäre Forschung und Fortbildung, Arbeitsgruppe Soziale Ökologie, Wien

Fleischmann K, Meyer-Hanschen U (2005) Stadt Land Gender. Einführung in Feministische Geographien. Ulrike Helmer, Königstein/Taunus

Frenz W (2009) Handbuch Europarecht. Bd 4. Springer, Berlin-Heidelberg

Gramelt K (2010) Der Anti-Bias-Ansatz. Zu Konzept und Praxis einer Pädagogik für den Umgang mit (kultureller) Vielfalt. VS Verlag für Sozialwissenschaften, Wiesbaden

Grunwald A, Kopfmüller J (2012) Nachhaltigkeit. Campus, Frankfurt am Main

Hebestreit R (2013) Partizipation in der Wissensgesellschaft: Funktion und Bedeutung diskursiver Beteiligungsverfahren. Springer, Wiesbaden

Heckmann F (2015) Integration von Migranten : Einwanderung und neue Nationenbildung. Springer Fachmedien, Wiesbaden

Herriger N (2010) Empowerment in der Sozialen Arbeit: Eine Einführung. Kohlhammer, Stuttgart

Hoerster N (2012) Muss Strafe sein? C.H. Beck, München

Holzleithner E (2002) Recht Macht Geschlecht. Legal Gender Studies. Eine Einführung. Facultas, Wien

Hormel U, Scherr A (Hrsg) (2010) Diskriminierung: Grundlagen und Forschungsergebnisse. VS Verlag für Sozialwissenschaften, Wiesbaden

Human Rights Watch (2015) World Report 2015. Events of 2014. New York. http://www.hrw.org/sites/default/files/wr2015_web.pdf. Zugegriffen: März 2015

Jacob J, Köbsell S, Wollrad E (Hrsg) (2010) Gendering Disability: Intersektionale Aspekte von Behinderung und Geschlecht. transcript, Bielefeld

Janschitz S (2012) Von Barrieren in unseren Köpfen und Karten ohne Grenzen. Geographische Informationssysteme im Diskurs der Barrierefreiheit – ein Widerspruch in sich oder unerkanntes Potenzial. LIT, Wien-Münster

Kaina V, Römmele A (Hrsg) (2009) Politische Soziologie. VS Verlag für Sozialwissenschaften, Wiesbaden

Kerner I (2009) Differenzen und Macht. Zur Anatomie von Rassismus und Sexismus. Campus, Frankfurt am Main – New York

Kessler T, Mummendey A (2007) Vorurteile und Beziehungen zwischen sozialen Gruppen. In: Jonas K, Stroebe W, Hewstone M (Hrsg) Sozialpsychologie. Eine Einführung. Springer Medizin, Heidelberg, S 487–532

Kleine Zeitung (2015) Kinder werden beim Fußball beschimpft. Graz, 17.05.2015. http://www.kleinezeitung.at/s/steiermark/graz/4730985/Rassismus_Kinder-beim-Fussball-beschimpft. Zugegriffen: Juni 2015

Klinger C (2003) Ungleichheit in den Verhältnissen von Klasse, Rasse und Geschlecht. In: Knapp G, Wetterer A (Hrsg) Achsen der Differenz. Westfälisches Dampfboot, Münster, S 14–49

Krey V (2008) Grundlagen, Tatbestandsmäßigkeit, Rechtswidrigkeit, Schuld. Deutsches Strafrecht. Allgemeiner Teil, Bd 1. Kohlhammer, Stuttgart

Lange D, Himmelmann G (Hrsg) (2007) Demokratiebewusstsein. Interdisziplinäre Annäherungen an ein zentrales Thema der Politischen Bildung. VS Verlag für Sozialwissenschaften/GWV Fachverlage, Wiesbaden

Liebel M (2009) Kinderrechte – aus Kindersicht. LIT, Berlin

Liebscher D, Fritzsche H, Pates R, Schmidt D, Karawanskij S (Hrsg) (2010) Antidiskriminierungspädagogik. Konzepte und Methoden für die Bildungsarbeit mit Jugendlichen. Springer, VS, Wiesbaden

Littig B, Grießler E (2004) Soziale Nachhaltigkeit. Informationen zur Umweltpolitik. Bundeskammer für Arbeiter und Angestellte, Wien

Majer H (2004) Nachhaltigkeit – was bedeutet das? In: Ulmer Initiativkreis nachhaltige Wirtschaftsentwicklung e. V. (Hrsg) unw-nachrichten, Bd 12. Eigenverlag, Ulm, S 23–29. http://unw-ulm.ltg-ulm.de/downloads.php/gast/467/MajerNachhaltigkeit.pdf. Zugegriffen: Dezember 2014.

Majer H (2008) Ganzheitliche Sicht von sozialer Nachhaltigkeit. In: Statistisches Bundesamt (Hrsg) Analyse von Lebenszyklen. Ergebnisse des 4. und 5. Weimarer Kolloquiums. Schriftenreihe Sozio-ökonomisches Berichtssystem für eine nachhaltige Gesellschaft, Bd 5. Statistisches Bundesamt, Wiesbaden, S 9. https://www.destatis.de/DE/Publikationen/Thematisch/VolkswirtschaftlicheGesamtrechnungen/SoziooekonomischesBerichtssystem/VGRSozOekBand5_1030605049004.pdf?__blob=publicationFile. Zugegriffen: Dezember 2014

Moller Okin S et al (Hrsg) (1999) Is multiculturalism bad for women? Princeton University Press, Princont

Mummendey A, Kessler T, Otten S (2009) Sozialpsychologische Determinanten- Gruppenzugehörigkeit und soziale Kategorisierung. In: Beelmann A, Jonas KJ (Hrsg) Diskriminierung und Toleranz: Psychologische Grundlagen und Anwendungsperspektiven. VS Verlag für Sozialwissenschaften/GWV Fachverlage, Wiesbaden, S 43–60

nullbarriere.de (2008) Denkmalschutz barrierefrei in Stralsund. http://nullbarriere.de/denkmalschutz-barrierefrei-stralsund.htm. Zugegriffen: Juni 2015

Omann I, Spangenberg JH (2002) Assessing Social Sustainability. The Social Dimension of Sustainability in a Socio-Economic Scenario. http://seri.at/wp-content/uploads/2010/05/Assessing_social_sustainability.pdf. Zugegriffen: Februar 2015

Österreichischer Rundfunk (2015) Flüchtlingsquartiere: Gesetz vereinfacht. http://salzburg.orf.at/news/stories/2721370/. Zugegriffen: Juli 2015

Parpart JL, Rai SM, Staudt KA (Hrsg) (2002) Rethinking Empowerment. Gender and Development in a Global/Local World. Routledge, London, New York

Pott N (2002) Ethnizität und Raum im Aufstiegsprozeß. Eine Untersuchung zum Bildungsaufstieg in der zweiten türkischen Migrantengeneration. Springer, Wiesbaden

Pouw N, Baud I (Hrsg) (2012) Local Governance and Poverty in Developing Nations. Routledge, New York, Oxon

Pufé I (2014) Nachhaltigkeit. UVK Verlagsgesellschaft, Konstanz, München

Raab H (2012) Intersektionalität und Behinderung – Perspektiven der Disability Studies. www.portal-intersektionalität.de. Zugegriffen: Juli 2015

Reinprecht C (2014) Ausgrenzung durch sozialräumliche Segregation: Soziologische Betrachtungen zur Verräumlichung sozialer Ungleichheit. In: Atac I, Rosenberger S (Hrsg) Politik der Inklusion und Exklusion. Vienna University Press, Wien, S 53–70

Rommelspacher B (2009) Intersektionalität. Über die Wechselwirkung von Machtverhältnissen. In: Kurz-Scherf I, Lepperhoff J, Scheele A (Hrsg) Feminismus; Kritik und Intervention. Westfälisches Dampfboot, Münster, S 81–96

Rosenberger S (2012) Integration von AsylwerberInnen? Zur Paradoxie individueller Integrationsleistungen und staatlicher Desintegration. In: Dahlvik J, Fassmann H, Wiebke S (Hrsg) Migration und Integration – wissenschaftliche Perspektiven aus Österreich. V&R unipress, Göttingen, S 91–106

Rosenberger S, Sauer B (Hrsg) (2004) Politikwissenschaft und Geschlecht: Konzepte – Verknüpfungen – Perspektiven. Facultas, Wien

Roßteutscher S (2009) Politische Partizipation. In: Kaina V, Römmele A (Hrsg) Politische Soziologie. VS Verlag für Sozialwissenschaften, Wiesbaden, S 163–180

Schwalb H, Theunissen G (Hrsg) (2009) Inklusion, Partizipation und Empowerment in der Behindertenarbeit. Best Practice Beispiele: Wohnen – Leben – Arbeit – Freizeit. Kohlhammer, Stuttgart

Spangenberg HJ (2003) Soziale Nachhaltigkeit. Eine integrierte Perspektive für Deutschland. In: UTOPIEkreativ, Bd 153/154. Rosa-Luxemburg-Stiftung, Berlin, S 649–661

Spencer G (2014) Empowerment, Health Promotion and Young People: A Critical Approach. Routledge, London und New York

Sprung A (2011) Weiterbildung in der Migrationsgesellschaft. In: Biffl G, Dimmel N (Hrsg) Migrationsmanagement. Grundzüge des Managements von Migration und Integration. Bad Vöslau, omnium, S 265–274

Stößel K, Cohrs JC, Riemann R (2009) Vorurteile, Diskriminierung und Toleranz aus der Sicht der Persönlichkeitspsychologie. In: Beelmann A, Jonas KJ (Hrsg) Diskriminierung und Toleranz: Psychologische Grundlagen und Anwendungsperspektiven. VS Verlag für Sozialwissenschaften/GWV Fachverlage, Wiesbaden, S 95–112

Strüver A (2005) Macht Körper Wissen Raum? Ansätze für eine Geographie der Differenzen. Beiträge zur Bevölkerungs- und Sozialgeographie, Bd 9. Institut für Geographie und Regionalforschung, Wien, S 111–118

Stuber M (2004) Diversity. Das Potenzial von Vielfalt nutzen – den Erfolg durch Offenheit steigern. Luchterhand, München

Tajfel H, Turner JC (1979) An integrative theory of intergroup conflict. In: Austin WG, Worchel S (Hrsg) The social psychology of intergroup relations. Brooks & Cole, Monterey, S 33–47

UN (United Nations) (2015a) The Universal Declaration of Human Rights. http://www.un.org/en/documents/udhr/index.shtml. Zugegriffen: Januar 2015

UN (United Nations) (2015b) World Refugee Day June 20, New York. http://www.un.org/en/events/refugeeday/. Zugegriffen: Juni 2015

UNHCR Österreich (2015a) Mittelmeer: Rekordzahl von Flüchtlingen und Migranten. Wien. http://www.unhcr.at/presse/nachrichten/artikel/94a51e2ebe08c7be33c7a6ec5e55953d/mittelmeer-rekordzahl-von-fluechtlingen-und-migranten-1.html. Zugegriffen: Juli 2015

UNHCR Österreich (2015b) Langer Tag der Flucht. Wien. http://www.unhcr.at/unhcr/events/langer-tag-der-flucht.html. http://www.unhcr.at/presse/nachrichten/artikel/94a51e2ebe08c7be33c7a6ec5e55953d/mittelmeer-rekordzahl-von-fluechtlingen-und-migranten-1.html Zugegriffen: Juli 2015

Vertovec S (Hrsg) (2015) Routledge International Handbook of Diversity Studies. Routledge, Oxon, New York

Voigt V (2011) Interkulturelles Mentoring made in Germany: Zum Cultural Diversity Management in multinationalen Unternehmen. Springer VS, Wiesbaden

Walgenbach K (2012) Intersektionalität – eine Einführung. http://portal-intersektionalitaet.de/theoriebildung/schluesseltexte/walgenbach-einfuehrung/. Zugegriffen: Juli 2015

Wansing G, Westphal M (Hrsg) (2014) Behinderung und Migration. Inklusion, Diversität, Intersektionalität. Springer VS, Wiesbaden

WCED (World Commission on Environment and Development) (1987) Our Common Future (Unsere gemeinsame Zukunft) = Brundtland-Bericht. http://www.un-documents.net/wced-ocf.htm. Zugegriffen: Februar 2015

Werlen B (1999) Sozialgeographie alltäglicher Regionalisierungen. Zur Ontologie von Gesellschaft und Raum. Steiner, Stuttgart

Winkler G, Degele N (2009) Intersektionalität. Zur Analyse sozialer Ungleichheiten. transcript, Bielefeld

Yildiz E (2013) Die weltoffene Stadt. Wie Migration Globalisierung zum Urbanen Alltag macht. transcript, Bielefeld

Zimmermann F, Janschitz S (Hrsg) (2004) Regional Policies in Europe – Soft Features for Innovative Cross-Border Cooperation. Leykam, Graz

Bildung und Forschung für nachhaltige Entwicklung – eine Notwendigkeit im 21. Jahrhundert

Friedrich M. Zimmermann und Filippina Risopoulos-Pichler

F. M. Zimmermann (Hrsg.), *Nachhaltigkeit wofür?*,
DOI 10.1007/978-3-662-48191-2_9, © Springer-Verlag Berlin Heidelberg 2016

> ┌─ **Kernfragen** ──
> │
> │ ▬ Welche Rolle spielt traditionelles Wissen in unserer heutigen Informations- und Kom-
> │   munikationsgesellschaft, und wie kann traditionelles Wissen Nachhaltigkeit unterstüt-
> │   zen?
> │ ▬ Wie können wir die Komplexität unseres Daseins erfassen bzw. reduzieren und durch
> │   holistische und systemische Denkweisen unserer Gesellschaft zukunftsfähig machen?
> │ ▬ Wie werden Bildung und Forschung durch neue, transdisziplinäre Ansätze gesell-
> │   schaftsfähig?
> │ ▬ Welche aktive Rolle können und müssen Universitäten zur Unterstützung einer nach-
> │   haltigen Entwicklung einnehmen?

Es stellt sich nunmehr die Frage, wie wir in unserer modernen, hoch technologischen, Infor-
mations- und Wissensgesellschaft mit den komplexen Herausforderungen von Klimawandel,
Finanzkrisen, Armut und sozialen Disparitäten umgehen und welche Rolle Forschung und
Entwicklung in der globalen Nachhaltigkeitsdiskussion über gegenwärtige und zukünftige
Lösungsansätze zu spielen vermögen. Bereits im Brundtland-Bericht (WCED 1987) wurde
Bildung als wesentliche Grundlage für eine nachhaltige Zukunftsentwicklung genannt und im
Zuge der Rio-Konferenz 1992 in Kap. 36 der Agenda 21 konkretisiert. Auf Empfehlung des
Weltgipfels für nachhaltige Entwicklung in Johannesburg 2002 haben die Vereinten Nationen
die Jahre 2005 bis 2014 zur Dekade „Bildung für nachhaltige Entwicklung" ausgerufen. In
diesem Zusammenhang sind alle formellen und informellen Bildungsebenen gefragt, die „[...]
Menschen das nötige Wissen, Kompetenzen und Einstellungen vermitteln, die zur aktiven
Gestaltung eines nachhaltigen, zukunftsfähigen Lebens und Wirtschaftens sowie zur Partizipation und zum Handeln befähigen" (Michelsen 2007). Dabei ist festzuhalten, dass Bildung für
nachhaltige Entwicklung etwa in Europa auf Bewusstseinsbildung und Zukunftsfähigkeit des
eigenen Lebensraumes sowie globaler Identifikation ausgerichtet ist, während in den Ländern
des Südens die Reduktion des Analphabetismus sowie die Vermittlung von Wissen über ge-
sundheitsbezogene Fragen und die allgemeine Verbesserung des Zugangs zur Bildung, speziell
für Frauen, im Vordergrund stehen.

Neben Bildung spielt natürlich auch die Forschung in der Bewältigung von globalen
Herausforderungen eine zentrale Rolle. Internationale und nationale Forschungsprogramme
zu Themen wie Klimawandel, zukunftsorientierte und schonende Nutzung von Ressourcen,
technologiebasierte Lösungen für die Reduktion von Emissionen, Feinstaub, Lärmbelastung etc. sind ebenso Forschungsgegenstand wie Fragen der sozialen Gerechtigkeit, der
Demokratie und Partizipation sowie des (nicht nachhaltigen) Produktions- und Konsum-
verhaltens. Dabei spielen nationale und internationale Zusammenarbeit eine entscheidende
Rolle. Beispiele dafür sind universitäre Netzwerke, etwa die Copernicus Alliance, the European Network on Higher Education for Sustainable Development, deren Vision es ist, Forschung und Bildung für Nachhaltigkeit gemeinsam mit der Zivilgesellschaft zu verbessern
(Copernicus Alliance 2015). Sowohl die internationalen Forschungsprogramme als auch
die EU-Programme basieren auf Kooperationen und Netzwerken und sind verstärkt auf
Interdisziplinarität und transdisziplinäre Zusammenarbeit mit Akteurinnen und Akteuren
der Zivilgesellschaft ausgerichtet.

Die universitäre Verantwortung für eine nachhaltige Gestaltung unserer Gesellschaft ist
unbedingt wahrzunehmen, bilden tertiäre Institutionen doch zukünftige Entscheidungsträgerinnen und Entscheidungsträger aus und tragen mit ihrer forschungsbasierten Lehre wesentlich
zur (hoffentlich nachhaltigen) Weiterentwicklung unserer Gesellschaft bei.

9.1 Traditionelles Wissen

Bevor wir uns endgültig dem traditionellen Wissen zuwenden, sind ein paar Vorbemerkungen zum Thema kulturelle Nachhaltigkeit vonnöten, wird doch Kultur von der UNESCO (1982) „[…] als die Gesamtheit der einzigartigen geistigen, materiellen, intellektuellen und emotionalen Aspekte [definiert], die eine Gesellschaft oder eine soziale Gruppe kennzeichnen" beschrieben. **Kultur** bestimmt, wie Menschen zusammenleben; daraus ergeben sich vielfältige Lebensformen von Gesellschaften mit unterschiedlichen Wertesystemen, kulturellen Fähigkeiten und lokalen Identitäten. Globalisierung und Urbanisierung verändern die Lebens-, Produktions- und Konsumgewohnheiten der „lokalen Kulturen", internationale kulturelle Uniformierung und Vereinheitlichung städtischer Kulturen bedrohen die kulturelle Vielfalt. (So vermuten Sprachwissenschaftler, dass im 21. Jahrhundert bis zu 90 % der Sprachen und Dialekte aussterben werden, nicht zuletzt auch aufgrund der Auflösung dörflicher Strukturen.)

Die kulturelle Nachhaltigkeit geht einher mit dem UNESCO-Kulturprogramm, das sich den weltweiten Schutz und die Förderung der kulturellen Vielfalt, die Erhaltung des materiellen und immateriellen Kulturerbes und die Förderung des interkulturellen Dialogs zum Ziel setzt (▶ Abschn. 6.4). Besonders bemerkenswert ist das UNESCO-Übereinkommen zur Erhaltung des immateriellen Kulturerbes (Deutsche UNESCO-Kommission 2005), das den Schutz von

- mündlich überlieferten Traditionen und Ausdrucksformen,
- gesellschaftlichen Praktiken, Ritualen und Festen,
- Wissen und Bräuchen in Bezug auf die Natur und das Universum sowie
- traditionellen Handwerkstechniken

als bedeutende Voraussetzungen für ein Gefühl von Identität und Kontinuität in Gemeinschaften ansieht.

9.1.1 Traditionelles Wissen – ein verborgener Schatz

Aber machen wir zunächst einmal einen Schritt zurück und überlegen uns, wie wir Wissen und Nachhaltigkeit überhaupt bewerten können. Das gegenwärtige Nachhaltigkeitsverständnis beruht sehr oft auf traditionellen Ansätzen und damit auf traditionellem Wissen, das auch als **indigenes Wissen** oder **genetische Ressource** bezeichnet wird. Um traditionelles Wissen zu bewahren und in vielen Fällen wieder zu bergen, bedarf es enormer Sorgfalt, die unterschiedliche Traditionen und Lebenswelten respektiert und dort, wo es notwendig ist, zukunftsfähig „bewahrt". In der angloamerikanischen Fachliteratur findet man häufig den Begriff *tacit knowledge*. **Traditionelles Wissen** bezieht sich auf Kenntnisse, Innovationen und Verfahrensweisen indigener und traditionell lebender Gemeinschaften, die für die Bewahrung und nachhaltige Nutzung biologischer Vielfalt von großer Bedeutung sind. Dieses Wissen hat sich aus Erfahrungen über Jahrhunderte entwickelt, ist an die örtliche Kultur und Umwelt angepasst und wird von Generation zu Generation weitergegeben, z. B. in Form von Geschichten (in aktuellen Forschungsansätzen zum Wissensmanagement etwa wird die Methode des Storytelling angewandt), Liedern, kulturellen Werten, traditionellen Gesetzen, Sprachen, Ritualen, Heilkunde und Praktiken. Assmann (2007) bezeichnet dies als **kulturelles Gedächtnis**.

Traditionelles Wissen ist überwiegend praktischer Natur, insbesondere in den Bereichen Landwirtschaft, Fischerei, Medizin, Gartenbau und Forstwirtschaft. Traditionelles Wissen für eine nachhaltige Entwicklung bedeutet, dass wertvolle überlieferte Kenntnisse für die nachhaltige Bewirtschaftung natürlicher Ressourcen herangezogen werden. Der Erhalt der Biodiversität sowie die Entwicklung nachhaltiger Lebensmöglichkeiten stehen in einem untrennbaren Zusammenhang zwischen der kulturellen und der biologischen Vielfalt. Indigene Völker etwa leben in besonders vielfältigen Ökosystemen, in Gebieten, die 80 % der Artenvielfalt der Erde beherbergen. Die Bedrohung der indigenen Kulturen und damit des traditionellen Wissens und der traditionellen Landnutzung bringt einen hohen Verlust an Biodiversität und von kulturellen Praktiken mit sich.

Eine umfassende Anerkennung des Begriffs „indigenes Wissen" bzw. „traditionelles Wissen" erfolgte erstmals zu Beginn der 1990er Jahre. Die **Convention on Biological Diversity (CBD)**, unterzeichnet auf der UN-Konferenz in Rio de Janeiro im Jahr 1992, war ein erstes internationales Übereinkommen zum Schutz und zur Erhaltung der lebenden Natur. Dieses Übereinkommen verfolgte „[…] insbesondere die Ziele der Erhaltung der biologischen Vielfalt, der nachhaltigen Nutzung ihrer Bestandteile und der ausgewogenen und gerechten Aufteilung der sich aus der Nutzung der genetischen Ressourcen ergebenden Vorteile […]. Dabei bedeutet biologische Vielfalt oder Biodiversität die Variabilität unter lebenden Organismen jeglicher Herkunft und Ausprägungen" (von Saint André 2013).

Im Gegensatz zur CBD steht das 1994 von der World Trade Organisation (WTO) verabschiedete Agreement on Trade-Related Aspects of Intellectual Property Rights (**TRIPS-Abkommen**) über das **geistige Eigentum einer Nation**. Das TRIPS-Abkommen sieht einen Mindestschutzstandard und Patentrechte zur Förderung der technischen Innovationen und des Technologietransfers aller Angehörigen der Mitgliedsstaaten vor. Das bedeutet, dass dieses Abkommen die Einführung von Rechten auf privates und individuelles Wissen bzw. geistiges Eigentum ermöglicht.

Kritik zu diesen beiden Regelsystemen kommt von Seiten vieler NGOs und indigener Gruppen, die sich gegen unentgeltliche industrielle Nutzung und die Zerstörung wertvollen Kulturgutes aussprechen. Die Rede ist von **Biopiraterie**. Sie stellen fest, „[…] dass zum Beispiel Pharmaunternehmen oder andere Konzerne das traditionelle Wissen von Medizinmännern und Bauern unentgeltlich nutzen sowie auf Material, dessen potentieller Wert schon in traditionellen Formen der Nutzung erkannt und ausgenutzt wird, ungefragt zugreifen und hierauf Monopol- und Verwertungsrechte erlangen" (von Saint André 2013).

Auf der 10. Konferenz der Vertragsstaaten der UN-Biodiversitätskonvention wurde 2014 das **Nagoya-Protokoll** angenommen, das einen völkerrechtlichen Rahmen für den Zugang zu indigenem Wissen und dessen gerechtem Vorteilsausgleich entwickelt hat. Auf Basis gegenseitiger Zustimmung ist ein Ausgleich zwischen den unterschiedlichen Interessen der Ursprungsländer genetischer Ressourcen und denjenigen Länder angestrebt, in denen die genetischen Ressourcen genutzt werden. Durch dieses Abkommen soll vor allem die international kritisierte Biopiraterie eingeschränkt werden. Im Oktober 2014 trat das Protokoll in Kraft (https://www.cbd.int/abs/about/).

9.1.2   Bedrohungen der biologischen Vielfalt und des traditionellen Wissens

- Die generellen Bedrohungen der biologischen Vielfalt und der indigenen Völker sind mehrschichtig: Mit dem **Klimawandel** verändern sich unter anderem Wachstumsbedingungen und Wirtschaftlichkeit bestimmter Nutzpflanzen.
- Die **gesellschaftlichen und sozialen Veränderungen**, etwa die Effekte der Globalisierung und Agglomerations- und Mobilitätsphänomene, wirken sich negativ auf die Biodiversität aus. Konkrete Beispiele für die Bedrohung der biologischen Vielfalt sind Entwaldung und Waldzerstörung, Monokulturen und Großplantagen wie Soja, Ölpalmen, Eukalyptus,

Ressourcenabbau wie Coltan- oder Uranabbau, Erdölförderung, Kohletagbau, Massen-
tierhaltung, Großprojekte wie Staudämme, Straßenbau etc.

- Die **Biopiraterie**, „die kommerzielle Weiterentwicklung natürlich vorkommender biologischer Materialien, wie zum Beispiel pflanzliche Substanzen oder genetische Zelllinien,
durch ein technologisch fortgeschrittenes Land oder eine Organisation ohne eine faire
Entschädigung der Länder bzw. Völker, auf deren Territorium diese Materialien ursprünglich entdeckt wurden" (American Heritage Dictionary 2015).

Aus der Praxis

Wanderfeldbau in Thailand

Ein positives Beispiel zur Erhaltung der biologischen Vielfalt
und der nachhaltigen Nutzung
der Natur ist der auf Brandro-
dungsfeldbau und Nassreisan-
bau aufgebaute Wanderfeldbau
der Karen in Thailand: Ein etwa
280.000 Mitglieder zählendes
Bergvolk in Nordthailand
betreibt eine äußerst nachhaltige Form des Wanderfeldbaus,
in dem landwirtschaftliche
Flächen sorgfältig nach
unterschiedlichen Faktoren
ausgewählt und bewirtschaftet
werden. Zum Beispiel gibt es
keine landwirtschaftlichen
Aktivitäten in Waldstücken, in
denen sich Wasserscheiden
befinden, in denen Wege
und Wasserstellen von Tieren
genutzt werden oder ein großes
Spektrum an Pflanzenarten
vorhanden sind. Nach teilweiser
Rodung geeigneter Waldstücke
werden diese nur ein bis zwei
Jahre genutzt; die Regeneration
des brachliegenden Feldes
wird gefördert, indem einzelne
Bäume oder Baumstümpfe erhalten werden. Daraus können
unterirdische Wurzelausläufer,
kleine Schösslinge und Samen
leichter austreiben und wieder
einen Wald bilden. Zudem
besitzt sekundäre Vegetation
eine deutlich höhere Biodiversität durch unterschiedliche
Baumarten.

Wie geht nun unsere globalisierte, auf Wirtschaftswachstum und Konsum ausgerichtete westliche Gesellschaft mit natürlichen Rohstoffen (▶ Abschn. 4.2) und dem traditionellen Wissen
indigener Völker um? Ein Beispiel ist die lange Diskussion um die kommerzielle Nutzung der
südafrikanischen Umckaloabo-Wurzeln durch die Pharmaindustrie und die damit verbundene
Kommerzialisierung des traditionellen Wissens des südafrikanischen indigenen Volkes der Zulu.

Aus der Praxis

Umckaloabo – was ist das eigentlich?

Der Zulu-Name Umckaloabo
zweier südafrikanischer Kapland
Pelargonien (lat. *pelargonium
sidoides* und *pelargonium
reniforme*) ist eine Zusammensetzung aus zwei Wörtern, die
sinngemäß „Symptome für
Lungenkrankheiten und Brust-
schmerzen" bedeuten. Dabei
war ursprünglich weniger die
Pflanze selbst gemeint, sondern
nur der abgekochte Wurzelsud.
Das Pelargonienwurzelextrakt
soll gegen Viren und Bakterien
wirken sowie schleimlösend sein.
Um 1900 machte der Engländer
Charles Henry Stevens die Pflanze
in Europa bekannt, nachdem
er mit einer Umckaloabo-Kur
in Südafrika seine Tuberkulose
hatte heilen können (www.
heilkraeuter.de/lexikon/). In der
südafrikanischen Gemeinde Alice
in der östlichen Kap-Provinz werden seit geraumer Zeit Tinkturen
aus den Wurzeln der Pelargonie
hergestellt, um Entzündungen
der Atemwege und Tuberkulose
zu kurieren.
Ein Pharmaunternehmen hat die
Herstellung der Umckaloabo-
Tinktur als Fertigarzneimittel
zur akuten Behandlung von
Bronchitis übernommen.
Im Jahr 2007 wurden dem
deutschen Unternehmen zwei
Patente erteilt: ein Patent für
die Extraktionsmethode, die das
Unternehmen zur Herstellung der
Tinktur nutzt, und ein anderes
für den exklusiven Gebrauch der
zwei Pelargonium-Pflanzen zur
Behandlung von AIDS und AIDS-
Folgekrankheiten. Der europa-
weite Schutz auf Herstellung und
Vertrieb des Extrakts wäre damit
für 20 Jahre gesichert gewesen.
Das deutsche Pharmaunter-
nehmen vermarktet die Tinktur
als einzigartiges afrikanisches
Naturheilmittel Umckaloabo.

Aus der Praxis *(Fortsetzung)*

Die Vertreter der Gemeinde Alice sowie mehrere NGOs wehrten sich in der Folge gegen die vom Pharmaunternehmen gehaltenen Patente mit folgenden Forderungen (African Centre for Biosafety 2015):

- Sie verlangen die Annullierung der Patente, und zwar im Zusammenhang mit Diebstahl von traditionellem Wissen, der Ausbeutung der lokalen Arbeitskräfte zur Ernte von Rohstoffen für die Tinktur und dem Raubbau an einheimischen Pflanzen, die als Folge der Übernutzung beinahe ausgelöscht sind. Die Bevölkerung der Gemeinde Alice verlangt, dass „[...] die Gemeinschaft

für den illegalen Gebrauch ihres traditionellen Wissens entschädigt wird und dass die lokalen Pelargonium-Bestände zum Nutzen kommender Generationen wiederhergestellt werden".

- Ihnen zufolge stellen die Aktivitäten des deutschen Pharmaunternehmens eine Missachtung der UNO-Konvention zur biologischen Vielfalt (CBD) dar, die durch Südafrika bereits 1995 ratifiziert wurden. Das Pharmaunternehmen schuldet der Gemeinde den Profit aus den vorangegangenen Jahren und die Wiederherstellung der stark dezimierten Pelargonium-Bestände.

- Ferner streben sie an „[...] Firmen daran [zu] hindern zu behaupten, sie hätten als Erste die medizinische Bedeutung dieser Pflanze entdeckt". Das African Center for Biosafety sprach von einer in der Phytomedizin üblichen Extraktionsmethode und sah in der Patentierung einen Diebstahl von traditionellem Wissen (Biopiraterie). 2010 hat das Europäische Patentamt zwei Patente zu Umckaloabo widerrufen; weitere Patentanmeldungen zu diesem Thema hat das Pharmaunternehmen in der Folge selbst zurückgezogen.

Die **Traditionelle Chinesische Medizin (TCM)** ist ein Beispiel für traditionelles Wissen, das sich lange Zeit im Widerstreit mit der Schulmedizin befand und daher in der westlichen Welt kaum Anerkennung fand. Diese alte Form des Heilens, die vor rund 2000 Jahren in Schriften kanonisch festgelegt wurde, setzt sich mit funktionellen Störungen des Körpers auseinander und ist somit eine Konstitutionstherapie, die aus der Naturbeobachtung Rückschlüsse auf den Menschen zieht. TCM ist weder eine Komplementär- noch eine Alternativmedizin, sondern eine traditionelle Schule, die Körper, Seele und Umwelt als Einheit betrachtet. Folglich wird auch eine Krankheit immer als Zusammenspiel aus einer klinischen Beurteilung (Puls- und Zungendiagnose, Farbe der Haut, Bewegungen, Körperausdünstungen, Stuhl- und Harnuntersuchungen) und subjektivem Befinden (psychische und soziale Situation) gesehen (Altmann 2009). Bedeutend dabei sind für die Regulationstherapie (z. B. Akupunktur) die folgenden Begriffe (vgl. auch Harsieber 1993; Kratky 2003; Pschyrembel 2006; Schweiger 2003):

- **Qi (Chi):** Wird in der westlichen Welt gerne mit „Lebensenergie" übersetzt, allerdings ist der Energiefluss des Chi nicht messbar – es ist keine Energie im physikalischen Sinne. Das Chi des Menschen fließt durch die zwölf Meridiane, die mit den Körperorganen in Verbindung stehen. Wang Chong, chinesischer Arzt (27–97 n. Chr.) führt dazu aus: „Qi formt den menschlichen Körper, genauso wie Wasser zu Eis wird. So wie Wasser friert, um Eis zu werden, so ballt sich auch das Qi zusammen, um den menschlichen Körper zu formen. Wenn das Eis schmilzt, wird es zu Wasser. Wenn ein Mensch stirbt, wird er oder sie wieder zu Geist – Shen. Es wird jetzt Geist genannt, genauso wie geschmolzenes Eis seinen Namen zu Wasser ändert" (zit. nach Urach 2014, S. 112).
- **Yin und Yang:** Sie verkörpern das Gegensätzliche, aber auch das Ergänzende. Das eine kann ohne das andere nicht sein. Im Taoismus stehen sie für die Ordnung des Universums, beim gesunden Menschen sind sie im Gleichgewicht. Yin steht für weiblich, passiv,

kalt, innen etc., Yang für männlich, aktiv, warm, außen etc. Yin und Yang beeinflussen sich aber auch gegenseitig und gleichen einander aus, ähnlich wie ein harmonischer Ablauf der Jahreszeiten.

- **Fünf Elemente oder Funktionskreise:** Jedem der fünf Elemente Wasser, Feuer, Erde, Luft und Äther werden Eigenschaften wie Jahreszeiten, Organe, Farben, Emotionen, Geschmack, Naturfaktoren etc. zugeordnet – unterschiedlich gewichtet und kombiniert ergeben sie drei Energiequalitäten.

Um das energetische Gleichgewicht wiederherzustellen, werden unterschiedliche regulierende Behandlungsmöglichkeiten verwendet, so etwa Akupunktur, Akupressur, Massagen, Bewegungs- und Atemübungen, Meditation sowie Ernährung nach den fünf Elementen. Heute ist die TCM, aber auch andere fernöstliche Meditations- und Heiltechniken, zu einem Bestandteil unserer modernen hedonistischen Gesellschaft geworden. Somit wird traditionelles Wissen – oft auch kommerzialisiert – in unserer Gesellschaft als Therapie und Heilmittel gegen unterschiedliche Zivilisationskrankheiten, Überforderung, Stress etc. angepriesen. (Die Neurowissenschaften etwa entdecken die fernöstliche Meditation bei der Suche nach Antworten auf die Fragen „Was sind Emotionen?" und „Was ist der Geist?".) Kritisch betrachtet aber entsprechen die wesentlichen Elemente der TCM – mit ihrem intensiven Zusammenspiel von Mensch und Natur – zutiefst den Prinzipien der Nachhaltigkeit, nur wir haben verlernt, danach zu leben. In der TCM wird nicht „repariert", vielmehr werden Selbstheilungskräfte gestärkt und aktiviert – ein Gedankenansatz, der auch unserer neoliberalen Konsumgesellschaft „Heilungschancen" ermöglichen würde.

Die **indigenen Völker**, die Sami in Skandinavien, die Penan auf Borneo, die Patwa im Kongo, die Mapuche in Chile und die Cree in der Provinz Quebec, sind massiv gefährdet. Beispielsweise bildet die Rentierzucht der **Sami** im nördlichen Skandinavien die Grundlage ihrer Kultur und ihres Wissens – diese ist durch zunehmende industrielle Forstwirtschaft stark bedroht. Insgesamt sind die Übernutzung und Zerstörung traditioneller Waldgebiete mit Interessenskonflikten und der Bedrohung der Lebensgrundlagen der indigenen Bevölkerung verbunden. Wenn diese sich wehren, stehen sie meist Großkonzernen, Großgrundbesitzern oder nationalstaatlichen Politiken gegenüber und damit auf verlorenem Posten (vgl. auch INFOE 2014).

Im Alpenraum haben die **Bergökosysteme** für die biologische und kulturelle Vielfalt große Bedeutung. Im Laufe der Jahrtausende entstanden in den Alpen vielfältige kulturelle Gemeinschaften und Traditionen, geprägt durch das (Über-)Leben mit und in der Landschaft und mit den natürlichen Ressourcen (▶ Abschn. 6.3 und 6.4). Auch hier ist das indigene Wissen durch den Tourismus, durch Abwanderung und die damit verbundenen Transformationen sowie den Verfall der Kulturlandschaft stark bedroht. Die lange Diskussion über die Verträglichkeit von Tourismus, insbesondere Wintertourismus, und die dadurch bedingten Veränderungen der Gesellschaftssysteme und der Kulturlandschaften im alpinen Bereich Österreichs führte zu keinem Ergebnis, da die Effekte der Modernisierung und Globalisierung in jedem Fall zu drastischen Transformationen führen und damit die „Schuld" am Wandel nicht nur dem Tourismus zuzuschreiben ist. Dennoch sind die Veränderungen in der Landschaft drastisch (◘ Abb. 9.1 und 9.2).

Es lässt sich erahnen, dass traditionelles Wissen respektive genetische Ressourcen von immenser Bedeutung für eine nachhaltige Entwicklung sind. Vieles gibt es noch zu entdecken; jedoch auch Erkenntnisse, die als gesichertes Wissen gelten, sind möglicherweise wieder zu verwerfen. In jedem Fall gilt eine besondere **Sorgfaltspflicht** im Umgang mit dem für die Menschheit, die Flora und Fauna bisher erworbenen Wissen sowohl in Bezug auf seine Weitergabe als auch bei seiner Anwendung. Eine ethische Perspektive muss immer wieder aufs Neue geschärft werden.

9

▫ Abb. 9.1 Stubaier Gletscher: Schipisten verändern das Landschaftsbild – „visuelle Umweltverschmutzung"? (© Gerhard K. Lieb 2015. All rights reserved)

▫ Abb. 9.2 Tradition trifft Moderne. (© Friedrich M. Zimmermann. All rights reserved)

9.2 Modernes Wissen: Von integrativen Sichtweisen und Systemdenken zu Interdisziplinarität und Transdisziplinarität

Nachhaltige Entwicklung erfordert einen integrativen, ganzheitlichen Zugang, der unterschiedliche wissenschaftliche Perspektiven und Disziplinen verbindet und im Optimalfall die Zivilgesellschaft einbindet. Denn: Fragen und Herausforderungen, deren Lösungen von der Gesellschaft gefordert werden, richten sich nicht nach wissenschaftlichen Einteilungen von Disziplinen als Teile größerer wissenschaftlicher Einheiten (Mainzer 1993). Für eine zeitgemäße Wissenschaft an Universitäten steht die Zusammenführung des wissenschaftlichen Know-how mit dem in der Gesellschaft vorhandenen Wissen und dem praktischen Erfahrungsschatz im Mittelpunkt.

9.2.1 Integrative Sichtweisen und Systemdenken

Wiek et al. (2011) haben unterschiedliche Forschungsansätze zu fünf **Schlüsselkompetenzen** für nachhaltige Entwicklung zusammengefasst (◙ Abb. 9.3). Die Integration dieser Kompetenzen ist für Nachhaltigkeitsforschung und -entwicklung unabdingbar vonnöten, denn nach-

◙ **Abb. 9.3** Schlüsselkompetenzen für nachhaltige Entwicklung. (Wiek et al. 2011)

haltige Entwicklung betrifft alle Lebensbereiche. „Und daran müssen sich auch Universitäten halten, wenn sie kluge Köpfe fördern wollen, die in naher wie auch ferner Zukunft unsere und andere Gesellschaften wertvoll gestalten sollen. In einem permanenten Prozess der Veränderung bedeutet Nachhaltigkeit, Veränderungen so zu gestalten, dass sich tendenziell lebenswerte Gesellschaften entwickeln können" (Risopoulos 2011, S. 75).

Im Zentrum aller Überlegungen steht zweifelsfrei **holistisches, integratives und ganzheitliches Denken,** das notwendig ist, um die Komplexität in den unterschiedlichen Lebensbereichen und in den unterschiedlichen räumlichen Dimensionen bewerten zu können. Erst daraus entsteht die Befähigung, „Bilder" – also Zukunftsszenarien – in Bezug auf Problemlösungsstrategien und Maßnahmen ganzheitlich zu analysieren, zu bewerten und zu gestalten. Es geht um die Verknüpfung von analytischen und vorausschauenden Fähigkeiten, Komplexität in ihrer Ursache-Wirkungs-Relation zu bewerten, Reflexionen und Feedbackschleifen zu ziehen, um die Unsicherheiten, Risiken und externen Einflüsse bestmöglich in die Lösungsansätze zu integrieren – dies basierend auf nachhaltigen Werten, Prinzipien und Zielen (Gleichheit, Gerechtigkeit, Integrität, Ethik). Um den systemischen Zugang zu vervollständigen, bedarf es noch der strategischen **Transformationskompetenz** und insbesondere der sozial-menschlichen Kompetenz, die in der Lage ist, gemeinschaftliche und partizipative Nachhaltigkeitsprozesse und damit nachhaltige Entwicklungen zu ermöglichen und zu motivieren.

Aus der Praxis

Regionen und Städte als sozialökologische Systeme

Sehr gut lassen sich systemtheoretische Ansätze am Beispiel von Regionen anwenden. Höflehner (2015) hat aus der Perspektive einer integrativen Geographie einen holistischen Blick auf regionale Entwicklungsprozesse gesetzt. Er bezeichnet Regionen als sozialökologische Systeme, die sich aus ökologischen und sozialen ökonomischen Komponenten zusammensetzen. Gesellschaft und Umwelt interagieren auf unterschiedlichen Ebenen und innerhalb unterschiedlicher Netzwerkstrukturen, wobei etwaige Abgrenzungen „[…] wohl eher dem menschlichen Bedürfnis nach Einteilung als den tatsächlichen Systemgrenzen […]" entsprechen (Höflehner 2015, S. 37). ◘ Abbildung 9.4 stellt die wichtigsten Elemente und Interaktionen in einem sozial-ökologischen Modell dar, unter Einbeziehung externer Einflussfaktoren und Rahmenbedingungen. Es zeigt sich klar, dass ökonomische, soziale, demographische, politisch-administrative und kulturelle Subsysteme vorhanden sind, denen unterschiedliche Gruppen der Zivilgesellschaft in unterschiedlichen Netzwerken zugeordnet werden können. Sie interagieren mit ökologischen Subsystemen (Ökosystemen) mit ihren biotischen und abiotischen Komponenten – demnach sind es auch die menschlichen Aktivitäten, welche die Strukturen und Funktionen von Ökosystemen mit beeinflussen. Die Reduktion der Komplexität und die Fokussierung auf die zentralen Elemente eines Systems führen in der Folge zu einer klaren Darstellung der treibenden Faktoren von Entwicklungen in ihren (positiven und negativen) Abhängigkeits- und Netzwerkstrukturen. Ein Beispiel dafür ist ◘ Abb. 9.5, die ein vereinfachtes Systemmodell für die nachhaltige Entwicklung einer österreichischen Kleinstadt zeigt. Darin wird klar, dass auch Städte als „Ökosysteme" interpretiert werden können und ein Habitat für Menschen bilden und Lebensräume sind, die sich durch erbaute und natürliche Subsysteme gegenseitig beeinflussen. So gibt es mannigfaltige (positive und negative) Zusammenhänge und Interdependenzen zwischen den gebauten (Verkehr, Wirtschaft etc.) und den natürlichen (Umweltqualität) Subsystemen.

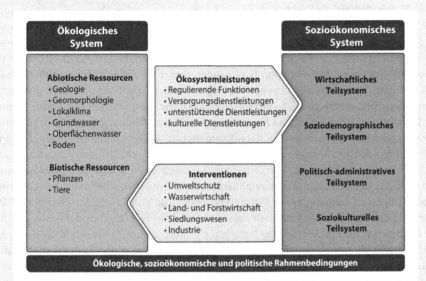

◻ Abb. 9.4 Regionen als sozialökologisches System. (Höflehner 2015; mit freundlicher Genehmigung von © Thomas Höflehner 2015.

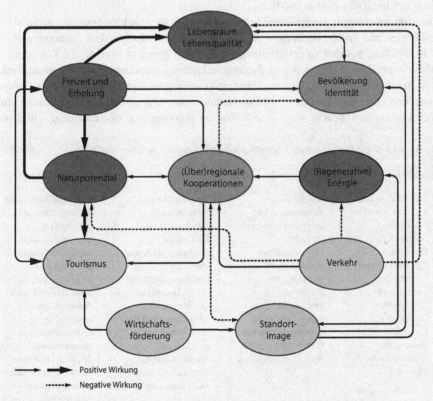

◻ Abb. 9.5 Systemmodell mit potenziellen Subsystemen für die Entwicklung einer Stadt

9.2.2 Zwischen Disziplinen und über Disziplinen hinweg

Lenken wir den Blick auf die Forschung und auf die Frage, wie sich Forschung und Forschungs-kooperationen in den vergangenen Jahrzehnten entwickelt haben (◘ Tab. 9.1): Am Beginn stand die **disziplinäre Forschung** als die Integration wissenschaftlicher Arbeit auf der Ebene (disziplin-)intern definierter Forschungsfragen, Theorien und Methoden. Parallel dazu gab es erste Ansätze der Zusammenarbeit von Forschenden zweier Disziplinen, die **multidisziplinär** jeweils aus ihrer disziplinären Sichtweise eine Fragestellung bearbeiteten und meist getrennte Forschungsergebnisse vorlegten. Die **interdisziplinäre Forschung** wird seit den 1980er Jahren als die Integration, Koordination und Kooperation im Überschneidungsbereich verschiedener Disziplinen sehr stark forciert und ist darauf ausgerichtet, wissenschaftliche Fragestellungen disziplinübergreifend zu lösen bzw. Fragestellungen aus unterschiedlichen Perspektiven zu beleuchten, um einen integrierten gemeinsamen Lösungsweg zu finden. Der problembezo-gene Austausch, die Reflexion einzeldisziplinärer Perspektiven sowie die Transformation von Methoden über die Disziplingrenzen hinweg sind essenzielle Vorteile von Interdisziplinarität. Das Leitbild der Interdisziplinarität zielt darauf ab, die Leistungsfähigkeit der wissenschaft-lichen Disziplinen für die Bearbeitung komplexer Probleme zu steigern, wodurch sich eine verstärkte internationale Orientierung von Forschung und Lehre ergibt. Zudem erhöhen die interdisziplinären Kooperationen auf internationaler Ebene die Lösungspotenziale von For-schungsergebnissen für komplexe gesellschaftliche wie auch naturwissenschaftliche Probleme deutlich. Interdisziplinäres Arbeiten im internationalen Kontext bedeutet aber auch Internati-onalisierung und eine Verbesserung der wissenschaftlichen und persönlichen Qualifikationen der Forschenden (Götschl et al. 2000).

Die Zusammensetzung einer interdisziplinären Arbeitsgruppe hängt von den zu bearbei-tenden Frage- und Problemstellungen ab. Der Aufwand interdisziplinärer Zusammenarbeit muss in Einklang mit den zu erwartenden Ergebnissen gebracht werden; die Komplexität der Theoriesprachen, Methoden und Zugänge erfordert besondere Beachtung und ist oft-mals der Schlüssel zum Erfolg. Unverzichtbar sind in einem solchen interdisziplinären Gefüge die Schaffung eines gemeinsamen Problemverständnisses, eine gemeinsam verstandene und möglichst homogene Sprache sowie eine Kultur der gegenseitigen Wertschätzung – und vor

◘ **Tab. 9.1** Von der Disziplinarität zur Transdisziplinarität. (Adaptiert nach Tschandl 2006)

Disziplinär	Multidisziplinär	Interdisziplinär	Transdisziplinär
– Expertinnen und Experten arbeiten in einzelnen Fächern bzw. Disziplinen (Spezialistentum) – Fachgrenzen werden nicht überschritten – Disziplinäre Paradigmen sind allein gültig – Fragmentiertes Wissen	– Unkoordinierte Zusammenarbeit von mindestens zwei Disziplinen – Keine expliziten Verbindungen zwischen den Disziplinen – Problem von zwei Seiten beleuchtet, getrennte Expertise – Erweiterung der dis-ziplinären Sichtweise	– Kooperation und Integration von mindestens zwei Disziplinen – Methodenabgleich, Methodentransfer – Lösungsansätze nur durch Zusammen-arbeit möglich – Gleichberechtigung von Disziplinen – Grenzen der Wissenschaft zur Gesellschaft werden nicht überschritten	– Gesellschaftsrelevante Problemstellungen – Grenzen von Wissenschaft und Gesellschaft werden überschritten – Integration von (praktischem) Wissen – Holistische und systemische Betrachtungsweise – Integration von Zugängen und neue Methoden außerhalb der disziplinären Paradigmen

allem Vertrauen. Durch den Austausch verschiedener Wahrnehmungen und Sichtweisen ist es möglich, das Problembewusstsein und -verständnis aufeinander abzustimmen und ständig zu adaptieren. „Bewusstsein möchte Wechselwirkungen nicht nur aufbauen. Es drängt dazu, diese auch optimal zu nutzen. Damit wirkt es nach innen und bestärkt das System darin, immer komplexer zu werden. So erreicht das Bewusstsein ein weiteres Ziel: Je komplexer ein System ist, umso komplexere Wechselwirkungen mit seiner Mitwelt sind möglich" (Wallner und Narodoslawsky 2001).

Globale Herausforderungen, komplexe Problemstellungen, inner- und außeruniversitäre Anforderungen, veränderte akademische Berufsqualifikationen und Kompetenzen, neue Kommunikationsstrategien, kurze Innovationszyklen etc. sind nur einige Anforderungen an die interdisziplinäre Idee. Dafür müssen die Grenzen zwischen Naturwissenschaften und Technik sowie Sozial-, Wirtschafts-, Geistes- und Kulturwissenschaften überschritten werden – nur dadurch kann Forschung und Wissensaustausch zu einer nachhaltigen Entwicklung beitragen.

9.2.3 Transdisziplinarität für und mit der Gesellschaft

Während sich für einige namhafte Wissenschaftler (z. B. Luhmann 1990; Mainzer 1993; Arber 1993; Gibbons et al. 1994; Nicolescu 2002; 2010) Transdisziplinarität als ein rein wissenschaftstheoretischer Begriff darstellt, findet sich **transdisziplinäre Forschung** für andere (z. B. Jantsch 1972; Scholz und Tietje 2002) bereits sehr stark integriert im außeruniversitären Umfeld sowie in der Wirtschaft, der Gesellschaft und der Politik. Mitunter widersprechen sich einige Theorien, und es kann auch hier nicht von einer einheitlichen Definition des Begriffs ausgegangen werden. Die Transdisziplinarität, von der in diesem Buch die Rede ist, geht auf Jantsch (1972) zurück, der den Begriff erstmals auf der OECD-Konferenz in Nizza 1970 eingeführt hat, und beruht in der Folge auf den Erkenntnissen zu Transdisziplinarität von Jahn (2008) und Jahn et al. (2012).

Interdisziplinarität bezieht sich auf die Kooperation in einer „gemischten" wissenschaftlichen Arbeitsgruppe (auf die Herausforderungen von integrativer Forschung und die Schwierigkeiten in der Zusammenarbeit von disziplinär sozialisierten Forschenden sei auf Mittelstraß [2003] verwiesen). Transdisziplinarität geht einen Schritt weiter: Transdisziplinarität bedeutet, dass es zu einem intensiven Wissensaustausch, einer Kooperation und Integration von Forschenden und aktiven Menschen aus der Zivilgesellschaft kommt. Es erfolgt ein **Paradigmenwechsel** von einer **Wissenschaft über die Gesellschaft** zu einer **Wissenschaft mit der Gesellschaft** (Scholz und Marks 2001). Dies kann allerdings nur funktionieren, wenn Wissen und Kompetenzen aller Beteiligten als gleichwertig betrachtet werden und die Beteiligten einen respektvollen Umgang mit gegenseitiger Hochachtung pflegen. Erst durch das Zusammenführen der verschiedenen Kompetenzen und die Berücksichtigung der Bedürfnisse und des (Risiko-)Verhaltens der Gesellschaft kann ein gemeinsamer Problemlösungsprozess von Wissenschaft, Technologie und Gesellschaft erreicht werden (Lenz 2003).

Transdisziplinäre Forschung folgt demnach einem lebensweltzentrierten, partizipativen Zugang und einem wissenschaftszentrierten, epistemischen Ansatz, der durch die Integration von Wissen zu einem gemeinsamen/integrativen Forschungsprozess führt. Die **Kernprinzipien** lassen sich wie folgt darstellen (vgl. auch Jahn et al. 2012; Hirsch Hadorn et al. 2008) (konkretes Beispiel in ◘ Abb. 9.6):

- Den Beginn bildet eine komplexe, gesellschaftsrelevante, heterogene Problem- bzw. Fragestellung (**Ausgangslage**).

- Diese verlangt sowohl eine innerwissenschaftliche Zusammenarbeit zwischen Forschenden verschiedener Disziplinen (interdisziplinär) sowie eine partnerschaftliche Zusammenarbeit mit Menschen aus der Zivilgesellschaft, aus Städten und Regionen bzw. aus Unternehmen (**partizipativer Aspekt**).
- Die der Transdisziplinarität immanente Integration von Interdisziplinarität und Beteiligung von außerwissenschaftlichen Akteurinnen und Akteuren ist ein reflexiver Forschungsansatz, der auf gemeinsame Lernprozesse und den Wissensaustausch zwischen Wissenschaft und Gesellschaft abzielt (**integrativer Aspekt**).
- Die größte Herausforderung dabei ist die Ausarbeitung von integrativen Forschungsansätzen unter Berücksichtigung der Komplexität der Problemerfassung, der Diversität der wissenschaftlichen und gesellschaftlichen Sichtweisen auf Problemstellungen sowie die Verbindung der abstrahierenden Wissenschaft mit fallspezifischem und relevantem Wissen sowie die Erarbeitung eines Beitrags zu einer am Gemeinwohl orientierten praktischen Lösung (**ethischer Aspekt** und **reflexiver Aspekt**).

Transdisziplinäres Arbeiten bedeutet oftmals, mit einem gesellschaftlichen Fall konfrontiert zu werden und gleichzeitig (theoretisches und praktisches) Wissen zu erwerben, um den Fall zu begreifen und ihn dann erklären zu können, um schlussendlich Lösungsmöglichkeiten für komplexe Probleme zu finden. Komplexe Probleme innerhalb von konkreten Fällen (Systemen) sind meist so charakterisiert, dass der Ausgangspunkt eines zu bearbeitenden Systems nicht genau beschrieben werden kann, der Zielzustand des Systems nicht ausreichend bekannt ist und der Prozess zwischen Ausgangs- und Zielzustand eines Systems oft völlig unklar ist. Daher erfordert ein transdisziplinärer Zugang die **Wissensintegration** aus verschiedenen Disziplinen, Systemen, Interessen und Denkweisen (Scholz und Tietje 2002):

- **Integration von wissenschaftlichen Disziplinen:** Eine gute Methode muss in der Lage sein, Wissen von verschiedenen Disziplinen zu verbinden. Sie sollte dabei eine gute Verbindung von natur- und sozialwissenschaftlichen Feldern ermöglichen sowie eine Verbindung von qualitativen und quantitativen Forschungsansätzen und Daten erlauben.
- **Integration von Systemen:** Ein untersuchter (lebensweltlicher) Fall ist in der Regel in einzelne Subsysteme untergliedert. Subsysteme müssen in einer Fallstudie unter Berücksichtigung der Genese und spezieller Rahmenbedingungen zueinander in Beziehung gesetzt werden. Bei einer regionalen Fallstudie können als Subsysteme etwa die ökonomische Entwicklung, die Umwelt und sozialen Strukturen und Prozesse genannt werden.
- **Integration der Interessen der Beteiligten:** Eine Fallstudiengruppe setzt sich aus verschiedenen Disziplinen und gesellschaftlichen Gruppen zusammen, die, abgesehen vom Ziel der Fall-/Problemlösung, unterschiedliche (Eigen-)Interessen verfolgen. Dies resultiert in unterschiedlichen Sichtweisen über den zu erreichenden Zielzustand und den zu beschreitenden Weg dorthin. Daher müssen die Interessen und die Einstellung der Beteiligten berücksichtigt und zueinander in Beziehung gesetzt werden (Mediation als Konfliktlösungsmethode).
- **Integration von Wissen:** Denkweisen oder Qualitäten von Wissen werden aufgrund der Teamkonstellation sowohl auf tradiertem, intuitivem und praktischem Denken als auch auf analytischem Wissen beruhen. Dies hat einen großen Einfluss darauf, wie im vorliegenden Kontext ein Fall erfasst und definiert wird (wer dominiert im Integrationsprozess von Wissen?).

Dieser transdisziplinäre Fallstudienansatz ist sowohl in der Lehre als auch in der Forschung anwendbar.

Urban Experiments als Beispiel transdisziplinärer Forschung

Städte sind mit komplexen ökonomischen, sozialen und ökologischen Herausforderungen konfrontiert. Jüngere Forschungen bearbeiten als Lösungsansatz neue partizipative Methoden unter dem Begriff **Urban Experiments** (Living Labs und City Labs), um transdisziplinäre Lösungen für unterschiedliche städtische Herausforderungen bereitzustellen – frei nach dem Motto von Charles Montgomery (2013): „We are all experts on our own urban experience. The city is our laboratory. Let's use it!"
Das RCE Graz-Styria, das Center of Expertise on Education for Sustainable Development der Universität Graz, arbeitet am europäischen Forschungsprojekt URB@Exp (Urban Europe Programme) (http://www.urbanexp.eu/), gemeinsam mit den Universitäten und Städten Maastricht und Malmö, der Universität Lund sowie den Städten Antwerpen, Graz und Leoben. Die Zusammensetzung des Konsortiums mit sechs – sehr unterschiedlichen – europäischen Städten und dem interdisziplinären Setting der wissenschaftlichen Partner hat großes transdisziplinäres Potenzial. Ziel des Projekts ist die Analyse von Gruppen von Akteurinnen und Akteuren, mit ihren unterschiedlichen Werthaltungen und Interessenslagen, um neue transdisziplinäre Kooperationsformen und -methoden zur Lösung unterschiedlicher städtischer Probleme zu generieren. Die Forschung ist besonders auf Themen wie das Sozialverhalten, Integration, Wohnqualität, Bildung und Gesundheit sowie politisches Engagement und Bewusstseinsbildung ausgerichtet. Neue digitale Technologien führen zu neuen Kommunikations- und

Interaktionsmustern, die in der Lage sind, als City Labs die Bedürfnisse der Bürgerinnen und Bürger zu integrieren und gemeinschaftliche Lösungsansätze zu erarbeiten. Im Rahmen von *action research* (z. B. Whyte 1991) werden drei wissenschaftliche Konzepte in die Praxis umgesetzt:

- Das Konzept *transition experiments* (Van den Bosch 2010), das Veränderungsprozesse durch soziales Lernen mit Schwerpunkt auf *reflexive learning* in einem *real-life social context* vorantreibt.
- Das Konzept der *logical levels*, das nachhaltige Stadtentwicklung auf der Basis von werteorientierten Visionen und wertebasierten Zielen und Strategien unter Anwendung neuer Mediationsmethoden (*envisioning*) unterstützt (Janschitz und Zimmermann 2010).
- Das Konzept des *agonistic participatory design* (Björgvinsson et al. 2012), das Räume schafft für Rivalität, Konkurrenz und kontroversielle Diskussionen und Platz bietet für Zusammenarbeit mit Randgruppen und ohne Anspruch auf einen diskursiven Konsens (agonistische Demokratie).

Daraus entstehen neue Methoden und **neue Formen für urbane Governance.** Abbildung 9.6 veranschaulicht den transdisziplinären Zugang dieses Projekts in folgenden Schritten:

- Ausgangspunkt sind jeweils die gesellschaftlichen und die wissenschaftlichen Herausforderungen. Die Frage, wie Phänomene der Deindustrialisierung, Segregation oder Umweltqualität mit transdisziplinären,

wertorientierten Ansätzen zu Transformationen und Transitionen führen, ist die erste Herausforderung.
- Die zweite Herausforderung ist es, eine gemeinsame „Sprache" zwischen den Beteiligten aus unterschiedlichen Wissenschaftsdisziplinen und der Zivilgesellschaft zu entwickeln.
- Das transdisziplinäre Instrument dazu ist ein City Lab, das Raum für – forschungsbegleitete – Initiativen der Zivilgesellschaft bietet sowie zur experimentellen Mobilisierung von Ideen und Kompetenzen anregt.
- Die weiteren Schritte betreffen Innovationen, basierend auf Real-Live-Erfahrungen, reflexivem Lernen und gemeinschaftlicher „Produktion" von Visionen und neuen Potenzialen.
- Die Resultate, die Transformationsprozesse unterstützen, sind neue Koalitionen und Netzwerke sowie Kooperationen über ökonomische Sektoren hinweg. Die Lösungen werden im Kleinen erarbeitet und können in einem Scaling-up-Prozess für andere Stadtteile oder in anderen Städten angewandt werden.
- Die Resultate für die Gesellschaft und für die Forschung wiederum werden in Diskussionen in der Zivilgesellschaft sowie in wissenschaftlichen Diskussionen weiterverarbeitet und führen zu „transformierten" Herausforderungen, wodurch der iterative Prozess von Neuem beginnt bzw. fortgesetzt wird.

Aus der Praxis *(Fortsetzung)*

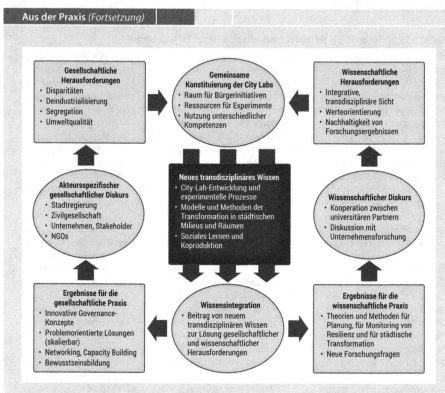

❑ **Abb. 9.6** Transdisziplinarität im URB@Exp-Projekt. (Adaptiert und verändert nach Jahn et al. 2012; mit freundlicher Genehmigung von © Thomas Jahn 2012. All rights reserved)

9.3   Wissenschaft und Gesellschaftsrelevanz – Universitäten als Institutionen für nachhaltige Bildung und Forschung

9.3.1   Die Verantwortung der Universitäten

Angesichts der **Grand Challenges** (Klimawandel, Ernährungssicherheit, Versauerung der Ozeane, Energieversorgung, Ressourcenverknappung, Biodiversitätsverlust, demographischer Wandel, soziale Sicherheit, Migration; vgl. auch Tab. 2.1) müssen Universitäten ihre Vorreiterrolle für eine zukunftsfähige Entwicklung von Gesellschaft und Wirtschaft verstärkt wahrnehmen. Universitäten spielen für die Gesellschaft eine wichtige Rolle; sie sind Ausbildungsstätten, Forschungseinrichtungen, Konsumenten verschiedener Ressourcen (Energie, Wasser, Papier, Nahrungsmittel etc.), stellen Tausende Arbeitsplätze zur Verfügung und haben als intellektuelle Zentren eine Vorbildfunktion für ihre Bediensteten und Studierenden. Sie befinden sich meist im sozialen Umfeld einer Stadt und einer Region, auf welche die Universitäten wiederum in ihren genannten Rollen großen Einfluss haben. Somit haben Universitäten beispielsweise Einfluss auf das Verkehrswesen und die Mobilität, den Energieverbrauch, das Konsumverhalten, die Stadtentwicklung und die Politik. Sie sind als meinungsbildende Institutionen wichtig und für die Entwicklung und Lebensumstände zukünftiger Generationen verantwortlich (Zimmermann 2006, 2007).

Innerhalb dieser Rollen sind es die zentralen Aufgaben und die **Verantwortung der Universitäten**, zukünftige Entscheidungstragende mit hoher Lösungskompetenz auszubilden und – über Wissenschaft und Forschung – Innovationen für eine nachhaltige Zukunft zu schaffen. Universitäten haben die Möglichkeit, durch fächerübergreifende Forschung vielen Ansprüchen einer nachhaltigen Entwicklung gerecht zu werden und durch transdisziplinäre Wissensvermittlung (universitäre Lehre und Wissenstransfer) die gesellschaftliche Akzeptanz des Prinzips Nachhaltigkeit (im Sinne der Verantwortung für die gegenwärtige und die kommenden Generationen) maßgeblich zu steigern. Sie sind auch durch politische Erklärungen und Abkommen zur Realisierung des Leitbildes Nachhaltigkeit verpflichtet, insbesondere durch diverse Deklarationen der Vereinten Nationen, durch die Lissabon-und Göteborg-Strategien der EU sowie durch die Umsetzung des Europäischen Forschungsraumes und des Bologna-Prozesses (vgl. auch Messner 2014: Zimmermann et al. 2013).

Neben dieser führenden Rolle in der Entwicklung und Ausbildung einer interdisziplinären und ethisch orientierten Art von Forschung und Bildung sind die Universitäten aber auch gefordert, innovative und am Prinzip Nachhaltigkeit orientierte Prozesse als lernende Organisationen zu verinnerlichen. Das Prinzip der Nachhaltigkeit muss demnach auch ein Leitbild für die universitäre Unternehmensentwicklung werden. Dabei geht es vor allem darum, Strukturen und Prozesse aus ökologischen, ökonomischen, sozialen und institutionellen Gesichtspunkten umsichtig und innovativ zu gestalten. Erst durch die Verankerung von Nachhaltigkeit in Lehre, Forschung, Weiterbildung, Wissenstransfer, intergenerationellem, lebenslangem Lernen und nachhaltigem Management kann das „Unternehmen Universität" seine Vorbildfunktion für die Gesellschaft einnehmen. **Nachhaltigkeit ist die Verpflichtung der Universitäten!**

In folgenden Bereichen ihres Portfolios können Universitäten, unter Berücksichtigung der relevanten ökologischen, ökonomischen und sozialen Dimensionen, Beiträge für nachhaltige Entwicklungen leisten (weiterführende Informationen in ▶ Aus der Praxis: Universitäre Netzwerke für Nachhaltigkeit):

- **Bildung:** Im Bereich der **Lehre** sind die Umsetzung des Bologna-Prozesses und die Ausrichtung der Curricula auf Fragen nachhaltiger Entwicklungen als die zentrale Zielsetzung zu bezeichnen. Erst dadurch kann bei Studierenden und Beschäftigten Bewusstsein für die Belange der nachhaltigen Entwicklung geschaffen werden – dies betrifft sowohl formale als auch informelle Lernprozesse. **Weiterbildung und lebenslanges Lernen** müssen unter den Prinzipien der Nachhaltigkeit schwerpunktmäßig auf ein gesellschaftsbezogenes Lernen ausgerichtet sein, das eine langfristige menschliche Entwicklung sicherstellt. Neben einem grundsätzlichen Verständnis für nachhaltige Entwicklung und der Vermittlung von ethischen Werten sind vor allem die integrative Sicht von Gesellschaft, Wirtschaft und Umwelt sowie die Vorbildfunktion der Lehrenden an Universitäten von entscheidender Bedeutung.
- **Wissenschaft und Forschung:** Problem- und lösungsorientierte Forschung zu Themen der Nachhaltigkeit ist mit inter- und transdisziplinären Zugängen sowie in Zusammenarbeit mit verantwortungsbewussten bzw. nachhaltigkeitsorientierten Unternehmungen und Organisationen durchzuführen – damit soll der gesellschaftliche Impact von Forschung sichergestellt werden. Insbesondere ist auch auf Nachhaltigkeit in der Durchführung von Forschung im Sinne der Einhaltung ethischer Standards und der Beachtung ökologischer und sozialer Standards Wert zu legen.
- **Soziale Verantwortung:** Neben dem internationalen und nationalen Austausch sind die Integration der Universität in die Region und die Beschäftigung mit regionalen Belangen durch die Universität, insbesondere durch Transfer und Austausch von Forschungser-

gebnissen zu Themen der Nachhaltigkeit etc., entscheidend. Neben der intergenerationellen Verantwortung sind die Inklusion von Menschen mit besonderen Bedürfnissen,
die Gleichbehandlung sowie die Achtung von Gesundheit und Sicherheit bedeutsam
(► Kap. 8). Es geht dabei aber auch um eine neue Kultur der Kommunikation, „[…]
um eine veränderte Kultur des Problemlösens, eine Kultur bewusster und nachhaltiger
kollektiver Entscheidungsfindung und der gemeinsamen Zukunftsgestaltung – in Politik,
Wirtschaft, Wissenschaft und Alltagsleben" (Krainer und Trattnigg 2007, S. 10).

- **Umweltmanagement und strukturelle Integration von Nachhaltigkeit:** Dabei geht es
  um Konzepte für die Reduktion von Energieverbrauch und die Einhaltung von Ener-
  giestandards als Beitrag zur Klimaneutralität, um die Steuerung von Stoffströmen, die
  Optimierung von Wasser-, und Abfallwirtschaft sowie um nachhaltige Mobilität. Neben
  den umweltbezogenen Sparpotenzialen sind im Bereich der Materialbeschaffung, der
  Investitionen und der nachhaltigen Campusentwicklung (*green buildings, green offices,
  green meetings*, Photovoltaik und Wärmerückgewinnung sowie Computer-Aided Facility
  Management) Nachhaltigkeitszertifikate einzuführen (EMAS; ISO 14000 etc.). Entscheidend für die Umsetzung ist die strukturelle Integration des Prinzips der Nachhaltigkeit
  in das Management der Universitäten; dabei ist auf die Partizipation aller Mitglieder der
  Universität (einschließlich der Studierenden) Wert zu legen.

Hervorgehoben werden muss aber, dass wirtschaftliche Vorteile zwar essenziell und wahrscheinlich auch in der Öffentlichkeit am besten zu positionieren sind, dass aber gerade die
Partizipation der Universitätsangehörigen mit ihren internationalen Netzwerke ein unschätz-
bares Potenzial darstellt, um Bewusstsein zu schaffen, internationalen Gedankenaustausch und
Benchmarking zu betreiben sowie schlussendlich auch im regionalen Umfeld nachhaltig zu
wirken.

Aus der Praxis

Universitäre Netzwerke für Nachhaltigkeit

Universitäten haben die ihnen immanente Verantwortung für eine nachhaltige Gesellschaft und Umwelt aufgenommen:

- Den Anfang in Österreich bildete der Zusammenschluss der vier Grazer Universitäten zum Netzwerk **Sustainability4U**, das als Initialzündung für lokale, nationale wie auch internationale Zusammenschlüsse von Universitäten für eine nachhaltige Entwicklung angesehen werden kann (http://www.sustainability4u.at/).
- Auf österreichischer Ebene wurde die **Allianz Nachhaltige Universitäten** in Österreich mit folgender Vision gegründet: „Wir bündeln unsere Kräfte, um Nachhaltigkeit in Lehre, Forschung und Universitätsmanagement der Universitäten zu stärken und unseren Beitrag für eine zukunftsfähige Gesellschaft zu leisten." Im gemeinsam formulierten Nachhaltigkeitsverständnis bekennen sich die zur Allianz zusammengeschlossenen neun Universitäten „zu dem Verständnis einer nachhaltigen Entwicklung, wie sie heute international im Sinne einer generationenübergreifenden und globalen Verantwortung akzeptiert ist". Ergebnisse der Zusammenarbeit ist ein „Handbuch für universitäre Nachhaltigkeitskonzepte", ein Fokus auf *Sustainable Entrepreneurship*, das Projekt „Klimafreundliche Klimaforschung" sowie Projekte zur Einführung bzw. Weiterentwicklung eines Umweltmanagementsystems (EMAS) und Vernetzungsaktivitäten zum Umweltmanagement und zur Betriebsökologie (http://nachhaltigeuniversitaeten.at/).

Aus der Praxis *(Fortsetzung)*

- Die **COPERNICUS Alliance**, das Europäische Hochschulnetzwerk für Nachhaltige Entwicklung, wurde von Graz aus im Jahr 2010 gegründet und hat derzeit 21 Mitglieder. Die Vision ist es, nachhaltige Entwicklung im Rahmen des europäischen Hochschulraumes durch die Weiterentwicklung von Bildung und Forschung gemeinsam mit gesellschaftlichen Akteurinnen und Akteuren zu fördern. Dies geschieht durch ständigen Wissensaustausch über die Entwicklungen am Nachhaltigkeitssektor, durch die Verbreitung von *Best Practice Cases*, durch den Zugang zu einer Ressourcensammlung sowie Möglichkeiten für gemeinsame Forschungsprojekte. Ein Aushängeschild ist das durch die EU geförderte Flaggschiffprojekt UE4SD (University Educators for Sustainability), das 52 Universitäten aus 33 Ländern quer durch Europa verbindet, um Hochschulcurricula stärker auf Fragen der nachhaltigen Entwicklung zu fokussieren (http://www.ue4sd.eu/project/project-about). Die COPERNICUS Alliance ist Ergebnis und Reaktion auf die stetig wachsende Bedeutung von Hochschulaktivitäten vor dem Hintergrund der weltweiten nachhaltigen Entwicklung und stellt auf europäischer Ebene ein vergleichbares Netzwerk dar, wie etwa AASHE (Association for the Advancement of Sustainability in Higher Education) in Nordamerika oder ProSPER.Net (Network for the Promotion of Sustainability in Postgraduate Education and Research) im Asien-Pazifik-Raum (http://www.copernicus-alliance.org/).

Es ist ein Gebot der Stunde für Universitäten, die Netzwerke mit Partnerinstitutionen aus Wissenschaft, Gesellschaft und Wirtschaft zu vertiefen und die disziplinäre Fragmentierung zu überwinden. Neben der Generierung von forschungsbasiertem Wissen ist vor allem die **Verbreitung des Wissens** (Dissemination) und dessen Transfer in innovative Produkte und Netzwerk- bzw. Governance-Konzepte sowie die Bereitstellung von Forschungsergebnissen als Grundlage für die Entscheidungsfindung und -unterstützung ein wichtiger nachhaltiger Aspekt. Nachhaltige Entwicklung und Forschung sind sehr eng mit dem Begriff „Innovation" verknüpft. Innovative Forschungsergebnisse sind zum einen Garanten für die Wettbewerbsfähigkeit der Wirtschaft, zum anderen können sie eine nachhaltige Entwicklung unterstützen, etwa in Form der Substitution von nicht erneuerbaren Ressourcen durch die Umsetzung neuer Technologien. Dabei ist darauf hinzuweisen, dass nicht alle für die Erhaltung unseres derzeitigen Konsum- und Lebensstandards erforderlichen Ressourcen durch technologische Innovationen ersetzt werden können, obwohl man manchmal diesen Eindruck gewinnen kann und ein übersteigertes Maß an „Technologiehörigkeit" in unserer globalisierten Welt festzustellen ist.

9.3.2 Universitäten und Bildung für nachhaltige Entwicklungen

Bildung für nachhaltige Entwicklung (BNE) wurde erstmals 1987 im Brundtland-Bericht als wichtiger Aspekt der nachhaltigen Entwicklung erwähnt (WCED 1987). Das Konzept wurde bei der Erarbeitung der Agenda 21 (▶ Abschn. 1.1.2) immer konkreter, Kap. 36 fordert die „Neuausrichtung der Bildung auf eine nachhaltige Entwicklung" durch:
- Verbesserung des Zugangs zu hochwertiger Grundausbildung,
- Neuausrichtung bestehender Bildungsprogramme,
- Entwicklung des öffentlichen Verständnisses und Bewusstseins für Nachhaltigkeit,
- Förderung der beruflichen Aus- und Weiterbildung.

Im Jahr 2000 beschloss das World Education Forum (WEF) in Dakar das Programm Education for All (EFA), in dem der Bildungszugang für alle Menschen bis 2015 ermöglicht werden sollte (vgl. auch Millennium Development Goals). Der Weltgipfel für nachhaltige Entwicklung in Johannesburg (2002) gab dann die Empfehlung, 2005 bis 2014 zur Weltdekade „Bildung für nachhaltige Entwicklung" auszurufen (UNESCO 2005).

Während dieser Dekade sind zahlreiche Projekte und Initiativen gestartet worden, die man als konkreten Beitrag zur nachhaltigen Entwicklung sehen kann (▶ Aus der Praxis: UN-Dekade „Bildung für nachhaltige Entwicklung 2005–2014"). Vor allem das Verständnis von BNE hat sich geändert. Sie ist von der anfänglichen Nischenaktivität im Bildungssystem zum innovativen Konzept geworden und hat somit der Lehre und dem Lernen in unterschiedlichen Bereichen ein neues Image gegeben und die Möglichkeit geboten, Bildung neu zu denken. Dabei geht es hauptsächlich um Kompetenzen, die eine aktive, reflektierte und kooperative Teilnahme an der Gesellschaft ermöglichen.

Die Sicherstellung von Bildung für alle Menschen auf Erden ist Voraussetzung für eine nachhaltige Entwicklung, denn nur gut gebildete und informierte Bürgerinnen und Bürger beteiligen sich an kommunalen Entwicklungen und Zukunftsgestaltungen und sind somit der Schlüssel zur Umsetzung von Nachhaltigkeitsvisionen und -strategien. Wichtige Voraussetzung ist der Aufbau von Fähigkeiten und Werten in folgenden Dimensionen (Barth et al. 2011):

- **Gesellschaft:** Verständnis für die Komplexität gesellschaftlicher Entwicklung generieren, z. B. für Demokratie, Partizipation, Integration, Menschenrechte und soziale Gerechtigkeit, Respekt, Fürsorge
- **Umwelt:** Verständnis, Respekt und Sorge für ökologische Systeme, Biodiversität und Ressourcen schaffen, die Vulnerabilität erkennen und beachten
- **Wirtschaft:** Sensibilität für die Grenzen und Möglichkeiten des Wirtschaftswachstums und ihre Auswirkungen auf die Gesellschaft und die Umwelt entwickeln und die Disparitäten von Konsum- und Produktionsmustern erkennen
- **Kultur:** Verständnis für nachhaltige Werthaltungen entwickeln sowie die individuellen Entscheidungen, aber auch die gesellschaftlichen Prozesse erkennen und nachhaltig formen

---

Aus der Praxis

Nachhaltigkeitslehrpfad

Studierende der Umweltsystemwissenschaften der Universität Graz und Jugendliche des Jugendzentrums „Fun House" in Trofaiach/Österreich haben unter der Leitung des RCE Graz-Styria gemeinsam einen Lehrpfad zum Thema nachhaltige Entwicklung konzipiert und gestaltet. Im Rahmen von Workshops erhielten die Jugendlichen die Möglichkeit, Themen wie Klimawandel, Armutsbekämpfung, Energiekonsum oder Wasserressourcen mit Bezug auf nachhaltige Entwicklung gemeinsam mit Studierenden und Lehrenden zu diskutieren und dazu Lehrtafeln zu entwickeln. Die Studierenden waren dabei gefordert, ihr theoretisches Wissen in die Praxis umzusetzen. Den Jugendlichen wurden aber auch Möglichkeiten aufgezeigt, Nachhaltigkeit in den eigenen Tagesablauf etwa durch Energiesparen oder Konsum regionaler Produkte einzubeziehen. Somit entstanden ein Wissensaustausch und eine konkrete Umsetzung; der Lehrpfad wurde von der Österreichischen UNESCO-Kommission als offizielles Projekt der UN-Dekade „Bildung für nachhaltige Entwicklung 2005–2014" ausgezeichnet. Abb. 9.7 zeigt die Starttafel des Lehrpfades.

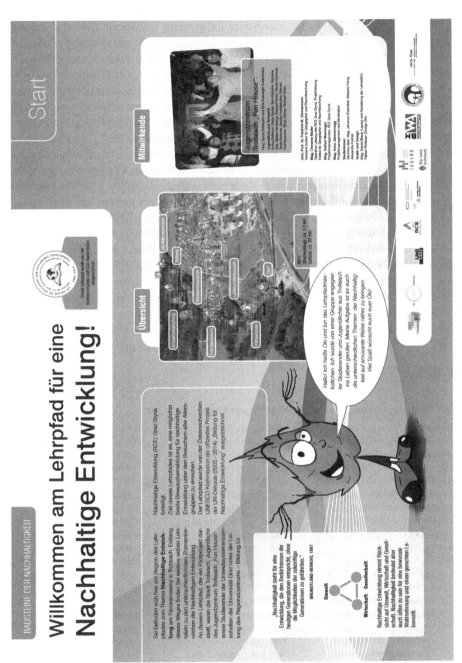

Die dem Konzept einer Bildung für nachhaltige Entwicklung immanente **Gestaltungskompetenz** zeichnet sich besonders dadurch aus, dass Menschen die Fähigkeit erlangen müssen, Wissen über nachhaltige Entwicklung nicht nur zu erwerben, sondern auch anzuwenden. Sie müssen in der Lage sein, mittels analytischer Zugänge Folgerungen über ökologische, ökonomische und soziale Entwicklungen in ihren wechselseitigen Abhängigkeiten zu ziehen, darauf basierende (individuelle) Entscheidungen zu treffen und diese Entscheidungen individuell, gemeinschaftlich und/oder politisch umsetzen zu können – also zukunftsweisend und eigenverantwortlich zu handeln (Bormann und de Haan 2008). De Haan (2002, S. 16 f.) bringt aber auch die Problematik dieses Bildungskonzepts auf den Punkt: „Wenn man den Gedanken ernst nimmt, dass Bildung mehr sein soll als die Bewältigung von aktuellen Alltagsproblemen, dann sollten Inhalte favorisiert werden, die eine dauerhafte Aufgabe darstellen [...]. Was mit dem Nachhaltigkeitsdiskurs sichtbar wird, ist eine exorbitante Fülle an potenziellen Inhalten. Manchmal scheint es, als ob nun alles, was die Welt aktuell bewegt, dazugehört: Krieg und Frieden, Armut und Reichtum, Globalisierung und Naturzerstörung, Rechtsradikalismus und Partizipation, Gentechnik und Wirtschaftswachstum, kulturelle Vielfalt und das Wohnen am Südpol, die Ausbeutung der Tiefsee und der Tourismus auf dem Mount Everest, die Gleichberechtigung der Frauen und die Chancengleichheit der weniger Privilegierten im Bildungssystem." Michelsen (2013) fasst nachhaltige Entwicklung als Prozess auf, der die Notwendigkeit von gesellschaftlichen Modernisierungsmaßnahmen impliziert. Diese können aber nur funktionieren, wenn möglichst viele Menschen an gesellschaftlichen Entscheidungsprozessen partizipieren und ihr (interdisziplinäres) Wissen einsetzen sowie vorausschauend denken und autonom handeln.

Aus der Praxis

UN-Dekade „Bildung für nachhaltige Entwicklung 2005–2014"

Im Rahmen der vergangenen Dekade wurden viele Bildungsaktivitäten und -initiativen sowie Projekte zur Nachhaltigkeit durchgeführt und sichtbar gemacht. Eine kleine Auswahl soll exemplarisch zeigen, dass es sich lohnt, Bildung für nachhaltige Entwicklung weiter voranzutreiben.

- Die United Nations University hat über 130 Regional Centres of Expertise (RCE) on Education for Sustainable Development weltweit etabliert und zertifiziert. Aufbauend auf internationalen Netzwerken mittels regionaler Vernetzungen tragen diese Zentren zu einem Scaling-down und Scaling-up von Nachhaltigkeitspolitiken, -strategien, -initiativen und -maßnahmen bei. Ihr erklärtes Ziel ist es, wie die auch Mission des RCE Graz-Styria zeigt,

„nachhaltige Entwicklung durch Forschung, Bildung und Wissensaustausch zwischen Wissenschaft und Gesellschaft zu fördern" (http://www.rce-graz.at/).

- In China wurde in der mittel- und langfristigen Planung für die nationale Bildungsreform (2010–2020) Bildung für nachhaltige Entwicklung integriert, über 1000 Experimentierschulen wurden geschaffen.
- In Indien gibt es die Kampagne „CO_2 Pick Right" mit über 70.000 Schulen (http://www.ceeindia.org/cee/pick_right_cce.html).
- In Japan wurde Bildung für nachhaltige Entwicklung in den nationalen Richtlinien für das Curriculum festgeschrieben.
- In Asien und Afrika werden Lehrkräfte an Schulen und

Universitäten in der Bildung für nachhaltige Entwicklung weitergebildet. Ein konkretes Beispiel dafür ist das von der EU unterstützte Projekt Education for Sustainable Development beyond the Campus (EduCamp). Vier europäische und 14 ägyptische Institutionen tragen Bildung für nachhaltige Entwicklung in die ägyptische Gesellschaft. Dies passiert durch die Errichtung von Bildungszentren an sieben ägyptischen Universitäten, die Entwicklung von innovativen Lehrmaterialien und die Durchführung eines Weiterbildungsprogramms, wo es Trainingsprogramme für die Universitätslehrenden gibt, die dann wiederum Lehrerinnen und Lehrer in Ägypten fortbilden (http://www.educamp.eu/).

UN-Dekade „Bildung für nachhaltige Entwicklung 2005–2014"

- Durch das Mainstreaming Environment and Sustainability in Africa Programme (MESA) haben über 80.000 Universitäten in 40 afrikanischen Ländern Bildung für nachhaltige Entwicklung und Nachhaltigkeit in ihre Lehr und Forschungsprogramme eingeführt (http://www.unep.org/training/programmes/mesa.asp).
- In Kanada sollen sich alle Schulen in der Provinz Manitoba an Nachhaltigkeit ausrichten.

- In Deutschland wurden laut Datenbank insgesamt 1939 Projekte im Rahmen der Dekade ausgezeichnet (http://www.dekade.org/datenbank/index.php?d=sg&gType=11).
- In Österreich sind als Incentives verschiedene Auszeichnungen entstanden (◘ Abb. 9.8), z. B. der alle zwei Jahre vergebene Sustainability Award für Universitäten und Fachhochschulen, ein Umweltzeichen für Schulen, ein Mediencontest und Kreativwettbewerb zu Nach-

haltigkeit (für Jugendliche unter 26 Jahren) sowie die Auszeichnungen als „offizielles Dekadenprojekt" des österreichischen UNESCO-Dekadenbüros, für die alle nachhaltigkeitsrelevanten Projekte eingereicht werden können. Ausführliche Informationen stellt das Österreichische Portal für Umweltbildung und Bildung für nachhaltige Entwicklung zur Verfügung (http://www.umweltbildung.at/startseite.html).

◘ **Abb. 9.8** Sustainability Awards der Universität Graz. (© Friedrich M. Zimmermann 2015.

Sehr lange wurde diskutiert, wie BNE nach dem Ende der UN-Dekade 2005–2014 auf globaler, aber auch nationaler und regionaler Ebene fortgesetzt werden kann. Schließlich hat die UNESCO eine Roadmap im Anschluss an die UNESCO-Weltkonferenz, die im November 2014 im japanischen Aichi-Nagoya stattgefunden hat, veröffentlicht. Das Weltaktionsprogramm „Bildung für nachhaltige Entwicklung" umfasst die Ziele der Nachfolgeagenda und richtet sich an alle Akteurinnen und Akteure der BNE – von Regierungen und zwischenstaatlichen Institutionen über zivilgesellschaftliche Organisationen, Lehr- und Ausbildungskräfte bis hin zu jedem einzelnen Lernenden.

Im Fokus der Roadmap stehen die fünf Aktionsfelder, denen das Weltaktionsprogramm (Global Action Programme) besondere Priorität einräumt (UNESCO 2014):

- *Advancing policy*: Schaffung eines förderlichen Umfeldes zur festen Integration von Bildung für nachhaltige Entwicklung in die nationale und internationale Bildungs- und Entwicklungspolitik, um ganzheitlich-institutionelle Ansätze für Systemveränderungen zu unterstützen
- *Transforming learning and training environments*: Integration von Nachhaltigkeitsprinzipien in Bildung, Ausbildung und Training
- *Building capacities of educators and trainers*: Verbesserung der Fähigkeiten von Lehrenden und Erziehenden sowie weiterer Change Agents
- *Empowering and mobilizing youth*: Besondere Unterstützung der Jugend als Kernelement des nachhaltigen Wandels
- *Accelerating sustainable solutions at local level*: Verstärkung der Nachhaltigkeitsaktivitäten in kommunalen und regionalen Bildungslandschaften und Nutzung der Multi-Stakeholder-Netzwerke

Damit ist die Fortsetzung wichtiger Initiativen und Projekte im Bereich der BNE in einem *Global-Local Interplay* zumindest in den nächsten fünf Jahren gewährleistet.

❶ Herausforderungen für die Zukunft

- Traditionelles Wissen ist gerade in der Nachhaltigkeitsdiskussion ein wichtiges Gut: Indigene Völker fokussieren seit jeher auf schonenden Umgang mit Ressourcen, Naturverbundenheit und (tradierte) Wertesysteme. Die Einschränkung von Lebensbedingungen der indigenen Bevölkerung muss verhindert werden, das umfassende traditionelle Wissen darf nicht zum Nachteil der indigenen Gemeinschaften ausgebeutet und kommerzialisiert werden.
- Um die Zukunftsfähigkeit unserer Gesellschaft und Umwelt zu gewährleisten, müssen holistische und systemische Ansätze zur Lösung der mannigfachen Herausforderungen entwickelt und umgesetzt werden. Dazu müssen die unterschiedlichen Lebenswelten und Lebenskonstrukte akzeptiert werden, neue (nachhaltige) Wertesysteme angenommen werden und ein gemeinschaftlicher, partizipativer Ansatz den menschlichen Handlungen zugrunde liegen.
- Universitäten spielen für die Gesellschaft eine wichtige Rolle; sie sind Ausbildungsstätten, Wissenschaftseinrichtungen, Konsumenten, Arbeitsplatzgeber und befinden sich im sozialen Umfeld einer Stadt und Region, auf welche die Universitäten großen Einfluss haben. Innerhalb dieser Rollen sind es die zentralen Aufgaben und die Verantwortung der Universitäten, zukünftige Entscheidungstragende mit hoher Lösungskompetenz auszubilden und über Wissenschaft und Forschung Innovationen für die Zukunft zu schaffen.
- Forschung und Bildung müssen sich noch stärker an gesellschaftlichen Herausforderungen orientieren und diese inter- und transdisziplinär bearbeiten. Das bedeutet Kooperationen zwischen Wissenschaft und Zivilgesellschaft sowie Arbeiten für die Gesellschaft und mit der Gesellschaft.

┌─ **Pointiert formuliert** ─────────────────────────────

Traditionelles Wissen und damit das Erbe unserer Vorfahren ist durch seinen Natur-Mensch-Bezug ein wichtiges Vorbild für nachhaltige Entwicklung. Unser modernes Wissen benötigt dringend ein Mehr an integrativen und holistischen Ansätzen sowie interdisziplinärer und transdisziplinärer Forschung. Erst dadurch können Universitäten und Hochschulen ihre soziale, ökonomische und ökologische Verantwortung wahrnehmen und einerseits die Studierenden (künftigen Entscheidungstragenden) befähigen, Beiträge zu einer nachhaltigen Zukunft zu leisten, sowie andererseits innovative Forschungsergebnisse für eine zukunftsfähige Gesellschaft bereitzustellen.

└──

Literatur

African Centre for Biosafety (2015) Eine ländliche Gemeinschaft in Südafrika setzt sich gegen Pelargonium-Patente und Biopiraterie zur Wehr. https://www.evb.ch/fileadmin/files/documents/Biodiversitaet/080505_PM_Pelargonium_final_de.pdf. Zugegriffen: April 2015

Altmann S (2009) Alternativmedizin und ihre Akzeptanz in der Gesellschaft. Dissertation Universität Wien

American Heritage Dictionary (2015) https://ahdictionary.com/word/search.html?q=Biopiracy&submit.x=-852&submit.y=-210. Zugegriffen: April 2015

von Saint Andrè S (2013) Genetische Ressorucen und traditionelles Wissen: Zugang, Teilhabe und Rechtsdurchsetzung. Universitätsverlag Göttingen, Göttingen

Arber W (Hrsg) (1993) Inter- und Transdisziplinarität. Warum? – Wie? Haupt, Bern, Stuttgart, Wien

Assmann A (2007) Das kulturelle Gedächtnis. Beck, München

Barth M, Rieckmann M, Sanusi ZA (Hrsg) (2011) Higher Education for Sustainable Development. Looking Back and Moving Forward. VAS-Verlag, Bad Homburg

Björgvinsson E, Ehn P, Hillgren P-A (2012) Agonistic participatory design: working with marginalised social movements. CoDesign 8(2–3):127–144

Bormann I, de Haan G (2008) Kompetenzen der Bildung für nachhaltige Entwicklung. VS Verlag für Sozialwissenschaften, Wiesbaden, S 23–43

van den Bosch S (2010) Transition experiments. Exploring Societal Changes towards Sustainability. Erasmus University, Rotterdam

Copernicus Alliance (2015) European Network on Higher Education for Sustainable Development. http://www.copernicus-alliance.org/. Zugegriffen: Juli 2015

Deutsche UNESCO-Kommission (2005) Übereinkommen über Schutz und Förderung der Vielfalt kultureller Ausdrucksformen. Magna Charta der Internationalen Kulturpolitik. Bonn. http://www.auswaertiges-amt.de/cae/servlet/contentblob/364902/publicationFile/3666/KulturUebereinkommen.pdf

Gibbons M, Limoges C, Nowotny H, Schwartzman S, Scott P, Trow M (1994) The New Production of Knowledge. The Dynamics of Science and Research in Contemporary Societies. SAGE, London, New Delhi

Götschl J, Schiele Ch, Macqueen M (2000) Interdisziplinarität und Kooperation. Grundlage für die Verbesserung der Zusammenarbeit von Wissenschafts- und Innovationssystemen. Projektstudie, Wien

de Haan G (2002) Die Kernthemen der Bildung für eine nachhaltige Entwicklung, ZEP. Zeitschrift für internationale Bildungsforschung und Entwicklungspädagogik 25(1):13–20. http://www.pedocs.de/volltexte/2013/6177/pdf/ZEP_2002_1_deHaan_Kernthemen_der_Bildung.pdf. Zugegriffen April 2015

Harsieber R (1993) Jenseits der Schulmedizin. Der Mensch als vernetztes System. Eine Recherche. Edition Va Bene, Wien

Hirsch Hadorn G, Hoffmann-Riem H, Biber-Klemm S, Grossenbacher-Mansury DJ, Pohl Ch, Wiesmann U, Zemp E (Hrsg) (2008) Handbook of Transdisciplinary Research. Springer, Bern (Swiss Academies of Arts and Sciences)

Höflehner T (2015) Integrative Mehrebenenanalyse der regionalen Resilienz. Eine transdisziplinäre Fallstudie in der Südoststeiermark. Dissertation, Universität Graz

INFOE (Institut für Ökologie und Aktions-Ethnologie) (2014) Waldschutzvorhaben im Rahmen der Klimapolitik und die Rechte indigener Völker. Institut für Ökologie und Aktions-Ethnologie e. V., Köln. http://www.infoe.de/web/publikationen. Zugegriffen: Mai 2015

Jahn T (2008) Transdisziplinarität in der Forschungspraxis. In: Bergmann M, Schramm E (Hrsg) Transdisziplinäre Forschung. Integrative Forschungsprozesse verstehen und bewerten. Campus, Frankfurt am Main, New York, S 21–37

Jahn T, Bergmann M, Keil F (2012) Transdisciplinarity: Between mainstreaming and marginalization. Ecological Economics 79:1–10

Janschitz S, Zimmermann F (2010) Regional modeling and the logics of sustainability – a social theory approach for regional development and change. Environmental Economics 1(1):134–142

Jantsch E (1972) Towards Interdisciplinarity and Transdisciplinarity in Education and Innovation. In: C.E.R.I (Hrsg) Interdisciplinarity. Problems of Teaching and Research in Universities. OECD, Paris, S 97–121

Krainer L, Trattnigg R (Hrsg) (2007) Kulturelle Nachhaltigkeit: Konzepte, Perspektiven, Posititionen. Oekom, München

Kratky KW (2003) Komplementäre Medizinsysteme. Vergleich und Integration. Ibera-Verlag, Wien

Lenz R (2003) Assessment Science in interdisciplinary and transdisciplinary research. In: Tress B, Tress G, van der Valk A, Fry G (Hrsg) Interdisciplinary and transdisciplinary landscape studies: potential and limitations. DELTA Series, Bd 2., Wageningen, S 64–69. http://www.tress.cc/delta/series2.pdf. Zugegriffen: August 2015

Luhmann N (1990) Die Wissenschaft der Gesellschaft. Suhrkamp, Frankfurt am Main

Mainzer K (1993) Erkenntnis- und wissenschaftstheoretische Grundlagen der Inter- und Transdisziplinarität. In: Arber W (Hrsg) Inter- und Transdisziplinarität. Warum? – Wie?. Haupt, Bern, Stuttgart, Wien, S 17–52

Messner D (2014) The role of science and technology in the dynamics of global change and the significance of international knowledge cooperation in the post-western world: an interview with Dirk Messner. In: Mayer M, Carpes M, Knoblich R (Hrsg) The global politics of science and technology, Bd 1. Springer, Berlin, Heidelberg, S 267–273

Michelsen G (2007) Nachhaltigkeitskommunikation: Verständnis – Entwicklung – Perspektiven. In: Michelsen G, Godemann J (Hrsg) Handbuch Nachhaltigkeitskommunikation. Grundlagen und Praxis. Oekom, München, S 25–41

Michelsen, G (2013) Bildung für nachhaltige Entwicklung in der Post-Dekade. In: Bildung für nachhaltige Entwicklung Jahrbuch 2013. FORUM Umweltbildung im Umweltdachverband, Wien, S 10–15

Mittelstraß J (2003) Transdisziplinarität – wissenschaftliche Zukunft und institutionelle Wirklichkeit. Universitätsverlag, Konstanz

Montgomery C (2013) Happy City: Transforming Our Lives Through Urban Design. Macmillan, New York

Nicolescu B (2002) Manifesto of Transdiciplinarity. State University of New York, Albany

Nicolescu B (2010) Methodology of transdisciplinarity – levels of reality, logic of the included middle and complexity. Transdiscplinary Journal of Engineering & Science 1(1):19–38. http://www.basarab-nicolescu.fr/Docs_Notice/TJESNo_1_12_2010.pdf. Zugegriffen: April 2015

Pschyrembel W (2006) Naturheilkunde und alternative Heilverfahren. de Gruyter, Berlin

Risopoulos F (2011) Das Erbe zwischen Gegenwart und Zukunft – von der Humboldt'schen Idee und der Universität heute. In: Janschitz S, Lieb K (Hrsg) Nachhaltigkeit – Regionalentwicklung – Tourismus. Grazer Schriften der Geographie und Raumforschung, Bd 46., S 71–80

Scholz RW, Marks D (2001) Learning about transdisciplinarity: Where are we? Where have we been? Where should we go? In: Thompson KJ, Grossenbacher-Mansuy W, Häberli R, Bill A, Scholz RW, Welti M (Hrsg) Transdisciplinarity: joint problem solving among science, technology, and society: an effective way for managing complexity. Birkhäuser, Basel, Boston, Berlin, S 236–252

Scholz RW, Tietje O (2002) Embedded Case Study Methods, Integrating Quantitative and Qualitative Knowledge. SAGE, London, New Dehli

Schweiger M (2003) Medizin. Glaube, Spekulation oder Naturwissenschaft? Gibt es zur Schulmedizin eine Alternative? Zuckerschwerdt, München

Tschandl M (2006) Nachhaltigkeit, Ethik und Management: Ansatzpunkte für eine transdisziplinäre Lehre. In: Steiner G, Posch A (Hrsg) Innovative Forschung und Lehre für eine nachhaltige Entwicklung. Shaker, Aachen, S 39–66

UNESCO (United Nations Educational, Scientific and Cultural Organization) (1982) Erklärung von Mexiko-City über Kulturpolitik. Weltkonferenz über Kulturpolitik. http://www.unesco.de/infothek/dokumente/konferenzbeschluesse/erklaerung-von-mexiko.html. Zugegriffen: Juli 2015

UNESCO (United Nations Educational, Scientific and Cultural Organization) (2005) UN Decade of Education for Sustainable Development 2005–2014. The DESD at a glance. http://unesdoc.unesco.org/images/0014/001416/141629e.pdf. Zugegriffen: Juli 2015

UNESCO (United Nations Educational, Scientific and Cultural Organization) (2014) UNECSO Roadmap for Implementing the Global Action Programme on Education for Sustainable Development. Paris. http://unesdoc.unesco.org/images/0023/002305/230514e.pdf. Zugegriffen: Mai 2015

Urach H (2014) Generating Energy: Burnout-Prophylaxe und -Therapie durch Shaolin-Qi Gong. Dissertation, Universität Hamburg

Literatur

Wallner HP, Narodoslawsky M (2001) Inseln der Nachhaltigkeit. Np Buchverlag, St. Pölten, Wien, Linz

WCED (World Commission on Environment and Development) (1987) Our Common Future (Unsere gemeinsame Zukunft) = Brundtland-Bericht. http://www.un-documents.net/wced-ocf.htm. Zugegriffen: August 2015

Whyte WF (Hrsg) (1991) Participatory Action Research. SAGE, Newbury Park, California

Wiek AD, Withycombe L, Redman CL (2011) Key competencies in sustainability – A reference framework for academic program development. Sustainability Science 6(2):203–218

Zimmermann F (2006) Nachhaltige Entwicklung und Universitäten. In: Steiner G, Posch A (Hrsg) Innovative Forschung und Lehre für eine nachhaltige Entwicklung, Bericht aus den Umweltwissenschaften. Shaker, Aachen, S 1–13

Zimmermann F (2007) The Chain of Sustainability. In: PSCA International (Hrsg) Public Service Review: European Union. PSCA, Newcastle under Lyme, S 232–233

Zimmermann F, Risopoulos F, Diethart M (2013) Entwicklung der Nachhaltigkeit in der österreichischen Hochschullandschaft. Bildung für nachhaltige Entwicklung Jahrbuch 2013. FORUM Umweltbildung im Umweltdachverband, Wien, S 173–177

Nachhaltigkeit – (fast) reine Glaubenssache

Hans-Ferdinand Angel und Friedrich M. Zimmermann

F. M. Zimmermann (Hrsg.), *Nachhaltigkeit wofür?*,
DOI 10.1007/978-3-662-48191-2_10, © Springer-Verlag Berlin Heidelberg 2016

Kernfragen

- Wie können die Komplexitäten unserer Gesellschaften unter der vorhandenen Informationsfülle und Technikgläubigkeit erfasst und integrative Lösungen gefunden werden?
- Ist Wissen in unserer Gesellschaft etwas Absolutes, oder sind wissenschaftliche Erkenntnisse und politische Bewertungen einfach Interpretationen von Gegebenheiten, die auf individuellen Glaubenssätzen beruhen?
- Wie können Herausforderungen unserer Zukunft durch Demut, ein neues Miteinander und veränderte Kommunikationskulturen besser bewältigt werden?
- Ist ein neues Miteinander trotz oder gerade wegen der zunehmenden Komplexitäten und Unwägbarkeiten als neues Paradigma der Nachhaltigkeit nicht dringend vonnöten?

10.1   Komplexität von Nachhaltigkeit – ein unlösbares Problem?

10.1.1 Zum Teufel mit der Nachhaltigkeit

Das Wort „Nachhaltigkeit" hat sich innerhalb weniger Jahre so verbreitet, dass es inzwischen zu einem gängigen Begriff unserer Alltagssprache geworden ist. Man kann wohl sagen: Jedes Kind kennt heute dieses Wort. Doch wie geht es denen, die das Wort im Munde führen oder es hören? Uns ist keine empirische Studie bekannt, die sich dafür interessiert, welche Assoziationen und Emotionen mit diesem Wort in der heutigen Gesellschaft verbunden sind. Deswegen sind die folgenden Aussagen lediglich Vermutungen.

Wir vermuten, dass das Wort „Nachhaltigkeit" emotional ambivalent besetzt ist. Für viele ist es noch immer ein Wort, das eine wichtige und unverzichtbare Größe für die Lösung der globalen Probleme darstellt. Das ist wohl vor allem dort der Fall, wo große Bereitschaft besteht, den aktuellen ökologischen und sozialen Herausforderungen entgegenzusteuern. Für andere ist es eine hohle Chiffre, die durch die übermäßige Verwendung (fast) völlig entwertet wurde. Und nicht selten kann man überdrüssig hören: „Zum Teufel mit der Nachhaltigkeit!" (▶ Abschn. 3.2.2) oder „Hör mir auf mit Nachhaltigkeit!". Das dürfte eher dort der Fall sein, wo das Bewusstsein für den Ernst der Lage entweder weniger ausgeprägt ist, der Aufwand, „nachhaltig" zu handeln (bzw. handeln zu müssen) mit hohen logistischen und finanziellen Kosten verbunden ist oder wo Egoismen das Handeln und Entscheiden von Individuen determinieren. Dort kann dann auch – durchaus verständlich – die Bereitschaft, den Ursachen und Wirkzusammenhängen entgegenzutreten, den bedrohlichen Gegebenheiten hinterherhinken.

Wir haben in ▶ Abschn. 4.3.1 bereits die Gegensätze von starker und schwacher Nachhaltigkeit diskutiert und festgestellt, dass die Zugänge extrem unterschiedlich sind. Die Vertreterinnen und Vertreter der starken Nachhaltigkeit lehnen jegliche Substitution von Naturkapital ab, da dies massive individuelle Selbstbeschränkungen zur Folge hätte. Daher wird sowohl von den entwickelten Ländern als auch den Schwellenländern die schwache Nachhaltigkeit forciert, die davon ausgeht, dass es für alle unsere Umwelt- und Ressourcenprobleme technische Lösungen gibt – dies führt zu einem absurden Maß an Technikgläubigkeit.

Technik kann alles – von Auswüchsen der Technologiehörigkeit

In einer Naturdokumentation im Fernsehen wird über die Erde als „heißer Planet" berichtet und der Aufbau der Erde, vom inneren über den äußeren Kern, den unteren bis zum oberen Mantel und zur Erdkruste, erläutert. Bei der Erklärung für die Entstehung von Vulkanausbrüchen wird über die Magmakammern im Inneren der Erde referiert, ebenso über Gesteinsschmelze und vulkanische Gase, die diese Kammern füllen und bei Überdruck durch den Schloten zur Erdoberfläche gelangen und einen Vulkanausbruch verursachen. Auch werden die unterschiedlichen Wechselbeziehungen und Wechselwirkungen zwischen Erdmantel und Erdkruste erläutert. Im Zuge dieser Erklärungen formulierte der Sprecher der Sendung zusammenfassend wie folgt: „Unsere Erde, ein Wunder der Technik."

10.1.2 Emotionen und Einstellungen zum Thema Nachhaltigkeit

Die emotionale Besetzung des Wortes „Nachhaltigkeit" muss nicht unbedingt mit einem umfassenderen Zugang zum Begriff „Nachhaltigkeit" einhergehen. Wie in den zurückliegenden Kapiteln deutlich gemacht wurde, ist er infolge vieler Facetten komplex und dementsprechend schwer zu fassen. Je mehr man sich mit diesem Begriff auseinandersetzt, und je tiefer man in die unterschiedlichen Problematiken eindringt, die er umfasst, desto mehr kann sich die bedrückende Einsicht aufdrängen: Wenn man sich mit Nachhaltigkeit näher beschäftigt, dann weiß man kaum mehr, womit man anfangen soll. Was sind sinnvolle Schritte, die tatsächlich in die Zukunft weisen?

Energiefrage

Zweifellos ist die Energiethematik eines der Kernthemen in der Nachhaltigkeitsdiskussion. In den 1970er Jahren wurde für Deutschland deutlich erkennbar, dass es in absehbarer Zukunft zu Problemen und, daraus resultierend, zu Engpässen bei den beiden wichtigsten Energieträgern – Kohle und Erdöl – kommen würde. Für die Kohleförderung war – bei steigender Importabhängigkeit – der Rückgriff auf weniger ergiebige oder weniger hochwertige Abbaugebiete absehbar, weitere Landschafts-zerstörung wären die Folge. Die Umwandlung von Kohle in Energie erzeugte große Emissionen, die mit teurer Filtertechnologie kompensiert werden musste. Für den Energieträger Erdöl wurde die Importabhängigkeit durch den rasant wachsenden inländischen Verbrauch (inkl. Abhängigkeit von Kartellen bzw. von politisch instabilen Förderregionen) zum Problem. Der Ölpreisschock der frühen 1970er Jahre rückte das dramatische Abhängigkeitsverhältnis ins allgemeine Bewusstsein. Es mussten Alternativen gesucht werden. Eine der Alternativen, die sich anbot, war die Atomenergie. Sie schien geradezu die Lösung des Problems schlechthin: technologisch fortgeschritten, sauber, höchst effizient und – zumindest teilweise – recycelbar. Bis die Atomenergie in den 1970er Jahren in das Bewusstsein von Politik und Wirtschaft kam, hatte sie schon eine längere Geschichte hinter sich, die sich durch drei große Etappen charakterisieren lässt:

10

- **Erste Etappe: Die Wissenschaft:** Die Anfänge gehören in den Bereich der wissenschaftlichen Grundlagenforschung. Zunächst ging es um eine geradezu unglaubliche Entdeckung: die Kernspaltung. Lange Zeit galten Atome (vom griechischen *átomos* für „unteilbar") als die kleinsten und damit nicht mehr teilbaren Bausteine der Erde. Sie wurden als chemisch unterschiedliche Elemente im 19. und 20. Jahrhundert in eine Ordnung gebracht. Infolge der theoretischen Fortschritte im Bereich der Physik (Entwicklung des Atommodells) und der technischen Fortschritte, die den Bau neuer wissenschaftlicher Geräte erlaubte, rückte die Möglichkeit der Spaltung eines Atomkerns in den Bereich der Möglichkeit. Sie konnte erstmals im November 1939 erfolgreich mit dem Element Uran durchgeführt werden und ist mit den Namen Otto Hahn und Fritz Straßmann sowie Lise Meitner und Otto Frisch verbunden.

- **Zweite Etappe: Die Militärische Nutzung:** Die wissenschaftlichen Erkenntnisse hatten sich in einer höchst prekären Zeit ereignet, nämlich zu Beginn des Zweiten Weltkrieges. Die Bedeutung der Kernspaltung für militärische Zwecke wurde schnell erkannt. Somit machte sich eine ausgedehnte „Anwendungsforschung" daran, die physikalischen Entdeckungen für eine militärische Nutzung weiterzuentwickeln. Ab Dezember 1942 schien sie auch realisierbar, nachdem es Enrico Fermi an der Universität Chicago erstmals gelungen war, eine kritische atomare Kettenreaktion (Kernspaltungskettenreaktion) in Gang zu setzen. Ab diesem Jahr wurde nun auch der Aufbau des Manhattan Project (Tarnbezeichnung für ein amerikanisches Großforschungsprojekt zur Entwicklung einer Atombombe) vorangetrieben und in einem geheimen Forschungszentrum in der Nähe von Los Alamos angesiedelt. Das war ein wichtiger Meilenstein, der eine kleinteilige Forschung in neue großtechnologische Dimensionen ausweitete (Big Science): eine Entwicklung, die die gesellschaftliche Partizipation an zukunftsrelevanten Themen nachhaltig beschränken sollte (de Solla Price 1974; Weinberg 1970). Auch unter Josef Stalin wurde in der Sowjetunion ein ähnliches Forschungszentrum aufgebaut. Die technische Entwicklung in den USA ermöglichte schließlich tatsächlich den erfolgreichen Bau von Atombomben. Erstmals wurden solche Bomben im August 1945 über den japanischen Städten Hiroshima und Nagasaki abgeworfen. Zudem enthielt die Großforschung nun ein gewaltiges Potenzial – im Guten wie im Schlechten. Der großartigen Chance, mithilfe von Big Science der Menschheit wirtschaftlichen Fortschritt zu bringen, stand die grauenhafte Gefahr gegenüber, dass von nun an Katastrophen für die Menschheit zur Normalität werden würden (Perrow 1987). Und mit jeder atomaren Katastrophe bleiben Todesfälle, Missbildungen und Schäden in Umwelt sowie im menschlichen Erbgut über unzählige Generationen.

- **Dritte Etappe: Die Friedliche Nutzung zur Energiegewinnung:** Solche Möglichkeiten waren selbstverständlich nur Großindustrien vorbehalten, die sich auf den Bereich der Energieversorgung spezialisiert hatten. Es waren führende Technologieunternehmen, vor allem in den USA und Europa, die sich diesem Anliegen zuwandten. Zudem konnte eine wirtschaftspolitisch ideale Option ins Auge gefasst werden: Die für militärische Zwecke ausgegebenen Investitionen konnten nach dem Kriegsende 1945 in eine friedliche Richtung kanalisiert werden. Die in militärischen Forschungseinrichtungen gewonnenen Erkenntnisse konnten dabei – kostengünstig – für friedliche Zwecke genutzt werden. Man bezeichnete die militärische und die friedliche Nutzung bisweilen sogar als „siamesische Zwillinge". Es hängt vom Anreicherungsgrad des Urans ab, ob Uran nur friedlich oder auch militärisch einsetzbar ist, da er dafür entscheidend ist, ob es zu einer kritischen Kettenreaktion kommen kann. Dennoch schien sich die friedliche Nutzung der Atomenergie geradezu als ein Königsweg zu erweisen, der, wie man glaubte, zwei Probleme gleichzeitig beheben konnte: Für die kriegsbedingt hohen militärischen Investitionen erwuchs einerseits die Möglichkeit einer Amortisation, andererseits ließ sich der Energieengpass ohne schädliche Emissionen beheben. Atomenergie – die saubere Form der Energiegewinnung. Aus Sicht der Nachhaltigkeit war das tatsächlich

ein Erfolg. Dem wachsenden Energieverbrauch stand eine unerschöpflich scheinende Quelle der Energiegewinnung zur Verfügung. Die Begeisterung für die Atomenergie ist verständlich, da für die Energiefrage nun eine Lösung in Reichweite rückte, die durch die Technologie der Wiederaufbereitung (einem Vorgang des Brennstoffkreislaufs, bei dem wieder verwendbare Bestandteile von nicht mehr verwendbarem atomaren Abfall getrennt werden) noch effizienter zu werden versprach.
Es ergab sich allerdings ein größeres Problem: Vieles hatte man nur geglaubt! In Wirklichkeit kam es anders, da eben dieser Glaube auf falschen Annahmen beruhte. Das war nicht zuletzt deswegen der Fall, weil etliche wissenschaftliche Erkenntnisse – zumindest der (politischen) Öffentlichkeit – zunächst nicht zur Verfügung standen bzw. gestellt wurden:
- **Unbekannt (oder verschwiegen): die Gefahr der Niedrigstrahlung.** Diese wurde erst allgemein bekannt, als in der dritten Nachfolgegeneration der Atombombenüberlebenden exponentiell hohe (Gen-)Defekte und körperliche Gebrechen auftraten. Der ursprüngliche Glaube, dass die Bestrahlung mit Radioaktivität entweder tödlich (Letaldosis) oder aber harmlos sei, erwies sich als Irrtum (Sternglass 1979; Köhnlein et al. 1990; Lengfelder und Wendhausen 1993).
- **Unbekannt (oder verschwiegen): die Schwierigkeit, Lagerstätten für atomaren Restmüll zu finden.** Die Weichenstellung zugunsten der Atomenergie

hatte stattgefunden, bevor in Deutschland (und auch in anderen Ländern) ein Standort für ein geeignetes Endlager gefunden war, der die Sicherheit über mehrere Jahrhunderte (!) garantieren (!) konnte.
- **Unbekannt (oder verschwiegen): das Auseinanderklaffen zwischen statistisch errechneter Eintrittswahrscheinlichkeit eines Unfalls und dem tatsächlichen Eintreten.** Zwar gab es relativ häufige Störfälle, etwa in den Wiederaufbereitungsanlagen (WAA) Sellafield und La Hague sowie in diversen „normalen" Atommeilern. Sie hatten zwar eine radioaktive Belastung der Umwelt zur Folge, die aber (da unterhalb von kritischen Grenzwerten) weitgehend in Kauf genommen wurde. Doch die großen Katastrophen traten dann Jahrzehnte früher ein als statistisch berechnet. Und sie erwiesen sich als nicht beherrschbar: Three Mile Island bei Harrisburg (1979), Tschernobyl (1986) oder Fukushima (2011).
- **Verschwiegen: die furchtbare Situation der Bewohnerinnen und Bewohner in den Uranabbaugebieten – etwa in den Indianerreservaten von Saskatchewan – sowie der Verstoß gegen die (Menschen-)Rechte der Geschädigten.** Wenn man diesen (sozialen) Aspekt einbezieht, ist es ein Irrglaube, Atomenergie sei „saubere" Energie. Und es macht deutlich, wie wenig es die wohlhabende Welt kümmert, auf wessen Kosten ihr Reichtum entsteht. „Bin ich denn der Hüter meines Bruders?" (Angel 1992).

Diese Überlegungen führen zu der Frage: Spielt es bei der Suche nach einer Lösung für dieses zentrale Zukunftsthema eine Rolle, ob der Gedanke „Nachhaltigkeit" emotional positiv oder emotional negativ besetzt ist? Wie sind andere Stichwörter besetzt, die in dieser Thematik eine Rolle spielen: Versorgungssicherheit, Technik, Blackout, Gesundheit, Konsum und Energieverbrauch, Verzicht? Dies führt konsequenterweise zu weiteren Fragen: Ist der Ausstieg aus der Atomenergie erforderlich? Ja. Gibt es eine langfristige Alternative? Reine Glaubenssache! Ist der Ausstieg aus der Atomenergie sinnvoll? Reine Glaubenssache!

Wenn sich schon allein in einem einzigen Punkt, nämlich der Frage atomarer Energiegewinnung, die Einstellung innerhalb von nur einer Generation so grundlegend verändert hat, wie soll man dann heute wissen, welche Schritte tatsächlich in die Zukunft weisen? Und kennen wir eine solche Kehrtwendung nicht auch von anderen Ideen wie der Herstellung von Biosprit und Biobrennstoff (Pellets)? Zunächst scheinen sie erfolgversprechend, aber im Zuge einer industriellen Umsetzung erweisen sie sich innerhalb von nur wenigen Jahren als fataler Irrtum – so etwa gefährdet die industrielle Produktion von Ölpflanzen und Getreide als Cash Crops die Nahrungsmittelversorgung der Menschen in wenig entwickelten Ländern. Wie sollen wir mit Landgrabbing zur Herstellung von *hunger grains* („Hunger-Getreide") umgehen (Oxfam 2012)? Wir tanken Nahrungsmittel in unsere Autos, während Menschen weltweit (ver)hungern. Wie steht es dann mit den anderen großen globalen Problemen (▶ Kap. 2) wie der Wasserversorgung, der Luftverschmutzung, der Abholzung des Tropenwaldes und dem Klimawandel, der Versteppung oder dem rasanten Aussterben der Arten? Angesichts solcher erdrückenden Überlegungen und Erfahrungen der Hilflosigkeit machen sich bei den Akteurinnen und Akteuren, die sich mit großem persönlichem Einsatz und auf einer nicht finanziell abgesicherten Basis für Nachhaltigkeit engagieren, nicht selten Enttäuschung und Ohnmacht breit. Die Nachhaltigkeitsthematik birgt also großes Frustrationspotenzial in sich. Wie soll und wie kann man damit umgehen?

10.2   Vom Wissen zum Glauben

10.2.1 Die moderne Wissensgesellschaft – der Glaube ans Wissen

Unsere Wissensgesellschaft – oder sollen wir nach den eingangs geführten Überlegungen eher sagen „unsere Glaubensgesellschaft"? – wird durch einige strukturelle Rahmenbedingungen beeinflusst bzw. determiniert. Diese bedingen ganz wesentlich die Sichtweisen der großen Herausforderungen und **Themenkomplexe:**
- Informationsflut, Informationssegmentierung, Informationsbewertung,
- mangelnde Kohärenz und fehlende Interdependenz von Informationen,
- Expertinnen- und Expertendilemma,
- ganzheitliche versus partikular segmentierte Interessen,
- Artikulation und Durchsetzung(smöglichkeiten) von Interessen,
- Handlungsperspektiven, Handlungsoptionen, Handlungsrealisierung,
- Großtechnologie und globale Steuerung,
- globale Akteurinnen und Akteure und lokal Betroffene,
- Technikfolgenabschätzung,
- intendierte Wirkungen und erkennbare bzw. nicht erkennbare Nebenwirkungen.

Die Auseinandersetzungen um jeden einzelnen Punkt sind heftig. Nicht selten kann man lesen und hören, dass es sich hierbei um Grabenkämpfe oder um Glaubenskriege handelt. Wie soll und wie kann man damit umgehen, ohne in frustrierte Resignation zu verfallen? Sind Nachhaltigkeit und nachhaltiges Denken und Handeln tatsächliche eine Frage des Glaubens? An dieser Stelle wird deutlich erkennbar, dass das vorliegende Kapitel eine Fortsetzung von ▶ Kap. 3 ist, in dem es um Fragen der sozialen Nachhaltigkeit und ihrer (unterbelichteten) anthropologischen Relevanz ging. Wird nämlich die Frage gestellt, ob unser Verhalten davon abhängt, ob wir an die Möglichkeit glauben, dass nachhaltiges Handeln gelingt, dann fragen wir danach, wie sich der Mensch seine grundlegende (Handlungs-)Orientierung aufbaut. Wie steht jemand zur Welt und ihrer Entwicklung? Wie ist es um die Bereitschaft bestellt, sich als Einzelperson, als Gruppe, als Gesellschaft oder Staat an einer Lösung der mannigfachen Herausforderungen zu beteiligen? Wer sich solchen Fragen stellt und eine Antwort für sich selbst sucht, wird diese in der Regel nicht auf Basis von wissenschaftlichen Fakten treffen. Die jeweiligen Positionen, in denen es um grundlegende Orientierung geht, werden davon abhängen, wie wir (individuell) sozialisiert wurden, woran wir glauben, welche Werte uns wichtig oder wovon wir überzeugt sind. Glaube ist eine zentrale Stellgröße für die grundsätzliche Orientierung von Individuen und Gruppen, aber auch ganzer Gesellschaften. Es gibt keine Orientierung ohne **Glauben(ssätze)** (und wir meinen hier nicht das Religiöse am Glauben).

Man kann die Frage nach der Bedeutung des Glaubens (z. B. an die Möglichkeit, dass nachhaltiges Handeln gelingen kann und wird) aber auch in kleinerer Münze durchspielen, z. B. am Thema Wetterprognose. Wieso können ein und dieselben beobachtbaren Phänomene in der Atmosphäre zu unterschiedlichen Wetterprognosen führen? Wieso kommt es zu Aussagen wie „Das wird davon abhängen, ob …"? All das hängt sehr eng mit der Entwicklung der Informationstechnologien zusammen, die sowohl im Bereich der Hardware als auch der Software, die wissenschaftliche und technische Verarbeitung einer Unmenge von Daten möglich macht. Big-Data-Analyse führt zu neuen Fragen: Was sind die entscheidenden „Selektoren" (Schlüsselwörter) und Selektionsmechanismen, um die Flut von Information zu strukturieren? Welche von ihnen sind verzichtbar, wenn die Verarbeitungskapazität aus technischen oder Kostengründen beschränkt ist (und das ist sie immer!)? Wer kontrolliert und steuert die Auswahl und Eingabe von Daten? Die Antworten auf all diese Fragen sind in erster Linie Glaubenssache – sie hängen von der (Glaubens-)Entscheidung der Bearbeiterinnen und Bearbeiter ab. Viele der verarbeiteten Informationen sind Hochrechnungen, Prognosen und Szenarien, die auf Wirkzusammenhängen beruhen. Ob man annimmt, dass komplexe Phänomene auf die eine oder auf die andere Weise zusammenhängen, ist in vielen Fällen und zu einem bestimmten Zeitpunkt oft nichts anderes als eine Annahme – also wiederum eine Glaubenssache. Meist gibt es gleichzeitig empirische Belege, die eine bestimmte Annahme stützen, und andere, die ihr widersprechen. Und auch diese Belege basieren wiederum auf der Verarbeitung von Unmengen von Daten.

Und nun verschiebt sich die Glaubensfrage erneut: Kann man den Großrechnern und den ihnen zugrunde gelegten Modellen überhaupt glauben? Oder sind sie manipuliert? Sind sie wirtschaftlichen oder politischen Interessen untergeordnet? Vor Kurzem machte eine Gruppe amerikanischer Wissenschaftler darauf aufmerksam, dass sich die großen Forschungsbudgets immer mehr auf industrienahe Forschungseinrichtungen konzentrieren (Rosenberg et al. 2015) und wirtschaftsunabhängige Forschungen budgetär deutlich unterausgestattet sind.

Was für das lokale Wetter vielleicht noch vertretbare Schwankungen sein mögen, erweist sich als gröberes Problem, wenn es etwa um unterschiedliche Szenarien der globalen Klimaveränderungen geht. Auch hier tritt die Frage auf: Wem kann man glauben? Da die Vorhersagen auf Modellen basieren, verlagert sich die Frage: Es geht nun darum, welches der Modelle das am besten geeignete ist. Modelle werden idealerweise auf der Basis aller nur möglichen Informationen erstellt.

Je mehr Informationen verarbeitet werden müssen, desto größer sind der Bedarf an Rechenkapazität und der dafür erforderliche Energieverbrauch. Wer kann sich das leisten bzw. wem werden die Mittel zur Verfügung gestellt, damit derartige Forschungen durchgeführt werden können? Großforschung, Großindustrie und Big Data verschlingen aber ungeheure Summen an Geld und Ressourcen. Gibt es noch unabhängige Forschung? Ist das reine Glaubenssache? Wer definiert die individuellen und kollektiven Glaubenssätze? Und wer setzt durch, dass diese wirksam werden?

Aus der Praxis

Klimawandel

Der Klimawandel ist längst keine auf Computermodellen beruhende Theorie mehr. Er ist jetzt bereits allgegenwärtig und ist – nahezu ausschließlich – die Folge menschlichen Handelns, massiv verstärkt seit der Mitte des 20. Jahrhunderts. Warum gibt es aber so viele Menschen, die diese Aussage nicht glauben? Und woran liegt es, dass die Forschung, etwa das IPCC (▶ Abschn. 2.1.1), diese Aussage glaubt?

Eine Studie der Yale University zu „Americans' global warming beliefs and attitudes", die im Januar 2010 untersuchte, was Amerikanerinnen und Amerikaner im Zusammenhang mit dem Klimawandel glauben (Leiserowitz et al. 2010), stellte etwa fest, dass weniger als die Hälfte der Befragten glaubte, dass der Mensch für die Erderwärmung verantwortlich sei. Der Glaube an bestimmte Zusammenhänge hat solchen Einfluss, dass er sogar Wahlen beeinflussen

oder entscheiden kann. Dies wurde etwa in der Untersuchung „Believing in Economic Theories" nachgewiesen. Austin und Wilcox (2007) zeigten auf, dass das Wahlverhalten der Bevölkerung, insbesondere durch ihren Glauben an wirtschaftliche Zusammenhänge und Effekte beeinflusst wird. Dies führt nochmals zu der Frage: Hängt unser Verhalten also maßgeblich davon ab, ob wir an die Möglichkeit glauben, dass nachhaltiges Handeln gelingen kann?

10.2.2 Eigenartig unbekanntes Phänomen Glaube

Hier nun ist ein bedeutsamer Hinweis nötig. Wenn in den zurückliegenden Passagen – etwas provokativ – von „Glaube" die Rede war, klang das wohl meist ambivalent oder negativ. Auch wer von Glaubenskrieg redet, denkt nicht unbedingt an eine positive Situation. Wenn von reiner Glaubenssache die Rede ist, dann klingt es nach Defizit und fehlendem Wissen – oder auch nach Ausgeliefertsein. Doch was ist Glaube?

In der Tat hat das Wort „Glaube" in unserer Gesellschaft eine eigenartige Position. Wenn wir vom Glauben reden, gehen die unterschiedlichsten Bilder und Vorstellungen durch unseren Kopf. Es gibt darüber nach unserem Wissensstand keine empirische Untersuchung. Bei Befragungen von Studierenden (die empirisch freilich nicht valide sind) bezüglich ihrer primären Assoziationen zu „glauben" wurde sehr Verschiedenes genannt, etwa „Gewalt", „Aggression", „Inquisition", „Dummheit", „unwissenschaftlich", „abstoßend", „unerklärbar", „nicht in Worte zu fassen", „Gesundheit", „Heilung", „Stärkung" und „Sinn". Allerdings stachen zwei Assoziationen markant hervor:

- Die eine könnte man dem semantischen Feld **Gott, Kirche, Religion** zuordnen. Die Auffassung könnte man kurz gefasst so wiedergeben: „Glaube hat mit Religion zu tun." Christentum und Glauben scheinen in unserer abendländischen Gesellschaft bisweilen fast als Synonyme empfunden zu werden, und zwar unabhängig davon, ob sich jemand selbst als religiös bezeichnet oder keinerlei Verbindung zu Religion und Kirche haben will. Wenn das Wort „Glauben" mit „religiöser Glaube" identifiziert wird, dann gehört „glauben" in die Welt des Religiösen. Das scheint eine klare Trennung der Sphären zu ermöglichen: Wer gläubig ist, ist religiös. Wer nicht – im religiösen Sinne – glaubt, ist ungläubig.

- Die andere Auffassung sah einen engen Zusammenhang zwischen **Glaube und Wissen**. Die Auffassung könnte man kurz gefasst so wiedergeben: Entweder man weiß etwas oder man glaubt es (nur). Bei dieser Auffassung steht im Vordergrund, dass Glauben mit „Sachverhalten" zu tun hat, an die man glaubt: die Liebe, die Treue eines Partners bzw. einer Partnerin, fallende oder sinkende Aktienkurse, die Korrektheit medialer Berichterstattung.

Solche Assoziationen lassen ein Charakteristikum von „Glauben" erkennen, das ihm ein eigenartiges, ja verdächtiges bis abstoßendes Gepräge gibt. Der „Glaube" steht mehreren Phänomenen nahe:

- **Religion:** Religion ist nun aber ein Phänomen, das hierzulande fast obsolet erscheint, wobei gleichzeitig ein nicht unbedeutender Zusammenhang zwischen Religion, Wohlbefinden und psychischer wie somatischer Gesundheit besteht (Koenig und Cohen 2002).
- **Vertrauen:** Es erfordert starkes und innerstes persönliches Engagement, unter der brutalen Vorgabe des „Ausgeliefertseins", denn es hängt von anderen ab, ob (mein) Vertrauen hält oder ob es bricht. Deswegen hat Vertrauen emotional die Möglichkeit, die extremsten Empfindungen und Gefühle zu berühren und diese gleichzeitig mit anderen in Verbindung zu bringen (Lahno 2002).
- **Wissen.** Dieses scheint das Phänomen zu sein, das dem Glauben ein Ende setzt. Sobald man etwas weiß, braucht man es nicht mehr zu glauben. Man kann sich beruhigt zurücklehnen. Deswegen kann Wissen die Eigenschaft haben, Unruhe und zehrenden Energieverbrauch zu beenden. Ein besonderes Interesse wurde dem Glauben gerade in diesem Zusammenhang vonseiten der (Neuro-)Psychiatrie entgegengebracht, und zwar im Zusammenhang mit Phänomenen wie Wahnvorstellungen und Angstneurosen (Halligan 2006; Connors und Halligan 2015). Es geht dabei um die Frage, wie es möglich ist, dass Menschen krampfhaft und bisweilen sogar gegen ihr besseres Wissen an Vorstellungen festhalten, die mit der Realität nicht übereinstimmen. Im Zusammenhang mit Religion wurde sogar diskutiert, dass religiöser Glaube mit Wahnvorstellungen zu tun habe und im Umfeld von Erkrankung anzusiedeln sei. Eines der bekanntesten Beispiele ist etwa das Buch *Der Gotteswahn* von Dawkins (2007).

Folglich ist festzuhalten, dass der Vorgang des normalen Glaubens nicht von vornherein mit der Sphäre des Religiösen zu tun hat. Im Gegenteil – das, was in uns abläuft, wenn wir glauben, kann, muss aber nicht, mit religiösen Erfahrungen zu tun haben (Seitz und Angel 2014). Es ist der Ausfluss der europäischen Geistesgeschichte, insbesondere der Geschichte des Christentums, dass „Gott" oder „Religion" häufig als eine spontane Assoziation zum Stichwort „glauben" genannt werden.

In Sachen Glaube hat sich den letzten Jahren eine wissenschaftliche Revolution ereignet (Angel 2016), die nun allmählich auch einer breiteren Öffentlichkeit bekannt wird. Es entstand in letzter Zeit ein ausgeprägtes Interesse daran, was „normales glauben" bedeutet (Krueger und Grafman 2013). Daran sind verschiedene Wissenschaften und unterschiedliche Forschungsrichtungen beteiligt. Erstaunlicherweise wird dieses Interesse sogar aus dem Bereich der Neuropsychiatrie genährt: Lange hat man Glaube vor allem als eine „Fähigkeit" verstanden, gegen allen Anschein realitätsferne Vorstellungen aufrechtzuerhalten (Wahnvorstellungen). Patientinnen und Patienten ließen sich etwa nicht von Verfolgungsvorstellungen abbringen, obwohl sie von niemandem verfolgt wurden. Doch nun stellt man sich die Frage: Wenn „pathologischer" Glaube mit Wahnvorstellungen (Bell und Halligan 2013) zusammenhängt, was ist dann „nicht pathologischer" Glaube? Auch andere, neurowissenschaftlich ausgerichtete Forschungen beginnen, verstärkt die zerebralen Voraussetzungen des Glaubens zu untersuchen, etwa in dem Buch *The Neural Basis of Human Belief Systems* von Krueger und Grafman (2013). All diese Forschungen kommen zu dem Schluss, dass „glauben" etwas ganz „Normales" ist – ein Vorgang, der im Menschen x-mal am Tag abläuft (Harris et al. 2008). Normales Glauben kommt dann ins Spiel, wenn Unsicherheit gegeben ist. Dabei kann es sich um eine Banalität oder um eine grundsätzliche Orientierung des eigenen Lebens handeln. Immer wenn wir in Unsicherheiten geraten, fährt – um ein Bild aus der Computersprache zu gebrauchen – das Programm „Glaubensvorgang" hoch.

Es sieht so aus, als ob unser Gehirn mit seiner Fähigkeit zu glauben eine der höchst elaborierten Kompetenzen entwickelt hat, um mit der umgebenden Umwelt zurechtzukommen. Unser Gehirn scheint gerade auf die Fähigkeit zu glauben programmiert zu sein oder, wie Cristofori und Grafman (2015) es formulieren: „Human beings are wired to believe." Die Möglichkeit, glauben zu können, ist eine der faszinierendsten Fähigkeiten des Menschen, die für sein Leben und Überleben unumgänglich sind. Das führt geradezu zu umwälzenden Einsichten. Ähnlich wie Paul Watzlawick einmal feststellte: „Man kann nicht nicht kommunizieren" (Watzlawick et al. 2007), so könnte man auch im Blick auf unsere normale anthropologische Ausstattung sagen: **„Man kann auch nicht nicht glauben."**

Die Forschungen zu einem besseren Verständnis des normalen Glaubens kommen gerade rechtzeitig. Denn wenn wir angesichts der großen globalen Entwicklungen kaum noch wissen können, wohin die Reise geht oder wohin sie gehen soll, dann bleibt uns (nur) ein Ausweg: Wir müssen darüber reden, wie sehr diese Entwicklungen vom Glauben der Akteurinnen und Akteure beeinflusst werden. Nicht die unübersehbare Datenmenge, die uns kaum noch Beiträge zu „hartem Wissen" liefert, sondern der innere Vorgang des Glaubens der Menschen wird spannend und für unsere Zukunft entscheidend. Vielleicht liegt ein möglicher Weg darin, dass wir um all diese Glaubensprozesse Bescheid wissen und uns bewusst machen: Bei allen großen Entscheidungen spielt der Glaube der Beteiligten eine bedeutsame Rolle – der normale Glaube von normalen Menschen. Wenn das der Fall ist, dann wird allerdings besonders interessant, wie das Glauben vonstattengeht.

10.3   Fester Glaube und der Prozess des Glaubens (Credition)

Die Glaubensthematik beschäftigte schon die Wissenschaft in der Antike (z. B. Müller 2008). Die Unterscheidung des Philosophen Platon (428/27–348/347 v. Chr.) zwischen „glauben", „meinen" und „wissen" ist bis heute gebräuchlich, ebenso wie die Vorstellung, dass glauben nicht unbedingt mit Wahrheit zusammenhängt. Man kann auch etwas glauben, was nicht mit der Realität übereinstimmt. Aristoteles (384–322 v. Chr.) wählte einen anderen Ansatz und stellte vor allem die inneren Vorgänge in den Vordergrund. Seine Vorstellungen hatten großen Einfluss auf die mittelalterliche Philosophie und die christlichen Vorstellungen zum Thema „glauben".

Auch für die moderne Philosophie ist die Glaubensthematik ein wichtiges Thema. Zu den bekanntesten Meilensteinen der Diskussion gehört der Versuch von Hintikka (1962), eine Einführung in die Logik von Glauben und die Logik von Wissen zu geben. Hintikka's Zugang erfuhr Kritik und wurde um den Aspekt einer „doxastischen Logik" erweitert, die für die Integration probalistischer Ansätze besser geeignet sei (Lenzen 1980). Nachhaltige Wirkung hatte auch der nur wenige Seiten umfassende Beitrag von Gettier (1963) zu der Frage „Is justified true belief knowledge?".

In eine andere Richtung weist das Interesse von Goldman (2000, S. 340), der eine nicht epistemische Theorie der Rechtfertigung (*justification*) vorlegen möchte. Er fordert deswegen, dass epistemische Ausdrücke, z. B. „gerechtfertigt", „garantiert", „hat (gute) Gründe" und „wissen, dass", vermieden werden müssten. Zu der Gruppe nicht epistemischer Ausdrücke gehören beispielsweise „glauben, dass", „ist ableitbar von" oder „impliziert" (vgl. Runehov und Angel 2013). Innerhalb dieser Ansätze ergeben sich nun wieder unterschiedliche Denktraditionen, die an verschiedenen Facetten der Glaubensthematik anknüpfen. So wird in der Kognitionswissenschaft bzw. der kognitiven Psychologie diskutiert, ob man von *degrees of belief* – also Stufen bzw. Graden des Glaubens – ausgehen soll (Huber und Schmidt-Petri 2009). Solche Überlegungen spielen eine Rolle, wenn man die Funktion des Glaubens für andere Vorgänge, etwa im Zusammenhang mit Entscheidungsprozessen, verstehen möchte. In verschiedenen Entscheidungstheorien (z. B. in der einflussreichen Dempster-Shafer-Theorie) spielen solche *functions of belief* (Denoeux und Masson 2012) eine große Rolle.

10.3.1 Vom „Glauben" zum „glauben"

Eine entscheidende Wendung ist es nun, nicht von **Glaube** im Sinne eines Substantivs zu sprechen, sondern den Akzent auf den Vorgang **glauben** im Sinne eines Verbs zu legen. Sobald man von „glauben" (als Verb) spricht, verändert sich einiges. Das Verb hat die Möglichkeiten, den Faktor Zeit ins Spiel zu bringen (von der Vergangenheit in die Zukunft). Und es hat noch weitere, überraschende Möglichkeiten. So etwa haben wir im Deutschen für „Aktionen" keine eigene Verbform (im Gegensatz zum Englischen: „I am reading"). Wir behelfen uns mit Umschreibungen wie „Ich lese gerade". Sobald man nun **„glauben" als Prozess** betrachtet, wird es spannend. Nun stellt sich die Frage: Was läuft in einem Menschen ab, während er gerade glaubt (Englisch: „while he/she is believing")?

In der Wissenschaft hat sich seit einigen Jahren (Angel 2006) ein neues Wort als Fachterminus etabliert, nämlich **Credition**, mit dem man den (mentalen) **Ablauf von „normalen" Glaubensprozessen** bezeichnet (Angel 2013). Oder anders ausgedrückt: Mit „Credition" soll umschrieben werden, was in uns Menschen vonstattengeht, während wir gerade glauben. „Credition" ist ein Ausdruck, der analog zu anderen anthropologisch bedeutsamen Wörtern wie **Emotion** oder **Kognition** gebildet ist. Wenn von „normalem" Glauben die Rede ist, dann ist „normal" in diesem Zusammenhang ein Gegenbegriff zu „pathologisch" – da ja Glaube wissenschaftlich lange vor allem in seiner pathologischen Deformation untersucht wurde. Anstelle des Begriffs „Credition" kann man auch von „creditiven Prozessen" sprechen.

In einer interdisziplinären Kooperation beschäftigt sich gegenwärtig ein weltweites Netzwerk unter der Federführung der Universität Graz im Credition Research Project mit der Frage: Was läuft beim normalen Glauben ab? (Anmerkung: Alle Fachtermini im Projekt sind englisch, auch das Wort *credition* – und dementsprechend lautet der Plural *creditions*. Im Deutschen wird „Creditionen" verwendet.) Dieses Forschungsprojekt hat drei Zielrichtungen (http://credition. uni-graz.at/):

- In der Grundlagenforschung (*credition basic research*) geht es darum, in einer interdisziplinären Kooperation ein Modell zum Ablauf von Glaubensprozessen (*model of credition*) zu entwickeln (Angel 2015a).
- In der Anwendungsforschung (*credition applied research*) wird herausgearbeitet, in welchen Gebieten dieses Glaubensprozessmodell zum Einsatz kommt: Wirtschaft, Bildung, Kommunikation – oder eben auch im Bereich der Nachhaltigkeitskommunikation.
- In einem dritten, noch nicht etablierten Forschungszweig soll dann auch wissenschaftlich untersucht werden, ob sich mit der Implementierung des *model of credition* Verbesserungen für komplizierte Kommunikationssituationen und -prozesse herstellen lassen (*credition implementation research*).

Sollte das *model of credition* in der Nachhaltigkeitsdiskussion Platz finden, vermuten wir, dass sich mithilfe dieses Modells eine Dynamisierung der Nachhaltigkeitsdiskussion erreichen lässt, die einerseits die unterschiedlichen Standpunkte verschiedener Beteiligter aufgreift und ernst(er) nimmt sowie andererseits den häufig zu beobachtenden Frustrationen durch veränderte Denkweisen und Blickwinkel entgegenwirken kann. Die Veränderung der Blickrichtung wird dabei darin bestehen, nicht über Inhaltsfragen zu streiten, sondern gegenseitig offenzulegen, welche Glaubensvorgänge im Verlauf von Konfliktsituationen und kontroversen Auseinandersetzungen ablaufen – unter Einbezug von Hirn und Bauch (Angel und Willfort 2013; Holzer 2016). Dieses Vorgehen kann unserer Meinung nach einerseits zu einer adäquateren und transparenten Bewertung von Sachverhalten beitragen und andererseits – und das halten wir für den wirklichen Gewinn – offenlegen, wie viel „an individuellem Glauben" in den Kommunikationsprozessen – nicht selten unerkannt – mitschwingt. Um tatsächlich auf diese Weise die Kommunikation verbessern zu können, ist es erforderlich, dass sich alle Beteiligten auf das gleiche Instrument, das *model of credition* beziehen – dadurch werden die individuellen Positionen, die damit verbundenen Gefühle und Glaubenssätze sowie die Prozesse während einer Kommunikation offengelegt und dargestellt:

- Es lässt sich etwa der Grad an „Weichheit" von Argumenten transparent machen. Lautstark vertretene Argumente sind nämlich wissenschaftlich bei Weitem nicht immer so „gehärtet", wie sie von den Protagonisten oft kommuniziert werden.
- Ein anderes Beispiel: Mithilfe des *model of credition* lässt sich (empirisch fassbar) darstellen, wie weit unterschiedliche Positionen voneinander entfernt sind. Der Grad der Differenz kann numerisch erfasst werden, indem man die Zahl der zunächst gegensätzlichen „emotionalen Sachverhalte" (Anmerkung: Der dafür entwickelte Fachterminus ist, wie weiter unter dargestellt, „Bab") feststellt, die erforderlich sind, bis in einer konfliktuösen Situation erstmals ein von beiden Parteien (auch emotional) akzeptierter gemeinsamer „Sachverhalt" auftaucht. Mithilfe des Modells kann damit etwas vermieden – oder zumindest abgekürzt – werden, was alle in Nachhaltigkeitsdiskussionen Beteiligten bestens und bis zum Überdruss kennen: endlose Argumentationen, die letztlich kaum zu Fortschritten führen, da sie nichts anderes bewirken als die Darstellung und das Beharren auf der eigenen Position(en).

10.3.2 **Credition – was läuft in uns ab, wenn wir glauben?**

Im Rahmen dieses Buches kann das Creditionen-Modell nicht einmal ansatzweise adäquat dargestellt werden, ebenso muss auf die theoretischen Diskussionen verschiedener Disziplinen, die an der Entwicklung des Modells beteiligt sind, verzichtet werden. Folgende Aspekte eines Glaubensprozesses muss man sich allerdings einprägen, damit man die weiteren Überlegungen nachvollziehen kann:

- **Glauben ist ein Vorgang, der in uns abläuft:** Wir sind gewohnt, Glauben als statische Größe zu sehen, als etwas, das unsere Einstellung und unsere Haltung prägt. Es gibt in der Tat eine statische Komponente von Glaube, die man mit bestimmten Formulierungen ausdrücken kann, z. B. „mein Glaube", „fester Glaube" oder „Glaubensstärke". Doch diese Stabilität ist erst allmählich „stabil geworden" – etwa durch Vorgänge und Prozesse, in denen unsere Erfahrungen verarbeitet wurden, in denen wir gelernt, in denen wir unsere Gefühle kennen gelernt und in unser Leben integriert haben (Seitz und Angel 2012). In diesem Sinne ist „glauben" ein Vorgang, der abläuft – und in diesem Sinne ist er nichts Statisches.

- **Glauben hat mit unserer inneren Balance zu tun:** Wozu laufen innere Vorgänge ab, die wir als „glauben" bezeichnen? Sie haben eine Aufgabe. Der innerlich ablaufende Vorgang „glauben" steht im Dienst unserer Balance. Wenn es Menschen nicht gelingt, in Balance zu bleiben, haben wir Ausdrücke wie „aus der Bahn geworfen werden" oder „abstürzen". Balance-Vorgänge sind für höhere Lebewesen (Säugetiere) typisch, ohne sie ist das Individuum nicht in der Lage, das biologische Leben aufrechtzuerhalten. Bekanntlich ist der Mensch darauf angewiesen, dass seine Körpertemperatur unabhängig von den Schwankungen der Umgebungstemperatur konstant bleibt. Für diese Fähigkeit hat sich seit den grundlegenden Arbeiten von Bernard (1859) und Cannon (1932) der Fachterminus **Homöostase** etabliert. Er „bezeichnet die Erscheinung, dass lebende Systeme gewisse Parameter konstant halten und diese nach Störungen wieder einregulieren in einer Weise, die nicht allgemeinen physikalischen Gesetzen entspricht, sondern diesen oft zuwiderläuft" (Bertalanffy 1974, S. 1184).

  Sollte man die **psychobiologischen Prozesse** des „In-Einklang-Bringens" in Analogie zum Phänomen Homöostase denken? Ist es eine Art Homöostase, die Individuen befähigt, Kognitionen, Emotionen und Creditionen in einem Fließgleichgewicht zu halten – trotz eines Oszillierens zwischen (Selbst-)Zweifel und Euphorie, zwischen Frustration und Glück? Wie stabilisieren Menschen die dynamischen Veränderungen in diesem Fließgleichgewicht – oder, anders ausgedrückt, in ihrem Leben –, wenn sich Lebensträume dramatisch verändern, unerwartet Glück widerfährt oder wenn sie kollektivem Elend, Unterdrückung oder brutaler Gewalt ausgesetzt sind? Für den Balance-Aspekt haben wir in der Alltagssprache etliche sehr treffende Ausdrücke. Wenn sich etwas ereignet, von dem wir nicht geglaubt hätten, dass es eintritt, „fallen wir aus allen Wolken". Ist das unerwartet Eingetretene auch noch von schrecklicher Art, dann sehen wir „weder ein noch aus". Man kann sagen, dass wir eine Art inneres Gleichgewicht brauchen, um uns halbwegs angemessen auf die umgebenden Einflüsse einlassen zu können. In der Entwicklungspsychologie bezeichnet man einen solchen Zustand des Gleichgewichts als „Äquilibrium". Dieser Ausdruck ist Bestandteil von kognitiven Entwicklungskonzepten, wie sie etwa Piaget (1981) entwickelt hat.

Nach diesen Vorbemerkungen können nun einige Blitzlichter auf das „*model of credition*" gerichtet werden. Das soll allerdings nicht so geschehen, dass das Modell systematisch in seiner gesamten prozessualen Struktur dargestellt wird (vgl. Angel 2013; Sugiura et al. 2015). Vielmehr sollen anhand von Kommunikationsbeispielen, die für die Nachhaltigkeitsdiskussion typisch sind, Schritt für Schritt wichtige Aspekte des *model of credition* dargestellt werden. Dieses Vorgehen ist auf der einen Seite etwas herausfordernd, weil man sowohl die Nachhaltigkeitsthematik als auch die Modellbestandteile gleichzeitig ansprechen muss. Auf der anderen Seite kann man aber die Grundzüge des Ablaufmodells eines normalen Glaubens kennen lernen, indem man – oder obwohl man – sich auf die Nachhaltigkeitsdebatte konzentriert. In jedem Abschnitt wird ein Zentralaspekt bzw. einer der wichtigen Grundbegriffe des *model of credition* kurz präsentiert.

10.3.3 Creditionen und ihre Funktionen

Wenn man einen creditiven Vorgang (Glaubensvorgang) näher betrachtet, ist dieser komplex; Vorgänge, die in uns ablaufen, stehen im Dienste des Überlebens. Eine dieser überlebenswichtigen Aufgaben ist die Frage der Orientierung. Das gilt im geographisch-räumlichen

Sinn, aber auch in einem übertragen-ganzheitlichen Sinn. Sich in einem übertragenen Sinn zu orientieren, heißt, die Welt für sich so zu interpretieren, dass man in ihr leben kann – ja, dass es sinnvoll ist zu leben. Hat man die Orientierung verloren, kommt man ohne fremde Hilfe nicht mehr zurecht. Der Mensch kann sich der Notwendigkeit, die Welt zu deuten, nicht entziehen. Hemel (1988) spricht in diesem Zusammenhang von „Weltdeutungszwang". Auch creditive Prozesse folgen diesem Muster, dienen der Orientierung und beeinflussen die Perspektive, die man auf die Welt hat, sowie die Handlungen, die man aufgrund dieser Perspektive tätigt. Genauer gesagt sind es vier Funktionen, die bei einem einzigen creditiven Vorgang eine Rolle spielen bzw. – allerdings nur theoretisch – einen Glaubensprozess in vier verschiedene Prozesse unterteilen: die Enclosure-Funktion, die Converter-, Stabilizer- und Modulator-Funktion.

Enclosure-Funktion

Die Enclosure-Funktion (*enclosure* = Einschließen) hat mit Wahrnehmung zu tun. Es gibt einen Anfang und ein Ende dieses Vorgangs. Ausgelöst wird er, wenn uns irgendetwas irritiert und wir auf diese Irritation irgendwie reagieren müssen. Was uns nicht irritiert, kann keinen Glaubensvorgang auslösen. Das gilt z. B. auch für den Klimawandel. Wenn die Klimaerwärmung nicht irritiert, dann wird sie auch nicht zu einer Reaktion führen. Nur denjenigen, denen klimatische Phänomene auffallen, kann man die Frage stellen: „Glaubst du, dass die Veränderungen mit einem Klimawandel zu tun haben?" Der sachliche bzw. inhaltliche Aspekt (Proposition), um den es geht, ist: **Wahrnehmbare Veränderungen klimatischer Phänomene haben mit Klimawandel zu tun.**

Beim Ablauf eines creditiven Prozesses hat der Enclosure-Prozess die Aufgabe festzustellen, ob jemand eben diese Proposition in seine gesamte Weltsicht integrieren kann. Dabei ist klar, dass die „Weltsicht" (d. h. die gesamte Vorstellung über die Welt), die jemand hat, aus unzählig vielen Komponenten besteht. Falls also jemand die Proposition „Wahrnehmbare Veränderungen klimatischer Phänomene haben mit einem Klimawandel zu tun" in seine Weltsicht integrieren kann, dann hat er eine Reihe von (glaubensbasierten) Vorstellungen, die ihm insgesamt diese Integration erlaubt.

- **Sachlich-emotionale Komponenten von Weltsicht**
Die für den Glaubensprozess relevante Aussage „Wahrnehmbare Veränderungen klimatischer Phänomene haben mit einem Klimawandel zu tun" wurde als Proposition bezeichnet. Bei „Proposition" geht es um Inhalte und Sachverhalte. Aber unsere Weltsicht setzt sich nicht nur aus einem Konglomerat von vielen Sachverhalten zusammen. Im Gegenteil, es sind bei all solchen (insbesondere auch bei „nachhaltigen") Inhalten immer auch Emotionen im Spiel. Das heißt, jeder Sachverhalt, der in unserer Weltsicht repräsentiert wird, hat eine emotionale und eine inhaltliche Seite. Die Proposition „Wahrnehmbare Veränderungen klimatischer Phänomene haben mit einem Klimawandel zu tun" könnte etwa mit negativen Emotionen wie Angst einhergehen, weil man sich durch die Vernichtung der Lebensgrundlage bedroht fühlt. Jemand, der bei dieser Äußerung keine Angst empfindet, kann dann den Vorwurf der „Panikmache" erheben. Umgekehrt kann jemand, der dabei Angst empfindet, einem Zeitgenossen ohne Angst vorwerfen, er sei gegenüber einer nahenden Katastrophe gleichgültig. Es kann aber auch so sein, dass mit dem Ausdruck positive Stimmung einhergeht, etwa Freude. Das wäre der Fall, wenn jemand die Aussage damit in Verbindung bringt, dass er bald auch in Grönland sinnvolle Landwirtschaft betreiben oder in Norddeutschland Orangen und Feigenbäume pflanzen kann. Hier zeigt sich, wie wichtig es ist, bei jedem Sachverhalt auch die emotionale Sicht festzuhalten; allerdings haben wir für die Verbindung „Sachverhalt plus

Emotion" in unserer Sprache kein Wort. Das liegt an der historischen Entwicklung unseres (europäischen) Denkens. Die **Geschichte der (europäischen) Philosophie** seit der Antike zeigt einen interessanten Verlauf:

- Auf der einen Seite gibt es eine hochkomplexe Diskussion über die Bedeutung von Sachverhalten, deren semantischer Bedeutung (von Kutschera 1976) oder der Logik, die man anwendet, um Sachverhalte auszudrücken (von Kutschera 1982; Lenzen 1980). Das betrifft dann auch das Verhältnis von Sachverhalt bzw. Realität und Erkenntnis. Üblicherweise wird in solchen Debatten der inhaltliche Aspekt eines Sachverhalts (im Fachjargon: der propositionale Gehalt) abgekürzt mithilfe des Buchstabens „p" ausgedrückt. Man kann also Formulierungen finden wie „Ich weiß, dass p ..." oder „Ich glaube, dass p ...".
- Auf der anderen Seite gibt es eine ebenso komplexe, bisweilen geradezu verwirrende und irritierende Diskussion über die Bedeutung von Emotionen, ihren Stellenwert für menschliches Denken und Handeln, über die Vielfalt und Veränderbarkeit von Emotionen, Stimmungen und Affekten, über ihre kulturell gefärbte Ausprägung (LeDoux 1998; Damasio 2000; Esterbauer und Rinofner-Kreidl 2009). So ist es weltweit in den verschiedenen Kulturen unterschiedlich, was Ekel auslöst (Schienle 2010). Ekel könnte in unserer Kultur etwa beim Verzehr von gegrillten Kakerlaken oder gebratenen Schlangen auftreten. In anderen Kulturen gelten diese als Delikatessen und sind dementsprechend mit positiven Stimmungen verbunden.

Die beiden Diskussionsstränge haben auf den ersten Blick – und sehr verkürzt dargestellt – wenige Berührungspunkte. Auf jeden Fall kam es daher nicht zur Entwicklung eines Terminus, mit dessen Hilfe ausgedrückt werden kann, dass man über „Sachverhalt plus Emotion" gleichzeitig spricht.

Das Nebeneinander der beiden Bereiche hat einen Nebeneffekt: In der Psychologie wurde in der zweiten Hälfte des vorigen Jahrhunderts die Frage, wie sich Kognition und Emotion zueinander verhalten zu einem Dauerbrenner. Im Jahr 1964 hatte Schachter (1964) seine einflussreiche Zwei-Faktoren-Theorie der Emotion veröffentlicht – zwei Denkschulen waren die Folge: Zu den dezidiertesten Verfechtern eines Primats der Kognition über die Emotion gehörte Lazarus, der 1982 seinen Beitrag „Thoughts on the relation between emotion and cognition" veröffentlichte. Der pointierteste, vom Primat der Emotionen über Kognitionen überzeugte Gegenspieler war wohl Zajonc (1984), der Kognitionen vor allem auf Gedächtnisleistungen des Wiedererkennens und Kategorisierens einschränkte und der ebenfalls in *American Psychologist* seinen Beitrag „On the primacy of affect" publizierte. Eine Verbindung beider Ansätze führte zu Vorstellungen einer *hot cognition*, einer „emotional aufgeladenen Kognition".

Aus heutiger Sicht stehen sich Kognitionen und Emotionen nicht im Sinne eines Entweder-oder gegenüber. Sie erweisen sich vielmehr als höchst interdependent und scheinen Verhalten auf komplexe Weise gemeinsam zu beeinflussen. Gray et al. (2002) konnten Hinweise darauf erbringen, dass Emotionen und höhere Kognitionen wirklich integriert sein können und beide gemeinsam an der Kontrolle von Gedanken und Verhalten beteiligt sind (Schaefer et al. 2006; Schaefer und Gray 2007). Weiterhin sind „Affekte als grundlegende Operatoren von kognitiven Funktionen" zu sehen, wie es Ciompi (1997) in seinem *Entwurf einer fraktalen Affektlogik* (Zusammenspiel von Fühlen und Denken) darstellt. Die Tatsache, dass kognitive und emotionale Vorgänge tatsächlich auch im Gehirn teilweise überlappend gemeinsam hervorgerufen werden, ist für den Glaubensvorgang von zentraler Bedeutung. **Creditionen werden als interdependent sowohl mit Emotionen als auch mit Kognition verstanden**, wobei die genaue Interaktion dieser beiden Bereiche weiterhin ein heißes Eisen bleibt (◼ Abb. 10.1).

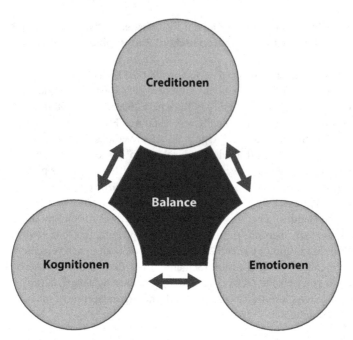

▪ **Bab und Bab-Konfigurationen**

Wenn wir den Gedanken weiterspinnen, so gibt es in jedem creditiven Vorgang eine Verbindung „Sachverhalt plus Emotion" – dafür wird der Ausdruck **Bab** verwendet (☐ Abb. 10.2). Wird der Begriff **Proposition** verwendet, geht es um einen **Sachverhalt**, wenn man den Begriff **Bab** verwendet, möchte man ausdrücken, dass es um **Sachverhalt plus Emotion** gleichzeitig geht.

Übrigens: Der Ausdruck „Bab" kommt von „Babuschka" (in manchen Regionen auch als Matrjoschka bekannt), der russischen Holzpuppe, die in sich mehrere kleinere Holzpuppen enthält. So wie die verschiedenen Puppen die gleiche „Gestalt" haben, doch sich nach der Größe unterscheiden, können auch Babs eine identische Proposition (= inhaltlicher Gehalt) haben und sich dennoch durch die unterschiedliche Intensität der Emotionen unterscheiden.

Wenn nunmehr die Proposition „Wahrnehmbare Veränderungen klimatischer Phänomene haben mit einem Klimawandel zu tun" mit unterschiedlichen Emotionen wie Angst oder Freude etc. verbunden ist, ist anstelle des Ausdrucks „Proposition" der Ausdruck „Bab" zu verwenden. Klarerweise ist die „emotionale Färbung" und damit die innere Wirkung eines Bab unterschiedlich intensiv. Hat ein Bab eine kleine emotionale Ladung, dann spricht man von **Mini-Bab**. Hat ein Bab hingegen eine starke emotionale Ladung, dann spricht man von **Mega-Bab**. Mega-Babs sind zu einer „Mächtigkeit" angewachsen, d. h., die damit verbundenen Emotionen sind so stark, dass sie nicht ohne Weiteres „zurückgefahren" werden können. Ein typisches Beispiel zeigt sich etwa in der Debatte um die Kernenergie. Sowohl ein Ja als auch ein Nein zur Atomenergie kann in Deutschland (anders als z. B. in Frankreich) bei relativ vielen Menschen zu einem Mega-Bab anschwellen. Wenn Personen mit dem Mega-Bab „Atomkraft – nein danke" mit Personen mit dem Mega-Bab „JA zur Kernenergie" diskutieren, sind die Fronten schnell (emotional) „verhärtet" – Lösungen sind nicht in Sicht.

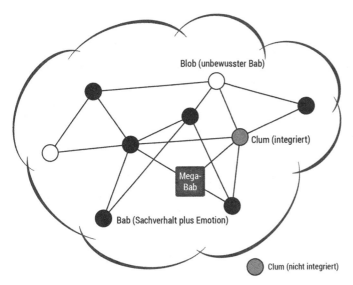

Die Vielzahl unterschiedlicher Komponenten (Babs), die die Weltsicht eines Menschen bestimmen, bilden insgesamt die **Bab-Konfiguration** eines Menschen. Anhand dieser Konfiguration entscheidet sich, ob die für den Glaubensprozess relevante Aussage „Wahrnehmbare Veränderungen klimatischer Phänomene haben mit einem Klimawandel zu tun" in eine bestehende Bab-Konfiguration integriert werden kann.

An dieser Stelle tritt im creditiven Prozess der Enclosure-Prozess in Kraft, der entscheidet, ob ein Bab, also ein „Sachverhalt plus Emotion" in eine bestehende Bab-Konfiguration „integrierbar" ist oder nicht. Wenn etwas nicht integrierbar ist, dann führt die Enclosure-Funktion dazu, dass dieses Moment nicht aufgenommen wird. Umgangssprachlich sagt man dann: „Das glaube ich nicht."

Ich glaube nicht an den Klimawandel

In ▶ Abschn. 2.1.1 haben wir über Sachverhalte und wissenschaftliche Erkenntnisse zum Klimawandel diskutiert. Es besteht Einigkeit über die Zusammenhänge von CO_2-Emissionen und der globalen Erwärmung, allerdings gehen die Blickwinkel und Argumentationslinien bei allen Klimakonferenzen zwischen den Vertretungen der USA, der EU und den Schwellenländern bzw. den weniger entwickelten Ländern weit auseinander. Hier geht es nicht um Sachverhalte – Argumente wie, ein Beitritt der USA zum Kyoto-Abkommen würde Millionen von Arbeitsplätzen kosten, sind nur vorgeschoben –, sondern um emotionale Bewertungskriterien wie etwa die Angst vor Konsumverzicht und eine mögliche Verringerung der wirtschaftlichen Macht der entwickelten Welt. Bei den Ländern des Südens wiederum geht es um Gleichberechtigung und Partizipation, um Angst vor Ausbeutung und noch größerer Armut. An diesen unterschiedlichen, emotional determinierten Sichtweisen sind Lösungen bisher gescheitert, da sich weder die eine noch die andere Seite ernsthaft mit den jeweils anderen Bab-Konfigurationen in dieser Causa auseinandergesetzt hat.

Dasselbe gilt wohl auch für die Diskussionen um die Klimaberichte des Weltklimarats (IPCC), der – je nach „emotionalem Bedarf" – als Panikmache oder Alarmismus oder aber als „geschönt" und „politikgerecht" bezeichnet wird.

- **Bab, Clum und Blob**

Damit wird ein für die Nachhaltigkeitsdiskussion zentrales Problem gut erkennbar. Ob jemand glaubt, wir befinden uns inmitten eines Klimawandels, oder ob er dies nicht glaubt, hängt damit zusammen, ob die betreffende Person diese Vorstellung in die Bab-Konfiguration integrieren kann oder nicht. Das ist aber nicht ausschließlich von „logischen" oder „rationalen" Sachverhalten abhängig, sondern mindestens ebenso stark von den damit verbundenen Emotionen. Ja möglicherweise spielt sogar ein Gefühl eine Rolle, man könne mit der Integration bzw. Nichtintegration eines bestimmten Bab die innere Balance, den inneren Halt verlieren. Deswegen ist es kein Wunder, dass „sachliche" Debatten häufig nicht die „gewünschten" (d. h. auch emotional bedeutsamen) Ergebnisse bringen. Übrigens wird ein Bab, der in eine Bab-Konfiguration integriert werden soll, zur besseren Kenntlichkeit als **Clum** bezeichnet. In der Frage „Glaubst du, dass die beobachtbaren Veränderungen mit einem Klimawandel zu tun haben?" wäre der Clum „Die beobachtbaren Veränderungen haben mit einem Klimawandel zu tun". Diesen Clum gilt es, bei einem creditiven Vorgang in eine bestehende Bab-Konfiguration zu integrieren. Wird er integriert, dann glaubt man, „Ja, beobachtbare Veränderungen haben mit einem Klimawandel zu tun". Wird er nicht integriert, dann glaubt man, „Nein, beobachtbare Veränderungen haben mit einem Klimawandel nichts zu tun".

Bisher war von zwei unterschiedlichen Typen von Bab die Rede: vom **Bab**, der als Bestandteil einer Bab-Konfiguration mit anderen Babs verbunden ist, und vom **Clum**, der als frei flottierender Bab bei einem Enclosure-Prozess zur Disposition steht. Nun kommt noch ein dritter Typ dazu: Der **Blob**, der als subliminal (un- oder vorbewusst) wirksamer Bab in einer Bab-Konfiguration zu verankern ist.

Wozu braucht es diesen dritten Typ? Das hängt damit zusammen, dass vieles, das als Bestandteil unserer Weltsicht in uns wirksam ist, dem Bewusstsein nicht – oder nur ansatzweise – zugänglich ist. Der Mensch ist z. B. nicht in der Lage, einen Reiz bewusst wahrzunehmen, wenn er – abhängig von der Art des Stimulus – kürzer als 50 ms auf ihn einwirkt. Das heißt aber nicht, dass dieser Reiz nicht vorhanden und wirksam wäre (Teske 2007). Dieses Thema ist, nebenbei gesagt, auch juristisch relevant, etwa bei der Frage, ob Werbung mit solchen nicht bewusst wahrnehmbaren Stimuli arbeiten darf. Auf jeden Fall ist es erforderlich, den unbewusst wirksamen, subliminalen Anteil einer Bab-Konfiguration als Blob zu benennen. Das bedeutet, dass man anstelle von Bab-Konfiguration präzise von einer Bab-Blob-Konfiguration sprechen sollte, damit der subliminale Aspekt verankert ist.

<table>
<tr><td>Gedankensplitter</td><td></td></tr>
</table>

Babs, Clums und Blobs – gibt es die wirklich?

- Bab „gibt" es nicht. Man kann sie nicht suchen und finden. Das Gleiche gilt für Clums und Blobs. Bab ist ein theoretisches Konzept, das erforderlich ist (und ermöglicht), die kognitiv-emotionale Interdependenz in ein Modell des Ablaufs von Glauben einzubauen. In diesem Sinne sind Babs eine Art „Grundeinheit" creditiver Prozesse.
- Falls man das Verhältnis von Babs und Blobs genauer quantifizieren wollte, müsste man in einer Bab-Blob-Konfiguration wesentlich mehr Blobs als Babs veranschlagen. Nicht zuletzt haben die Neurowissenschaft und die Emotionsforschung einsichtig gemacht, dass es ein Irrtum ist zu meinen, der Mensch sei ein „rationales" Wesen, das genau über seine inneren Vorgänge Bescheid weiß und auf der Basis dieser Einsicht handelt. Selbst die Wirtschaftswissenschaft ist zu der Auffassung gekommen, dass das Konzept des rational handelnden *Homo oeconomicus* (Dierksmeier et al. 2015) im bisherigen Ausmaß so wohl kaum haltbar ist. Gerade auch in der Wirtschaft sind Glaubensprozesse am Werk (Angel 2015b; Sturn 2015). Im innersten Kern bleibt der Mensch – um es in der Sprache einer christlichen Theologie zu formulieren – ein Geheimnis, das weder ihm selbst noch anderen voll zugänglich ist.

Wir werden also damit leben müssen – oder erneut wieder damit leben lernen müssen –, dass wir unser Leben nur bedingt in der Hand haben, also nicht völlig handhaben können.

Converter-, Stabilizer- und Modulator-Funktion

Wir haben zu Beginn die Bedeutung der **Enclosure-Funktion** diskutiert, die feststellt, ob jemand eine Proposition „Die beobachtbaren Veränderungen haben mit einem Klimawandel zu tun" in seine gesamte Weltsicht integrieren kann. Es wäre wenig effizient, wenn ein Glaubensprozess nur die Funktion hätte festzustellen, ob man etwas glauben oder nicht glauben kann (soll). Wozu sollte es gut sein, Energie für die Entscheidung zu verbrauchen, ob die „beobachtbaren Veränderungen mit einem Klimawandel zu tun haben"? Nur dafür, dass es zu einer Veränderung der Bab-Blob-Konfiguration kommt? Sicher nicht. Die Bab-Blob-Konfiguration dient der Orientierung, und wir haben festgestellt, dass der Mensch sich dem Zwang zur Orientierung stellen muss, wenn er überleben will. Doch damit ist es nicht getan. Er muss seine Orientierung auch für konkretes Handeln fruchtbar machen. Nehmen wir an, jemand kommt aufgrund seiner Orientierung zutreffend zur Auffassung: „Ich gehe auf eine klimatische Katastrophe zu, die mich umbringen wird." Dann ist Handlung angesagt: eine Änderung des Verhaltens oder aber Migration. Die Enclosure-Funktion ist kein Selbstzweck.

- **Converter-Funktion**

Die Enclosure-Funktion interagiert mit einer anderen Funktion, die als **Converter-Funktion** bezeichnet wird. Diese verwandelt (konvertiert) die Gegebenheiten der Bab-Blob-Konfiguration in einen **Handlungsimpuls.** Die Converter-Funktion hängt deswegen so eng mit der Enclosure-Funktion zusammen, da auf der Basis jeder Veränderung der Bab-Blob-Konfiguration (etwa durch einen neu integrierten Clum) neu „berechnet" werden muss, in welche Richtung die Handlung ausgerichtet werden soll. Hier spielen unterschiedliche Fragen wie etwa die der Motivation, des Willens oder der Bewertung eine Rolle. Das berührt dann auch Fragen der persönlichen Werte. Das ganze Thema der Ethik kreist um die Frage des „richtigen" Handelns (oder der Aus-Richtung von Handeln).

Doch wichtig ist festzuhalten: Aus einer bestimmten Bab-Blob-Konfiguration folgt kein „Zwang" zu einer bestimmten Handlung. Es wird lediglich eine Art „Handlungs(spiel)raum" (*space of action*) eröffnet – als Vorstufe für Entscheidungen. Es ist nun nicht mehr alles möglich, aber doch noch etliches. Daher können gleiche Auffassungen bezüglich der Notwendigkeit, dem Klimawandel entgegenzusteuern, doch zu unterschiedlichen Handlungsoptionen führen. Auch hier spielen wiederum interne Bewertungsvorgänge eine wichtige Rolle (Seitz et al. 2006; Seitz et al. 2009). Sie haben zwar eine neuronale und eine physiologische Basis (Stress-, Glückshormone), doch sind sie nicht ohne die ökologischen, ökonomischen, sozialen und kulturellen Faktoren der umgebenden Lebenswelt zu verstehen. Es ist z. B. ein Unterschied, welcher Verzicht mit einer Handlung einhergeht. Wer um des Überlebens willen gezwungen ist, als Holzfäller im Tropenwald zu arbeiten, müsste bei einer Gegnerschaft gegen das Abholzen unersetzlicher Bioreservate auf anderes verzichten als jemand, der darauf verzichten müsste, seine behagliche Wohnung mit Teakholzmöbel einzurichten.

- **Stabilizer-Funktion**

Die **Stabilizer-Funktion** steht im Dienste der Stabilisierung von Bab-Blob-Konfigurationen und der **Ausbildung von Handlungsroutinen.** Da creditive Prozesse eigentlich immer ablaufen, unterliegen sie ständigen Lernprozessen und Iterationen. Häufiges Wiederholen führt sogar zum Aufbau von „neuen" oder zur Verstärkung von bestehenden Synapsen. Schon 1949 hatte Hebb mit seiner Lernkurve auf die nachweisliche Veränderung aufmerksam gemacht, die durch häufiges Wiederholen für das Merken von Lerninhalten eintritt. Handlungen werden zu Handlungsroutinen; man kann ohne komplexes Nachdenken und Abwägen, also auf energiesparende Weise, täglich anfallende Verrichtungen auch täglich auf die gleiche Weise erledigen.

Die Stabilizer-Funktion trägt damit zu einer Stabilisierung von Bab-Blob-Konfigurationen bei. Wesentliche Momente unserer Weltsicht sind als Mega-Bab emotional so ausgeprägt, dass sie zu einer Bab-Blob-Konfiguration führen, die mit einer Vielzahl von gleichbleibenden Babs und Blobs ausgestattet ist. Diese sind häufig nur schwer veränderbar, derartige Konfigurationen können geradezu pathologisch erstarren. Damit geht ein wichtiges Moment zur nötigen Anpassung an die Umwelt verloren, da die Enclosure-Funktion nur noch schwer neue emotional belegte Sachverhalte (Clums) integrieren kann. Es ist eine Frage der Balance, ob die Stabilizer-Funktion zu einer stärkenden Stabilisierung oder einer verhärteten Starre beiträgt.

- **Modulator-Funktion**

Die vierte Funktion, die **Modulator-Funktion** beeinflusst „modulierend" die drei erstgenannten Funktionen. Sie ist eng an die nicht austauschbare Einmaligkeit des Individuums, seine Einstellungen, seinen Charakter und seine Befindlichkeiten gekoppelt. Das bedeutet, dass über die Modulator-Funktion sowohl situationsabhänge kurzfristige Gegebenheiten (*traits*) als auch längerfristig „gewordene" individuelle Gegebenheiten (*states*) zum Tragen kommen. Auch werden über die Modulator-Funktion Stimmungen und Befindlichkeiten wie Hunger, Entbehrung, Erschöpfung oder sexuelle Erregung im Glaubensprozess wirksam. Eine bedeutende Rolle spielen hier Unterschiede in Bezug auf Gender, ethnische Herkunft, kulturelle Spezifika sowie räumliche und soziale Differenzierung.

Zusammenfassend könnte man sagen, dass Creditionen **kognitiv-emotionale „Umrechnungsprozesse"** sind, die Wahrnehmung zu „innerer Stabilität" oder zur Vorbereitung (*prefiguration*) eines Handlungsraumes verarbeiten. Dabei ist ein Aspekt unschwer erkennbar, der für die Nachhaltigkeitsdiskussion von größerer Bedeutung ist: **Creditionen sind ein „Mischgebilde", in dem es um die Verarbeitungsprozesse von „sachlichen" (vielleicht bis zu einem gewissen Grad „rationalen") Aspekten auf der einen und (individuellen, emotionalen) Bewertungen auf der anderen Seite geht.**

10.4 Ein nachhaltiges Miteinander auf Basis creditiver Kommunikation

10.4.1 Man kann nicht nicht glauben

Unsere Fähigkeit, glauben zu können und glauben zu müssen, durchzieht zutiefst menschliches Verhalten. Doch was hilft es weiter, wenn man um diese Unausweichlichkeit von Glaubensvorgängen weiß und deren Abläufe besser versteht? Kann die Kenntnis des (zugegebenermaßen komplexen und komplizierten) Ablaufs (bzw. eines Modells für den Ablauf von Glauben) im Blick auf die Nachhaltigkeitsthematik hilfreich sein? Vielleicht ist man zunächst geneigt, auf diese Frage mit einem Nein zu antworten. Was soll es schon bringen, wenn man in schwierigen Diskussionen eine Ahnung davon hat, was im Menschen, der einem gegenübersitzt, abläuft? Es verändert auch nicht die Sachverhalte, die eben sind, wie sie sind. Dabei ist festzuhalten, dass diese Feststellung grundsätzlich gilt – für die Nachhaltigkeitsthematik ebenso wie für jede andere globale, nationale, regionale, aber auch individuell-persönliche Thematik. Daher wäre eine solche Einschätzung viel zu kurz gegriffen.

Welche Vorstellungen und Meinungen sich durchsetzen, ist eine Frage vieler Rahmenbedingungen und Einflussfaktoren. Zwei der Faktoren sind die Qualität der Kommunikation und die (soziale) Kompetenz von Menschen in einem Gespräch. Sobald man sich im Klaren ist, in welchem Ausmaß bei jeder Entscheidung der „Glaubensfaktor" beteiligt ist, kann man die Diskussion auch auf die dabei ablaufenden Vorgänge richten. Denn in der Regel sind nicht die

Sachverhalte (*hard facts*) strittig, sondern ihre Bewertung und ihre Einordnung in größere Zusammenhänge. Vielleicht können sich Befürwortende und Ablehnende der Kernenergie sogar darauf einigen, dass bei regulärem Betrieb unter Verwendung der modernsten Sicherheitsstandards eines Kernkraftwerks nur eine minimal erhöhte Strahlenexposition in nächster Umgebung gegeben ist. Doch ist damit ein Risiko verbunden oder nicht? Wer glaubt, dass diese Frage mithilfe von Grenzwerten zu beantworten ist, glaubt an bestimmte von Menschen festgelegte Bewertungen, die auf entsprechenden, dem jeweiligen Stand der Technik beruhenden Bewertungsstrategien aufsetzen. Wer glaubt, dass dies – etwa auf dem Weg über die Nahrungskette – zu einer Akkumulation von Radioaktivität im Körper führen könne, folgt einer anderen Bewertungsstrategie. Nachweisbar im Sinne von *hard facts* sind beide Varianten nicht. Möglicherweise sind die verschiedenen Argumente in der Lage, bei denen, die darüber nachdenken, eine „kognitive Dissonanz" (Festinger 1957) auszulösen. Man kann auch für Überredungs- und Umstimmungsversuche anfällig sein. Doch entscheidend ist, dass die Wahl der Bewertungsstrategie aufgrund eines Glaubensvorgangs fällt. Es gibt (zumindest zu einem bestimmten Zeitpunkt x), oft kein gesichertes Wissen, welche der Optionen die „richtige" ist. Meist ist das der Augenblick, in dem sich die Vertreterinnen und Vertreter der beiden „Lager" gerne durch immer mehr und detailliertere Daten und Fakten von der jeweiligen Richtigkeit der Auffassung zu überzeugen suchen. Dieser Aushandlungsprozess unter dem Vorzeichen **Macht** wird sich auch in Zukunft nicht vermeiden lassen (▶ Abschn. 8.1.1). Doch er könnte sich anders gestalten, wenn er zeitgleich auch unter dem Vorzeichen **Glaube** ausgehandelt würde: Welche Bab-Blob-Konfiguration bestimmt welchen Handlungsraum und ergibt welche Handlungsoptionen?

Damit ließe sich (in einem positiven Sinne) offenlegen, dass Glaube – und nicht Wissen – ein entscheidender Einflussfaktor für die Entscheidung ist. Dies könnte – in unserer ins Extreme übersteigerten Wissensgesellschaft – eine hilfreiche Entlastung von Informationsfülle und Daten-, Modellierungs- bzw. Wissenschaftshörigkeit sein und gleichzeitig die Rolle der Menschen und der menschlichen Verantwortung anders oder, besser gesagt, neu zur Geltung bringen. Wie kommen wir zu unseren Bab-Blob-Konfigurationen, die ein adäquates Leben für kommende Generationen garantieren können? Liegt es daran, wie unser Gedächtnis arbeitet (Kandel und Squire 1999) und woran wir uns erinnern bzw. wodurch unsere Wertesysteme determiniert werden? Damit stehen wir inmitten der grundlegenden Fragen einer individuellen und gesellschaftlichen (Neu-)Orientierung.

Der damit zusammenhängende Schritt müsste es sein, die Bab-Blob-Konfigurationen der politisch und ökonomisch Verantwortlichen einer öffentlichen Diskussion und Debatte zu öffnen. Was prägt sie? Welchen Zwängen sind sie ausgesetzt? In einer Wissensgesellschaft wird das Stellen solcher Fragen schnell als Schwäche, als Ablenkung von den „entscheidenden" *hard facts* angesehen. Doch in einer Gesellschaft, die sich der Nachhaltigkeit unter dem Postulat der inter- und intragenerationellen Verantwortung stellt und die sich der Relevanz von Glaubensprozessen bewusst ist, könnten solche Fragen eine neue (auch ethische) Bewertung und Wertschätzung bekommen (Hemel 2005; 2013). Der Verhärtung von Fronten (aufgrund von „Glaubenskriegen") könnte deutlich entgegengewirkt werden – und damit auch dem latenten Ansteigen des Aggressionspotenzials. Da es gerade dieses Aggressionspotenzial ist, das Sorge bereitet, könnten eine auf creditiver Basis beruhende Strategieentwicklung und Kommunikation hier dem Aggressionslevel entgegenwirken.

Wenn man dann allerdings berücksichtigt, dass die unterschiedlichsten individuellen Gegebenheiten und Befindlichkeiten (sowohl unter der Perspektive Gender als auch unter der Perspektive unterschiedlichster Kulturen) über die Modulator-Funktion in den Glaubensprozess einfließen, dann kann man sich vorstellen, dass die Gefahr besteht, bei der Thematisierung von Glauben die „Sachverhalte" völlig aus dem Auge zu verlieren. Zudem verschieben sich beim Thematisieren von Glaubensaspekten die Konfliktlinien, da nun auch Interessen versprachlicht werden. Eine rosa Brille der Naivität wäre hier fehl am Platze. Über das zu reden, was in uns während unserer Glaubensvorgänge abläuft, kann gefährlich sein. Glauben betrifft unser Innerstes, unsere Gefühle, unsere Balance.

Vieles wird auch erst erprobt werden müssen. Es bedarf dazu einer Kenntnis der creditiven Vorgänge selbst, einer Kenntnis des Modells, das diese beschreibt, und eines Trainings, um das Modell sachadäquat anzuwenden. Ein erster Pre-Test an der Universität Thessaloniki zeigt allerdings, welche Möglichkeiten sich eröffnen, wenn man Sachfragen unter Einsatz des Creditionen-Modells erörtert, und zu welch unerwarteten Wendungen es kommen kann (Mitropoulou 2016), wenn in der Sachauseinandersetzung zwischenzeitlich der Blick auf die Bab-Blob-Konfigurationen gerichtet wird – die anderer Beteiligter, aber auch diejenigen, die das eigene Leben prägend durchziehen.

10.4.2 Eine Handreichung für Anwendungen

Wie kann man das Creditionen-Modell nun praktisch anwenden? Anhand eines Fallbeispiels sollen erste Ahnungen davon vermittelt werden, wie man – etwa in einer explosiven und von gegensätzlichen Positionen geprägten Gesprächssituation – mithilfe des Creditionen-Modells an die Problematik herangehen kann. Da Creditionen immer einen **Handlung(sspiel)raum** (*space of action*) eröffnen, zeigt sich – leider meist erst nach einiger Zeit – wie sehr Glaubensvorgänge (creditive Vorgänge) gesellschaftlich und ökonomisch „strukturbildend" werden können. Damit kann die Sichtbarmachung von (Welt-)Anschauungen (Bab-Konfigurationen) heutiger Akteurinnen und Akteure frühzeitiger als bisher bedrohliche (Struktur-)Entwicklungen aufzeigen und sichtbar machen. Denn: strukturelle Fehlentwicklungen sind nie nur Folge des „reinen Wissens" oder von *hard facts*, sondern immer auch Auswirkungen von creditiv geprägten Bewertungs- und Deutungsvorgängen dieser *hard facts*.

Um das Beispiel durchspielen zu können, erinnern wir nochmals an die in ▶ Abschn. 10.3.3 erarbeiteten Begriffe, die für einen Glaubensvorgang (creditiven Vorgang) vonnöten sind:
- „Sachverhalt **plus** Emotion" wird mittels Bab (bewusst) und Blob (unbewusst wirksamer Bab) ausgedrückt.
- Komponenten, die die Weltsicht eines Menschen bestimmen, sind Bab-Blob-Konfigurationen.
- Der Enclosure-Prozess entscheidet darüber, ob jemand einen Bab (emotional geladene Proposition oder Feststellung) in seine – aus vielen Komponenten bestehende – individuelle Weltsicht integrieren kann.
- Ein Clum ist ein Bab (Sachverhalt plus Emotion), der in einem creditiven Prozess in eine individuelle Bab-Konfiguration integriert werden kann.
- Der Converter-Prozess verwandelt die Gegebenheiten einer Bab-Blob-Konfiguration in einen Handlungsimpuls.
- Der Handlungsimpuls präfiguriert (ermöglicht) einen Handlungs(spiel)raum (*space of action*) – als Vorstufe für Entscheidungen.

Anmerkung: Grundsätzlich ist darauf aufmerksam zu machen, dass man mit dem Thema Blobs in einen sehr sensiblen Bereich gelangen kann. Und die Frage, wer von welchen – unbewusst – wirksamen Blobs beeinflusst wird, oft einer professionellen Begleitung und Mediation bedarf. Man sollte allerdings im Hinterkopf behalten, dass alle Beteiligten auch von derartigen Blobs beeinflusst werden, die ihnen bewusst nicht zugänglich sind. Deswegen wird weiterhin von **Bab-Blob-Konfiguration** gesprochen.

Saubere Energie – oder der Staudammbau

Wir konstruieren eine Situation, die in der Nachhaltigkeitsdiskussion durchaus real auftreten kann. Die angenommene Situation ist eine Diskussion darüber, ob saubere Energie durch Hydroelektrik und damit der Bau einer Staumauer die richtige Strategie ist, um zukünftigen Generationen das Überleben zu sichern. Selbstverständlich ist nicht zu erwarten, dass im realen Leben alle Beteiligten mit der – für dieses Beispiel vorgelegten – Offenheit miteinander reden und sich so tief in die Karten schauen lassen. Es geht in dem Beispiel auch nicht um die reale Situation, sondern darum, erst einmal aufzuzeigen, wie zwei an einem gemeinsamen Erfolg interessierte Gruppen mit unterschiedlichen Positionen miteinander auf eine verbesserte Kommunikation – und damit auf bessere Lösungsmöglichkeiten – hinsteuern könnten.

Zur Erprobung, wie man in diesem Beispiel mit dem Creditionen-Modell arbeiten kann, gehen wir wie folgt vor:

1. der erste Schritt ist die Festlegung des Clum,
2. der zweite Schritt dient der Analyse der Bab-Blob-Konfiguration,
3. als dritter Schritt wäre die Arbeit eines Operators zu nennen: Gemeint ist mit Operator jener während der Converter-Funktion ablaufende Umrechnungsvorgang, der die Wahrnehmung (*enclosure process*) so „berechnet", dass daraus „Handlung" entstehen kann – also den Handlungsraum (*space of action*) präfiguriert. Doch dieses Thema lassen wir im vorliegenden Beispiel der Einfachheit halber, wenngleich sachlich unangemessen, beiseite.

Wir erläutern nun die Schritte im Einzelnen und wenden sie im Beispiel an:

1. Es wird der **propositionale Gehalt** des Clum festgelegt. Dieser muss für alle Beteiligten als identisch akzeptiert werden. Er soll in unserem Beispiel lauten: „Der Staudammbau ist ein Beitrag zu nachhaltigem Wirtschaften."

   Dann wird der **emotionale Gehalt** desselben Clum festgelegt:
   - Gruppe X: Positive Stimmung aus „Gutes tun" plus „Fortschritt bringen",
   - Gruppe Y: Ärger und Wut und Aversion angesichts dieses propositionalen Gehalts.

   Es geht also in einem ersten Schritt um das präzise Herausarbeiten des propositionalen Gehalts (des sachlichen Inhalts) des Clum, der über den Enclosure-Prozess in die Bab-Blob-Konfiguration integriert werden soll. Dazu ist es notwendig, dass der propositionale Gehalt des Clum ausdrücklich benannt und aufgeschrieben wird. Ob der Clum integrierbar sein wird oder nicht, wird bei verschiedenen Gesprächspartnerinnen und -partnern naturgemäß unterschiedlich ausfallen. Dennoch ist es unabdingbar, den propositionalen Gehalt so genau wie möglich zu erfassen.

2. Es erfolgt die **Festlegung, wie viele Babs** (Sachverhalte plus Emotionen) in einer Konfiguration für das Durchspielen des Themas identifiziert und benannt werden sollen. Günstig ist es, anfangs nicht mehr als fünf Babs zu nehmen. (Anmerkung: Auf Blobs [unbewusst wirkende Babs] als Gefahrenquelle wurde schon hingewiesen. Wichtig ist es, die Blob-Thematik im Hinterkopf zu haben, doch es wäre völlig kontraproduktiv, jemandem irgendwelche unbewusst wirksamen Blobs zu unterstellen – bitte keine Hobby-Psychologie!) Sodann wird die momentan gegebene sachlich-emotionale „Befindlichkeit" der beiden (bzw. mehreren) Gruppen (Gesprächspartnerinnen und -partner) erhoben.

   Dazu wird zunächst der **Inhalt (propositionale Gehalt)** der Babs festgehalten, die dazu beitragen, dass der Clum (aktuell) integrierbar ist oder nicht.
   Gruppe X:
   - Bab 1: Ohne Bewässerungsstrukturen gibt es keine Entwicklung.
   - Bab 2: Die Gegend ist für Landwirtschaft geeignet.
   - Bab 3: Es werden sich hier neue Strukturen einer nachhaltigen Landwirtschaft entwickeln.
   Gruppe Y:
   - Bab 1: Großprojekte sind immer irreversibel und damit problematisch.
   - Bab 2: Die Gegend ist für Landwirtschaft geeignet.
   - Bab 3: Der Staudamm zerstört unwiederbringliche Kulturgüter.

   In einem weiteren Schritt wird der **emotionale Gehalt** der genannten Babs (so weit wie möglich) benannt. In unserem Beispiel müsste nun selbstverständlich der subjektiv-emotionale Gehalt der genannten Babs festgestellt werden:

Gedankensplitter

Gruppe X:
- Bab 1:„Ohne Bewässerungsstrukturen gibt es keine Entwicklung": Freude, Genugtuung, positive Gestimmtheit, weil neue agrarische Strukturen entstehen können.
- Bab 2:„Die Gegend ist für Landwirtschaft geeignet": Freude, Genugtuung, positive Gestimmtheit, weil man helfen und unterstützen kann.
- Bab 3:„Es werden sich hier neue Strukturen einer nachhaltigen Landwirtschaft entwickeln": Freude, Genugtuung, positive Gestimmtheit, weil man zukunftsorientiert regionale Entwicklung unterstützt.

Gruppe Y:
- Bab 1:„Großprojekte sind immer irreversibel und damit problematisch": Ärger und Wut.
- Bab 2:„Die Gegend ist für Landwirtschaft geeignet": Frustration (wegen Großprojekt), aber auch vermischt mit Hoffnung, wegen erkennbarer Alternativen.
- Bab 3:„Der Staudamm zerstört unwiederbringliche Kulturgüter": Ärger und Wut, Ohnmacht.

Es ist unschwer erkennbar, dass die emotionale Situation der beiden einander gegenübersitzenden Gesprächspartnerinnen und -partner kaum etwas miteinander zu tun hat.

3. In einem dritten Schritt wird versucht, die **besonders wirksamen Babs** (also die sogenannten **Mega-Babs**) in einer bestimmten Bab-Blob-Konfiguration zu bestimmen, die maßgeblich daran beteiligt sind, dass die Integration (des Clum) möglich oder nicht möglich ist. Wenn wir annehmen, dass sowohl bei Gruppe X als auch bei Gruppe Y der größte Mega-Bab der Bab 2 ist („Die Gegend ist für Landwirtschaft besser geeignet"), dann bestehen (ideal gedacht) bessere Chancen, über diese Thematik eine gemeinsame Lösung zu finden, als in dem Fall, in dem Gruppe X den Bab 1 „Ohne Bewässerungsstruktur gibt es keine Entwicklung" als Mega-Bab in sich wirken spürt und der Mega-Bab der Gruppe Y der Bab 3 „Der Staudamm zerstört unwiederbringliche Kulturgüter" ist. In ersten empirischen Untersuchungen wurde erkennbar, dass es allein durch die Charakterisierung eines Babs als Mega-Bab zu einer Veränderung emotionaler Bedeutungszuschreibungen kam (Mitropoulou 2015). Auf den ersten Blick mag dieser Ertrag gar nicht so groß aussehen. Er ist aber doch beachtlich, denn nun könnte man (immer noch idealtypisch vorausgesetzt, es wird nach einer zukunftsweisenden Strategie und Lösung gesucht) sich zunächst einmal eingestehen, dass Sachargumente hier nicht weiterhelfen. Ob jemand „glaubt", „der Staudammbau ist ein Beitrag zu nachhaltigem Wirtschaften" – also im Sinne des Enclosure-Prozesses diesen Clum in seine Bab-Blob-Konfiguration integrieren kann oder nicht, hat mit den jeweils individuellen Biographien, den eigenen Erfahrungen und Prägungen zu tun – und erst dann, auf einer anderen Ebene, auch mit Interessen oder persönlichen Vorteilen. Ganz egal, welche Strategie zum Tragen kommt, der Staudammbau oder eine andere Lösung, sie basiert jeweils zu einem erheblichen Teil auf Glaubensvorgängen der Protagonistinnen und Protagonisten. Wenn man also auf jemanden stößt, der einen anderen Handlungsraum hat wie man selbst, dann wird erkennbar: Es sind Glaubensprozesse, die steuernd auf unser Leben und die Entwicklung der Gesellschaft einwirken. Dadurch, dass Creditionen einen *space of action* präfigurieren, stehen wir vor der dramatischen Situation, dass es wesentlich mit dem Ablauf unserer Glaubensprozesse zusammenhängt, welche gesellschaftlichen und wirtschaftlichen Strukturen entwickelt werden und sich stabilisieren.

---

❶ Herausforderungen für die Zukunft

- Die „Nachhaltigkeit" ist emotional ambivalent besetzt. Für viele ist es die eine wichtige und unverzichtbare Größe für die Lösung der globalen Probleme, für andere klingt es abgenutzt und gleicht eher einer hohlen Chiffre, die durch übermäßige Verwendung (fast) völlig entwertet wurde.
- Hinzu kommen einige strukturelle Rahmenbedingungen unserer (Wissens-)Gesellschaft, die ganz wesentlich die Sichtweisen der großen Herausforderungen und Themenkomplexe beeinflussen (Informationsflut, Expertisedilemma, Durchsetzung von Interessen, Handlungsoptionen, Technologiehörigkeit, Globalisierung etc.).

- In der heutigen Wissensgesellschaft wird die Frage „Was glauben wir von all den Informationen und was nicht" immer brisanter. Nun hat sich vor dem Hintergrund dieser Wissensgesellschaft in den letzten Jahren eine Art wissenschaftliche Revolution in Sachen „Glaube" ereignet. Sie geht einher mit einer klareren Sicht auf die emotionale Seite und damit auf Vorgänge der Bewertung von „Wissen". Dies wiederum führt zu einer veränderten Bewertung von Entscheidungsprozessen, in denen bewusste und unbewusste Glaubensprozesse (im Sinne des Verbs „glauben") große Bedeutung erlangen.
- Solche Glaubensprozesse (Glaubensvorgänge, creditive Prozesse) sind es, die uns helfen, die Welt für uns zu interpretieren, uns in ihr handelnd zurechtzufinden und unsere Welt so zu gestalten, dass wir in ihr (sinnvoll) leben können. Dabei spielen unsere persönliche Biographie, unsere Sozialisation und unsere darauf fußenden Wertesysteme eine zentrale Rolle.
- „Credition" ist ein wissenschaftlicher Ansatz, der einerseits versucht, Glaubensvorgänge in ihrem Ablauf zu verstehen (Grundlagenforschung), und der andererseits aufzeigt, wie Creditionen in unterschiedlichen Kommunikations- und Interaktionssituationen in Erscheinung treten. Das ermöglicht sowohl Orientierung wie auch eine (selbst)kritische Analyse der Perspektiven, die man auf die Welt hat – eine wichtige Voraussetzung, um diese gegebenenfalls zu verändern. Das Creditionen-Modell kann hilfreich dazu beitragen, Handlungsoptionen sowie darauf aufbauend Handlungen – ganz im Sinne dieses Buches – kooperativ, konsensorientiert, nachhaltig und zukunftsfähig in die Wege zu leiten. Dies gilt sowohl für (konkurrierende) Individuen als auch für Gruppen.
- Creditive Prozesse eröffnen immer Handlungsspielräume, die gesellschaftlich und ökonomisch „strukturbildend" werden können. Die Sichtbarmachung von (Welt-)Anschauungen heutiger Akteurinnen und Akteure kann frühzeitiger, als es bisher möglich war, bedrohliche (Struktur-)Entwicklungen aufzeigen und transparent machen. Denn: Strukturelle Fehlentwicklungen sind nie nur Folge des „harten Wissens", sondern immer auch Auswirkungen von creditiv geprägten Bewertungs- und Deutungsvorgängen dieser *hard facts*.

Pointiert formuliert

Die globalen Herausforderungen können nur durch globale Kommunikations- und Abstimmungsprozesse nachhaltig positiv beeinflusst werden. Dabei ist entscheidend, dass Umdenkprozesse und Anpassung von Wertvorstellungen in den unterschiedlichen regionalen, nationalen, ethnischen und religiösen Gruppen stattfinden, die das Gemeinsame vor das Trennende stellen. Diese Prozesse bedingen auch Bekenntnisse zu (Konsum-)Verzicht, zu Solidarität, zu einem neuen, partizipativen Zugang zu (geteilter) Macht, der den Menschen und die Umwelt, in der wir leben, in den Mittelpunkt der Betrachtungen rückt.

Literatur

Angel H-F (1992) „Bin ich denn der Hüter meines Bruders?". Reflexionen zu Voraussetzungen interkulturellen religiösen Lernens. Religionspädagogische Beiträge 29:130–151

Angel H-F et al (2006) Das Religiöse im Fokus der Neurowissenschaft. Die Emergenz von Religiosität als Forschungsgegenstand. In: Angel HF (Hrsg) Religiosität. Anthropologische, theologische und sozialwissenschaftliche Klärungen. Kohlhammer, Stuttgart, S 46–61

Angel H-F (2013) Credition, the process of belief. In: Runehov ACL, Oviedo L (Hrsg) Encyclopedia of Sciences and Religion, Bd 1. Springer, Dordrecht, S 536–539. http://www.springerreference.com /docs/html/chapterdbid/357430. html Zugegriffen: Mai 2015

Angel H-F (2015) Die creditive Basis wirtschaftlichen Handelns. Zur wirtschaftsanthropologischen Bedeutung von Glaubensprozessen. In: Dierksmeier C, Hemel U, Manemann J (Hrsg) Wirtschaftsanthropologie. NOMOS, Baden-Baden, S 167–205

Angel H-F (2016) Hot Spot Glaube. Die verborgene Macht der Creditionen. Deutscher Wissenschaftsverlag, Baden-Baden

Angel H-F, Willfort R (2013) Die Systematik hinter „Bauchentscheidungen". Warum vor allem Glaubensprozesse (Creditionen) unsere Wirtschaft steuern. In: Lutz B (Hrsg) Wissen im Dialog. Edition Donau-Universität Krems, S 21–28. http://www.donau-uni.ac.at/de/department/wissenkommunikation/news/id/19368/index.php. Zugegriffen: Juli 2015

Angel HF et al (2016) From the question of belief towards the question of believing (credition). In: Angel HF et al (Hrsg) Process of Believing: The Acquisition, Maintenance and Change in Creditions. Springer, Heidelberg

Austin DA, Wilcox NT (2007) Believing In Economic Theories. Sex, Lies, Evidence, Trust, and Ideology. Economic Inquiry, Western Economic Association International 45(3):502–518

Bell V, Halligan P (2013) The neural basis of abnormal personal belief. In: Krueger F, Grafman J (Hrsg) The Neural Basis of Human Belief Systems. Hove, New York, S 191–223

Bernard C (1859) Leçons sur propriétés physiologiques et des latérations pathologiques des liquides de l'organisme. Bailleère, Paris

von Bertalanffy L (1974) Homöostase. Historisches Wörterbuch der Philosophie. Bd 3. Schwabe, Basel, S 1184–1186

Cannon WB (1932) The wisdom of body. Norton, New York

Ciompi L (1997) Die emotionalen Grundlagen des Denkens. Entwurf einer fraktalen Affektlogik. Vandenhoeck & Ruprecht, Göttingen

Connors MH, Halligan PW et al (2015) Belief and Belief Formation: Insights from Delusions. In: Angel HF (Hrsg) Process of Believing: The Acquisition, Maintenance and Change in Creditions. Springer, Heidelberg

Cristofori I, Grafman J et al (2015) Neural Underpinnings of the Human Belief System. In: Angel HF (Hrsg) Process of Believing: The Acquisition, Maintenance and Change in Creditions. Springer, Heidelberg

Damasio AR (2000) Ich fühle, also bin ich. Die Entschlüsselung des Bewusstseins. List, Berlin

Dawkins R (2007) Der Gotteswahn. Ullstein, Berlin

Denoeux T, Masson MH (2012) Belief Functions: Theory and Applications Proceedings of the 2nd International Conference on Belief Functions. , Compiègne, France

Dierksmeier C, Hemel U, Manemann J (Hrsg) (2015) Wirtschaftsanthropologie. NOMOS, Baden-Baden

Esterbauer R, Rinofner-Kreidl S (Hrsg) (2009) Emotionen im Spannungsfeld von Phänomenologie und Wissenschaften. Lang, Frankfurt am Main

Festinger L (1957) A Theory of Cognitive Dissonance. Stanford University Press, Stanford, CA

Gettier E (1963) Is Justified True Belief Knowledge? Analysis 23:121–123 (dt. „Ist gerechtfertigte, wahre Meinung Wissen?". In: Bieri P (Hrsg) (1987) Analytische Philosophie der Erkenntnis, Hain, Frankfurt am Main, S 91–93)

Goldman AL (2000) What is Justified Belief? In: Sosa E, Jaegwon K (Hrsg) Epistemology – An Antology. Blackwell, Oxford, S 240–288

Gray JR, Braver TS, Raichle ME (2002) Integration of emotion and cognition in the lateral prefrontal cortex. Proceedings of the National Academy of Sciences of the United States of America (PNAS) 99(6):4115–4120

Halligan PW (2006) Beliefs: Shaping experience and understanding illness. In: Halligan PW, Aylward M (Hrsg) The power of belief: Psychosocial influence on illness, disability and medicine. Oxford University Press, Oxford, S xi–xxvi

Harris S, Sheth SA, Cohen MS (2008) Functional Neuroimaging of Belief, Disbelief, and Uncertainty. Annals of Neurology 63:141–147

Hebb DO (1949) The organization of behavior. A neuropsychological theory. Wiley, New York

Hemel U (1988) Ziele religiöser Erziehung. Lang, Frankfurt am Main

Hemel U (2005) Wert und Werte. Hanser, München

Hemel U (2013) Die Wirtschaft ist für den Menschen da. Vom Sinn und der Seele des Kapitals. Patmos, Düsseldorf

Hintikka J (1962) Knowledge and Belief : An Introduction to the Logic of the Two Notions. University Press, Cornell

Holzer P (2016) Interoception and Gut Feelings: Unconscious Body Signals Impact on Brain Function, Behavior and Belief Processes. In: Angel HF et al. (Hrsg) Process of Believing: The Acquisition, Maintenance and Change in Creditions. Springer, Heidelberg

Huber F, Schmidt-Petri C (Hrsg) (2009) Degrees of Belief. Springer, Heidelberg

Kandel E, Squire LR (1999) Das Gedächtnis. Spektrum, Heidelberg

Koenig HG, Cohen HJ (2002) The Link between Religion and Health. Psychoimmunology and the Faith Factor. Oxford University Press, Oxford

Köhnlein W, Kuhni H, Schmitz-Feuerhake I (1990) Niedrigdosis Strahlung und Gesundheit. Medizinische, technische und rechtliche Aspekte mit dem Schwerpunkt Radon. Springer, Berlin

Krueger F, Grafman J (Hrsg) (2013) The Neural Basis of Human Belief Systems. Hove, New York von Kutschera F (1976) Einführung in die intensionale Semantik. De Gruyter, Berlin

von Kutschera F (1982) Grundfragen der Erkenntnistheorie. De Gruyter, Berlin

Lahno V (2002) Der Begriff des Vertrauens. Lahno, Paderborn

Lazarus RS (1982) Thoughts on the Relation between emotion and cognition. American Psychologist 37:1019–1024

LeDoux J (1998) Das Netz der Gefühle. Wie Emotionen entstehen. DTV, München

Leiserowitz A, Maibach E, Roser-Renouf C (2010) Climate change in the American Mind: Americans' global warming beliefs and attitudes in January 2010. Yale University and George Mason University. New Haven, CT: Yale Project on Climate Change. http://environment.yale.edu/uploads/AmericansGlobalWarmingBeliefs2010.pdf. Zugegriffen: November 2015

Lengfelder E, Wendhausen H (Hrsg) (1993) Neue Bewertung des Strahlenrisikos. Niedrigdosis-Strahlung und Gesundheit. MMV, München

Lenzen W (1980) Glauben, Wissen und Wahrscheinlichkeit: Systeme der epistemischen Logik. Springer, Wien, New York

Mitropoulou V (2016) Understanding Young People's Worldview: Practical Example of how to Work with the Model of Credition. In: Angel H-F, Oviedo L, Paloutzian RF, Runehov ALC, Seitz RJ (Hrsg) Process of Believing: The Acquisition, Maintenance, and Change in Creditions. Springer, Heidelberg

Müller K (2008) Weisen der Weltbeziehung. Glauben – Fragen – Denken, Bd II. Aschendorff, Münster

Oxfam (2012) The hunger grains. The fight is on. Time to scrap EU biofuel mandates. Oxfam briefing paper 161. http://www.oxfam.de/sites/www.oxfam.de/files/20120917_bp161-hunger-grains-en.pdf. Zugegriffen: Oktober 2015

Perrow C (1987) Normale Katastrophen: Die unvermeidbaren Risiken der Großtechnik. Campus, Frankfurt am Main

Piaget J (1981) Einführung in die genetische Erkenntnistheorie, 2. Aufl. Suhrkamp, Frankfurt am Main

Rosenberg AA et al (2015) Congress's attacks on science-based rules. Science 348(6238):964–966

Runehov ALC, Angel H-F (2013) The Process of Believing: Revisiting the Problem of Justifying Beliefs. Studies in Science and Theology 14:205–218

Schachter S (1964) The interaction of cognitive and physiological determinants of emotional state. In: Berkowitz L (Hrsg) Advances in experimental social psychology, Bd 1. Academic Press, New York, S 49–80

Schaefer A, Gray JR (2007) A role for the human amygdala in higher cognition. Reviews in Neuroscience 18(5):355–363

Schaefer A, Braver TS, Reynolds JR, Burgess GC, Yarkoni T, Gray JR (2006) Individual Differences in Amygdala Activity Predict Response Speed during Working Memory. Journal of Neuroscience 26(40):10120–10128

Schienle A (2010) Ekel. Der Igitt-Effekt. Geist und Gehirn 12:16–20

Seitz RJ, Angel H-F (2012) Processes of believing – a review and conceptual account. Reviews in Neuroscience 23(3):303–309. http://dx.doi.org/10.1515/revneuro-2012-0034

Seitz RJ, Angel H-F (2015) Psychology of religion and spirituality: meaning-making and processes of believing. Religion, Brain & Behavior 5(2):22–30. doi:10.1080/2153599X.2014.891249

Seitz RJ, Franz M, Azari NP (2009) Value judgments and self-control of action: the role of the medial frontal cortex. Brain Res Rev 60(2):368–378. doi:10.1016/j.brainresrev.2009.02.003

Seitz RJ, Nickel J, Azari NP (2006) Functional modularity of the medial prefrontal cortex: involvement in human empathy. Neuropsychology 20(6):743–751. doi:10.1037/0894-4105.20.6.743

de Solla Price DJ (1974) Little Science, Big Science. Von der Studierstube zur Großforschung. Suhrkamp, Frankfurt am Main

Sternglass EJ (1979) Radioaktive Niedrigstrahlung (Low-Level-Radiation). Strahlenschäden bei Kindern und Ungeborenen. Oberbaumverlag, Berlin

Sturn R et al (2015) Approaching another Black Box: Credition in Economics. In: Angel HF (Hrsg) Process of Believing: The Acquisition, Maintenance and Change in Creditions. Springer, Heidelberg

Sugiura M, Seitz RJ, Angel HF (2015) Models and Neural Bases of the Believing Process. Journal of Behavioral and Brain Science 5:12–23. doi:10.4236/jbbs.2015.51002

Teske JA (2007) Bindings of the will: The neuropsychology of subdoxastic faith. In: Dress WB, Meisinger H, Smedes TA (Hrsg) Humanity, World and God – Understanding and Actions = Studies in science and theology, 11, Lund University, S 27–44

Watzlawick P, Beavin JH, Jackson DD (2007) Menschliche Kommunikation. Formen, Störungen, Paradoxien, Bd 11. Huber, Bern

Weinberg AM (1970) Probleme der Großforschung. Suhrkamp, Frankfurt am Main

Zajonc RB (1984) On the Primacy of Affect. American Psychologist 39:117–124

Serviceteil

F.M. Zimmermann (Hrsg.), *Nachhaltigkeit wofür?*,
DOI 10.1007/978-3-662-48191-2, © Springer-Verlag Berlin Heidelberg 2016

Stichwortverzeichnis

Stichwortverzeichnis

» Früher oder später, aber gewiss immer,
wird sich die Natur an allem Tun der Menschen rächen,
das wider sie selbst ist. «

Johann Heinrich Pestalozzi (1746 – 1827)

Printed in the United States
By Bookmasters